普通高等学校机电类专业规划教材

互换性与技术测量

孙成俭　主　编
佟忠玲　陈奕颖　杨　明　副主编

中国铁道出版社有限公司
CHINA RAILWAY PUBLISHING HOUSE CO., LTD.

内 容 简 介

本书为高等院校机械类和近机类专业技术基础课教材，内容包括技术测量基础，孔、轴的公差与配合，几何公差与误差检测，表面粗糙度及检测，工件尺寸的检验，常用结合件的互换性，圆柱齿轮传动的互换性及检测，尺寸链，机械零件测量基础等共10章。各章酌量配置了一些公差表格，章后附有习题，以方便教师教学及学生练习。

本书系统而精炼地阐述了互换性与技术测量的基础知识，全书采用最新国家标准和技术资料，系统地介绍了互换性与技术测量的基本原理，侧重讲清基本概念和基础知识、基础测量方法及测量手段，理论联系实际。对基础测量部分，本书编写了机械零件测量基础章节，便于学生在实验课学习使用。本书内容全面，实用性强。

本书可供高等院校机械设计制造及自动化、材料成型与控制工程、车辆工程、交通运输工程、数控加工技术等机械类和近机类专业“互换性与技术测量”课程的教学使用，也可供广大工程技术人员学习参考。

图书在版编目（CIP）数据

互换性与技术测量 / 孙成俭主编. — 北京：中国铁道出版社，2019.1（2020.1重印）

普通高等学校机电类专业规划教材

ISBN 978-7-113-24959-5

Ⅰ.①互…　Ⅱ.①孙…　Ⅲ.①零部件-互换性-高等学校-教材　②零部件-技术测量-高等学校-教材　Ⅳ.①TG801

中国版本图书馆CIP数据核字（2018）第280886号

书　　名：互换性与技术测量
作　　者： 孙成俭　主编

策　　划： 尹　鹏　李　彤　　　　**读者热线：**（010）63550836
责任编辑： 何红艳　钱　鹏
封面设计： 付　巍
封面制作： 刘　颖
责任校对： 张玉华
责任印制： 郭向伟

出版发行： 中国铁道出版社有限公司（100054，北京市西城区右安门西街8号）
网　　址： http://www.tdpress.com/51eds/
印　　刷： 北京虎彩文化传播有限公司
版　　次： 2019年1月第1版　　2020年1月第2次印刷
开　　本： 787 mm×1 092 mm　1/16　**印张：** 15　**字数：** 363千
书　　号： ISBN 978-7-113-24959-5
定　　价： 39.80元

前　言

PREFACE

“互换性与技术测量”是高等院校机械制造类、仪器仪表类和机电一体化类各专业必修的一门重要的技术基础课程，是联系机械设计和机械制造工艺系列课程的纽带，也是架设在基础课、实践课和专业课之间的桥梁。本课程与机械设计、机械制造、维修和产品质量控制等课程多方面密切相关，是机械工程技术人员和质量管理人员必备的基本知识及技能。课程的任务就是使学生掌握互换性与技术测量的基础知识和测量方法，掌握公差与配合的基本内容、结构特征及选用，熟悉与了解公差检测的概念和基本方法，为后续专业课程打好基础。

本书是根据教育部关于《高等教育面向21世纪教学内容和课程体系改革计划》和近几年来全国高校改革的有关精神，从各高等学校的实际教学状况出发，在保证教材的全面性、系统性的前提下，取材力求全面而精炼，突出重点，以便通过教学使学生掌握本课程的最基本的内容，为后继专业课程的学习或从事机电产品的设计、制造、维修打下良好基础。

本书全部采用最新国家标准和技术资料，重点讲清基本概念和国家标准的应用，介绍了几何量的各种误差检测方法原理，尽量反映互换性与技术测量的最新理论及测量基本方法。为了提高学生理论联系实际的水平和实验课的质量，便于规范操作，本书还编写了机械零件测量基础章节，方便学生学习，突出了应用性和实用性。

参加本书编写的有：长春职业技术学院孙成俭、尹力卉、范茜、赵宏宇、修丽娜、陈霞、袁金辉、范志丹，长春大学王丽英，长春科技学院佟忠玲、陈奕颖、杨明、汪会军、刘丽，吉林省农业机械化研究所李玲玲。本书由孙成俭任主编，佟忠玲、陈奕颖、杨明任副主编，全书由孙成俭统稿，王丽英审定。

本书在编写过程中，得到各参编院校汽车机械工程院系、有关部门及任课教师的大力支持。此外，本书在编写中还引用了部分国家标准和技术文献资料，在此，一并表示衷心的感谢。

由于编者水平有限，书中难免有错误和不足之处，敬请读者批评指正，提出宝贵意见。

编　者
2018 年 10 月

目　录

CONTENTS

1　绪　论 …… 1

1.1　互换性的意义和作用 …… 1
1.2　标准化与优先数系 …… 3
1.3　产品几何技术规范(GPS) …… 5
1.4　本课程的研究对象及任务 …… 6
习题1 …… 7

2　技术测量基础 …… 8

2.1　技术测量基础知识 …… 8
2.2　测量误差及数据处理 …… 14
习题2 …… 21

3　孔、轴的公差与配合 …… 23

3.1　概述 …… 23
3.2　公差与配合的基本术语及其定义 …… 23
3.3　公差与配合国家标准 …… 32
3.4　公差与配合的选择 …… 46
3.5　线性尺寸的一般公差 …… 56
习题3 …… 57

4　几何公差与误差检测 …… 60

4.1　概述 …… 60
4.2　几何公差及其公差带 …… 66
4.3　公差原则 …… 75
4.4　几何公差的选用 …… 86
4.5　几何误差的检测 …… 94
习题4 …… 106

5　表面粗糙度及检测 …… 110

5.1　概述 …… 110
5.2　表面粗糙度的评定 …… 111
5.3　表面粗糙度的标注 …… 120
5.4　表面粗糙度的测量 …… 126

习题 5 …… 128

6 工件尺寸的检验 …… 130

6.1 用普通测量器具检测工件 …… 130
6.2 光滑极限量规 …… 134
6.3 光滑极限量规设计 …… 139
习题 6 …… 142

7 常用结合件的互换性 …… 143

7.1 滚动轴承的公差与配合 …… 143
7.2 键和花键结合的互换性 …… 152
7.3 普通螺纹结合的互换性 …… 157
7.4 圆锥配合的互换性 …… 163
习题 7 …… 176

8 圆柱齿轮传动的互换性及检测 …… 178

8.1 概述 …… 178
8.2 圆柱齿轮精度的评定指标及检测 …… 180
8.3 齿轮坯精度和齿轮副精度的评定指标 …… 190
8.4 圆柱齿轮精度标准及其应用 …… 194
习题 8 …… 202

9 尺寸链 …… 203

9.1 概述 …… 203
9.2 极值法 …… 206
9.3 统计法 …… 209
习题 9 …… 212

10 机械零件测量基础 …… 213

10.1 卡尺 …… 213
10.2 千分尺 …… 219
10.3 百分表 …… 224
10.4 内径百分表 …… 226
10.5 塞尺 …… 228
习题 10 …… 229

附录 …… 230

参考文献 …… 233

1 绪　论

互换性的基本概念；研究对象。

1.1　互换性的意义和作用

不论多么复杂的机械产品，都是由大量的通用件及标准件和少数专用零部件所组成的，这些通用与标准零部件可以由不同的专业化厂家来制造，这样，产品生产厂家只需生产少量的专用零部件，其他零部件则由专门的标准件厂等厂家制造及提供。产品生产厂家不仅可以大大减少生产费用还可以缩短生产周期，及时满足市场与用户的需要。

既然现代化生产是按专业化、协作化组织生产的，这就提出了一个如何保证互换性的问题。在人们的日常生活中，有大量的现象涉及到互换性，例如机器或仪器上掉了一个螺钉，按相同的规格换一个就行了；灯泡坏了，同样更换新的就行了；汽车、拖拉机乃至自行车、缝纫机、手表中某个零部件磨损了，也可以更换新的，就能满足使用要求。之所以这样方便，是因为这些产品都是按互换性原则设计和组织生产的，产品零部件都具有互换性。

1.1.1　互换性的定义

所谓互换性是某一产品（包括零件、部件、构件等）与另一产品在尺寸、功能上彼此相互替换的性能。换言之，互换性指机械产品中同一规格的一批零件或部件，任取其一，不需作任何挑选、调整或辅助加工（如钳工修配），就能装到机器上去，并能保证满足其使用性能要求的特性。

互换性是机械产品设计、制造及检验必须遵守和执行的重要原则。

1.1.2　互换性的作用

从使用上看，由于零件具有互换性，零件坏了，可以以旧换新，方便维修，从而提高机器的利用率和延长机器的使用寿命。

从制造上看，互换性是组织专业化协作生产的重要基础，而专业化生产有利于采用高科技和高生产率的先进工艺和装备，从而提高生产率，提高产品质量，降低生产成本。

从设计上看，可以简化制图、计算工作，缩短设计周期，并便于采用计算机辅助设计（CAD），这对发展系列产品十分重要。例如，手表在发展新品种时，采用具有互换性的统一机心，不同品种只需进行外观的造型设计，这就使设计与生产准备的周期大大缩短。

互换性生产原则和方式是随着大批量生产而发展和完善起来的，它不仅在单一品种的大批量生产中广为采用，而且已用于多品种、小批量生产；在由传统的生产方式向现代化的数字控制(NC)、计算机辅助制造(CAM)及柔性生产系统(FMS)和计算机集成制造系统(CIMS)的逐步过渡中也起着重要的作用。科学技术越发展，对互换性的要求越高、越严格。例如柔性生产系统的主要特点是，可以根据市场需求改变生产线上产品的型号和品种。当生产线上工序变动时，信息送给多品种控制器，控制器接收将要装配哪些零件的指令后，指定机器人(机械手)选择零件，进行装配，并经校核送到下一工序。库存零件提取后，由计算机通知加工站补充零件。显然按这种生产系统对互换性的要求更加严格。

因此，互换性原则是组织现代化生产的极为重要的技术经济原则。

1.1.3 互换性的分类

按互换性的程度可分为完全互换(绝对互换)与不完全互换(有限互换)。

若零件在装配或更换时，不需要选择任何调整或修配，则其互换性为完全互换性。当装配精度要求较高时，采用完全互换性就会使零件制造公差很小，加工困难，成本很高，甚至无法加工。这时，将零件的制造公差适当放大，使之便于加工，而在零件完工后，再用测量器具将零件按局部尺寸的大小分为若干组，使每组零件间局部尺寸的差别减小，装配时按相应组进行(例如，大孔组零件与大轴组零件装配，小孔组零件与小轴组零件装配)。这样，既可保证装配精度和使用要求，又能解决加工困难，降低成本。此种仅组内零件可能互换，组与组之间不能互换的特性，称为不完全互换性。

对标准部件或机构来说，互换性又分为外互换与内互换。

外互换是指部件或机构与其装配件间的互换性，例如，滚动轴承内圈内径与轴的配合，外圈外径与轴承孔的配合。

内互换是指部件或机构内部组成零件间的互换性，例如，滚动轴承的外圈内滚道、内圈外滚道与滚动体(钢球)的装配，如图 1-1 所示。

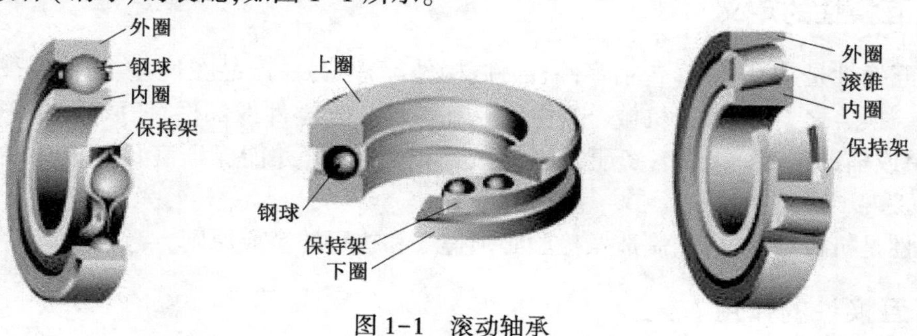

图 1-1　滚动轴承

为使用方便，滚动轴承的外互换采用完全互换，而其内互换则因其组成零件的精度要求高，加工困难，故采用分组装配，为不完全互换。一般地说，不完全互换只用于部件或机构的制造厂内部的装配，至于厂外协作，即使产量不大，往往也要求完全互换。

1.1.4 互换性生产的实现

任何机械，都是由若干最基本的零件构成的。这些具有一定尺寸、形状和相互位置几何参数的零件，可以通过各种不同的连接形式而装配成为一个整体。

由于任何零件都要经过若干道机械加工工序,无论设备的精度和操作工人的技术水平多么高,要使加工零件的尺寸、形状和位置做得绝对准确,不但不可能,从经济性要求来说也是没有必要的。只要将零件加工后各几何参数(尺寸、形状和位置)所产生的误差控制在一定的范围内(变动量),就可以保证零件的使用功能,同时还能实现互换性。

零件几何参数这种允许的变动量称为公差。它包括尺寸公差、几何公差等。公差用来控制加工过程中的由于各种原因产生的误差,以保证互换性的实现。因此,建立各种几何参数的公差标准是实现对零件误差的控制和保证互换性的基础。

完工后的零件是否满足公差要求,要通过检测加以判断。检测包含检验与测量,检验是指确定零件的几何参数是否在规定的公差范围内,并判断其是否合格;测量是将被测量与作为计量单位的标准量进行比较,以确定被测量的具体数值的过程。检测不仅用来评定产品质量,而且用于分析产生不合格品的原因,及时调整生产,监督工艺过程,预防废品产生。

综上所述,合理确定公差与正确进行检测,是保证产品质量、实现互换性生产的两个必不可少的条件和手段。

1.2 标准化与优先数系

要使机械零件具有互换性,就应该按照一定的规格和公差制造。这就需要对数值系列、公差规定统一的标准。还要用统一的标准进行检验,因此,制定标准、贯彻标准是实现互换性的先决条件。

1.2.1 标准与标准化

1. 标准

标准是为在一定的范围内获得最佳秩序,对重复性事物(产品、零部件)和概念(术语、规则、方法、符号、量值、计算公式)所作的统一规定。它以科学技术和实践经验的综合成果为基础,经有关方面协商一致,由主管机构批准,以特定形式发布,作为共同遵守的准则和依据。例如:图纸幅面有 A0、A1、A2、A3、A4。

标准应以科学、技术和经验的综合成果为基础,以促进最佳社会效益为目的。

标准一般是指技术标准,它是指对产品和工程的技术质量、规格及其检验方法等方面所作的技术规定,是从事生产、建设工作的一种共同技术依据。

标准分为国家标准、行业标准、地方标准和企业标准四个层次。

国家标准的代号及其含义见表 1-1。

表 1-1 国家标准的代号及其含义

标准代号	含 义
GB	中华人民共和国强制性国家标准
GB/T	中华人民共和国推荐性国家标准
GB/Z	中华人民共和国国家标准化指导性技术性文件

2. 标准化

标准化是指在经济、技术、科学及管理等社会实践中,对重复性事物和概念通过制定、发布和实施标准,达到统一,以获得最佳秩序和社会效益的全部活动过程,如图 1-2 所示,为标准化工作过程。

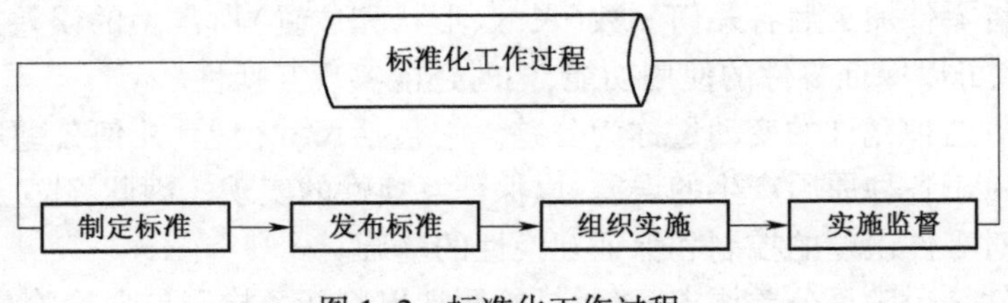

图 1-2 标准化工作过程

按照标准化对象的特性,标准可分为基础标准、产品标准、方法标准、安全标准、卫生标准等,如图 1-3 所示。

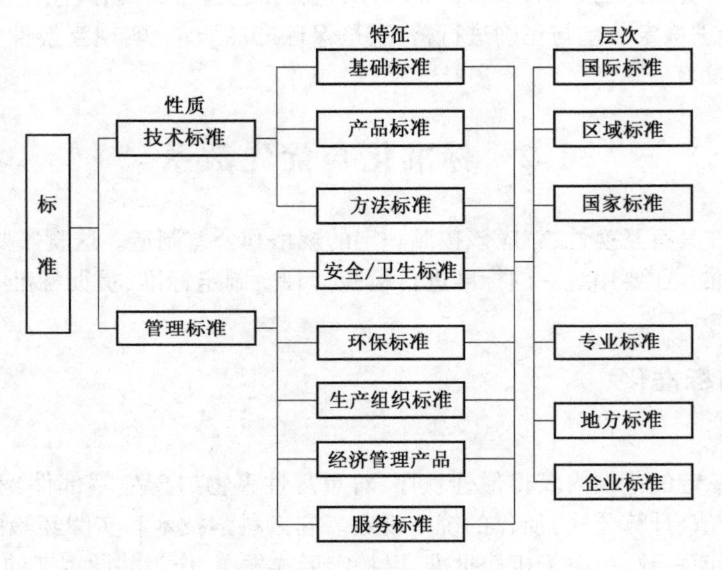

图 1-3 标准分类

基础标准是指在一定范围内作为其他标准的基础并普遍使用、具有广泛指导意义的标准,如极限与配合标准、几何公差标准等。

在机械制造中,标准化是实现互换性生产、组织专业化生产的前提条件;是提高产品质量、降低产品成本和提高产品竞争能力的重要保证;是消除贸易障碍,促进国际技术交流和贸易发展,使产品打进国际市场的必要条件。随着经济建设和科学技术的发展,国际贸易的扩大,标准化的作用和重要性越来越受到各个国家特别是工业发达国家的高度重视。

总之,标准化在实现经济全球化、信息社会化方面有其深远的意义。

1.2.2 优先数和优先数系

优先数和优先数系标准是重要的基础标准。由于工程上的技术参数值具有传播特性,如造纸机械的规格和参数值会影响印刷机械、书刊、报纸、复印机、文件柜等的规格和参数值,因此,对各种技术参数值协调、简化和统一是标准化的重要内容。优先数系就是对各种技术参数的数值进行协调、简化和统一的科学数值制度。

国家标准《优先数与优先数系》(GB/T 321—2005)规定的优先数系是由公比为 $\sqrt[5]{10}$、$\sqrt[10]{10}$、$\sqrt[20]{10}$、$\sqrt[40]{10}$、$\sqrt[80]{10}$ 且项值中含有10的整数幂的理论等比数列导出的一组近似等比的数列。各数列分别用符号R5、R10、R20、R40、R80表示,称为R5系列、R10系列等;R5、R10、R20、R40四个系列是优先数系中的常用系列,称为基本系列,见表1-2。

表1-2　优先数系的基本系列(常用值)(摘自GB/T 321—2005)

R5	R10	R20	R40	R5	R10	R20	R40	R5	R10	R20	R40
1.00	1.00	1.00	1.00			2.24	2.24		5.00	5.00	5.00
			1.06				2.36				5.30
		1.12	1.12	2.50	2.50	2.50	2.50			5.60	5.60
			1.18				2.65				6.00
	1.25	1.25	1.25			2.80	2.80	6.30	6.30	6.30	6.30
			1.32				3.00				6.70
		1.40	1.40		3.15	3.15	3.15			7.10	7.10
1.60			1.50				3.35				7.50
	1.60	1.60	1.60			3.55	3.55		8.00	8.00	8.00
			1.70				3.75				8.50
		1.80	1.80	4.00	4.00	4.00	4.00			9.00	9.00
			1.90				4.25				9.50
	2.00	2.00	2.00			4.50	4.50	10.00	10.00	10.00	10.00
			2.12				4.75				

优先数系中的任一个项值称为优先数。

采用等比数列作为优先数系可使相邻两个优先数的相对差相同,且运算方便,简单易记。在同一系列中,优先数的积、商、整数幂仍为优先数。因此,这种优先数系已成为国际上统一的数值分级制度。

1.3　产品几何技术规范(GPS)

现代《产品几何技术规范(GPS)》是国际标准化组织"尺寸与几何技术委员(ISO/TC213)"基于新一代GPS语言提出的新的国际标准体系,它以计量数学为基础,给出产品功能、技术规范、制造与计量之间的量值传递的数学方法,为产品设计、制造及计量测试人员提供了一个无歧义的信息交流平台。它的宗旨为:减少10%的图样设计中几何技术规范修订成本;减少20%制造过程中材料的浪费;节约20%检测过程中仪器、测量与评估的成本;缩短30%产品开发的周期。更重要的是能够消除技术壁垒,便于商品和服务的交流,提升企业的国际竞争能力。

1.3.1　GPS的含义

产品几何技术规范(GPS,Geometrical Product Specification)是一套有关工件几何特性的技术规范,它是覆盖产品尺寸、几何公差和表面特征的标准,贯穿于几何产品的研究、开发、设计、制造、检验、销售、使用和维修等整个过程。

1.3.2 GPS 的发展

自 20 世纪 80 年代以来,随着坐标测量技术的发展,人们逐渐发现数字化测量技术与传统测量技术之间在方法上存在着很大的分歧,因而不能再用传统的检验方法来评估数控坐标测量机(CMM)的测量结果。1993 年,丹麦科学家 P.Bennich 在进行大量的科学调查后认为,只有将产品的几何规范与检验(认证)集成一体才能解决两者之间的根本矛盾。同年 3 月,在 ISO/TC3 的建议下。成立了 ISO/TC3-10-57/JHG“联合协调工作组”。

产品几何技术规范建立于 1995 年,旨在解决上世纪上半叶制定的数十项国家标准出现的一些不适应科技进步的问题。问题主要表现为,“技术标准”与“计量检测”两个体系的重复、矛盾及衔接不当之处,这些标准已明显滞后于技术的发展。因此,新建立的 GPS 标准体系打破“技术标准”与“计量检测”两个体系的壁垒对原有的标准进行协调、修订,同时研究制定适应 CAX、三坐标测量等科技进步的新标准并整合在一起。

随着信息技术的发展,基于传统的几何精度设计和控制方法已经不能适应设计和制造技术发展的需要。公差理论和标准的落后已成为制约。随着 CAD/CAM/CAQ 的应用和发展,新工艺、新技术、新材料的应用以及加工精度从微米到纳米的提高,ISO/TC213 GPS 也随之发生了巨大的变化,已经由以几何学为基础的第一代 GPS,发展到以计量学为基础的第二代 GPS。

现代产品几何技术规范(GPS)的国际标准体系蕴含工业化大生产的基本特征,反映先进制造技术发展的要求,为产品技术评估提供了“通用语言”,有利于产品的设计、制造及检测,通过对规范和认证过程的不确定度处理,实现资源的自动优化分配,隐含着制造业巨大的利润。因此,新一代 GPS 标志着标准和计量进入了一个全新的时代。

1.3.3 GPS 的作用

GPS 的发展与应用有多种原因,最根本的是使产品的一些基本性能得到了保证,主要体现在:

(1)功能性。例如,如果组成机床的零件能够满足一定的几何公差(如导轨的直线度)要求,机床才能够良好地工作。

(2)安全性。例如,如果发动机的曲轴表面通过磨削加工能够达到规定的粗糙度要求,那么因疲劳断裂损坏发动机的危险性就会大大降低。

(3)独立性。例如,保证压缩机气缸的粗糙度要求,就可以直接保证机器的使用寿命。

(4)互换性。互换性作为 GPS 的最初应用,其目的是有利于机器或设备的装配和修理。

1.4 本课程的研究对象及任务

本课程是高等院校机械类、仪器仪表类和机电一体化类各专业必修的主干技术基础课程。它包含几何量公差与误差检测两大方面的内容,把标准化和计量学两个领域的有关部分有机地结合在一起,与机械设计、机械制造、质量控制等多方面工作密切相关,是机械工程技术人员和管理人员必备的基本知识技能。

本课程的研究对象就是几何参数的互换性,即研究如何通过规定公差合理解决机器使用要求与制造要求之间的矛盾,及如何运用技术测量手段保证国家公差标准的贯彻实施。通过对本课程的学习，学生应达到以下要求：

(1)掌握互换性的基本概念，掌握各有关公差标准的基本内容、特点和表格的使用方法，能根据零件的使用要求，初步选用其公差等级、配合种类、几何公差及表面质量参数值等，并能在图样上进行正确的标注。

(2)建立技术测量的基本概念，了解常用测量方法与测量器具的工作原理，通过实验，初步掌握测量操作技能，并分析测量误差与处理测量结果。会设计光滑极限量规。

总之，本课程的任务是使学生掌握互换性与测量技术的基本理论、基本知识和基本技能，了解互换性和测量技术学科的现状和发展趋势，具有继续自学并结合工程实践应用、扩展的能力。

习　题　1

1-1　什么是互换性？互换性的优越性有哪些？

1-2　互换性的分类有哪些？完全互换和不完全互换有何区别？

1-3　误差、公差、检测、标准化与互换性有什么关系？

1-4　什么是标准和标准化？

1-5　为何要采用优先数系？R5、R10、R20、R40 系列各代表什么？

2 技术测量基础

度量指标;测量误差和处理。

为保证机械零件的互换性和精度,经常需要对完工零件的几何量加以检验或测量,并判断这些几何量是否符合设计要求。首先应保证计量单位的统一和量值的准确;同时,应正确选择计量器具和测量方法,完成对完工零件几何量的测量,并研究对不同测量误差和测量数据的处理。

2.1 技术测量基础知识

测量是人类认识和改造客观世界的重要手段之一,通过测量,人们对客观事物获得了数量上的概念,做到了"心中有数"。在生产和科学实验中,经常需要对各种量进行测量。

在机械制造业中,为了保证机械产品的互换性和精度,需要对加工后的零件进行几何量的测量或检验,以判断它们是否符合技术要求。在测量或检验过程中,如何保证计量单位统一和测量数据的准确是一个十分重要的问题。为获得被测几何量的可靠测量结果,还应正确选择测量方法和测量器具,研究测量误差和测量数据的处理方法。

在机械制造业中的技术测量或精密测量主要是指几何量的测量,即长度、角度、表面粗糙度和几何误差等的测量。测量结果的精确与否直接影响机械零部件的互换性,因此,测量在互换性生产中十分重要,它是保证机械零部件具有互换性必不可少的重要措施和手段。

2.1.1 测量的定义

测量就是将被测几何量与具有计量单位的标准量在数值上进行比较,从而确定两者比值大小的实验过程。若以 L 表示被测量,以 E 表示测量单位或标准量,以 q 表示测量值,则有:

$$q=L/E$$

例如,某一被测长度 L,与毫米(mm)作单位的 E 进行比较,得到的比值 q 为 10.5,则被测量长度 $L=10.5$ mm。

2.1.2 测量过程四要素

一个完整的几何量测量过程应包括以下四个要素。

1. 被测对象

被测对象在技术测量中指几何量,包括长度、角度、几何误差、表面粗糙度以及单键、花键、螺纹、齿轮等典型零件的各个几何参数的测量。

2. 计量单位

计量单位是几何量中的长度、角度单位。常用的长度单位有米(m)、毫米(mm)、微米(μm)和纳米(nm)等。平面角的角度单位为弧度(rad)、微弧度(μrad)及度(°)、分(′)、秒(″)。

3. 测量方法

测量方法指测量时所采用的测量原理、计量器具和测量条件的综合,一般情况下,多指获得测量结果的方式方法。

4. 测量精度

测量精度即准确度,指测量结果与真值的一致程度,即测量结果的可靠程度。在测量技术领域和技术监督工作中,还经常用到检验和检定两个术语。

检验是确定被检几何量是否在规定的极限范围内,从而判断其是否合格的实验过程。检验通常用量规、样板等专用定值无刻度量具来判断被检对象的合格性,所以它不能得到被测量的具体数值。

检定是指评定计量器具的精度指标是否合乎该计量器具的检定规程的全部过程。例如,用量块来检定千分尺的精度指标等。

2.1.3 测量基准和尺寸传递系统

1. 长度尺寸基准和传递系统

在我国法定计量单位制中,长度的基本单位是米(m)。1983 年第十七届国际计量大会的决议,规定米的定义为:1 m 是光在真空中,在 1/299 792 458 s 的时间间隔内的行程长度。国际计量大会推荐用稳频激光辐射来复现它,1985 年 3 月起,我国用碘吸收稳频的 0.633 μm 氦氖激光辐射波长作为国家长度基准,其频率稳定度为 1×10^{-9},国际上少数国家已将频率稳定度提高到 10^{-14},我国于 20 世纪 90 年代初采用单粒子存储技术,已将辐射频率稳定度提高到 10^{-17}的水平。

在实际生产和科学研究中,不可能都直接利用激光辐射的光波长度基准去校对测量器具或进行零件的尺寸测量,通常要经过工作基准——线纹尺和量块,将长度基准的量值准确地逐级传递到生产中应用的计量器具和零件上去,以保证量值的准确一致。长度量值传递系统,如图 2-1 所示。

2. 角度尺寸基准和传递系统

角度计量也属于长度计量范畴,弧度可用长度比值求得,一个圆周角定义为 360°,因此角度不必再建立一个自然基准。但在实际应用中,为了稳定和测量的需要,仍然必须要建立角度量值基准,以及角度量值的传递系统。以往常以角度量块作基准,并以它进行角度量值的传递;近年来,随着角度计量要求的不断提高,出现了高精度的测角仪和多面棱体。角度量值传递系统如图 2-2 所示。

3. 量块

量块是一种无刻度的标准端面量具。其制造材料多为特殊合金钢,形状一般为长方六面体结构,六个平面中有两个互相平行的极为光滑平整的测量面,两测量面之间具有精确的工作尺寸,如图 2-3 所示。量块主要用作尺寸传递系统中的中间标准量具,或在相对法测量时作为标准件调整仪器的零位。

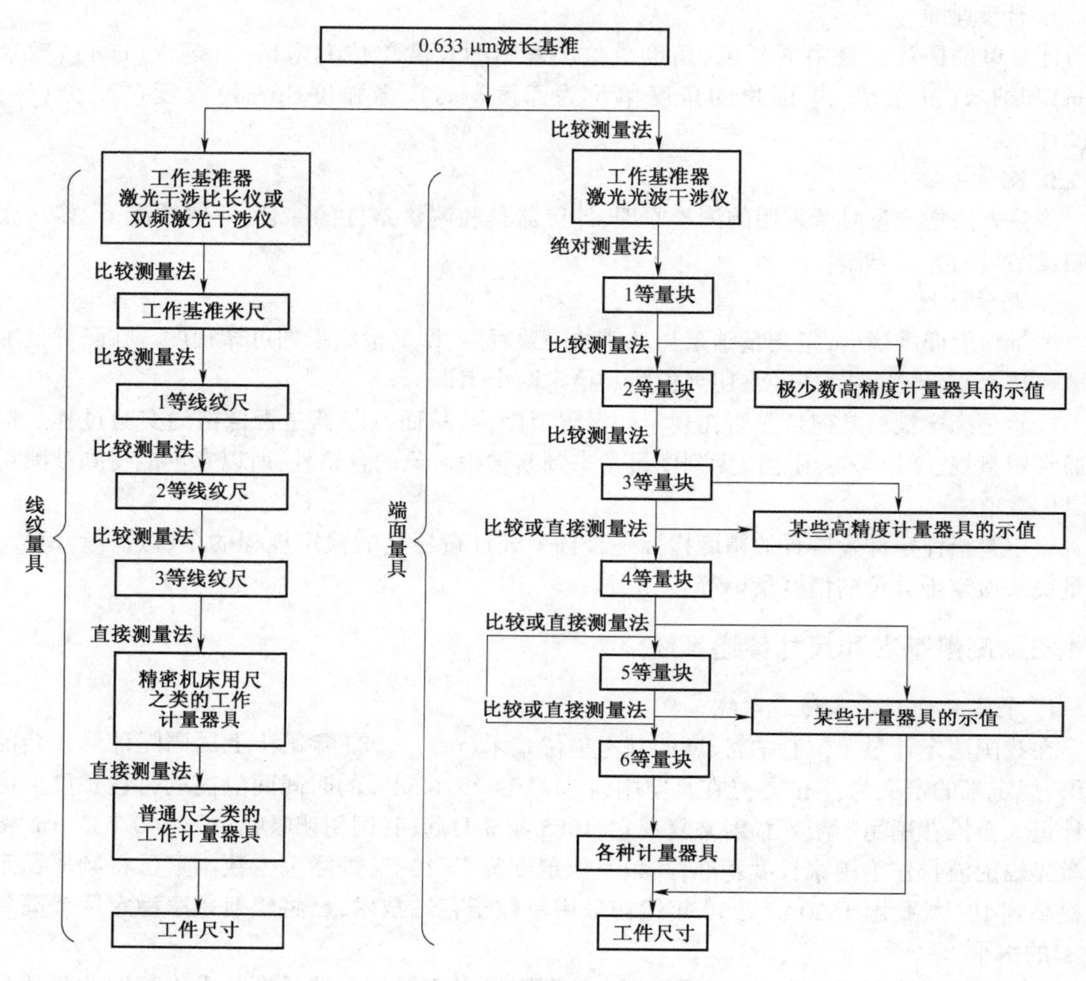

图 2-1　长度量值传递系统

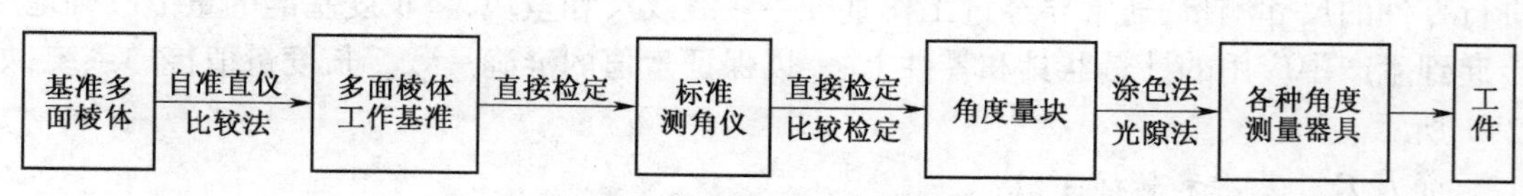

图 2-2　角度量值传递系统

(1)量块的尺寸

量块长度是其一个测量面上任意一点(距边缘 0.8 mm 区域除外)到与另一个测量面相研合的平晶表面的垂直距离。测量面上中心点的量块长度 L,为量块的中心长度,如图 2-4 所示。量块上标出的数字为量块长度的标称值,称为标称长度。尺寸小于 6 mm 的量块,长度示值刻在测量面上;尺寸大于或等于 6 mm 的量块,长度示值刻在非测量面上,且该表面的左右侧面为测量面。

量块按一定的尺寸系列成套生产,国家量块标准中规定了 17 种成套的量块系列,表 2-1 为从标准中摘录的几套量块的尺寸系列。

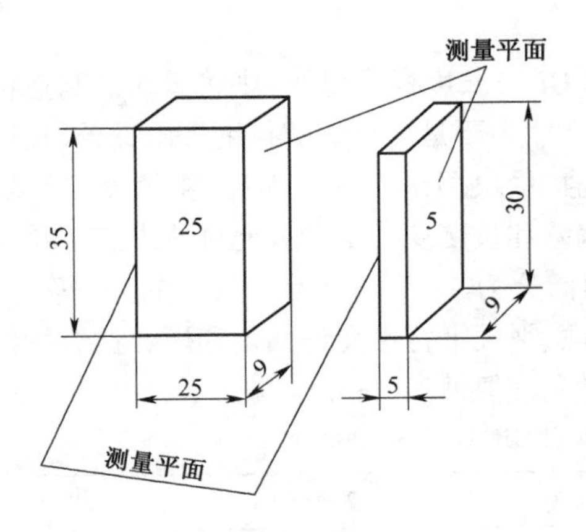

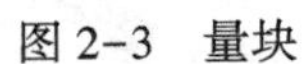

图 2-3　量块

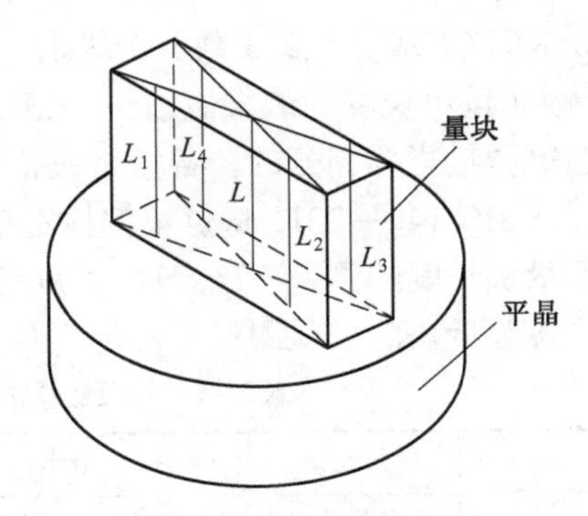

图 2-4　量块长度

在组合量块尺寸时，为获得较高尺寸精度，应力求以最少的量块数组成所需的尺寸。例如，需组成尺寸为 38.965 mm，若使用 83 块一套的量块，参考表 2-1，可按如下步骤选择量块尺寸。

38.965 ……………… 需要的量块尺寸
− 1.005 ……………… 第一块量块尺寸

37.96
− 1.46 ……………… 第二块量块尺寸

36.5
− 6.5 ……………… 第三块量块尺寸

30 ……………… 第四块量块尺寸

表 2-1　成套量块的尺寸（摘自 GB/T 6093—2001）

套别	总块数	级别	尺寸系列（mm）	间隔（mm）	块数
2	83	00,0,1,2,(3)	0.5	—	1
			1	—	1
			1.005	—	1
			1.01,1.02,…,1.49	0.01	49
			1.5,1.6,…,1.9	0.1	5
			2.0,2.5,…9.5	0.5	16
			10,20,…100	10	10
3	46	0,1,2	1	—	1
			1.001,1.002,…,1.009	0.001	9
			1.01,1.02,…,1.09	0.01	9
			1.1,1.2,…,1.9	0.1	9
			2,3,…,9	1	8
			10,20,…,100	10	10
5	10	00,0,1	0.991,0.992,…,1	0.001	10
6	10	00,0,1	1,1.001,…,1.009	0.001	10

注：带( )的等级，根据定货供应。

(2)量块的精度

国家标准 GB/T 6093—2001《几何量技术规范(GPS)长度标准量块》中将量块的制造精度分为0、K(校准级)、1、2、3共五个级别。量块的分“级”主要是按量块的长度极限偏差、长度变动量最大(量块长度的最大值与最小值之差)允许值、量块测量面的平面度、粗糙度及量块的研合性等质量指标划分的。各级量块长度的极限偏差和长度变动量最大允许值见表2-2。

标准 JJG 146—2011 将量块按检定精度由高到低分为1~5共五等。量块的分“等”主要是根据量块长度的测量不确定度、长度变动量允许值、平面平行性允许偏差和研合性等指标划分的。各等量块的长度测量不确定度及长度变动量允许值见表2-3。

表2-2　各级量块的精度指标(摘自 GB/T 6093—2001)

标称长度(mm)	K级		0级		1级		2级		3级	
	①	②	①	②	①	②	①	②	①	②
	(μm)									
~10	0.20	0.05	0.12	0.10	0.20	0.16	0.45	0.30	1.0	0.50
>10~25	0.30	0.05	0.14	0.10	0.30	0.16	0.30	1.2	0.50	0.50
>25~50	0.40	0.06	0.20	0.10	0.40	0.18	0.80	0.30	1.6	0.55
>50~75	0.50	0.06	0.25	0.12	0.50	0.18	1.00	0.35	2.0	0.55
>75~100	0.60	0.07	0.30	0.12	0.60	0.20	1.20	0.35	2.5	0.60
>100~150	0.80	0.08	0.40	0.14	0.80	0.20	1.60	0.4	3.0	0.65
>150~200	1.00	0.09	0.50	0.16	1.00	0.25	2.00	0.4	4.0	0.70
>200~250	1.20	0.10	0.60	0.16	1.20	0.25	2.40	0.45	3.0	0.75

注:①量块长度的极限偏差(±);
②量块长度变动量最大允许值。

表2-3　各等量块的精度指标(摘自 JJG 146—2011)

标称长度(mm)	1等		2等		3等		4等		5等	
	①	②	①	②	①	②	①	②	①	②
	(μm)									
~10	0.022	0.05	0.06	0.10	0.11	0.16	0.22	0.30	0.6	0.5
>10~25	0.025	0.05	0.07	0.10	0.12	0.16	0.25	0.30	0.6	0.5
>25~50	0.030	0.06	0.08	0.10	0.15	0.18	0.30	0.30	0.8	0.55
>50~75	0.035	0.06	0.09	0.12	0.18	0.18	0.35	0.35	0.9	0.5
>75~100	0.040	0.07	0.10	0.12	0.20	0.20	0.40	0.35	1.0	0.6
>100~150	0.05	0.08	0.12	0.14	0.25	0.20	0.50	0.40	1.2	0.65
>150~200	0.06	0.09	0.15	0.16	0.30	0.25	0.60	0.40	1.5	0.7
>200~250	0.07	0.10	0.18	0.16	0.35	0.25	0.70	0.45	1.8	0.75

注:①量块长度测量的不确定度允许值(±);
②长度变动量允许值。

(3)量块的使用

量块的使用方法可分为按“级”使用和按“等”使用。

量块按“级”使用时,是以量块的标称长度作为工作尺寸,即不计量块的制造误差和磨损误差,但它们将被引入到测量结果中,使测量精度受到影响,但因不需加修正值,因此使用方便。

量块按“等”使用时，是用量块经检定后所给出的实际中心长度尺寸作为工作尺寸。例如，某一标称长度为 10 mm 的量块，经检定其实际中心长度与标称长度之差为-0.3 μm，则工作尺寸为 9.999 7 mm。这样就消除了量块的制造误差影响，提高了测量精度。但是，在检定量块时，不可避免地存在一定的测量方法误差，它将作为测量误差而被引入到测量结果中。

2.1.4 计量器具和测量方法

1. 计量器具

1）计量器具的分类

测量仪器和测量工具统称为计量器具，按其原理、结构特点及用途可分为：

（1）基准量具。用来校对或调整计量器具，或作为标准尺寸进行相对测量的量具称为基准量具，如量块等。

（2）通用计量器具。能将被测量转换成可直接观测的指示值或等效信息的测量工具，按其工作原理可分类如下：

①游标类量具，如游标卡尺、游标高度尺等。

②螺旋类量具，如千分尺、公法线千分尺等。

③机械式量仪，如百分表、千分表、齿轮杠杆比较仪、扭簧比较仪等。

④光学量仪，如光学计、光学测角仪、光栅测长仪、激光干涉仪等。

⑤电动量仪，如电感比较仪、电动轮廓仪、容栅测位仪等。

⑥气动量仪，如水柱式气动量仪、浮标式气动量仪等。

⑦计算机化量仪，如计算机控制的数显万能测长仪和三坐标测量机等。

（3）极限量规类。一种没有刻度的专用检验工具，如塞规、卡规、螺纹量规、功能量规等。

（4）检验夹具。也是一种专用的检验工具，它在和相应的计量器具配套使用时，可方便地检验出被测件的各项参数，如检验滚动轴承用的各种检验夹具，可同时测出轴承套圈的尺寸及径向或轴向圆跳动等。

2）计量器具的度量指标

计量器具的度量指标是表征计量器具的性能和功用的指标，也是选择和使用计量器具的依据。

（1）分度值（i）：计量器具刻度尺或刻度盘上相邻两刻线所代表的量值之差。例如：千分尺的分度值 $i=0.01$ mm。分度值是量仪能指示出被测件量值的最小单位。对于数字显示仪器的分度值称为分辨率，它表示最末一位数字间隔所代表的量值之差。

（2）刻度间距（a）：量仪刻度尺或刻度盘上两相邻刻线的中心距离，通常 a 值取 1～1.25 mm。

（3）示值范围（b）：计量器具所指示或显示的最低值到最高值的范围。

（4）测量范围（B）：在允许误差限内，计量器具所能测量零件的最低值到最高值的范围。

（5）灵敏度（K）：计量器具对被测量变化的反应能力。若用 ΔL 表示被观测变量的增量，用 ΔX 表示被测量的增量，则 $K=\Delta L/\Delta X$ 。

（6）灵敏限：能引起计量器具示值可觉察变化的被测量的最小变化值。

（7）测量力：测量过程中，计量器具与被测表面之间的接触力。在接触测量中，希望测量力是一定量的恒定值。测量力太大会使零件产生变形,测量力不恒定会使示值不稳定。

(8)示值误差:计量器具示值与被测量真值之间的差值。

(9)示值变动性:在测量条件不变的情况下,对同一被测量进行多次重复测量时,其读数的最大变动量。

(10)回程误差:在相同测量条件下,对同一被测量进行往返两个方向测量时,量仪的示值变化。

(11)不确定度:在规定条件下测量时,由于测量误差的存在,对测量值不能肯定的程度。计量器具的不确定度是一项综合精度指标,它包括测量仪的示值误差、示值变动性、回程误差、灵敏限以及调整标准件误差等综合影响。

2. 测量方法及其分类

1)按测得示值方式不同可分为绝对测量和相对测量

绝对测量:在计量器具的读数装置上可表示出被测量的全值。例如,用千分尺或测长仪测量零件直径或长度,其实际尺寸可由刻度尺直接读出。

相对测量:在计量器具的读数装置上只标示出被测量相对已知标准量的偏差值。例如用量块(或标准件)调整比较仪的零位,然后再换上被测件,则比较仪所指示的是被测件相对于标准件的偏差值。

2)按测量结果获得方法不同分为直接测量和间接测量

直接测量:用计量器具直接测量被测量的整个数值或相对于标准量的偏差。例如,用千分尺测轴径,用比较仪和标准件测轴径等。

间接测量:测量与被测量有函数关系的其他量,再通过函数关系式求出被测量。例如,为求某圆弧样板的劣弧(通常把小于半圆的圆弧称为劣弧)半径 R,可通过测量其弦高 h 和弦长 s,按下式求出 R,即

$$R = \frac{s^2}{8h} + \frac{h}{2}$$

3)按同时测量被测参数的多少可分为单项测量和综合测量

单项测量:对被测件的个别参数分别进行测量。例如,分别测量螺纹的中径、螺距和牙型半角。

综合测量:同时检测工件上的几个有关参数,综合地判断工件是否合格。例如,用螺纹量规检验螺纹作用中径的合格性(综合检验其中径、螺距和牙型半角误差对合格性的影响)。

此外,按被测量在测量过程中所处的状态可分为静态测量和动态测量;按被测表面与量仪间是否有机械作用的测量力可分为接触测量与不接触测量;按测量过程中决定测量精度的因素或条件是否相对稳定可分为等精度测量和不等精度测量等。

2.2 测量误差及数据处理

2.2.1 测量误差及其产生的原因

1. 测量误差(δ)

测量误差 δ 是测得值与被测量真值之差。按测量误差的表达方式,测量误差分为绝对误

差和相对误差。

1) 绝对误差

绝对误差是测得值与被测量真值之差。若以 x 表示测得值,Q 表示真值,则有

$$\delta = x - Q \tag{2-1}$$

一般说来,被测量的真值是不知道的。在实际测量时,常用相对真值或不存在系统误差情况下的多次测量的算术平均值来代替真值使用。

如果用$\pm\delta_{\lim}$表示测得值 x 的极限误差,则测量结果可表示为

$$Q = x \pm \delta_{\lim} \tag{2-2}$$

2) 相对误差

相对误差 ε 为测量的绝对误差的绝对值与被测量真值之比。常用百分数表示,即

$$\varepsilon = \frac{|\delta|}{Q} \times 100\% \approx \frac{|\delta|}{x} \times 100\% \tag{2-3}$$

式(2-3)反映测得值偏离真值大小的程度。对同一尺寸的测量,$|\delta|$ 愈小,x 愈接近 Q,测量精度愈高。但是对不同尺寸的测量,测量精度的高低却不适合用绝对误差的大小来评定,而需用相对误差来评定。

2. 测量误差产生的原因

1) 测量器具误差

测量器具误差是由测量器具的设计、制造、装配和使用调整的不准确而引起的误差。如测量器具的设计偏离阿贝原则(将标准长度量安放在被测长度量的延长线上的原则)、分度盘安装偏心等。

2) 基准件误差

基准件误差是作为标准量的基准件本身存在的误差。如量块的制造误差等。

3) 测量方法误差

测量方法误差是由于测量方法不完善(包括计算公式不精确,测量方法选择不当,测量时定位装夹不合理)所产生的误差。

4) 环境条件引起的误差

环境条件引起的误差是测量时的环境条件不符合标准条件所引起的误差。如温度、湿度、气压、照明等不符合标准以及计量器具或工件上有灰尘,测量时有振动等引起的误差。

5) 人为误差

人为误差是人为原因所引起的误差。如测量人员技术不熟练、视力分辨能力差,估读判断不准等引起的误差。

总之,产生测量误差的原因很多,在分析误差时,应找出产生测量误差的主要原因,采取相应的措施消除或减少其对测量结果的影响,以保证测量结果的精度。

2.2.2 测量误差的分类与处理

测量误差按其性质可分为随机误差、系统误差和粗大误差三类。

1. 随机误差及其评定

随机误差是在相同测量条件下,多次测量同一量值时,误差的绝对值和符号以不可预定的方式变化的误差。

随机误差的产生是由于测量过程中各种随机因素引起的，例如，测量过程中，温度的波动、震动、测力不稳以及观察者的视觉等。随机误差的数值通常不大，虽然某一次测量的随机误差大小、符号不能预料，但是进行多次重复测量，对测量结果进行统计、预算，就可以看出随机误差符合一定的统计规律。

1）随机误差的分布规律和特性

大量测量实践的统计分析表明，随机误差的分布曲线多呈正态分布。正态分布曲线如图2-5所示。由此可归纳出随机误差具有以下几个分布特性：

(1)单峰性。绝对值小的误差比绝对值大的误差出现的概率大。

(2)对称性。绝对值相等的正、负误差出现的概率相等。

(3)有界性。在一定的测量条件下，随机误差的绝对值不会超过一定界限。

(4)抵偿性。随着测量次数的增加，随机误差的算术平均值趋于零。

2）随机误差的评定

正态分布曲线的数学表达式为

$$y = \frac{1}{\sigma\sqrt{2\pi}} e^{-\frac{\delta^2}{\sigma^2}} \tag{2-4}$$

式中　y——概率密度；

δ——随机误差；

σ——标准偏差。

由图2-5可知，当$\delta=0$时，概率密度最大，且有$y_{max}=\frac{1}{\sigma\sqrt{2\pi}}$，概率密度的最大值$y_{max}$与标准偏差$\sigma$成反比，即$\sigma$越小，$y_{max}$越大，分布曲线越陡峭，测得值越集中，亦即测量精度越高；反之，σ越大，y_{max}越小，分布曲线越平坦，测得值越分散，亦即测量精度越低。图2-6所示为三种标准偏差的分布曲线。$\sigma_1<\sigma_2<\sigma_3$，所以标准偏差$\sigma$表征随机误差的分散程度，也就是测量精度的高低。

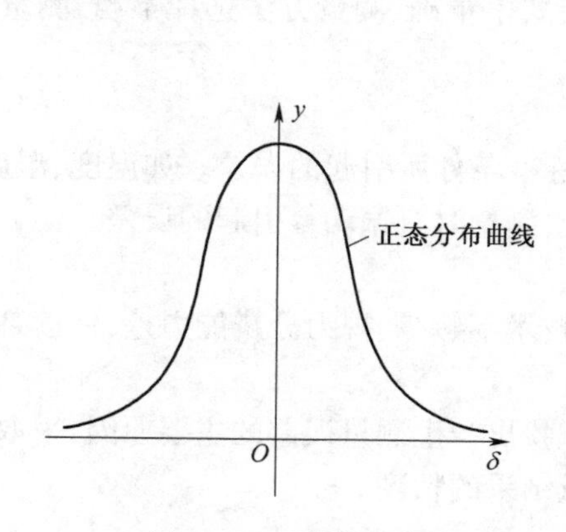

图2-5　正态分布曲线

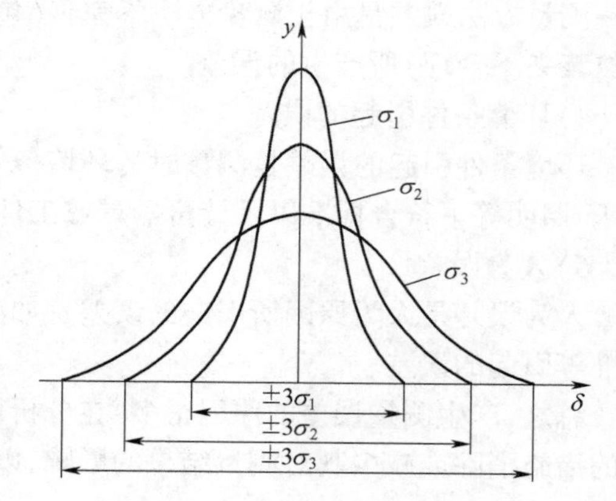

图2-6　标准偏差对概率密度的影响

标准偏差σ和算术平均值$\bar{x}$也可通过有限次的等精度测量实验求出，其计算式为

$$\sigma = \sqrt{\frac{\sum_{i=1}^{n}(x_i - x)^2}{n-1}} \tag{2-5}$$

$$\bar{x}=\frac{1}{n}\sum_{i=1}^{n}x_i \tag{2-6}$$

式中　x_i——第 i 次测量值；

$\bar{x}$——n 次测量的算术平均值；

n——测量次数(一般 n 取 10~20)。

由概率论可知,全部随机误差的概率之和为 1,即

$$P=\int_{-\infty}^{+\infty}y\mathrm{d}\delta=\frac{1}{\sigma\sqrt{2\pi}}\int_{-\infty}^{+\infty}\mathrm{e}^{-\frac{\delta^2}{2\sigma^2}}\mathrm{d}\delta=1 \tag{2-7}$$

随机误差出现在区间($-|\delta|$,$+|\delta|$)内的概率为

$$P=\frac{1}{\sigma\sqrt{2\pi}}\int_{-|\delta|}^{+|\delta|}\mathrm{e}^{-\frac{\delta^2}{2\sigma^2}}\mathrm{d}\delta$$

若令 $t=\frac{\delta}{\sigma}$,则 $\mathrm{d}t=\frac{\mathrm{d}\delta}{\sigma}$,于是有

$$P=\frac{1}{\sqrt{2\pi}}\int_{-|t|}^{+|t|}\mathrm{e}^{\frac{-t^2}{2}}\mathrm{d}t=\frac{2}{\sqrt{2\pi}}\int_{0}^{|t|}\mathrm{e}^{-\frac{t^2}{2}}\mathrm{d}t=2\Phi(t)$$

$$\Phi(t)=\frac{1}{\sqrt{2\pi}}\int_{0}^{|t|}\mathrm{e}^{-\frac{t^2}{2}}\mathrm{d}t \tag{2-8}$$

式中　$\Phi(t)$——拉普拉斯函数。表 2-4 为从 $\Phi(t)$ 表中查得的 4 个特殊 t 值对应的概率。

表 2-4　拉普拉斯函数表

t	$\lvert\delta\rvert=\lvert t\sigma\rvert$	不超出 $\lvert\delta\rvert$ 的概率 $P=2\Phi(t)$	超出 $\lvert\delta\rvert$ 的概率 $\alpha=1-2\Phi(t)$
1	1σ	0.682 6	0.317 4
2	2σ	0.954 4	0.045 6
3	3σ	0.997 3	0.002 7
4	4σ	0.999 36	0.000 64

在仅存在符合正态分布规律的随机误差的前提下,如果用某仪器对被测工件只测量一次,或者虽然测量了多次,但任取其中一次作为测量结果,我们可认为该单次测量值 x_i 与被测量真值 Q(或算术平均值 $\bar{x}$)之差不会超过 $\pm3\sigma$ 的概率为 99.73%,而超出此范围的概率只有 0.27%,因此,通常我们把相应于置信概率 99.73% 的 $\pm3\sigma$ 作为测量极限误差,即

$$\pm\delta_{\lim}=\pm3\sigma \tag{2-9}$$

为了减小随机误差的影响,可以采用多次测量并取其算术平均值表示测量结果,显然,算术平均值 $\bar{x}$ 比单次测量值 x_i 更加接近被测量真值 Q,但 $\bar{x}$ 也具有分散性,不过它的分散程度比 x_i 的分散程度小,用 $\sigma_{\bar{x}}$ 表示算术平均值的标准偏差,其数值与测量次数 n 有关,即

$$\sigma_{\bar{x}}=\frac{\sigma}{\sqrt{n}} \tag{2-10}$$

若以多次测量的算术平均值 $\bar{x}$ 表示测量结果,则 $\bar{x}$ 与真值 Q 之差不会超过 $\pm3\sigma_{\bar{x}}$,即

$$\pm\delta_{\lim\bar{x}}=\pm3\sigma_{\bar{x}} \tag{2-11}$$

【例 2-1】　在某仪器上对某零件尺寸进行 10 次等精度测量,得到表 2-5 所示的测量值

x_i。已知测量中不存在系统误差,试计算测量列的标准偏差 σ、算术平均值的标准偏差 $\sigma_{\bar{x}}$,并分别给出以单次测量值作为结果和以算术平均值作为结果的精度。

表 2-5 测量数据

测量序号 i	测量值 x_i(mm)	$x_i-\bar{x}$(μm)	$(x_i-\bar{x})^2$(μm^2)
1	40.008	+1	1
2	40.004	-3	9
3	40.008	+1	1
4	40.009	+2	4
5	40.007	0	0
6	40.008	+1	1
7	40.007	0	0
8	40.006	-1	1
9	40.008	+1	1
10	40.005	-2	4
	$\bar{x}=\frac{1}{10}\sum_{i=1}^{10}x_i=40.0$	$\sum_{i=1}^{10}(x_i-\bar{x})=0$	$\sum_{i=1}^{10}(x_i-\bar{x})^2=22$

【解】 由式(2-5)、式(2-6)、式(2-10)得测量列的算术平均值、测量列的标准偏差和算术平均值的标准偏差分别为

$$\bar{x}=\frac{1}{10}\sum_{i=1}^{10}x_i=40.007\ \text{mm}$$

$$\sigma=\sqrt{\frac{\sum_{i=1}^{n}(x_i-\bar{x})^2}{n-1}}=\sqrt{\frac{22}{10-1}}\ \mu\text{m}\approx 1.6\ \mu\text{m}$$

$$\sigma_{\bar{x}}=\frac{\sigma}{\sqrt{n}}=\frac{1.6}{\sqrt{10}}\ \mu\text{m}\approx 0.5\ \mu\text{m}$$

因此,以单次测量值作为结果时,不确定度为 $\pm 3\sigma\approx\pm 5\ \mu\text{m}$。以算术平均值作为结果时,不确定度为 $\pm 3\sigma_{\bar{x}}=\pm 1.5\ \mu\text{m}$。所以,该零件的最终测量结果表示为:

$$Q=\bar{x}\pm 3\sigma_{\bar{x}}=(40.007\pm 0.0015)\ \text{mm}$$

2. 系统误差及其消除

系统误差是指在相同测量条件下,多次重复测量同一量值,测量误差的大小和符号保持不变或按一定规律变化的误差。

系统误差可分为定值的系统误差和变值的系统误差,前者如千分尺的零位不正确引起的误差,后者如在万能工具显微镜(简称万工显)上测量长丝杠的螺距误差时,由于温度有规律地升高而引起丝杠长度变化的误差。对这两种数值大小和变化规律已被确切掌握了的系统误差,又称已定系统误差。不易确切掌握误差大小和符号,但是可以估计其数值范围的误差,称为未定系统误差。例如,万工显的光学刻线尺的误差为 $\pm(1+L/200)\ \mu\text{m}$,($L$ 是以 mm 为单位的被测件长度),若测量时,对刻线尺的误差不作修正,则该项误差可视为未定系统误差。

在实际测量中,应设法避免产生系统误差。如果难以避免,则应设法加以消除或减小系统误差。消除和减小系统误差的方法有以下几种。

1)从产生系统误差的根源消除

这是消除系统误差的最根本方法。例如调整好仪器的零位,正确选择测量基准,保证被测零件和仪器都处于标准温度条件等。

2)用加修正值的方法消除

对于标准量具或标准件以及计量器具的刻度,都可事先用更精密的标准件检定其实际值与标准值的偏差,然后将此偏差作为修正值在测量结果中予以消除。例如:按“等”使用量块,按修正值使用测长仪的读数,测量时温度偏离标准温度而引起的系统误差也可以计算出来。

3)用两次读数法消除

若用两种测量法测量,产生的系统误差的符号相反,大小相等或相近,则可以用这两种测量方法测得值的算术平均值作为结果,从而消除系统误差。例如,在工具显微镜上测量螺距时,由于安装误差使左、右牙侧面产生绝对值相等、符号相反的定值系统误差,因此可分别测出左、右牙侧面的螺距后,以两者的算术平均值作为结果。

4)利用被测量物之间的内在联系消除

有些被测量物各测量值之间存在必然的关系。例如,正多面棱体是一种高准确度的角度计量标准器具,其各角度之和是封闭的,即 360°,因此在用自准仪检定其各角度时,可根据其角度之和为 360°这一封闭条件,消除检定中的系统误差。又如,在用齿距仪按相对法测量齿轮的齿距累积误差时,可根据齿轮从第 1 个齿距误差累积到最后 1 个齿距误差时,其累积误差应为零这一关系来修正测量时的系统误差。

3. 粗大误差及其剔除

粗大误差也称过失误差,是指超出规定条件下预期的误差。

粗大误差的产生是由于某些不正常的原因所造成的。例如,测量者的粗心大意,测量仪器和被测件的突然震动,以及读数或记录错误等。由于粗大误差一般数值较大,它会显著地歪曲测量结果,因此它是不允许存在的。若发现有粗大误差,则应按一定准则加以剔除。

发现和剔除粗大误差的方法,通常是用重复测量或者改用另一种测量方法加以核对。对于等精度多次测量值,判断和剔除粗大误差较简便的方法是按 3σ 准则。所谓 3σ 准则,即在测量列中,凡是测量值与算术平均值之差(又称剩余误差)绝对值大于标准偏差 σ 的 3 倍,即认为该测量值具有粗大误差,应从测量列中将其剔除。例如,在例 2-1 中,已求得该测量列的标准偏差 $\sigma=1.6\ \mu m$,$3\sigma=4.8\ \mu m$。可以看出 10 次测量的剩余误差 $x_i-\bar{x}$ 值均不超过 4.8 μm,则说明该测量列中没有粗大误差。倘若某测量值的剩余误差 $x_i-\bar{x}>4.8\ \mu m$,则应视该测量值有粗大误差而将其从测量列中剔除。

2.2.3　测量精度的分类

系统误差与随机误差的区别及其对测量结果的影响,可以进一步以打靶为例加以说明。如图 2-7 所示,圆心为靶心,图 2-7(a)表现为弹着点密集但偏离靶心,说明随机误差小而系统误差大;图 2-7(b)表示弹着点围绕靶心分布,但很分散,说明系统误差小而随机误差大;图 2-7(c)表示弹着点既分散又偏离靶心,说明随机误差与系统误差都大;图 2-7(d)表示弹着点既围绕靶心分布而且弹着点又密集,说明系统误差与随机误差都小。

根据上述概念,在测量领域中可把精度进一步分类为

(1)精密度。表示测量结果中随机误差的影响程度。若随机误差小,则精密度高。

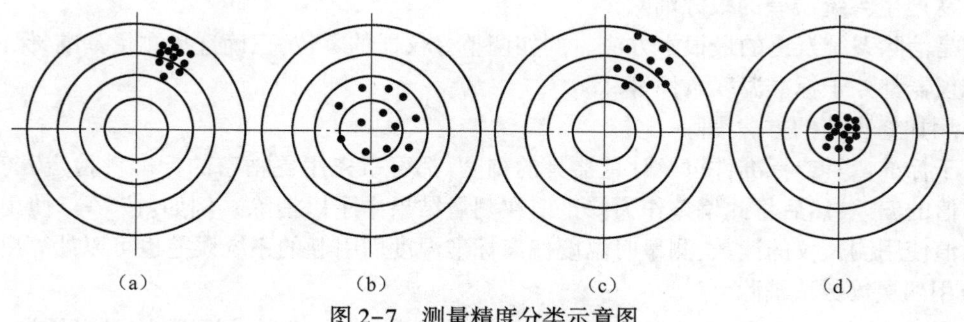

图 2-7　测量精度分类示意图

(2)正确度。表示测量结果中系统误差的影响程度。若系统误差小,则正确度高。

(3)准确度(也称精确度)。表示测量结果中随机误差和系统误差综合的影响程度。若随机误差和系统误差都小,则准确度高。

由上述分析可知,在图 2-7 中,图 2-7(a)所示为精密度高而正确度低;图 2-7(b)所示为正确度高而精密度低;图 2-7(c)所示为精密度与正确度都低;图 2-7(d)所示为精密度与正确度都高,因而准确度也高。

2.2.4　测量误差合成

对于较重要的测量,不但要给出正确的测量结果,而且还应给出该测量结果的极限误差($\pm\delta_{\lim}$)。对于一般的简单的测量,可从仪器的使用说明书或检定规程中查得仪器的测量不确定度,以此作为测量极限误差。而对于一些较复杂的测量,或对于专门设计的测量装置,没有现成的资料可查,只好分析测量误差的组成项并计算其数值,然后按一定方法综合成测量方法极限误差,这个过程就称为测量误差的合成。测量误差的合成包括两类:直接测量法测量误差的合成和间接测量法测量误差的合成。

1. 直接测量法

直接测量法测量误差的主要来源有仪器误差、测量方法误差、基准件误差等,这些误差都称为测量总误差的误差分量。这些误差按其性质区分,既有已定系统误差,又有随机误差和未定系统误差,通常它们可以按下列方法合成。

(1)已定系统误差按代数和法合成,即

$$\delta_x = \delta_{x_1} + \delta_{x_2} + \cdots + \delta_{x_n} = \sum_{i=1}^{n} \delta_{xi} \tag{2-12}$$

式中　δ_{xi}——各误差分量的系统误差。

(2)对于符合正态分布、彼此独立的随机误差和未定系统误差,按方根法合成,即

$$\pm\delta_{\lim i} = \pm\sqrt{\delta_{\lim 1}^2 + \delta_{\lim 2}^2 + \cdots + \delta_{\lim n}^2} = \pm\sqrt{\sum_{i=1}^{n} \delta_{\lim i}^2} \tag{2-13}$$

式中　$\pm\delta_{\lim i}$——第 i 个误差分量的随机误差或未定系统误差的极限值。

2. 间接测量法

间接测量是被测的量 y 与直接测量的量 $x_1, x_2, \cdots, x_n$ 有一定的函数关系,即

$$y = f(x_1, x_2, \cdots, x_n)$$

当测量值 $x_1, x_2, \cdots, x_n$ 有系统误差 $\delta_{x_1}, \delta_{x_2}, \cdots, \delta_{x_n}$ 时，则函数 y 有系统误差 δ_y，且

$$\delta_y = \frac{\partial f}{\partial x_1}\delta_{x_1} + \frac{\partial f}{\partial x_2}\delta_{x_2} + \cdots + \frac{\partial f}{\partial x_n}\delta_{x_n} \tag{2-14}$$

当测量值 $x_1, x_2, \cdots, x_n$ 有极限误差 $\pm\delta_{\mathrm{lin}\ x_1}, \pm\delta_{\mathrm{lim}\ x_2}, \cdots, \pm\delta_{\mathrm{lim}\ x_n}$ 时，则函数也必然存在极限误差 $\pm\delta_{\mathrm{lim}y}$，且

$$\pm\delta_{\mathrm{lim}y} = \pm\sqrt{\sum_{i=1}^{n}\left(\frac{\partial f}{\partial x_i}\right)^2 \delta_{\mathrm{lim}\ xi}^2} \tag{2-15}$$

【例 2-2】 如图 2-8 所示，为用三针法测量螺纹的中径 d_2，其函数关系式为 $d_2 = M - 1.5d_0$，已知测得值 $M = 16.31$ mm，$\delta_M = +30$ μm，$\pm\delta_{\mathrm{lim}\ M} = \pm 8$ μm，$d_0 = 0.866$ mm，$\delta_{d_0} = -0.2$ μm，$\pm\delta_{\mathrm{lim}\ d_0} = \pm 0.1$ μm，试求单一中径 d_2 的值及其测量极限误差。

【解】 $d_2 = M - 1.5d_0 = 16.31 - 1.5 \times 0.866 = 15.011(\mathrm{mm})$

① 求函数的系统误差

$$\delta_{d_2} = \frac{\partial f}{\partial M}\delta_M + \frac{\partial f}{\partial d_0}\delta_{d_0} = 1\times 0.03 - 1.5\times(-0.000\,2) \approx 0.03(\mathrm{mm})$$

② 求函数的测量极限误差

$$\pm\delta_{\mathrm{lim}d_2} = \pm\sqrt{\left(\frac{\partial f}{\partial M}\right)^2 \delta_{\mathrm{lim}M}^2 + \left(\frac{\partial f}{\partial d_0}\right)^2 \delta_{\mathrm{lim}d_0}^2} = \pm\sqrt{1^2\times 8^2 + (-1.5)^2\times 0.1^2} \approx \pm 8(\mu\mathrm{m})$$

③ 测量结果

$$(d_2 - \delta d_2) \pm \delta_{\mathrm{lim}d_2} = (15.011 - 0.03) \pm 0.008 = 14.981 \pm 0.008(\mathrm{mm})$$

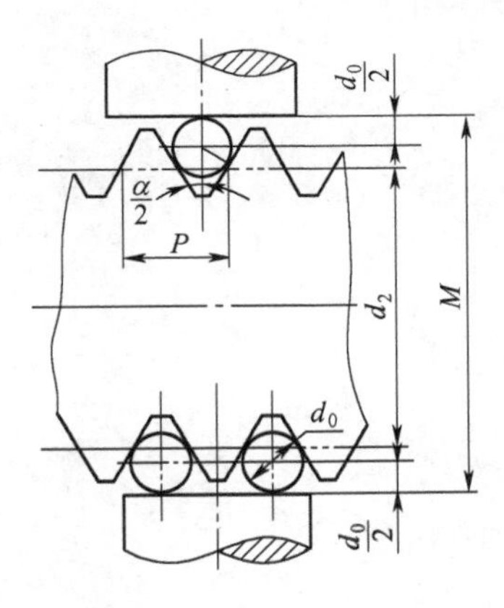

图 2-8 三针法测中径

习 题 2

2-1 测量的实质是什么？一个完整的几何量测量过程包括哪几个要素？

2-2 量块按“等”或按“级”使用，哪一种使用情况存在着系统误差？哪一种使用情况仅存在着随机误差？

2-3 什么是测量误差？测量误差有几种表示形式？为什么规定相对误差？

2-4 随机误差的评定指标是什么？随机误差能消除吗？应怎样对它进行处理？

2-5　怎样表达单次测量和多次测量重复测量的测量结果？测量列单次测量值和算术平均值的标准偏差有何区别？

2-6　某计量器具在示值为 40 mm 处的示值误差为+0.004 mm。若用该计量器具测量工件时，读数正好为 40 mm，试确定该工件的实际尺寸是多少？

2-7　用两种测量方法分别测量 100 mm 和 200 mm 两段长度，前者和后者的绝对测量误差分别为 +6 μm 和 −8 μm，试确定两者的测量精度中何者较高？

2-8　在同一测量条件下，用立式光较仪重复测量某轴的同一部位直径 10 次，各次测量值按测量顺序分别为（单位为 mm）：

20.042	20.043	20.040	20.043	20.042
20.043	20.040	20.042	20.043	20.042

设测量列中不存在定值系统误差，试确定：

（1）测量列算术平均值；

（2）判断测量列中是否存在变值系统误差；

（3）测量列中单次测量值的标准偏差；

（4）测量列中是否存在粗大误差；

（5）测量列算术平均值的标准偏差；

（6）测量列算术平均值的测量极限误差；

（7）以第四次测量值作为测量结果的表达式；

（8）以测量列算术平均值作为测量结果的表达式。

3

孔、轴的公差与配合

基本术语及定义;尺寸公差带与配合;公差与配合的选择。

3.1 概　　述

每一种机械产品都是由许多相关的零件装配而成的,只有采用加工质量合格的零件,才能使其装配后达到规定的性能要求并满足零件之间的配合关系和互换性能。零件的加工质量由加工精度和表面质量确定。加工精度的衡量指标主要有尺寸精度和形位精度,而表面质量的衡量指标主要是表面粗糙度。为使零件具有互换性,必须保证零件的尺寸、几何形状和相互位置,以及表面特征技术要求的一致性。就尺寸而言,互换性要求尺寸的一致性,但并不是要求零件都准确地制成一个指定的尺寸,而只要求尺寸在某一合理的范围内;对于相互结合的零件,这个范围既要保证相互结合的尺寸之间形成一定的关系,以满足不同的使用要求,又要在制造上保证经济合理,这样就形成了"公差与配合"的概念。由此可见,"公差"用于协调机器零件使用要求与制造经济性之间的矛盾,"配合"则是反映零件组合时相互之间的关系。

经标准化的公差与配合制,有利于机器的设计、制造、使用与维修,有利于保证产品精度、使用性能和寿命等,也有利于刀具、量具、夹具和机床等工艺装备的标准化。

为适应科学技术飞速发展,满足国际贸易、技术和经济交流以及采用国际标准的需要,在2009年,经国家技术监督局批准,颁布了新的"极限与配合"国家标准。

新的"极限与配合"标准由以下几个国家标准组成:GB/T 1800. 1—2009《产品几何技术规范(GPS)　极限与配合　第1部分:公差、偏差和配合的基础》;GB/T 1800. 2—2009《产品几何技术规范(GPS)　极限与配合　第2部分:标准公差等级和孔、轴极限偏差表》;GB/T 1801—2009《产品几何技术规范(GPS)　极限与配合　公差带和配合的选择》;GB/T 1803—2003《极限与配合　尺寸至18 mm孔、轴公差带》(以下简称《极限与配合》);GB/T 1804—2000《一般公差　未注出公差的线性和角度尺寸的公差》。

3.2 公差与配合的基本术语及其定义

零件在加工过程中,其提取要素的局部尺寸不可避免地会与其理想尺寸之间产生差异,即产生尺寸误差。但该尺寸误差只要在允许的范围内,零件就具有互换性。因此,设计人员在设计时应根据零件的功能要求给出该零件允许的尺寸变动量,即规定尺寸公差,以便生产中以此为依据来判别零件是否合格。

3.2.1 有关要素的术语定义

1. 几何要素

构成零件几何特征的点、线、面统称为几何要素(简称要素)。

2. 尺寸要素

尺寸要素是由一定大小的线性尺寸或角度尺寸确定的几何形状。它可以是圆柱形、球形、圆锥形或楔形、两平行对应面。

3. 组成要素

组成要素是构成几何体的面或面上线,即几何体的轮廓要素。

4. 导出要素

导出要素是由一个或几个组成要素得到的中心点、中心线或中心面,即几何体的中心要素。例如,圆柱的中心线是由圆柱面得到的导出要素,该圆柱面为组成要素。

5. 公称组合要素

公称组合要素是由技术制图或其他方法确定的理论正确的组成要素。

6. 公称导出要素

公称导出要素是由一个或几个公称组成要素导出的中心点、中心轴线或中心平面。

7. 工件实际表面

工件实际表面是实际存在并将整个工件与周围介质分隔的一组要素。

8. 实际(组成)要素

零件上实际存在的要素,通常都以测得要素代替,它们一般存在着误差。

9. 提取组成要素

提取组成要素是按规定的方法,由实际(组成)要素提取有限数目的点所形成的实际(组成)要素的近似替代。

10. 提取导出要素

提取导出要素是由一个或几个提取组成要素形成的并具有理想形状的组成要素。

11. 拟合组成要素

拟合组成要素是按规定的方法,由提取组成要素形成的并具有理想形状的组成要素。

12. 拟合导出要素

拟合导出要素是由一个或几个拟合组成要素得到的中心点、中心线或中心平面。

各几何要素定义之间的相互关系,如图 3-1 所示。

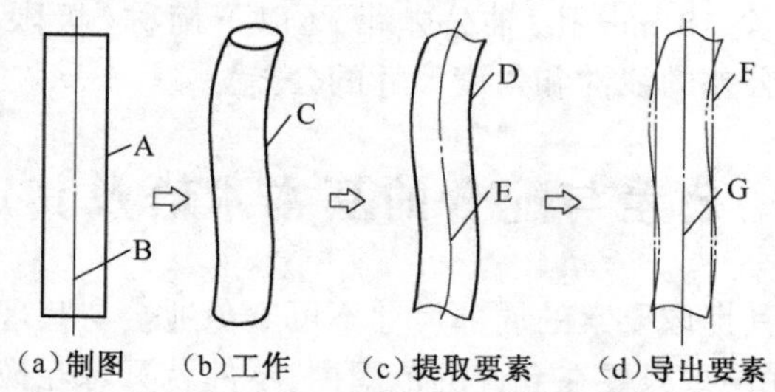

图 3-1 几何要素定义之间的相互关系

A—公称组成要素;B—公称导出要素;C—实际要素;D—提取组成要素;
E—提取导出要素;F—拟合组成要素;G—拟合导出要素

3.2.2 有关孔和轴的定义

圆柱体结合是指在机械制造中孔和轴的结合方式。其互换性主要由结合直径与结合长度决定,而其中直径显得更为重要。因此,可按直径这一主要参数来考虑圆柱体结合的互换性。

1. 轴

轴通常是指工件的圆柱形外尺寸要素,也包括非圆柱形的外尺寸要素(由两平行平面或切面形成的被包容面),如图 3-2 所示。

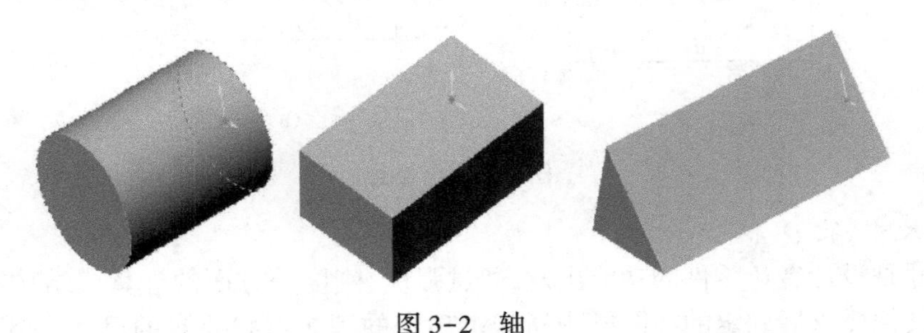

图 3-2 轴

2. 孔

孔通常是指工件的圆柱形内尺寸要素,也包括非圆柱形的内尺寸要素(由两平行平面或切平面形成的包容面),如图 3-3 所示。

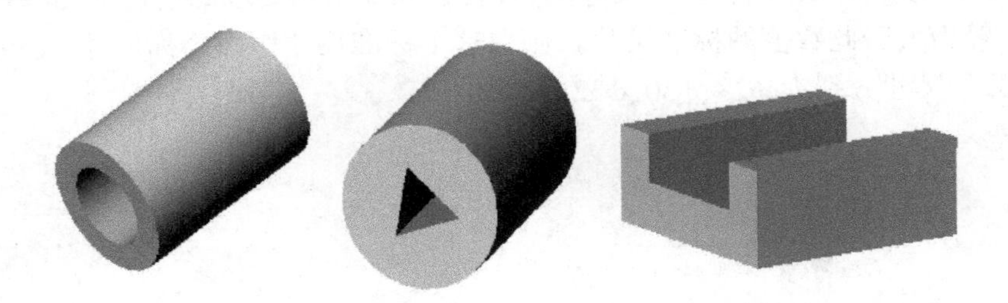

图 3-3 孔

从装配关系看,孔是包容面,轴是被包容面;从广义上讲,孔和轴既可以是圆柱形的,也可以是非圆柱形的。如图 3-4 所示,零件的各内外表面上,D_1、D_2、D_3、D_4各尺寸都称为孔,d_1、d_2、d_3各尺寸都称为轴。

孔和轴的定义明确了国家标准《极限与配合》的应用范围。例如,键连接的配合表面为由单一尺寸形成的内外表面,即键宽表面为轴,孔槽和轴槽宽表面均为孔。这样,键连接的公差与配合可直接应用国家标准《极限与配合》。

3.2.3 有关尺寸的术语定义

1. 尺寸

尺寸(亦称线性尺寸,或称长度尺寸)是用特定单位表示线性尺寸值的数值。尺寸表示长度的大小,包括直径、长度、宽度、高度、深度以及中心距、圆角半径等。它由数字和长度单位(如 mm)组成。不包括用角度单位表示的角度尺寸,如图 3-4 所示。

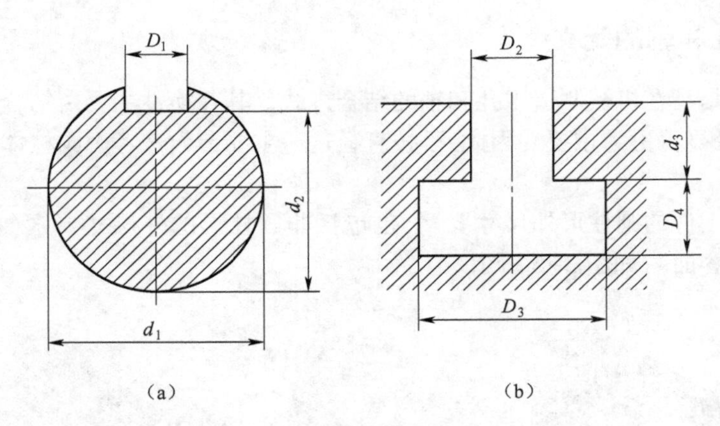

图 3-4　孔与轴

2. 公称尺寸(孔 D、轴 d)

公称尺寸是设计者从零件的功能出发,通过强度、刚度等方面的计算或结构需要,并考虑工艺方面的其他要求后确定的在图样中所规范确定的理想形状要素的尺寸,如图 3-4 所示。公称尺寸可以是一个整数或一个小数值,例如 30,15,8.75,0.5……,它是确定偏差位置的起始尺寸。为了减少定值刀具(如钻头、拉刀、铰刀等)、量具(如量规等)、型材和零件尺寸的规格,国家标准 GB/T 2822—2005《标准尺寸》已将尺寸标准化。因而,公称尺寸应尽量选取标准尺寸,即通过计算或试验的方法,得到尺寸的数值,在保证使用要求的前提下,此数值接近哪个标准尺寸(一般为大于此数值的标准尺寸),则取这个标准尺寸作为公称尺寸。如图 3-5 中减速箱主轴各部分尺寸分别为 $\phi28$、$\phi30$、$\phi32$ 等。

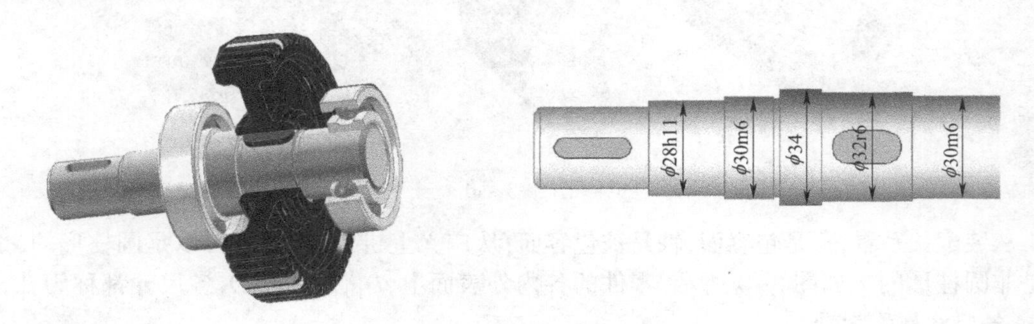

图 3-5　减速箱主轴装配图和零件图

3. 提取组成要素的局部尺寸(孔 D_a、轴 d_a)

提取组成要素的局部尺寸是沿尺寸要素和其周围进行评估,评估结果不唯一的尺寸特征。对于给定的提取组成要素,存在无数个局部尺寸。如图 3-6 所示,d_{a1}、d_{a2}、d_{a3}三处的局部尺寸并不完全相等;由于形状误差,沿轴向不同部位的局部尺寸也不相等,不同方向的局部尺寸也不相等。

4. 极限尺寸

极限尺寸是指尺寸要素允许的尺寸的两个极端值。提取组成要素的局部尺寸应位于其中,也可达到极限尺寸。

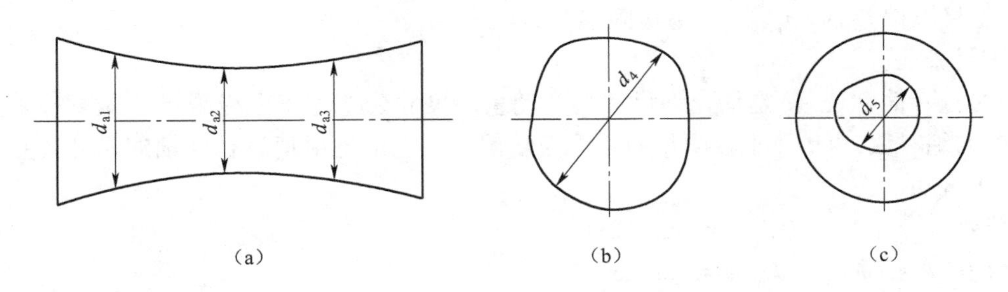

图 3-6 提取组成要素的局部尺寸

尺寸要素允许的最大尺寸称为上极限尺寸;尺寸要素允许的最小尺寸称为下极限尺寸。孔和轴的上极限尺寸分别以 D_{max} 和 d_{max} 表示,下极限尺寸分别以 D_{min} 和 d_{min} 表示,如图 3-7 所示。

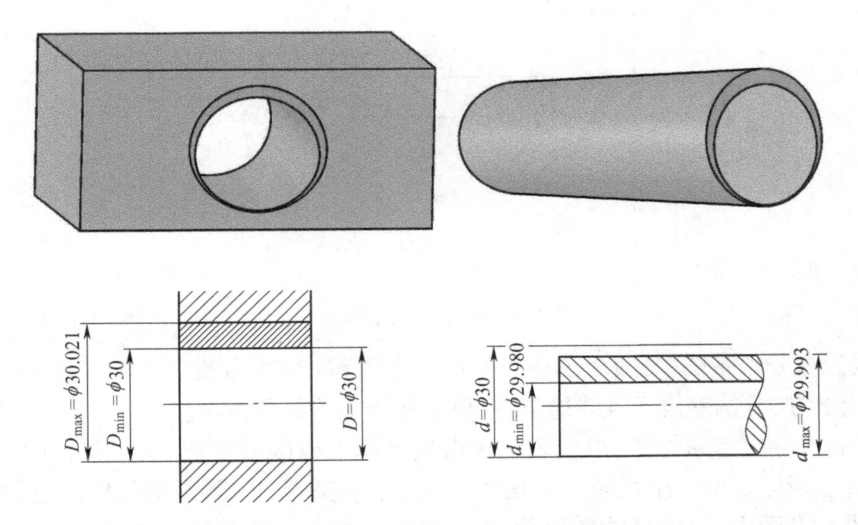

图 3-7 孔和轴的公称尺寸、极限尺寸举例

完工后的工件尺寸必须满足:提取组成要素的局部尺寸在上、下极限尺寸范围之内。

3.2.4 有关公差与偏差的术语及定义

1. *偏差*

偏差是某一尺寸减其公称尺寸所得的代数差。

2. *极限偏差*

极限尺寸减其公称尺寸所得到的代数差称为极限偏差。包括上极限偏差和下极限偏差。

(1)上极限偏差。上极限尺寸减去公称尺寸所得的代数差称为上极限偏差。孔的上极限偏差用 ES 表示,轴的上极限偏差用 es 表示。

(2)下极限偏差。下极限偏差减去公称尺寸所得的代数差称为下极限偏差。孔的下极限偏差用 EI 表示,轴的下极限偏差用 ei 表示。

极限偏差可以为正、负或零值。孔和轴的极限偏差用公式表示为

孔:上极限偏差 $ES=D_{max}-D$;下极限偏差 $EI=D_{min}-D$;

轴：上极限偏差 $es=d_{max}-d$；下极限偏差 $ei=d_{min}-d$。

3. 尺寸公差

尺寸公差（简称公差）是指允许尺寸的变动量。尺寸公差等于上极限尺寸减下极限尺寸的代数差的绝对值，也等于上极限偏差减下极限偏差之差的绝对值。孔和轴的尺寸公差分别用 T_h 和 T_s 表示。

孔公差：$T_h=|D_{max}-D_{min}|=|ES-EI|$

轴公差：$T_s=|d_{max}-d_{min}|=|es-ei|$

4. 公差带

在分析孔、轴的尺寸、偏差、公差的关系时，可以采用公差带图解的形式，即尺寸公差示意图。图 3-8 所示为尺寸公差带图解，其包含一条零线和相应的公差带。

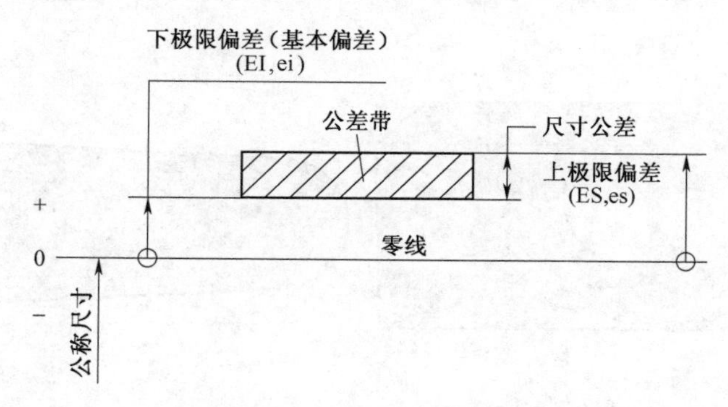

图 3-8 尺寸公差带图解

（1）零线。在公差带图中，表示公称尺寸的一条直线，以其为基准确定偏差的零起点，正偏差位于零线上方，负偏差位于零线的下方，位于零线上的偏差为零。

（2）公差带。在公差带图中，由代表上极限偏差和下极限偏差或上极限尺寸和下极限尺寸的两平行直线所限定的一个区域。它是由公差大小和其相对于零线的位置确定的。

在公差带示意图中，公称尺寸的单位用 mm 表示，极限偏差和公差的单位一般用 μm 表示，也可用 mm 表示。

5. 偏差与公差的区别及联系

（1）从数值上看：极限偏差是代数值，正、负或零值是有意义的；而尺寸公差是允许尺寸的变动范围，是没有正负号的绝对值，也不能为零（零值意味着加工误差不存在，是不可能实现的）。实际计算时由于最大极限尺寸大于最小极限尺寸，故可省略绝对值符号。

（2）从作用上看：极限偏差用于控制实际偏差，是判断完工零件是否合格的根据，而尺寸公差则是控制一批零件提取要素的局部尺寸的差异程度。

（3）从工艺上看：对某一具体零件，尺寸公差大小反映加工的难易程度，即加工精度的高低，它是制订加工工艺的主要依据，而极限偏差则是调整机床决定切削工具与工件相对位置的依据。

（4）偏差与公差的联系：尺寸公差是上、下极限偏差代数差的绝对值，所以确定了两极限偏差也就确定了尺寸公差。

6. 标准公差

极限与配合制标准中所规定的（确定公差带大小的）任一公差数值（见表 3-2）。

7. 基本偏差

基本偏差是极限与配合制标准中,所规定的确定公差带相对于零线位置的极限偏差。它可以是上极限偏差或下极限偏差,一般为靠近零线的那个极限偏差。如图 3-9 所示,孔的基本偏差为下极限偏差,轴的基本偏差为上极限偏差。

3.2.5 配合的术语及定义

1. 配合

配合是指公称尺寸相同的,相互结合的孔和轴公差带之间的关系,如图 3-9 所示。根据孔和轴公差带之间的关系不同,配合分为间隙配合、过盈配合和过渡配合三大类。

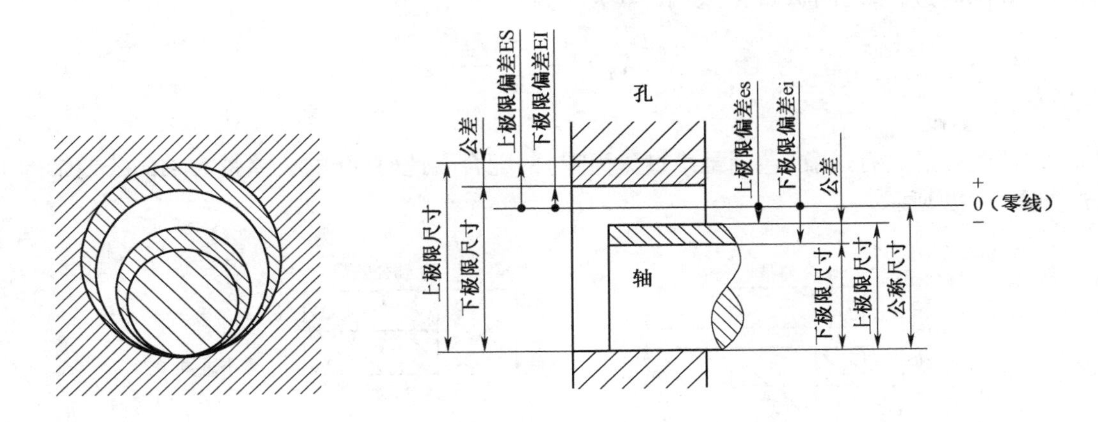

图 3-9　极限与配合示意图

2. 间隙或过盈

孔的尺寸减去相配合的轴的尺寸所得的代数差为正时称为间隙,用 X 表示;为负时称为过盈,用 Y 表示。

3. 配合种类

(1)间隙配合

具有间隙(包括最小间隙为零)的配合。此时,孔的公差带在轴的公差带之上,如图 3-10 所示。

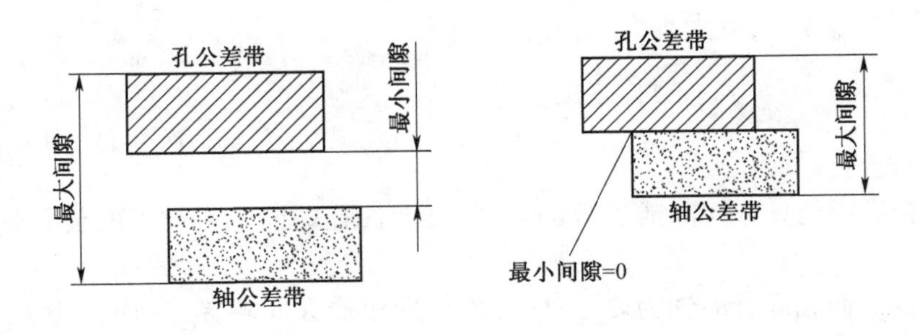

图 3-10　间隙配合示意图

由于孔、轴的实际尺寸允许在各自公差带内变动，所以孔、轴配合的间隙也是变动的。当孔为 D_{max} 而相配轴为 d_{min}，装配后形成最大间隙 X_{max}；当孔为 D_{min} 而相配合轴为 d_{max} 时，装配后形成最小间隙 X_{min}。用公式表示为

$$X_{max}=D_{max}-d_{min}=ES-ei$$

$$X_{min}=D_{min}-d_{max}=EI-es$$

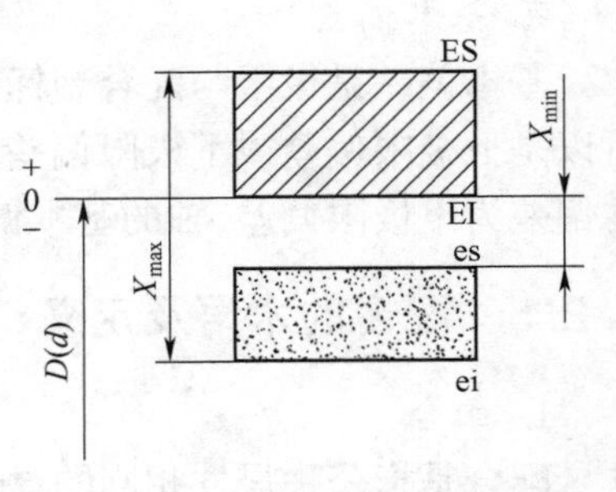

图 3-11　间隙配合公差带图

X_{max} 和 X_{min} 统称为极限间隙，公差带图如图 3-11 所示。实际生产中，成批生产的零件其实际尺寸大部分为极限尺寸的平均值，所以形成的间隙大多数在平均尺寸形成的平均间隙附近，平均间隙以 X_{av} 表示，其大小为

$$X_{av}=\frac{X_{max}+X_{min}}{2}$$

（2）过盈配合

过盈配合是具有过盈（包括最小过盈为零）的配合。此时，孔的公差带在轴的公差带的下方，如图 3-12 所示。

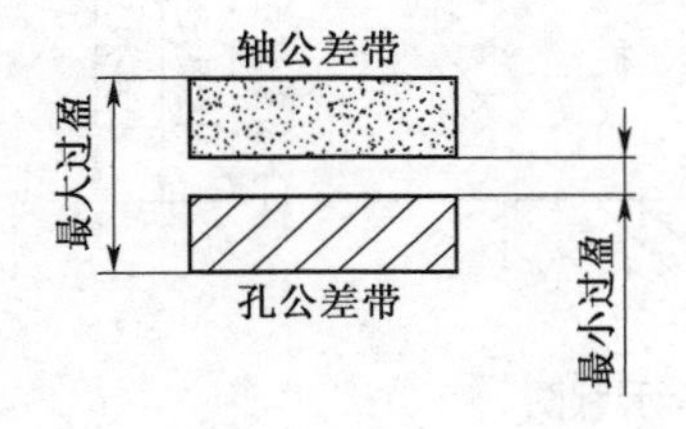

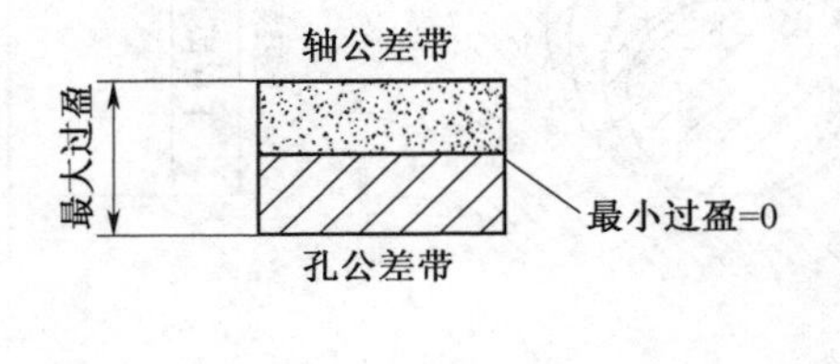

图 3-12　过盈配合示意图

当孔为 D_{min} 而相配合轴为 d_{min} 时，装配后形成最大过盈 Y_{max}；当孔为 D_{max} 而相配合轴为 d_{min} 时，装配后形成最小过盈 Y_{min}。用公式表示为

$$Y_{max}=D_{min}-d_{max}=EI-es$$

$$Y_{min}=D_{max}-d_{min}=ES-ei$$

Y_{max} 和 Y_{min} 统称为极限过盈，公差带图如图 3-13 所示。

同上，在成批生产中，最可能得到的是平均过盈附近的过盈值，平均过盈用 Y_{av} 表示，其大小为

$$Y_{av}=\frac{Y_{max}+Y_{min}}{2}$$

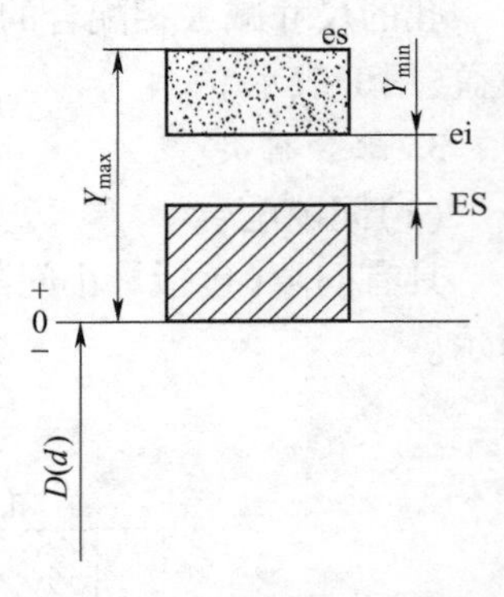

图 3-13　过盈配合公差带图

（3）过渡配合

过渡配合是可能具有间隙或过盈的配合。此时，孔的公差带与轴的公差带相互交叠，如图3-14 所示。

当孔为 D_{max} 而相配合的轴为 d_{min} 时，装配后形成最大间隙 X_{max}；而孔为 D_{min} 相配合轴为 d_{max} 时，装配后形成最大过盈 Y_{max}，过渡配合的公差带图如图 3-15 所示。用公式表示为

$$X_{max}=D_{max}-d_{min}=ES-ei$$

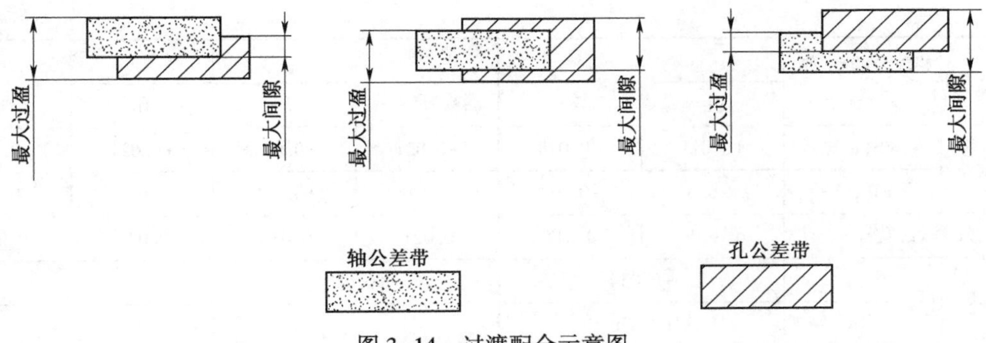

图 3-14　过渡配合示意图

$$Y_{max}=D_{min}-d_{max}=EI-es$$

与前两种配合一样，成批生产中的零件，最可能得到的是平均间隙或平均过盈附近的值，其大小为

$$X_{av}(Y_{av})=\frac{X_{max}+Y_{max}}{2}$$

按上式计算所得的值为正时是平均间隙，为负时是平均过盈。

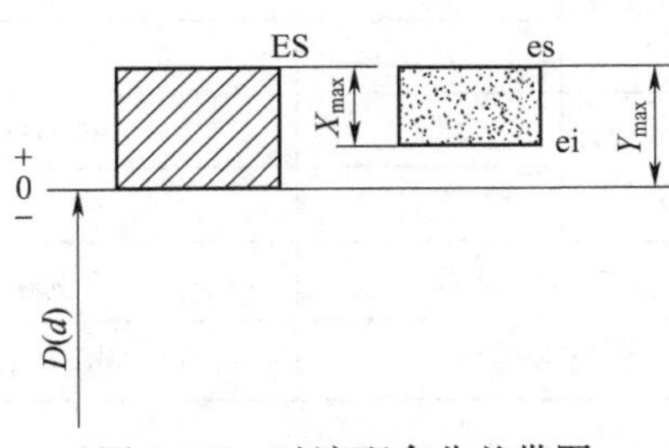

图 3-15　过渡配合公差带图

4. 配合公差(T_f)

配合公差是组成配合的孔、轴公差之和。它是允许间隙或过盈的变动量。

$$\left.\begin{aligned}&\text{对于间隙配合 } T_f=X_{max}-X_{min}\\&\text{对于过盈配合 } T_f=Y_{min}-Y_{max}\\&\text{对于过渡配合 } T_f=X_{max}-Y_{max}\end{aligned}\right\}=T_h+T_s$$

上式说明配合精度取决于相互配合的孔和轴的尺寸精度。若要提高配合精度，则必须减少相配合孔、轴的尺寸公差，这将会使制造难度增加，成本提高。所以设计时要综合考虑使用要求和制造难易这两个方面，合理选取，从而提高综合技术经济效益。

【例 3-1】　求下列三对配合孔、轴的公称尺寸、极限尺寸、公差、极限间隙或极限过盈，平均间隙或平均过盈及配合公差，指出各属何类配合，并画出孔、轴公差带图。

①孔 $\phi30^{+0.021}_{0}$ mm 与轴 $\phi30^{-0.020}_{-0.033}$ mm 相配合。

②孔 $\phi30^{+0.021}_{0}$ mm 与轴 $\phi30^{+0.021}_{+0.008}$ mm 相配合。

③孔 $\phi30^{+0.021}_{0}$ mm 与轴 $\phi30^{+0.048}_{+0.035}$ mm 相配合。

【解】　根据题目要求，求得各项参数如表 3-1 所列，尺寸公差带图与配合公差带图，如图 3-16 所示。

表 3-1　例题计算表

单位:mm

所求项目＼相配合的孔、轴		①		②		③	
		孔	轴	孔	轴	孔	轴
公称尺寸		30	30	30	30	30	30
极限尺寸	$D_{max}(d_{max})$	30.021	29.980	30.021	30.021	30.021	30.048
	$D_{min}(d_{min})$	30.000	29.967	30.000	30.008	30.000	30.035

续表

所求项目 \ 相配合的孔、轴		①		②		③	
		孔	轴	孔	轴	孔	轴
极限偏差	ES(es)	+0.021	−0.020	+0.021	+0.021	+0.021	+0.048
	EI(ei)	0	−0.033	0	+0.008	0	+0.035
公差 $T_h(T_s)$		0.021	0.013	0.021	0.013	0.021	0.013
极限间隙或极限过盈	X_{max}	+0.054		+0.013			
	X_{min}	+0.020					
	Y_{max}			−0.021		−0.048	
	Y_{min}					−0.014	
平均间隙或平均过盈	X_{av}	+0.037					
	Y_{av}			−0.004		−0.031	
配合公差 T_f		0.034		0.034		0.034	
配合类别		间隙配合		过渡配合		过盈配合	

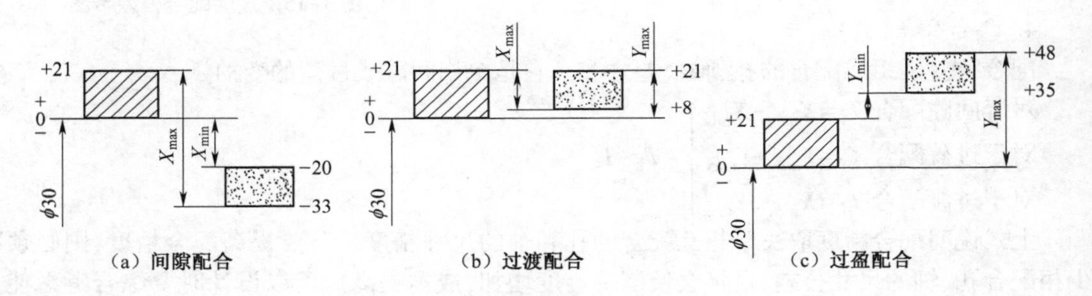

(a) 间隙配合　(b) 过渡配合　(c) 过盈配合

图 3-16　例题 3-1 的尺寸公差带

3.3　公差与配合国家标准

经标准化的公差与偏差制度称为极限制。它是一系列标准的孔、轴公差数值和极限偏差数值。配合制则是同一极限的孔和轴(的公差带)组成配合的一种制度(体系)。

极限与配合国家标准主要由配合制、标准公差系列、基本偏差系列组成。

3.3.1　配合制

国家标准 GB/T 1800.1—2009 对配合规定了两种配合制度,即基孔制和基轴制。

1. 基孔制配合

基孔制配合是基本偏差为一定的孔的公差带,与不同基本偏差的轴公差带形成各种(标准)配合的一种制度(体系),如图 3-17(a)所示。

基孔配合制中的孔称为基准孔,基准孔的下极限尺寸与公称尺寸相等,即孔的下偏差为 0 时,其基本偏差代号为 H,基本偏差为:EI =0。

2. 基轴制配合

基轴制配合是基本偏差为一定的轴的公差带，与不同基本偏差的孔的公差带形成各种配合的一种制度(体系)，如图 3-17(b)所示。

基轴制配合中的轴称为基准轴，基准轴的上极限尺寸与公称尺寸相等，即轴的上偏差为 0 时，其基本偏差代号为 h，基本偏差为：es＝0。

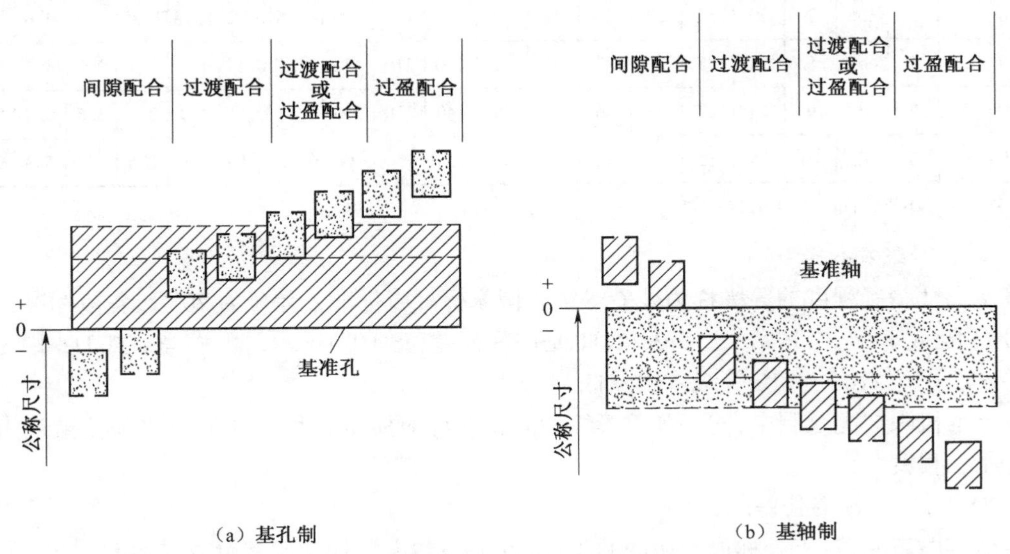

(a) 基孔制　　(b) 基轴制

图 3-17　基孔制配合和基轴制配合

3.3.2　标准公差系列

标准公差系列是国家标准规定的一系列标准公差数值，如表 3-2 所列。从表中可知，标准公差数值的大小取决于公差等级和公称尺寸两个因素。

表 3-2　标准公差数值(摘自 GB/T 1800.3—2009)

公称尺寸(mm)		标准公差等级																			
		IT01	IT0	IT1	IT2	IT3	IT4	IT5	IT6	IT7	IT8	IT9	IT10	IT11	IT12	IT13	IT14	IT15	IT16	IT17	IT18
大于	至	μm													mm						
—	3	0.3	0.5	0.8	1.2	2	3	4	6	10	14	25	40	60	0.1	0.14	0.25	0.4	0.6	1	1.4
3	6	0.4	0.6	1	1.5	2.5	4	5	8	12	18	30	48	75	0.12	0.18	0.3	0.48	0.75	1.2	1.8
6	10	0.4	0.6	1	1.5	2.5	4	6	9	15	22	36	58	90	0.15	0.22	0.36	0.58	0.9	1.5	2.2
10	18	0.5	0.8	1.2	2	3	5	8	11	18	27	43	70	110	0.18	0.27	0.43	0.7	1.1	1.8	2.7
18	30	0.6	1	1.5	2.5	4	6	9	13	21	33	52	84	130	0.21	0.33	0.52	0.84	1.3	2.1	3.3
30	50	0.6	1	1.5	2.5	4	7	11	16	25	39	62	100	160	0.25	0.39	0.62	1	1.6	2.5	3.9
50	80	0.8	1.2	2	3	5	8	13	19	30	46	74	120	190	0.3	0.46	0.74	1.2	1.9	3	4.6
80	120	1	1.5	2.5	4	6	10	15	22	35	54	87	140	220	0.35	0.54	0.87	1.4	2.2	3.5	5.4
120	180	1.2	2	3.5	5	8	12	18	25	40	63	100	160	250	0.4	0.63	1	1.6	2.5	4	6.3

续表

公称尺寸(mm)		标准公差等级																			
		IT01	IT0	IT1	IT2	IT3	IT4	IT5	IT6	IT7	IT8	IT9	IT10	IT11	IT12	IT13	IT14	IT15	IT16	IT17	IT18
大于	至	μm													mm						
180	250	2	3	4.5	7	10	14	20	29	46	72	115	185	290	0.46	0.72	1.15	1.85	2.9	4.6	7.2
250	315	2.5	4	6	8	12	16	23	32	52	81	130	210	320	0.52	0.81	1.3	2.1	3.2	5.2	8.1
315	400	3	5	7	9	13	18	25	36	57	89	140	230	360	0.57	0.89	1.4	2.3	3.6	5.7	8.9
400	500	4	6	8	10	15	20	27	40	63	97	155	250	400	0.63	0.97	1.55	2.5	4	6.3	9.7

注:公称尺寸小于 1 mm 时,无 IT14~IT18。

1. 公差等级及代号

确定尺寸精确程度的等级称为公差等级。国家标准将标准公差分为 20 级,各级标准公差用代号 IT 及数字 01,0,1,2,…,18 表示,IT 是国际公差(ISO Tolerance)的缩写。如 IT8 称为标准公差 8 级。从 IT01~IT18 等级依次降低。

在标准极限与配合制中,同一公差等级(例如 IT7)对所有公称尺寸的一组公差被认为具有同等精确程度。

2. 公差单位(标准公差因子)

生产实践表明,对于公称尺寸相同的零件,可按公差大小评定其尺寸制造精度的高低,但对于公称尺寸不同的零件,就不能仅看公差大小评定其制造精度。因此,为了评定零件精度等级或公差等级的高低,合理规定公差数值,就需要建立公差单位。

公差单位是计算标准公差的基本单位,是制定标准公差系列的基础,公差单位与公称尺寸之间具有一定的关系。

当公称尺寸小于或等于 500 mm 时,公差单位 i 按下式计算:

$$i = 0.45\sqrt[3]{D} + 0.001D(\mu m)$$

式中 D——公称尺寸的计算值(mm)。第一项主要反映加工误差,第二项主要用于补偿测量时温度不稳定、偏离标准温度以及量规的变形等引起的测量误差。

当公称尺寸>500~3 150 mm 时,公差单位 I 的计算式为

$$I=0.004D+2.1(\mu m)$$

3. 标准公差的计算及规律

各个公差等级的标准公差值,在公称尺寸≤500 mm 时的计算公式见表 3-3。可见对IT5~IT18 标准公差 $IT=ai$ 。其中 a 为公差等级系数,它采用 R5 优先数系,即公比 $q=\sqrt[5]{10}\approx 1.6$ 的等比数列。从 IT6 开始,每隔 5 级,公差数值增加 10 倍。

对高精度 IT01、IT0、IT1 级,主要考虑测量误差,所以标准公差与公称尺寸呈线性关系,且三个公差等级之间的常数和系数均采用优先数系的派生系列 R10/2。

IT2~IT4 是在 IT1~IT5 之间插入三级,使之成等比数列,公比 $q=(IT5/IT1)^{1/4}$。

由此可见,标准公差数值计算的规律性很强,便于标准的发展和扩大使用。

公称尺寸大于 500~3 150 mm 时,可按 $T=ai$ 式计算标准公差。

表 3-3 尺寸≤500 mm 的标准公差计算式

公差等级	IT01			IT0			IT1		IT2		IT3		IT4	
公差值	$0.3+0.008D$			$0.5+0.012D$			$0.8+0.020D$		$IT1\left(\frac{IT5}{IT1}\right)^{\frac{1}{4}}$		$IT1\left(\frac{IT5}{IT1}\right)^{\frac{1}{2}}$		$IT1\left(\frac{IT5}{IT1}\right)^{\frac{3}{4}}$	
公差等级	IT5	IT6	IT7	IT8	IT9	IT10	IT11	IT12	IT13	IT14	IT15	IT16	IT17	IT18
公差值	$7i$	$10i$	$16i$	$25i$	$40i$	$64i$	$100i$	$160i$	$250i$	$400i$	$640i$	$1\,000i$	$1\,600i$	$2\,500i$

4. 公称尺寸分段

按公式计算标准公差值,每个公称尺寸都应有一个相对应的公差值。在生产实践中,公称尺寸数目繁多,这样,公差值的数值表将非常庞大,使用也不方便。其次,公差等级相同而公称尺寸相近的公差数值计算结果相差甚微。因此,国标将公称尺寸分成若干段(见表 3-4),以简化公差表格。

表 3-4 公称尺寸≤500 mm 的尺寸分段 单位:mm

主段落		中间段落	
大于	至	大于	至
—	3		
3	6		
6	10		
10	18	10	14
		14	18
18	30	18	24
		24	30

主段落		中间段落	
大于	至	大于	至
30	50	30	40
		40	50
50	80	50	65
		65	80
80	120	80	100
		100	120
120	180	120	140
		140	160
		160	180

主段落		中间段落	
大于	至	大于	至
180	250	180	200
		200	225
		225	250
250	315	250	280
		280	315
315	400	315	355
		355	400
400	500	400	450
		450	500

尺寸分段后,标准公差计算式中的公称尺寸 D 按每一尺寸分段首尾两尺寸的几何平均值代入计算。如 50~80 mm 尺寸段的计算直径 $D=\sqrt{50\times80}=63.25$(mm),只要属于这一尺寸分段内的公称尺寸,其标准公差的计算直径均按 63.25 mm 进行计算。对小于或等于 3 mm 的尺寸段,$D=\sqrt{1\times3}$ mm 。

【例 3-2】 公称尺寸为 $\phi30$ mm,求 IT6、IT7 的值。

【解】 $\phi30$ mm 属于>18~30 mm 尺寸分段,

计算直径:$D=\sqrt{18\times30}\approx23.24$(mm)

公差单位:$i=0.45\sqrt[3]{D}+0.001D$

$=0.45\sqrt[3]{23.24}+0.001\times23.24\approx1.31$(μm)

标准公差:$IT6=10i=10\times1.31\approx13$(μm)

$IT7=16i=16\times1.31\approx21$(μm)

表 3-2 中的标准公差值就是采用上述方法计算,并按规则圆整后得出的。

3.3.3 基本偏差系列

基本偏差是用来确定公差带相对于零线的位置的,不同的公差带位置与基准件将形成不同的配合。基本偏差的数量将决定配合种类的数量。为了满足各种不同松紧程度的配合需要,国家标准对孔和轴分别规定了 28 种基本偏差。

1. 基本偏差代号及其规律

基本偏差系列如图 3-18 所示,基本偏差的代号用拉丁字母表示,大写字母代表孔,小写字母代表轴,在 26 个字母中,除去易与其他含义混淆的 I(i)、L(l)、O(o)、Q(q)、W(w)5 个字母外,采用了 21 个单写字母和 7 个双字母 CD(cd)、EF(ef)、FG(fg)、JS(js)、ZA(za)、ZB(zb)、ZC(zc)。

从图 3-18 可见,轴 a~h 基本偏差是 es,孔 A~H 基本偏差是 EI,它们的绝对值依次减小,其中 h 和 H 的基本偏差为零。

轴 js 和孔 JS 的公差带相对于零线对称分布,故基本偏差可以是上偏差,也可以是下偏差,其值为标准公差的一半(即±IT/2)。

轴 j~zc 基本偏差为 ei ,孔 J~ZC 基本偏差是 ES,其绝对值依次增大。

孔和轴的基本偏差原则上不随公差等级变化,只有极少数基本偏差(j、js、k)例外。

图 3-18 中各公差带只画出了由基本偏差决定的一端,另一端取决于基本偏差与标准公差值的组合。

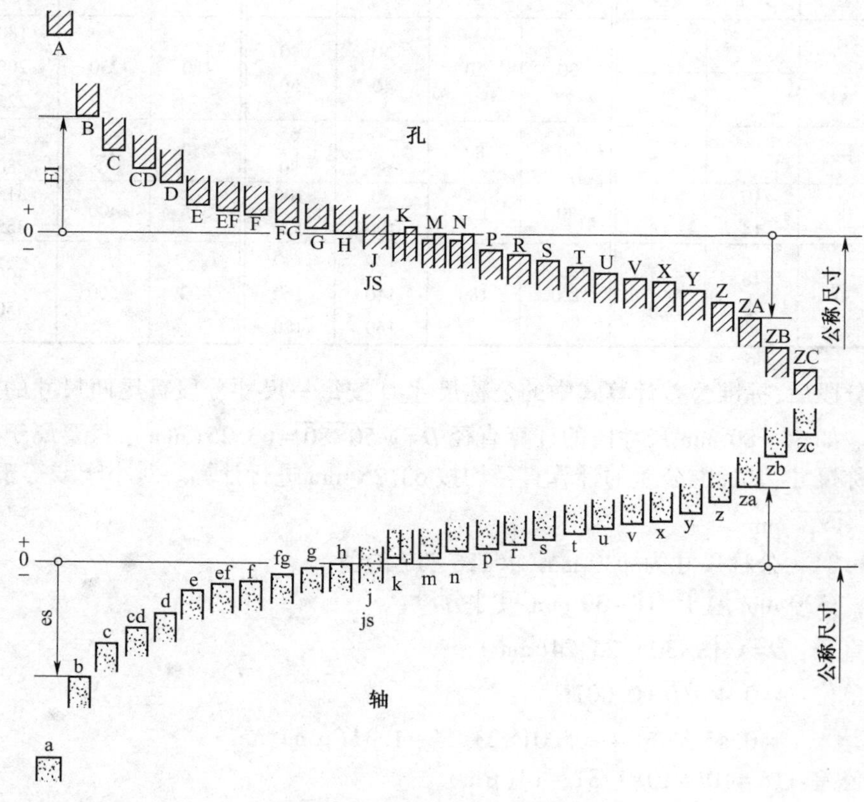

图 3-18　基本偏差系列图

2. 公差带代号与配合代号

1)公差带代号

由于公差带相对于零线的位置由基本偏差确定,公差带的大小由标准公差确定,因此公差带的代号由基本偏差代号与公差等级数组成。如 ϕ50H8、ϕ30F7 为孔的公差带代号,ϕ30h7、

$\phi25g6$ 为轴的公差带代号。

2)配合代号

标准规定,用孔和轴的公差带代号以分数形式组成配合代号,其中,分子为孔的公差带代号,分母为轴的公差带代号。如 $\phi30H8/f7$ 表示基孔配合制的间隙配合;$\phi50K7/h6$ 表示基轴配合制的过渡配合。

3)极限与配合在图样上的标注

(1)在零件图中的标注

在零件图中有三种标注公差带的方法:一是标注公差带代号;二是标注极限偏差值;三是同时标注公差带代号和极限偏差值,如图 3-19 所示。零件图上的标注通常采用第 2 种标注方法。

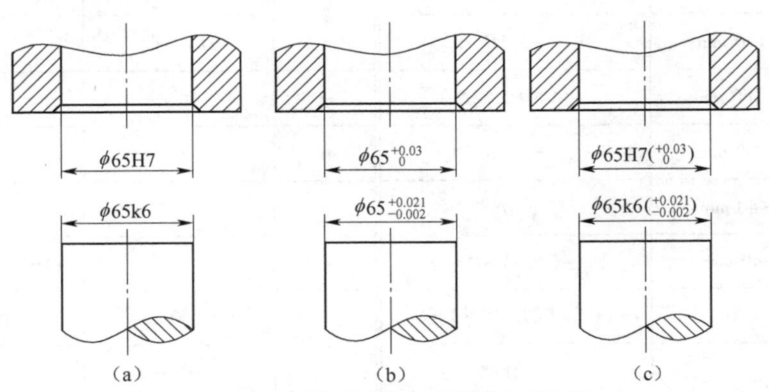

图 3-19　孔轴公差带在零件图上的标注

(2)在装配图中的标注

在装配图上,在公称尺寸后面标注配合代号。一般只标注配合代号如图 3-20 所示。

与标准件有配合要求的零件在装配图中经常遇见,例如箱体件的孔与滚动轴承(标准件)的外径相配合,轴径与滚动体的内径相配合,这时仅标出该零件的公差带代号即可,不必标出标准件的公差带代号,如图 3-21 所示,$\phi62J7$ 是箱体孔的公差带代号,标注标准件、外购件与

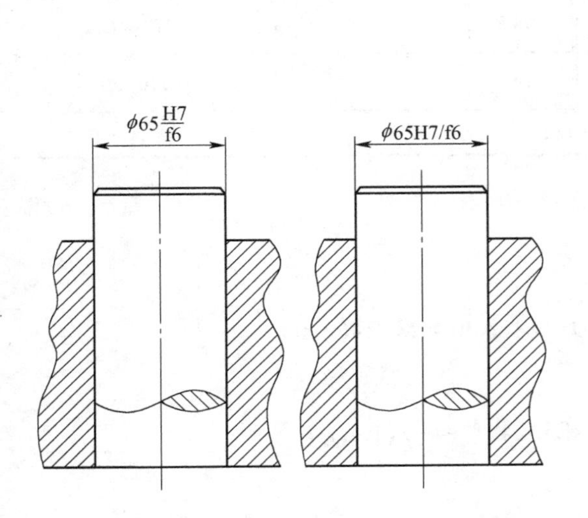

图 3-20　孔轴公差带在装配图上的标注图

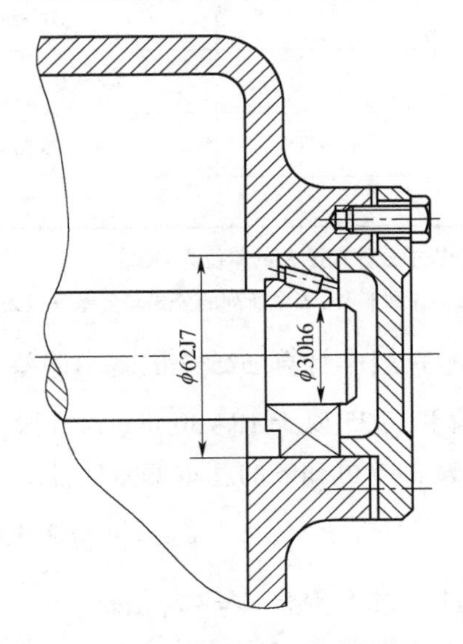

图 3-21　与标准件有配合要求时的标注

零件(轴或孔)的配合代号时,可以仅标注相配零件的公差代号,ϕ30h6 是轴颈的公差带代号。

3. 轴的基本偏差数值

轴的基本偏差数值是以基孔制为基础,根据各种配合的要求,在生产实践和大量试验的基础上,依据统计分析的结果整理出一系列公式而计算出来的。轴的基本偏差计算公式见表3-5。

表 3-5　公称尺寸≤500 mm 的轴的基本偏差计算公式　　单位:μm

代号	适用范围	基本偏差为上极限偏差(es)	代号	适用范围	基本偏差为下极限偏差(ei)
a	$D\leqslant120$ mm	$-(265+1.3D)$	k	≤IT3 及≤IT8	0
	$D>120$ mm	$-3.5D$		IT4~IT7	$+0.6\sqrt[3]{D}$
b	$D\leqslant160$ mm	$-(140+0.85D)$	m		+IT7−IT6
	$D>160$ mm	$-1.8D$	n		$+5D^{0.34}$
c	$D\leqslant40$ mm	$-52D^{0.2}$	p		+IT7+(0~5)
	$D>40$ mm	$-(95+0.8D)$	r		+(p 和 s 的几何平均值)
cd	$D\leqslant10$	−(c 和 d 的几何平均值)	s	$D\leqslant50$ mm	+IT8+(1~4)
d		$-16D^{0.44}$		$D>50$ mm	+IT7+$0.4D$
e		$-11D^{0.41}$	u		+IT7+D
ef	$D\leqslant10$	−(e 和 f 的几何平均值)	x		+IT7+$1.6D$
f		$-5.5D^{0.41}$	y		+IT7+$2D$
fg	$D\leqslant10$	−(f 和 g 的几何平均值)	z		+IT7+$2.5D$
g		$-2.5D^{0.34}$	za		+IT8+$3.15D$
h		0	zb		+IT9+$4D$
j	IT5~IT8	经验数据	zc		+IT10+$5D$
js=±IT/2					

注:①表中公称直径 D 的单位为 mm。

②除 j 和 js 外,表中所列的公式与公差等级无关。

【例 3-3】 计算 ϕ25g7 的基本偏差。

【解】 ϕ25 属于 18~30 mm 尺寸段,因此 $D=\sqrt{18\times30}=23.24$(mm)。

查表 3-5 可知 g 的基本偏差计算式为

$$es=-2.5D^{0.34}=-2.5\times23.24^{0.34}\approx-7(\mu m)$$

故 ϕ25g7 的基本偏差 es=−7(μm)。

为了方便使用,标准将各尺寸段的基本偏差按表 3-5 计算公式进行计算,并按一定规则圆整尾数后,列成轴的基本偏差数值表见表3-6。

4. 孔的基本偏差数值

公称尺寸≤500 mm时,孔的基本偏差是由轴的基本偏差换算得到的。换算的原则是:同名代号的孔、轴的基本偏差(如E与e、T与t),在孔、轴同一公差等级或孔比轴低一级的配合条件下,按基孔制形成的配合(如ϕ40H7/g6)与按基轴制形成的配合(如ϕ40G7/h6)性质(最大间隙或最大过盈)相同。据此有两种换算规则:

①通用规则,同一字母表示的孔、轴基本偏差的绝对值相等,而符号相反,即

对于A~H:EI=-es

对于K~ZC:ES=-ei

②特殊规则:对于标准公差≤IT8的K、M、N和≤IT7的P~ZC,孔的基本偏差ES与同名代号的轴的基本偏差ei的符号相反,而绝对值相差一个Δ值,即

$$ES=-ei+\Delta$$

$$\Delta=IT_n-IT_{(n-1)}$$

式中 IT_n——孔的标准公差;

$IT_{(n-1)}$——比孔高一级的轴的标准公差。

换算得到的孔的基本偏差值列于表3-7。实际应用时可直接查表3-7或表3-6确定孔与轴的基本偏差值。

【例3-4】 查表确定ϕ25f6和ϕ25K7的极限偏差。

【解】 ①查表3-2确定标准公差值:

$$IT6=13\ \mu m \qquad IT7=21\ \mu m$$

②查表3-6确定ϕ25f6的基本偏差es=-20 μm。

查表3-7确定ϕ25K7的基本偏差ES=-2+Δ;Δ=8,所以ϕ25K7的基本偏差ES=-2+8=6(μm)。

③求另一极限偏差:

$$\phi 25f6\text{的下偏差},ei=es-IT6=-20-13=-33(\mu m)$$

$$\phi 25K7\text{的下偏差},EI=ES-IT7=6-21=-15(\mu m)$$

因此,ϕ25f6的极限偏差表示为$\phi 25^{-0.020}_{-0.033}$,$\phi$25K7的极限偏差表示为$\phi 25^{+0.006}_{-0.015}$。

3.3.4 公差带与配合的标准化

国家标准规定有20个公差等级和28个基本偏差代号,其中,基本偏差j限用于4个公差等级,J限用于3个公差等级。由此可得到的公差带,孔有(20×27+3)=543个,轴有(20×27+4)=544个。数量如此之多,故可满足广泛的需要,不过,同时应用所有可能的公差带显然是不经济的,因为这会使定值刀具、量具规格繁杂。另外还应避免与实际使用要求显然不符合的公差带,如g12、a4等。所以,对公差带的选用应加以限制。

表 3-6　本尺寸至 500 mm 轴的基本偏差数值(摘自 GB/T 1800.2—2009)　单位:μm

基本偏差		上极限偏差 es												下极限偏差 ei				
公称尺寸(mm)		所有标准公差等级												IT5 和 IT6	IT7	IT8	IT4 至 IT7	≤IT3 > IT7
大于	至	a①	b①	c	cd	d	e	ef	f	fg	g	h	js②	j			k	
—	3	−270	−140	−60	−34	−20	−14	−10	−6	−4	−2	0	偏差等于±IT n/2,式中IT n是IT数值	−2	−4	−6	0	0
3	6	−270	−140	−70	−46	−30	−20	−14	−10	−6	−4	0		−2	−4		+1	0
6	10	−280	−150	−80	−56	−40	−25	−18	−13	−8	−5	0		−2	−5		+1	0
10	14	−290	−150	−95		−50	−32		−16		−6	0		−3	−6		+1	0
14	18																	
18	24	−300	−160	−110		−65	−40		−20		−7	0		−4	−8		+2	0
24	30																	
30	40	−310	−170	−120		−80	−50		−25		−9	0		−5	−10		+2	0
40	50	−320	−180	−130														
50	65	−340	−190	−140		−100	−60		−30		−10	0		−7	−12		+2	0
65	80	−360	−200	−150														
80	100	−380	−220	−170		−120	−72		−36		−12	0		−9	−15		+3	0
100	120	−410	−240	−180														
120	140	−460	−260	−200		−145	−85		−43		−14	0		−11	−18		+3	0
140	160	−520	−280	−210														
160	180	−580	−310	−230														
180	200	−660	−340	−240		−170	−100		−50		−15	0		−13	−21		+4	0
200	225	−740	−380	−260														
225	250	−820	−420	−280														
250	280	−920	−480	−300		−190	−110		−56		−17	0		−16	−26		+4	0
280	315	−1 050	−540	−330														
315	355	−1 200	−600	−360		−210	−125		−62		−18	0		−18	−28		+4	0
355	400	−1 350	−680	−400														
400	450	−1 500	−760	−440		−230	−135		−68		−20	0		−20	−32		+5	0
450	500	−1 650	−840	−480		−230	−135		−68		−20	0		−20	−32		+5	0

续表

基本偏差		下极偏差 ei													
公称尺寸（mm）		所有标准公差等级													
大于	至	m	n	p	r	s	t	u	v	x	y	z	za	zb	zc
—	3	+2	+4	+6	+10	+14		+18		+20		+26	+32	+40	+60
3	6	+4	+8	+12	+15	+19		+23		+28		+35	+42	+50	+80
6	10	+6	+10	+15	+19	+23		+28		+34		+42	+52	+67	+97
10	14	+7	+12	+18	+23	+28		+33		+40		+50	+64	+90	+130
14	18								+39	+45		+60	+77	+108	+150
18	24	+8	+15	+22	+28	+35		+41	+47	+54	+63	+73	+98	+136	+188
24	30						+41	+48	+55	+64	+75	+88	+118	+160	+218
30	40	+9	+17	+26	+34	+43	+48	+60	+68	+80	+94	+112	+148	+200	+274
40	50						+54	+70	+81	+97	+114	+136	+180	+242	+325
50	65	+11	+20	+32	+41	+53	+66	+87	+102	+122	+144	+172	+226	+300	+405
65	80				+43	+59	+75	+102	+120	+146	+174	+210	+274	+360	+480
80	100	+13	+23	+37	+51	+71	+91	+124	+146	+178	+214	+258	+335	+445	+585
100	120				+54	+79	+104	+144	+172	+210	+254	+310	+400	+525	+690
120	140	+15	+27	+43	+63	+92	+122	+170	+202	+248	+300	+365	+470	+620	+800
140	160				+65	+100	+134	+190	+228	+280	+340	+415	+535	+700	+900
160	180				+68	+108	+146	+210	+252	+310	+380	+465	+600	+780	+1 000
180	200	+17	+31	+50	+77	+122	+166	+236	+284	+350	+425	+520	+670	+880	+1 150
200	225				+80	+130	+180	+258	+310	+385	+470	+575	+740	+960	+1 250
225	250				+84	+140	+196	+284	+340	+425	+520	+640	+820	+1 050	+1 350
250	280	+20	+34	+56	+94	+158	+218	+315	+385	+475	+580	+710	+920	+1 200	+1 550
280	315				+98	+170	+240	+350	+425	+525	+650	+790	+1 000	+1 300	+1 700
315	355	+21	+37	+62	+108	+190	+268	+390	+475	+590	+730	+900	+1 150	+1 500	+1 900
355	400				+114	+208	+294	+435	+530	+660	+820	+1 000	+1 300	+1 650	+2 100
400	450	+23	+40	+68	+126	+232	+330	+490	+595	+740	+920	+1 100	+1 450	+1 850	+2 400
450	500				+132	+252	+360	+540	+660	+820	+1 000	+1 250	+1 600	+2 100	+2 600

注:①公称尺寸小于 1 mm 时,各级的 a 和 b 均不采用。

②js 的数值,在 IT7~IT11 级时,如果以微米表示的 IT 数值是一个奇数,则取 js=±(IT−1)/2。

表 3-7 公称尺寸≤500 mm 孔的基本偏差数值(摘自 GB/T 1800.2—2009) 单位:μm

基本偏差		下极限偏差 EI											JS	上极限偏差 ES							
公称尺寸(mm)		所有标准公差等级												IT6	IT7	IT8	≤IT8	>IT8	≤IT8	>IT8	≤IT8
大于	至	A①	B①	C	CD	D	E	EF	F	FG	G	H		J			K		M		N
—	3	+270	+140	+60	+34	+20	+14	+10	+6	+4	+2	0	偏差等于±ITn/2,式中ITn是IT数值	+2	+4	+6	0	0	2	-2	-4
3	6	+270	+140	+70	+46	+30	+20	+14	+10	+6	+4	0		+5	+6	+10	-1+Δ		-4+Δ	-4	-8+Δ
6	10	+280	+150	+80	+56	+40	+25	+18	+13	+8	+5	0		+5	+8	+12	-1+Δ		-6+Δ	-6	-10+Δ
10	14	+290	+150	+95		+50	+32		+16		+6	0		+6	+10	+15	-1+Δ		-7+Δ	-7	-12+Δ
14	18																				
18	24	+300	+160	+110		+65	+40		+20		+7	0		+8	+12	+20	-2+Δ		-8+Δ	-8	-15+Δ
24	30																				
30	40	+310	+170	+120		+80	+50		+25		+9	0		+10	+14	+24	-2+Δ		-9+Δ	-9	-17+Δ
40	50	+320	+180	+130																	
50	65	+340	+190	+140		+100	+60		+30		+10	0		+13	+18	+28	-2+Δ		-11+Δ	-11	-20+Δ
65	80	+360	+200	+150																	
80	100	+380	+220	+170		+120	+72		+36		+12	0		+16	+22	+34	-3+Δ		-13+Δ	-13	-23+Δ
100	120	+410	+240	+180																	
120	140	+460	+260	+200		+145	+85		+43		+14	0		+18	+26	+41	-3+Δ		-15+Δ	-15	-27+Δ
140	160	+520	+280	+210																	
160	180	+580	+310	+230																	
180	200	+660	+310	+240		+170	+100		+50		+15	0		+22	+30	+47	-4+Δ		-17+Δ	-17	-31+Δ
200	225	+740	+380	+260																	
225	250	+820	+420	+280																	
250	280	+920	+480	+300		+190	+110		+56		+17	0		+25	+36	+55	-4+Δ		-20+Δ	-20	-34+Δ
280	315	+1 050	+540	+330																	
315	355	+1 200	+600	+360		+210	+125		+62		+18	0		+29	+39	+60	-4+Δ		-21+Δ	-21	-37+Δ
355	400	+1 350	+680	+400																	
400	450	+1 500	+760	+440		+230	+135		+68		+20	0		+33	+43	+66	-5+Δ		-23+Δ	-23	-40+Δ

续表

基本偏差		上极限偏差																		
公称尺寸(mm)		≤IT7	标准公差等级大于 IT7											$\Delta=IT_n-IT_n-1$						
大于	至	P-ZC	P	R	S	T	U	V	X	Y	Z	ZA	ZB	ZC	IT3	IT4	IT5	IT6	IT7	IT8
—	3	在大于IT7的相应数值上增加一个Δ值	−6	−10	−14		−18		−20		−26	−32	−40	−60	0	0	0	0	0	0
3	6		−12	−15	−19		−23		−28		−35	−42	−50	−80	1	1.5	1	3	4	6
6	10		−15	−19	−23		−28		−34		−42	−52	−67	−97	1	1.5	2	3	6	7
10	14		−18	−23	−28		−33		−40		−50	−64	−90	−130	1	2	3	3	7	9
14	18							−39	−45		−60	−77	−108	−150						
18	24		−22	−28	−35		−41	−47	−54	−63	−73	−98	−136	−188	1.5	2	3	4	8	12
24	30					−41	−48	−55	−64	−75	−88	−118	−160	−218						
30	40		−26	−34	−43	−48	−60	−68	−80	−94	−112	−148	−200	−274	1.5	3	4	5	9	14
40	50					−54	−70	−81	−97	−114	−136	−180	−242	−325						
50	65		−32	−41	−53	−66	−87	−102	−122	−144	−172	−226	−300	−405	2	3	5	6	11	16
65	80			−43	−59	−75	−102	−120	−146	−174	−210	−274	−360	−480						
80	100		−37	−51	−71	−91	−124	−146	−178	−214	−258	−335	−445	−585	2	4	5	7	13	19
100	120			−54	−79	−104	−144	−172	−210	−254	−310	−400	−525	−690						
120	140		−43	−63	−92	−122	−170	−202	−248	−300	−365	−470	−620	−800	3	4	6	7	15	23
140	160			−65	−100	−134	−190	−228	−280	−340	−415	−535	−700	−900						
160	180			−68	−108	−146	−210	−252	−310	−380	−465	−600	−780	−1 000						
180	200		−50	−77	−122	−166	−236	−284	−350	−425	−520	−670	−880	−1 150	3	4	6	9	17	26
200	225			−80	−130	−180	−258	−310	−385	−470	−575	−740	−960	−1 250						
225	250			−84	−140	−196	−284	−340	−425	−520	−640	−820	−1 050	−1 350						
250	280		−56	−94	−158	−218	−315	−385	−475	−580	−710	−920	−1 200	−1 550	4	4	7	9	20	29
280	315			−98	−170	−240	−350	−425	−525	−650	−790	−1 000	−1 300	−1 700						
315	355		−62	−108	−190	−268	−390	−475	−590	−730	−900	−1 150	−1 500	−1 900	4	5	7	11	21	32
355	400			−114	−208	−294	−435	−530	−660	−820	−1 000	−1 300	−1 650	−2 100						
400	450		−68	−126	−232	−330	−490	−595	−740	−920	−1 100	−1 450	−1 850	−2400	5	5	7	13	23	34
450	500			−132	−252	−360	−540	−660	−820	−1 000	−1 250	−1 600	−2 100	−2 600						

注:①公称尺寸≤1 mm 时,各级 A 和 B 或 >IT8 的 N 均不采用。
②标准公差≤IT8 级的 K、M、N 及≤IT7 级的 P 到 ZC 时,从表的右侧选取 Δ 值。
例:在 18~30 mm 之间的 P7,Δ=8 mm,因此 ES=−22+8=−14(μm)。
③特殊情况,当公称尺寸大于 250~315 mm 时,M6 的 ES=−9 μm(不等于−11 μm)。

在极限与配合制中,对公称尺寸≤500 mm 的常用尺寸段,标准推荐了孔、轴的一般、常用和优先公差带见图 3-22 和图 3-23。图中为一般用途公差带,轴有 116 个,孔有 105 个;线框内为常用公差带,轴有 59 个,孔有 44 个;圆圈内为优先公差带,轴、孔均有 13 个。在选用时,应首先考虑优先公差带,其次是常用公差带,再次为一般用途公差带。这些公差带的上、下偏差均可从极限与配合制的相关表格中直接查得。仅仅在特殊情况下,当一般公差带不能满足要求时,才允许按规定的标准公差与基本偏差组成所需公差带;甚至按公式用插入或延伸的方法,计算新的标准公差与基本偏差,然后组成所需公差带。

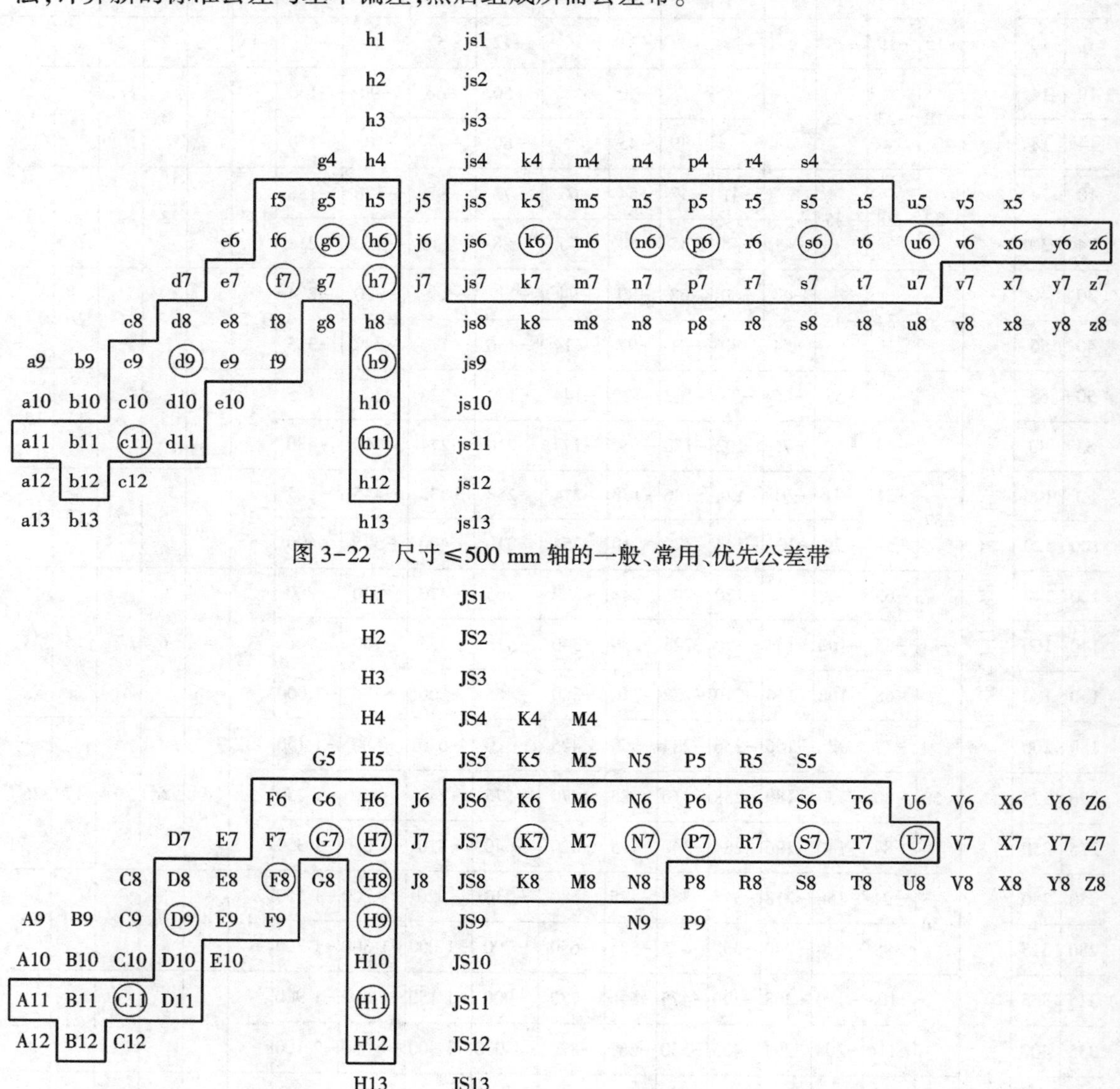

图 3-22　尺寸≤500 mm 轴的一般、常用、优先公差带

图 3-23　尺寸≤500mm 孔的一般、常用、优先公差带

在上述推荐的轴、孔公差带的基础上,极限与配合制还推荐了孔、轴公差带的组合,见表 3-8、表 3-9。对基孔制规定了常用配合 59 个,优先配合 13 个;对基轴制规定了常用配合 47 个,优先配合 13 个。并对这些配合,在标准中分别列出了它们的极限间隙或过盈,便于设计选用。

表 3-8 基孔制优先、常用配合

基准孔	轴 a	b	c	d	e	f	g	h	js	k	m	n	p	r	s	t	u	v	x	y	z
	间隙配合								过渡配合				过盈配合								
H6						H6/f5	H6/g5	H6/h5	H6/js5	H6/k5	H6/m5	H6/n5	H6/p5	H6/r5	H6/s5	H6/t5					
H7						H7/f6	▼H7/g6	▼H7/h6	H7/js6	▼H7/k6	H7/m6	▼H7/n6	▼H7/p6	H7/r6	▼H7/s6	H7/t6	▼H7/u6	H7/v6	H7/x6	H7/y6	H7/z6
H8					H8/e7	▼H8/f7	H8/g7	▼H8/h7	H8/js7	H8/k7	H8/m7	H8/n7	H8/p7	H8/r7	H8/s7	H8/t7	H8/u7				
				H8/d8	H8/e8	H8/f8		H8/h8													
H9			H9/c9	▼H9/d9	H9/e9	H9/f9		▼H9/h9													
H10			H10/c10	H10/d10				H10/h10													
H11	H11/a11	H11/b11	▼H11/c11	H11/d11				▼H11/h11													
H12		H12/b12						H12/h12													

注：① $\frac{H6}{n5}$、$\frac{H7}{p6}$ 在公称尺寸大于或等于 3 mm 和 $\frac{H8}{r7}$ 在公称尺寸大于或等于 100 mm，为过渡配合。

②带▼的配合为优先配合。

表 3-9 基轴制优先、常用配合

基准轴	孔 A	B	C	D	E	F	G	H	JS	K	M	N	P	R	S	T	U	V	X	Y	Z
	间隙配合								过渡配合				过盈配合								
h5						F6/h5	G6/h5	H6/h5	JS6/h5	K6/h5	M6/h5	N6/h5	P6/h5	R6/h5	S6/h5	T6/h5					
h6						F7/h6	▼G7/h6	▼H7/h6	JS7/h6	▼K7/h6	M7/h6	▼N7/h6	▼P7/h6	R7/h6	▼S7/h6	T7/h6	▼U7/h6				
h7					E8/h7	F8/h7		H8/h7	JS8/h7	K8/h7	M8/h7	N8/h7									
h8				D8/h8	E8/h8	F8/h8		▼H8/h8													
h9				▼D9/h9	E9/h9	F9/h9		▼H9/h9													
h10				D10/h10				H10/h10													
h11	A11/h11	B11/h11	▼C11/h11	D11/h11				▼H11/h11													
h12		B12/h12						H12/h12													

注：带▼的配合为优先配合。

3.4 公差与配合的选择

尺寸公差与配合的选择是机械设计与制造中的一个重要环节。公差与配合的选择是否恰当,对产品的性能、质量、互换性及经济性都有着重要的影响。选择的原则是在满足使用要求的前提下,获得最佳的技术经济效益。

尺寸公差与配合的选择主要包括配合制、公差等级及配合种类。

3.4.1 配合制的选用

基孔制配合和基轴制配合是两种平行的配合制度。对各种使用要求的配合,既可用基孔制配合也可用基轴制配合来实现。配合制的选择主要应从结构、工艺性和经济性等方面分析确定。

(1)一般情况下优先选用基孔制。

从工艺上看,对较高精度的中小尺寸孔,广泛采用定值刀、量具(如钻头、铰刀、塞规)加工和检验。采用基孔制可减少备用定值刀、量具的规格和数量,故经济性好。

(2)在采用基轴制时有明显经济效果的情况下,应采用基轴制。

例如:

①农业机械和纺织机械中,有时采用 IT9~IT11 的冷拉成型钢材直接做轴(轴的外面不需经切削加工即可满足使用要求),此时应采用基轴制。

②尺寸小于 1 mm 的精密轴比同一公差等级的孔难加工,因此在仪器制造、钟表生产和无线电工程中,常使用经过光轧成型的钢丝或有色金属棒料直接做轴,这时也应采用基轴制。

③在结构上,当同一轴与公称尺寸相同的几个孔配合,并且配合性质要求不同时,可根据具体结构考虑采用基轴制。

【例 3-5】 选取图 3-24 所示的柴油机活塞连杆组件的配合制。

【解】 如图 3-24(a)所示的柴油机活塞连杆组件中,由于工作时要求活塞销和连杆相对摆动,所以活塞销与连杆小头衬套采用间隙配合。而活塞销和活塞销座孔的连接要求准确定位,故它们采用过渡配合。若采用基孔制,则活塞销应设计成中间小两头大的阶梯轴[图 3-24(b)],这不仅给加工造成困难,而且装配时阶梯轴大头易刮伤连杆衬套内表面。若采用基轴制,将活塞销设计成光轴[图 3-24(c)],则容易保证加工精度和装配质量。而不同基本偏差的孔,分别位于连杆和活塞两个零件上,加工并不困难。所以应采用基轴制。

(3)当设计的零件与标准件相配合时,基准制的选择应按标准件而定。

例如与滚动轴承内圈配合的轴颈应按基孔制配合,而与滚动轴承外圈配合的轴承座孔,则应选用基轴制。

(4)为了满足配合的特殊需要,有时允许孔与轴都不用基准件(H 或 h)而采用非基准孔、轴公差带组成的配合,即非基准制配合。

【例 3-6】 分析图 3-25 所示外壳孔配合制的选用。

【解】 图 3-25 所示的外壳孔同时与轴承外径和端盖直径配合,由于轴承与外壳孔的配合已被定为基轴制过渡配合(M7),而端盖与外壳孔的配合则要求有间隙,以便于拆装,所以端盖直径就不能再按基准轴制造,而应小于轴承的外径。在图中端盖外径公差带取 f7,所以它和外壳孔所组成的配合为非基准配合 M7/f7。又如有镀层要求的零件,要求涂镀后满足某一基

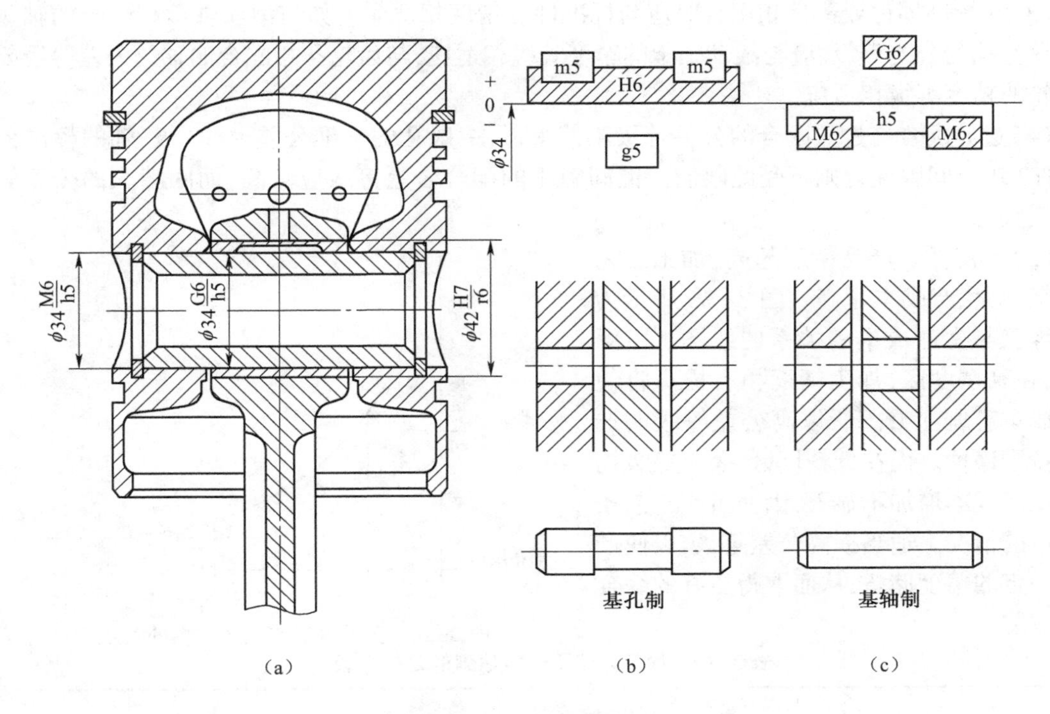

图 3-24 基准制选择示例

准制配合的孔或轴,在电镀前也应按非基准制配合的孔、轴公差带进行加工。

3.4.2 公差等级的选用

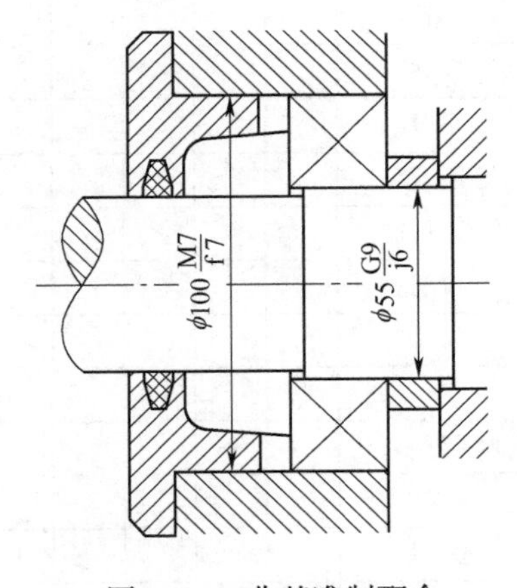

图 3-25 非基准制配合

选择公差等级时,要正确处理使用要求、制造工艺和成本之间的关系。选用的基本原则是,在满足使用要求的前提下,尽量选用较低的公差等级。

公差等级可采用计算法或类比法进行选择。

1. 计算法

用计算法选择公差等级的依据是:$T_f = T_h + T_s$,至于 T_h 与 T_s 的分配则可按工艺等价原则来考虑。

(1)对≤500 mm 的公称尺寸,当公差等级在 IT8 及其以上高精度时,推荐孔比轴低一级,如 H8/f7 ,H7/g6 等;当公差等级为 IT8 级时,也可采用同级孔、轴配合,如 H8/f8 等;当公差等级在 IT9 及以下较低精度级时,一般采用同级孔、轴配合,如 H9/d9 ,H11/c11 等。

(2)对>500 mm 的公称尺寸,一般采用同级孔、轴配合。

2. 类比法

采用类比法选择公差等级,也就是参考从生产实践中总结出来的经验资料,进行比较选用。选择时应考虑以下几方面。

(1)工艺等价性。相配合的孔、轴应加工难易程度相当,即使孔、轴工艺等价。

(2)各种加工方法能够达到的公差等级见表 3-10,可供选择时参考。

(3)与标准零件或部件相配合时应与标准件的精度相适应。如与滚动轴承相配合的轴颈和轴承座孔的公差等级,应与滚动轴承的精度等级相适应,与齿轮孔相配合的轴的公差等级要与齿轮的精度等级相适应。

(4)过渡配合与过盈配合的公差等级不能太低,一般孔的标准公差≤IT8 级,轴的标准公差≤IT7 级。间隙配合则不受此限制。但间隙小的配合公差等级应较高,而间隙大的公差等级应低些。

(5)经济性。产品精度超高,加工工艺超复杂,则生产成本超高。图 3-26 所示为公差等级与生产成本的关系曲线图。由图可见,在高精度区,加工精度稍有提高将使生产成本急剧上升。所以高公差等级的选用要特别谨慎。而在低精度区,公差等级提高使生产成本增加不显著,因而可在工艺条件许可的情况下适当提高公差等级,以使产品有一定的精度储备,从而取得更好的综合经济效益。

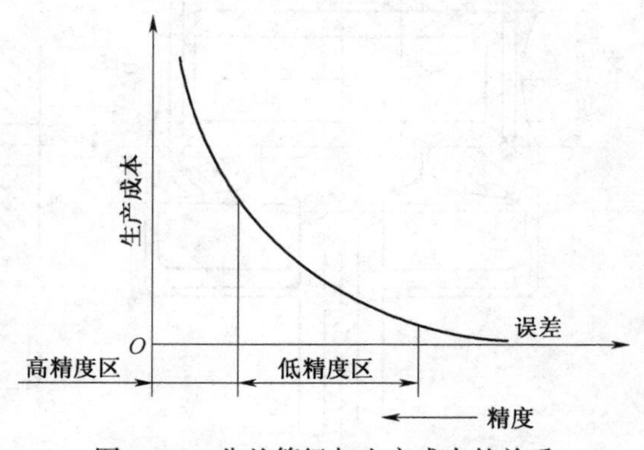

图 3-26　公差等级与生产成本的关系

表 3-10　加工方法所能够达到的公差等级

加工方法	公差等级																	
	IT01	IT0	IT1	IT2	IT3	IT4	IT5	IT6	IT7	IT8	IT9	IT10	IT11	IT12	IT13	IT14	IT15	IT16
研磨																		
珩																		
圆磨																		
平磨																		
金刚石车																		
金刚石镗																		
拉削																		
铰孔																		
车																		
镗																		
铣																		
刨、插																		
钻孔																		
滚压、挤压																		
冲压																		
压铸																		
粉末冶金成型																		
粉末冶金烧结																		
砂型铸造、气割																		
锻造																		

(6)各公差等级的应用范围见表3-11。常用公差等级的应用示例见表3-12。

表3-11 公差等级应用范围

应用	公差等级																			
	IT01	IT0	IT1	IT2	IT3	IT4	IT5	IT6	IT7	IT8	IT9	IT10	IT11	IT12	IT13	IT14	IT15	IT16	IT17	IT18
块规																				
量规																				
配合尺寸																				
特别精密零件的配合																				
非配合尺寸(大制造公差)																				
原材料公差																				

表3-12 常用公差等级应用示例

公差等级	应用
IT5级	主要用在配合精度,形位精度要求较高的地方,一般在机床、发动机、仪表等重要部位应用。如:与P4级滚动轴承配合的箱体孔;与P5级滚动轴承配合的机床主轴,机床尾架与套筒,精密机械及高速机械中的轴径,精密丝杆轴径等
IT6级	用于配合性质均匀性要求较高的地方。如:与P5级滚动轴承配合的孔、轴颈;与齿轮、蜗轮、联轴器、带轮、凸轮等连接的轴径,机床丝杠轴径;摇臂钻立柱;机床夹具中导向件外径尺寸;6级精度齿轮的基准孔,7、8级精度齿轮的基准轴径
IT7级	在一般机械制造中应用较为普遍。如:联轴器、带轮、凸轮等孔径;机床夹盘座孔;夹具中固定钻套、可换钻套;7、8级齿轮基准孔,9、10级齿轮基准轴
IT8级	在机器制造中属于中等精度。如:轴承座衬套沿宽度方向尺寸,低精度齿轮基准孔与基准轴;通用机械中与滑动轴承配合的轴颈;也用于重型机械或农业机械中某些较重要的零件
IT9级 IT10级	用于精度要求一般的配合中。例如机械制造中轴套外径与孔;操作件与轴;键与键槽等零件
IT11级 IT12级	精度较低,适用于基本上没有配合要求的场合。如:机床上法兰盘与止口;滑块与滑移齿轮;加工中工序间尺寸;冲压加工的配合件等

3.4.3 配合种类的选用

选择配合的目的是解决配合零件(孔和轴)在工作时的相互关系,保证机器工作时各个零件之间的协调,以实现预定的工作性质。当配合制和公差等级确定后,配合的选择就是根据所选部位松紧程度的要求,确定非基准件的基本偏差代号。

国家标准规定的配合种类很多,设计中应根据使用要求,尽可能地选用优先配合,其次考虑常用配合,然后是一般配合等。

1. 配合代号的选用方法

配合代号选用的方法有计算法、试验法和类比法3种。

(1)计算法

根据配合部位的使用要求和工作条件,按一定理论建立极限间隙或极限过盈的计算公式。如根据流体润滑理论,计算保证液体摩擦状态所需要的间隙。根据弹性变形理论计算出既能保证传递一定力矩而又不使材料损坏所需要的过盈。然后按计算出的极限间隙或过盈选择相配合孔、轴的公差等级和配合代号(选择步骤见例3-5)。由于影响配合间隙和过盈量的因素很多,所以理论计算往往是把条件理想化和简单化,因此结果不完全符合实际,计算过程也较麻烦。故目前只有计算公式较成熟的少数重要配合才用计算法。但这种方法理论根据比较充分,有指导意义,随着计算机技术的发展,将会得到越来越多的应用。目前,我国已经颁布GB/T 5371—2004《极限与配合 过盈配合的计算和选用》国家标准,其他配合的计算与选用方法也在研究中。故计算法将会日趋完善,其应用也将逐渐增多。

【例3-7】 公称尺寸为$\phi40$的某孔、轴配合,由计算法设计确定配合的间隙应在+0.022~+0.066 mm之间,试选用合适的孔、轴公差等级和配合种类。

【解】 ①选择公差等级。

由 $T_f = |X_{max}-X_{min}| = T_h+T_s$,得:$T_h+T_s = |66-22| = 44(\mu m)$。

查表3-2知:IT7=25 μm ,IT6=16 μm,按工艺等价原则,取孔为IT7级,轴为IT6级,则$T_h+T_s=25+16=41$ (μm)。

接近44 μm,符合设计要求。

②选择基准制。

由于没有其他条件限制,故优先选用基孔制,则孔的公差带代号为:$\phi40H7(^{+0.025}_{0})$

③选择配合种类,即选择轴的基本偏差代号。

因为是间隙配合,故轴的基本偏差应在a~h之间,且其基本偏差为上偏差(es)。

由 $X_{min}=EI-es$;得:$es=EI-X_{min}=0-22=-22(\mu m)$。

查表3-5选取轴的基本偏差代号为f (es=-25μm)能保证X_{min}的要求,故轴的公差带代号为:$\phi40f6(^{-0.025}_{-0.041})$。

④验算:所选配合 $\phi40H7/f6$

$$X_{max}=ES-ei=25-(-41)=+66(\mu m)$$
$$X_{min}=EI-es=0-(-25)=+25(\mu m)$$

其X_{max}、X_{min}均在0.022~0.066 mm之间,故所选符合要求。

(2)试验法

对于与产品性能关系很大的关键配合,可采用多种方案进行试验比较,从而选出具有最理想的间隙或过盈量的配合。这种方法较为可靠,但成本较高,一般用于大量生产产品的关键配合。

(3)类比法

在对机械设备上现有的行之有效的配合有充分了解的基础上,对使用要求和工作条件与之类似的配合件,用参照类比的方法确定配合,这是目前选择配合的主要方法。

2. 配合种类的选择

(1)a~h(或A~H)11种基本偏差与基准孔(或基准轴)形成间隙配合,主要用于结合件有相对运动或需方便装拆的配合。

(2)js~n(或JS~N)5种基本偏差与基准孔(或基准轴)一般形成过渡配合,主要用于需精确定位和便于装拆的相对静止的配合。

(3)p~zc(或P~ZC)12种基本偏差与基准孔(或基准轴)一般形成过盈配合,主要用于孔、轴间没有相对运动,需传递一定的扭矩的配合。过盈不大时主要借助键连接(或其他紧固件)传递扭矩,可拆卸;过盈大时,主要靠结合力传递扭矩,不便拆卸。

表 3-13 提供了三类配合选择的大体方向,可供参考。

表 3-13 配合类别的大体方向

<table>
<tr><td rowspan="4">无相对运动</td><td rowspan="3">要传递转矩</td><td rowspan="2">要精确同轴</td><td>永久结合</td><td>过盈配合</td></tr>
<tr><td>可拆结合</td><td>过渡配合或基本偏差为 H(h)①的间隙配合加紧固件②</td></tr>
<tr><td colspan="2">不要求精确同轴</td><td>间隙配合加紧固件</td></tr>
<tr><td colspan="3">不需要传递转矩</td><td>过渡配合或过盈量小的过盈配合</td></tr>
<tr><td rowspan="2">有相对运动</td><td colspan="3">只有移动</td><td>基本偏差为 H(h)、G(g)①的间隙配合</td></tr>
<tr><td colspan="3">转动或转动与移动复合运动</td><td>基本偏差为 A~F(a~f)①的间隙配合</td></tr>
</table>

注:①指非基准件的基本偏差代号。
② 紧固件指键、销、和螺钉等。

配合类别大体确定后,再进一步类比选择确定非基准件的基本偏差代号。表 3-14 为各种基本偏差的特点及选用说明;表 3-15 为尺寸≤500 mm 的基孔制常用和优先配合的特征和应用说明,均可供选择时参考。

表 3-14 各种基本偏差的特点及选用说明

配合	基本偏差	配合特性及应用
间隙配合	a(A) b(B)	可得到特别大的间隙,应用很少。主要用于工作时温度高,热变形大的零件的配合,如发动机中活塞与缸套的配合为 H9/a9
	c(C)	可得到很大的间隙,一般用于工作条件较差(如农业机械),工作时受力变形大及装配工艺性不好的零件的配合,也适用于高温工作的动配合,如内燃机排气阀与导管的配合为 H8/c7
	d(D)	与 IT7~IT11 对应,适用于较松的间隙配合(如滑轮、空转传动带轮与轴的配合),以及大尺寸滑动轴承与轴的配合(如涡轮机、球磨机等的滑动轴承)。活塞环与活塞槽的配合可用 H9/d9
	e(E)	与 IT6~IT9 对应,具有明显的间隙,用于大跨距及多支点的转轴与轴承的配合,以及高速、重载的大尺寸轴与轴承的配合,如大型电动机、内燃机的主要轴承处的配合为 H8/e7
	f(F)	多与 IT6~IT8 对应,用于一般转动的配合,受温度影响不大,采用普通润滑油的轴与滑动轴承的配合滑动轴承,如齿轮箱、小电动机、泵等的转轴与滑动轴承的配合为 H7/f6
	g(G)	多与 IT5、IT6、IT7 对应,形成配合的间隙较小,用于轻载精密装置中的转动配合,最适合不回转的精密滑动配合,也用于插销等定位配合,如精密连杆轴承、活塞及滑阀、连杆销等处的配合
	h(H)	多与 IT4~IT11 对应,广泛用于无相对转动的零件,作为一般的定位配合。若没有温度、变形的影响,也可用于精密滑动配合,如车床尾座孔与滑动套筒的配合为 H6/h5
过渡配合	js(JS) j(J)	多用于 IT4~IT7 具有平均间隙的过渡配合,用于略有过盈的定位配合,如联轴节、齿圈与轮毂的配合,滚动轴承外圈与外壳孔的配合多用 JS7 或 J7。一般用手或木槌装配
	k(K)	多用于 IT4~IT7 平均间隙接近零的配合,用于定位配合,如滚动轴承的内、外圈分别与轴颈、外壳孔的配合,用木槌装配
	m(M)	多用于 IT4~IT7 平均过盈较小的配合,用于精密定位的配合,如蜗轮的青铜轮缘与轮毂的配合为 H7/m6
	n(N)	多用于 IT4~IT7 平均过盈较大的配合,很少形成间隙。用于通过键传递较大扭矩的配合,如冲床上齿轮与轴的配合

续表

配合	基本偏差	配合特性及应用
过盈配合	p(P)	小过盈配合。与H6或H7的孔形成过盈配合，而与H8的孔形成过渡配合。碳钢和铸铁制零件形成的配合为标准压入配合，如卷扬机的绳轮与齿圈的配合为H7/p6。对弹性材料，如轻合金等，往往要求很小的过盈，故可采用p(或P)与基准件形成的配合
	r(R)	用于传递大扭矩或受冲击载荷而需加键的配合，如蜗轮与轴的配合为H7/r6。配合H8/r7在公称尺寸小于100 mm时，为过渡配合
	s(S)	用于钢和铸铁制零件的永久性和半永久性结合，可产生相当大的结合力，如套环压在轴、阀座上用H7/s6的配合。尺寸较大时，为避免损伤配合表面，需用热胀或冷缩法装配
	t(T)	用于钢和铸铁制零件的永久性结合，不用键可传递扭矩，需用热胀或冷缩法装配，如联轴节与轴的配合为H7/t6
	u(U)	大过盈配合，最大过盈需验算材料的承受能力，用热胀或冷缩法装配，如火车轮毂和轴的配合为H6/u5
	v(V)、x(X)、y(Y)、z(Z)	特大过盈配合，目前使用的经验和资料很少，须经试验后才能应用，一般不推荐

表3-15　尺寸≤500 mm基孔制常用和优先配合的特征和应用

配合类别	配合特征	配合代号	应　　用
间隙配合	特大间隙	$\frac{H11}{a11}$ $\frac{H11}{b11}$ $\frac{H12}{b12}$	用于高温或工作时要求大间隙的配合
	很大间隙	$\left(\frac{H11}{c11}\right)$ $\frac{H11}{d11}$	用于工作条件较差，受力变形或为了便于装配而需要大间隙的配合和高温工作的配合
	较大间隙	$\frac{H9}{c9}$ $\frac{H10}{c10}$ $\frac{H8}{d8}$ $\left(\frac{H9}{d9}\right)$ $\frac{H10}{d10}$ $\frac{H8}{e7}$ $\frac{H8}{e8}$ $\frac{H9}{e9}$	用于高速重载的滑动轴承或大直径的滑动轴承，也可用于大跨距或多支点支承的配合
	一般间隙	$\frac{H6}{f5}$ $\frac{H6}{f6}$ $\left(\frac{H8}{f7}\right)$ $\frac{H8}{f8}$ $\frac{H9}{f9}$	用于一般转速的配合，当温度影响不大时，广泛应用于普通润滑油润滑的支承处
	较小间隙	$\left(\frac{H7}{g6}\right)$ $\frac{H8}{g7}$	用于精密滑动零件或缓慢间歇回转的零件的配合部件
	很小间隙或零间隙	$\frac{H6}{g5}$ $\frac{H6}{h5}$ $\left(\frac{H7}{h6}\right)$ $\left(\frac{H8}{h7}\right)$ $\frac{H8}{h8}$ $\left(\frac{H9}{h9}\right)$ $\frac{H10}{h10}$ $\left(\frac{H11}{h11}\right)$ $\left(\frac{H12}{h12}\right)$	用于不同精度要求的一般定位件的配合和缓慢移动或摆动零件的配合
过渡配合	大部分有微小间隙	$\frac{H6}{js5}$ $\frac{H7}{js6}$ $\frac{H8}{js7}$	用于易于装拆的定位配合或加紧固件后可传递一定静载荷的配合
	大部分有微小间隙	$\frac{H6}{k5}$ $\left(\frac{H7}{k6}\right)$ $\frac{H8}{k7}$	用于稍有振动的定位配合，加紧固件可传递一定载荷，为装配方便可用木锤敲入
	大部分有微小过盈	$\frac{H6}{m5}$ $\frac{H7}{m6}$ $\frac{H8}{m7}$	用于定位精度较高且能抗振的定位配合，加键可传递较大载荷，可用铜锤敲入或小压力压入

续表

配合类别	配合特征	配合代号	应　用
过渡配合	大部分有微小过盈	$\left(\frac{H7}{n6}\right)$ $\frac{H8}{n7}$	用于精确定位或紧密结合件的配合,加键能传递大力矩或冲击性载荷,只在大修时拆卸
	大部分有较小过盈	$\frac{H8}{p7}$	加键后能传递很大力矩,且承受振动和冲击的配合,装配后不再拆卸
过盈配合	轻型	$\frac{H6}{n5}$ $\frac{H6}{p5}$ $\left(\frac{H6}{p6}\right)$ $\frac{H6}{r5}$ $\frac{H7}{r6}$ $\frac{H8}{r7}$	用于精确的定位配合,一般不能靠过盈传递力矩。要传递力矩需加紧固件
	中型	$\frac{H6}{n5}$ $\frac{H6}{p5}$ $\left(\frac{H6}{p6}\right)$ $\frac{H6}{r5}$ $\frac{H7}{r6}$ $\frac{H8}{r7}$	不需加紧固件就可传递较小力矩和轴向力。加紧固件后承受较大载荷或动载荷的配合
	重型	$\left(\frac{H7}{u6}\right)$ $\frac{H8}{u7}$ $\frac{H7}{v6}$	不需加紧固件就可传递和承受大的力矩和动载荷的配合。要求零件材料有高强度
	特重型	$\frac{H7}{x6}$ $\frac{H7}{y6}$ $\frac{H7}{z6}$	能传递和承受很大力矩和动载荷的配合,须经试验后方可应用

注:①括号内的配合为优先配合。

②国家标准规定的 44 种基轴制配合的应用与本表中的同名配合相同。

(4)分析零件的工作条件及使用要求,合理调整配合的间隙与过盈。

零件的工作条件是选择配合的重要依据。用类比法选择配合时,当待选部位和类比的典型实例在工作条件上有所变化时,应对配合的松紧作适当的调整。因此必须充分分析零件的具体工作条件和使用要求,考虑工作时结合件的相对位置状态(如运动速度、运动方向、停歇时间、运动精度要求等)、承受负荷情况、润滑条件、温度变化、配合的重要性、装卸条件以及材料的物理机械性能等,参考表 3-16 对结合件配合的间隙量或过盈量的绝对值进行适当的调整。

表 3-16　不同工作条件影响配合间隙或过盈的趋式

具体情况	过盈量	间隙量	具体情况	过盈量	间隙量
材料强度小	减	—	装配时可能歪斜	减	增
经常拆卸	减	增	旋转速度增高	增	增
有冲击载荷	增	减	有轴向运动	—	增
工作时孔温高于轴温	增	减	润滑油黏度增大	—	增
工作时轴温高于孔温	减	增	表面趋向粗糙	增	减
配合长度增长	减	增	单件生产相对于成批生产	减	增
配合面形状和位置误差增大	减	增		减	

【例 3-8】　试分析确定图 3-27 所示 C616 型车床尾座有关部位的配合。

【解】　尾座在车床上的作用是与主轴顶尖共同支承工件,承受切削力。尾座工作时,搬动手柄 11,通过偏心机构,将尾座夹紧在床身上,再转动手轮 9,通过丝杠、螺母,使套筒 3 带动顶尖 1 向前移动,顶住工件,最后转动手柄 21,使夹紧套 20 靠摩擦夹住套筒,从而使顶尖的位置固定。

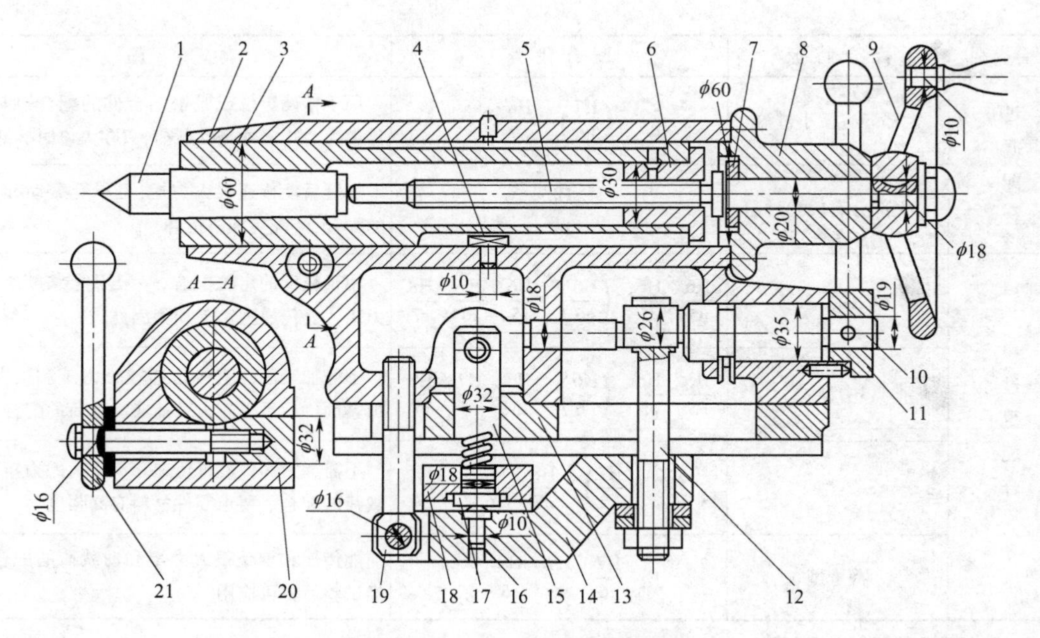

图 3-27　C616 车床尾座装配图

1—顶尖；2—尾座；3—套筒；4—定位块；5—丝杠；6—螺母；7—挡油圈；8—后盖；9—手轮；10—偏心轴；11、21—手柄；12—拉紧螺钉；13—滑座；14—杠杆；15—圆柱；16、17—压块；18—压板；19—螺钉；20—夹紧套

尾座部件有关部位配合的分析和选用说明见表 3-17。

表 3-17　车床尾座的有关配合及其选择说明

序号	配合件	配合代号	配合选择说明
1	套筒 3 外圆与尾座体 2 孔	ϕ60H6/h5	套筒调整时要在尾座孔中滑动，需有间隙，而顶尖工作时需高的定位精度，故选择精度高的小间隙配合
2	套筒 3 内孔与螺母 6 外圆	ϕ30H7/h6	为避免螺母在套筒中偏心，需一定的定位精度，为了方便装配，需有间隙，故选小间隙配合
3	套筒 3 上槽宽与定位块侧面	ϕ12D10/h9	定位块宽度按键宽标准取 12h9，因长槽与套筒轴线有歪斜，所以取较松配合
4	定位块 4 的圆柱面与尾座体 2 孔	ϕ10H9/h8	为容易装配和通过定位块自身转动修正它在安装时的位置误差，选用间隙配合
5	丝杠 5 轴颈与后盖 8 内孔	ϕ20H7/g6	因有定心精度要求，且轴孔有相对低速转动，故选用较小间隙配合
6	挡油圈 7 孔与丝杠 5 轴颈	ϕ20H11/g6	由于丝杆轴颈较长，为便于装配选间隙配合，因无定心精度要求，故选内孔精度较低
7	后盖 8 凸肩与尾座体 2 孔	ϕ60H6/js6	配合面较短，主要起定心作用，配合后用螺钉紧固，没有相对运动，故选过渡配合
8	手轮 9 孔与丝杠 5 轴端	ϕ18H7/js6	手轮通过半圆键带动丝杆一起转动，为便于装拆和避免手轮轴上晃动，选过渡配合
9	手柄轴与手轮 9 小孔	ϕ10H7/k6	为永久性连接，可选过盈配合，但考虑到手轮为铸件（脆性材料）不能取大的过盈，故选为过渡配合

续表

序号	配合件	配合代号	配合选择说明
10	手柄11孔与偏心轴10	φ19H7/h6	手柄通过销转动偏心轴。装配时销与偏心轴配作，配作前要调整手柄处于紧固位置，偏心轴也处于偏心向上位置，因此配合不能有过盈
11	偏心轴10右轴颈与尾座体孔	φ35H8/d7	有相对转动，又考虑到偏心轴两轴颈和尾座体两支承孔都会产生同轴度误差，故选用间隙较大的配合
12	偏心轴10左轴颈与尾座体孔	φ18H8/d7	
13	偏心轴10与拉紧螺钉12孔	φ26H8/d7	没有特殊要求，考虑到装拆方便，采用大间隙配合
14	压块16圆销与杠杆14孔	φ10H7/js7	无特殊要求，只要便于装配，且压块装上后不易掉出即可，故选较松的过渡配合
15	压块17圆柱销与压板18孔	φ18H7/js6	
16	杠杆14孔与标准圆柱销	φ16H7/n6	圆柱销按标准做成φ16n6，结构要求销与杠杆配合要紧，销与螺钉孔配合要松，故取杠杆孔为H7，螺钉孔为D8
17	螺钉19孔与标准圆柱销	φ16D8/n6	
18	圆柱15与滑座13孔	φ32H7/n6	要求圆柱在承受径向力时不松动，但必要时能在孔中转位，故选用较紧的过渡配合
19	夹紧套20外圆与尾座体横孔	φ32H8/e7	手柄21放松后，夹紧套要易于退出，便于套筒3移出，故选间隙较大的配合
20	手柄21孔与收紧螺钉轴	φ16H7/h6	由半圆键带动螺钉轴转动，为便于装拆，选用小间隙配合

(5)考虑热变形和装配变形的影响，保证零件的使用要求。

在选择公差与配合时，要注意温度条件。标准中规定的均为标准温度为20℃时的数值。当工作温度不是20℃，特别是孔、轴温度相差较大，或其线膨胀系数相差较大时，应考虑热变形的影响。这对于高温或低温下工作的机械，更为重要。

【例3-9】 铝制活塞与钢制缸体的结合，其公称尺寸φ150，工作温度：孔温 $t_h=110℃$，轴温 $t_s=180℃$，线膨胀系数：孔 $\alpha_h=12\times10^{-6}(1/℃)$，轴 $\alpha_s=24\times10^{-6}(1/℃)$，要求工作时间隙量在0.1~0.3 mm内。试选择配合。

【解】 由热变形引起的间隙量的变化为

$$\Delta X=150[12\times10^{-6}(110-20)-24\times10^{-6}(180-20)]=-0.414(\text{mm})$$

即工作时间隙量减小，故装配时间隙量应为

$$X_{min}=(0.1+0.414)=0.514(\text{mm})$$

$$X_{max}=(0.3+0.414)=0.714(\text{mm})$$

按要求的最小间隙，可选基本偏差为：$a=-520\ \mu\text{m}$。

由配合公差 $T_f=0.714-0.514=0.2(\text{mm})=T_h+T_s$，可取 $T_h=T_s=100\ \mu\text{m}$。

由表3-2知可取IT9，故选配合为φ150H9/a9。其最小间隙为0.52 mm，最大间隙为0.72 mm。

装配变形在机械结构中，常遇到套筒装配变形问题。如图3-28所示，套筒外面与机座孔的配合为过渡配合φ80H7/u6，套筒内表面与轴的配合为φ60H7/f6。由于套筒外表面与机座孔的配合有过盈,当套筒压入机座孔后,套筒内孔即收缩,直径变小。若套筒内孔与轴之间原要求最小间隙为0.03 mm,则由于装配变形,此时将实际产生过盈,不仅不能保证配合要求,甚至无法自由装配。

一般装配图上规定的配合,应是装配后的要求。因此对有装配变形的套筒类零件,在设计绘图时应对公差带进行必要的修正,如将内孔公差带上移,使孔的极限尺寸加大;或用工艺措施加以保证,如将套筒压入机座孔后再精加工套筒孔,以达到其图样设计要求。从而保证装配后的要求。

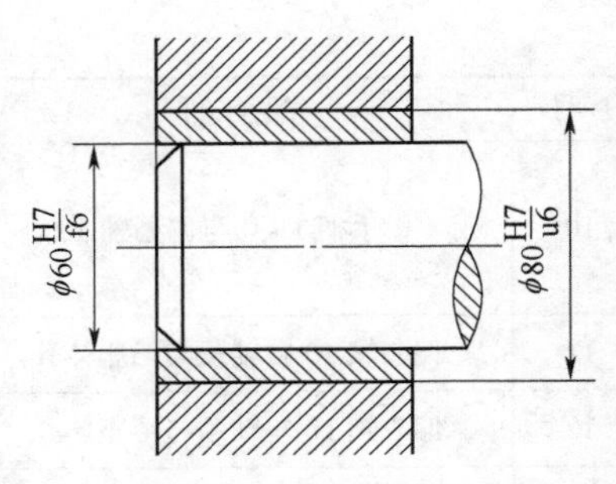

图 3-28　有装配变形的配合

3.5　线性尺寸的一般公差

国家标准 GB/T 1804—2000《一般公差　未注公差的线性和角度尺寸的公差》是等效采用国际标准 ISO 2768—1:1989《一般公差　第 1 部分:未注出公差的线性和角度尺寸的公差》对 GB/T 1804—1992《一般公差　线性尺寸的未注公差》和 GB/T 11335—1989《未注公差角度的极限偏差》进行修订的一项标准。

3.5.1　线性尺寸的一般公差的概念

线性尺寸的一般公差是在车间普通工艺条件下,机床设备一般加工能力可保证的公差。在正常维护和操作情况下,它代表车间的一般加工的经济加工精度。

采用一般公差的尺寸和角度,在正常车间精度保证的条件下,通常可不检验。

应用一般公差,可简化图样,使图样清晰易读。由于一般公差不需在图样上进行标注,则突出了图样上注出公差的尺寸,从而使人们在对这些注出尺寸进行加工和检验时给予应有的重视。

3.5.2　标准的有关规定

线性尺寸的一般公差规定有 4 个公差等级。从高到低依次为精密级、中等级、粗糙级和最粗级,分别用字母 f、m、c 和 v 表示。而对尺寸也采用了大的分段。线性尺寸的极限偏差值见表 3-18。这 4 个公差等级相当于标准公差等级 IT12、IT14、IT16 和 IT17 。

表 3-18　线性尺寸的未注极限偏差的数值(摘自 GB/T 1804—2000)　单位:mm

公差等级	尺寸分段							
	0.5~3	>3~6	>6~30	>30~120	>120~400	>400~1 000	>1 000~2 000	>2 000~4 000
f(精密级)	±0.05	±0.05	±0.1	±0.15	±0.2	±0.3	±0.5	—
m(中等级)	±0.1	±0.1	±0.2	±0.3	±0.5	±0.8	±1.2	±2
c(粗糙级)	±0.2	±0.3	±0.5	±0.8	±1.2	±2	±3	±4
v(最粗级)	—	±0.5	±1	±1.5	±2.5	±4	±6	±8

由表 3-18 可见,不论孔和轴还是长度尺寸,其极限偏差的取值都采用对称分布的公差带,因而与旧国标相比,使用更方便,概念更清晰。标准同时也对倒圆半径与倒角高度尺寸的极限偏差的数值作了规定,见表 3-19。

表 3-19 倒圆半径与倒角高度尺寸的极限偏差的数值(摘自 GB/1804-2000) 单位:mm

公差等级	尺寸分段			
	0.5~3	>3~6	>6~30	>30
f(精密级) m(中等级)	±0.2	±0.5	±1	±2
c(粗糙级) v(最粗级)	±0.4	±1	±2	±4

3.5.3 线性尺寸的一般公差的表示方法

线性尺寸的一般公差主要用于较低精度的非配合尺寸。当功能上允许的公差等于或大于一般公差时,均应采用一般公差。

采用国标规定的一般公差,在图样上的尺寸后不注出极限偏差,而是在图样的技术要求或有关文件中,用标准号和公差等级代号作出总的标示。

例如,选用中等级时,标示为 GB/T 1804-m ;选用粗糙级时,标示为 GB/T 1804-c 。

习 题 3

3-1 判断下列说法是否正确?

(1)一般来说,零件的实际尺寸越接近公称尺寸越好。

(2)公差通常为正,在个别情况下也可以为负或零。

(3)孔和轴的加工精度越高,则其配合精度也越高。

(4)过渡配合的孔轴结合,由于有些可能得到间隙,有些可能得到过盈,因此,过渡配合可能是间隙配合,也可能是过盈配合。

(5)若某配合的最大间隙为 15 μm,配合公差为 41 μm,则该配合一定是过渡配合。

3-2 填空:

(1)国家标准规定的基本偏差孔、轴各有________个,其中 H 为____________的基本偏差代号,其基本偏差为________,且偏差值为________;h 为________的基本偏差代号,其基本偏差为________,且偏差值为________。

(2)国家标准规定有________和________两种配合制度,一般应优先选用________,以减少______________________________,降低生产成本。

(3)国家标准规定的标准公差有________级,其中最高级为________,最低级为________,而常用的配合公差等级为________。

(4)配合种类分为________、________和________三大类,当相配合的孔轴需有相对运动或需经常拆装时,应选________配合。

3-3　试根据表 3-20 中的已知数据，填写表中各空格，并按适当比例绘制各孔、轴的公差带图。

表 3-20　题 3-3 表　　单位：mm

尺寸标注	公称尺寸	极限尺寸		极限偏差		公差
		最大	最小	上偏差	下偏差	
孔 $\phi12^{+0.050}_{+0.032}$						
轴 $\phi60$				+0.072		0.019
孔		29.959				0.021
轴	$\phi50$		49.966	+0.005		

3-4　根据表 3-21 中的已知数据，填写表中各空格，并按适当比例绘制各对配合的尺寸公差带图和配合公差带图。

表 3-21　题 3-4 表　　单位：mm

公称尺寸	孔			轴			X_{max} 或 Y_{min}	X_{min} 或 Y_{max}	X_{av} 或 Y_{av}	T_f	配合种类
	ES	EI	T_h	es	Ei	T_S					
$\phi50$		0				0.039	+0.103			0.078	
$\phi25$			0.021	0				−0.048	−0.031		
$\phi80$			0.046	0			+0.035		−0.003		

3-5　查表确定下列公差带的极限偏差。

(1) $\phi25$f7　　(2) $\phi60$d8　　(3) $\phi50$k6　　(4) $\phi40$m5

(5) $\phi50$D9　　(6) $\phi40$P7　　(7) $\phi30$M7　　(8) $\phi80$JS8

3-6　查表确定下列各尺寸的公差带的代号。

(1) 轴 $\phi18^{0}_{-0.011}$　(2) 孔 $\phi120^{+0.087}_{0}$　(3) 轴 $\phi50^{-0.050}_{-0.075}$　(4) 孔 $\phi65^{+0.005}_{-0.041}$

3-7　某配合的公称尺寸为 $\phi25$，要求配合的最大间隙为 +0.013 mm，最大过盈为 −0.021 mm。试决定孔、轴公差等级，选择适当的配合（写出代号）并绘制公差带图。

3-8　某配合的公称尺寸为 $\phi30$，按设计要求，配合的过盈应为 −0.014 ~ −0.048 mm。试决定孔、轴公差等级，按基轴制选定适当的配合（写出代号）。

3-9　图 3-29 所示为钻床夹具简图，试根据表 3-22 的已知条件，选择配合种类。

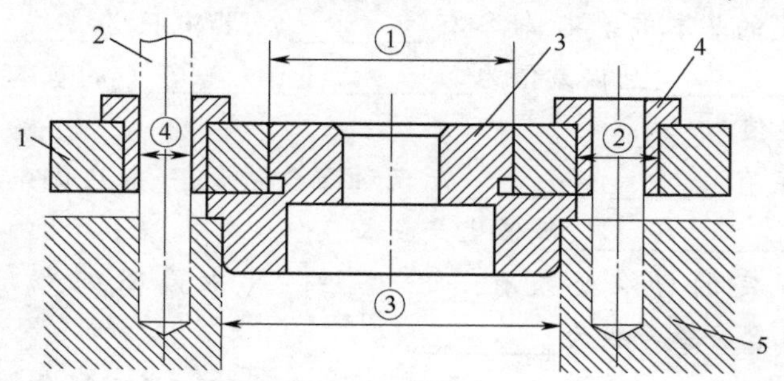

图 3-29　题 3-9 图

1—钻模板；2—钻头；3—定位套；4—钻套；5—工件

表 3-22 题 3.9 表

配合种类	已知条件	配合种类
①	有定心要求,不可拆连接	
②	有定心要求,可拆连接(钻套磨损后可更换)	
③	有定心要求,孔、轴间需有轴向移动	
④	有导向要求,轴、孔间需有相对的高速转动	

4 几何公差与误差检测

形状和位置公差带的定义、特点和标注方法;几何误差的评定及检测方法。

4.1 概　　述

零件在加工过程中,机床—夹具—刀具—工件组成的工艺系统本身的误差,以及加工中工艺系统的受力变形、震动、磨损等因素,都会使加工后的零件的形状及其构成几何要素之间的位置与理想的形状和位置存在一定的差异,这种差异即是形状误差和位置误差,简称几何误差。零件的几何误差直接影响零件的使用性能。

如在车削圆柱表面时,刀具的运动轨迹若与工件的旋转轴线不平行,会使完工零件表面产生圆柱度误差;铣轴上的键槽时,若铣刀杆轴线的运动轨迹相对于零件的轴线有偏离或倾斜,则会使加工出的键槽产生对称度误差等。而零件的圆柱度误差会影响圆柱结合要素的配合均匀性;齿轮轴线的平行度误差会影响齿轮的啮合精度和承载能力;键槽的对称度误差会使键安装困难和安装后的受力状况恶化等。因此,对零件的形状和位置精度进行合理的设计,规定适当的形状和位置公差是十分重要的。

为适应经济发展和国际交流的需要,我国根据国际标准制定了有关几何公差的新标准。它们是:GB/T 1182—2008《产品几何技术规范(GPS)几何公差 形状、方向、位置和跳动公差标注》;GB/T 1184—1996《形状和位置公差 未注公差值》;GB/T 4249—2009《产品几何技术规范(GPS)公差原则》;GB/T 16671—2009《产品几何技术规范(GPS)几何公差 最大实体要求、最小实体要求和可逆要求》;GB/T 17851—2010《产品几何技术规范(GPS)基准和基准体系;GB/T 1958—2017《产品几何技术规范(GPS)几何公差 检测与验证》等。此外,作为贯彻上述标准的技术保证,还发布了圆度、直线度、平面度、同轴度误差检验标准以及位置量规标准等。

4.1.1 几何公差的研究对象

几何公差的研究对象是零件的几何要素(简称为"要素"),就是构成零件几何特征的点、线、面。如图 4-1 所示零件的球心、锥顶、圆柱面和圆锥面的素线、轴线、球面、圆柱面和圆锥面、槽的中心平面等。

几何要素可按不同的角度分类如下:

1. 按实际存在的状态分为拟合(理想)要素和提取(实际)要素

拟合(理想)要素(公称要素)是具有几何学意义的要素,它们不存在任何误差。机械零件图样上表示的要素均为理想要素。

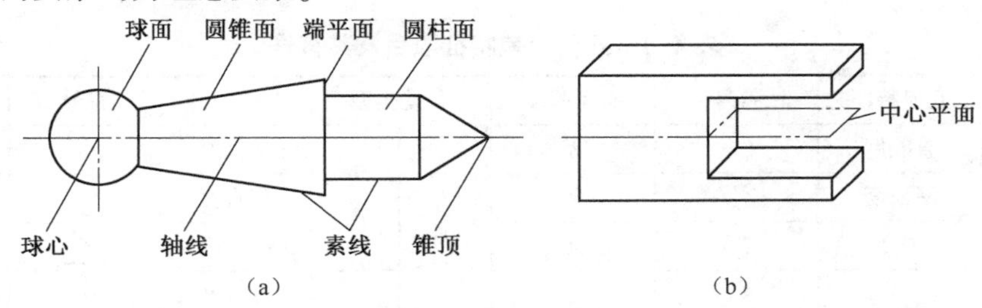

图 4-1　零件的几何要素

提取(实际)要素是零件上实际存在的要素。通常都以测得(提取)要素来代替。

2. 按结构特征分为组成要素、导出要素、方位要素

组成要素(轮廓要素)是零件轮廓上的面和面上的线,即可触及的要素。组成要素还分为提取组成要素和拟合组成要素。

导出要素(中心要素)是由一个或几个组成要素得到的中心点、中心线或中心面。标准规定:"轴线""中心平面"用于表述理想形状的中心要素是"中心线""中心面" 用于表述非理想形状的中心要素,即导出要素分为提取导出要素和拟合导出要素。

方位要素是能确定要素方向和位置的点、直线、平面或螺旋线要素。

3. 按所处地位分为基准要素、模拟基准要素、被测要素

基准要素是零件上用来建立基准并起基准作用的实际(组成)要素(如:一条边、一个表面或一个孔)。基准要素在图样上都标有基准符号,如图 4-2(a)所示 ϕ30h6 的轴线、图 4-2(b)中的下平面。

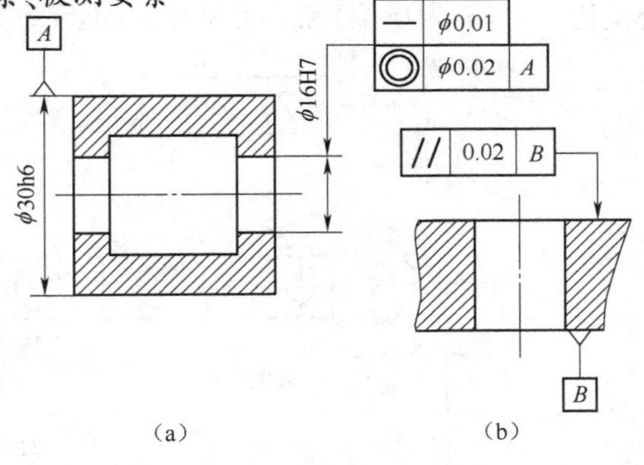

图 4-2　基准要素和被测要素

模拟基准要素是在加工和检测过程中,用来建立基准并与实际基准要素相接触,且具有足够精度的实际表面(如:一个平板、一个支承、一根心轴或基准目标等)。

被测要素是在图样上给出了形状和(或)方向、位置公差要求的要素,是检测的对象。如图 4-2(a)所示 ϕ16H7 的轴线、图 4-2(b)中的上平面。

4. 按功能关系分为单一要素和关联要素

单一要素:仅对要素本身给出形状公差要求的要素。

关联要素:对基准要素有功能关系要求而给出方向、位置和跳动公差要求的要素。

如图 4-2(a)所示,图中 ϕ16H7 孔的轴线,相对于 ϕ30h6 圆柱面轴线有同轴度要求,此时 ϕ16H7 的轴线属于关联要素。同理图 4-2(b)中上平面相对于下平面有平行度要求,所以上平面属于关联要素。

4.1.2　几何公差的特征项目及其符号

国家标准 GB/T 1182—2008 规定了 14 种形状、方向和位置等公差的特征项目符号。各几

何公差项目的名称及其符号见表 4-1。

表 4-1　几何公差特征项目及其符号

公差类型		几何特征	符号	有无基准
形状	形状	直线度	—	无
		平面度	⏥	无
		圆度	○	无
		圆柱度	⌭	无
形状方向或位置	轮廓	线轮廓度	⌒	有或无
		面轮廓度	⌓	有或无

公差类型		几何特征	符号	有无基准
方向、位置、跳动	方向	平行度	//	有
		垂直度	⊥	有
		倾斜度	∠	有
	位置	位置度	⌖	有或无
		同轴度 同心度	◎	有
		对称度	⌯	有
	跳动	圆跳动	↗	有
		全跳动	⌰	有

4.1.3　几何公差的标注方法

几何公差在图样上用框格的形式标注，框格由 2 至 5 格组成。形状公差一般为两格，方向、位置和跳动公差一般为 3～5 格，框格中的内容按从左到右顺序填写：公差特征符号，几何公差值（以 mm 为单位）和有关符号，基准字母及有关符号，如图 4-3 所示。

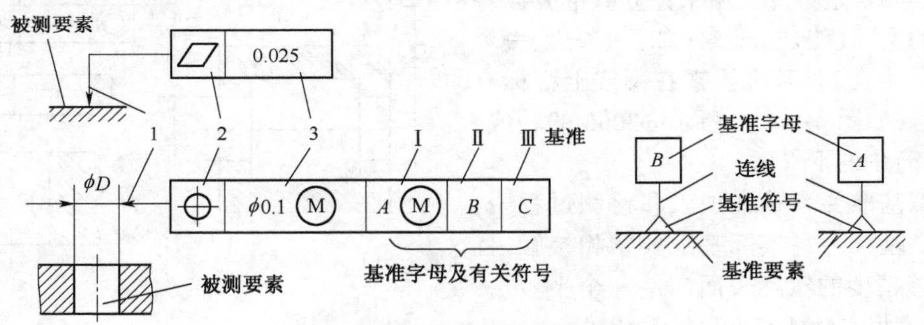

图 4-3　几何公差框格与基准符号

代表基准的字母（包括基准代号方框内的字母）用大写英文字母（为不引起误解，其中 E、I、J、M、Q、O、P、L、R、F 不用）表示。若几何公差值的数字前加注有 ϕ 或 Sϕ，则表示其公差带为圆形、圆柱形或球形。如果要求在几何公差带内进一步限定被测要素的形状，则应在公差值后或框格上、下加注相应的符号，见表 4-2。

表 4-2　对被测要素说明与限制符号

含　义	符号	举　例	含　义	符号	举　例
公共公差带	CZ	— *t* CZ	线要素	LE	// *t* *A* LE
不凸起	NC	⏥ *t* NC	任意横截面	ACS	ACS ◎ ϕ*t* *A*

对被测要素的数量说明，应标注在形位公差框格的上方，如图 4-4（a）所示；其他说明性要

求应标注在几何公差框格的下方，如图 4-4(b)所示；如对同一要素有一个以上的几何公差特征项目的要求，其标注方法又一致时，为方便起见，可将一个框格放在另一个框格的下方，如图 4-4(c)所示；当多个被测要素有相同的几何公差（单项或多项）要求时，可以从框格引出的指引线上绘制多个指示箭头并分别与各被测要素相连，如图 4-4(d)所示。

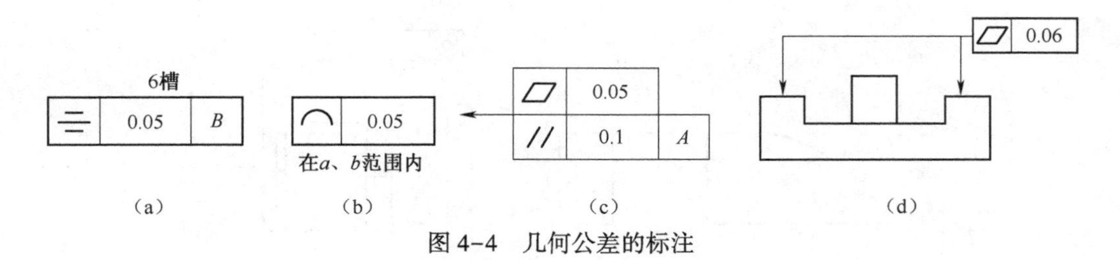

图 4-4　几何公差的标注

1. 被测要素的标注

设计要求给出几何公差的要素用带指示箭头的指引线与公差框格相连。指引线一般与框格一端的中部相连，如图 4-3 所示。也可以与框格任意位置水平或垂直相连。

当被测要素为轮廓要素（轮廓线或轮廓面）时，指示箭头应直接指向被测要素或其延长线上，并与尺寸线明显错开，如图 4-5 所示。

当被测要素为中心要素（中心点、中心线、中心面等）时，指示箭头应与被测要素相应的轮廓要素的尺寸线对齐，如图 4-6(a)所示。指示箭头可代替一个尺寸线的箭头，如图 4-6(b)所示。

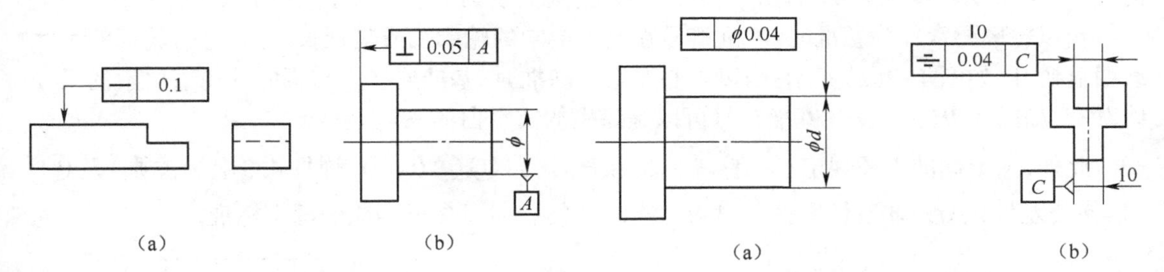

图 4-5　被测要素是轮廓要素时的标注　　图 4-6　被测要素是中心要素时的标注

对被测要素任意局部范围内的公差要求，应将该局部范围的尺寸标注在几何公差值后面，并用斜线隔开，如图 4-7(a)表示圆柱面素线在任意 100 mm 长度范围内的直线度公差为 0.05 mm；图 4-7(b)表示箭头所指平面在任意边长为 100 mm 的正方形范围内的平面度公差是 0.01 mm；图 4-7(c)表示上平面对下平面的平行度公差在任意 100 mm 长度范围内为0.08 mm。

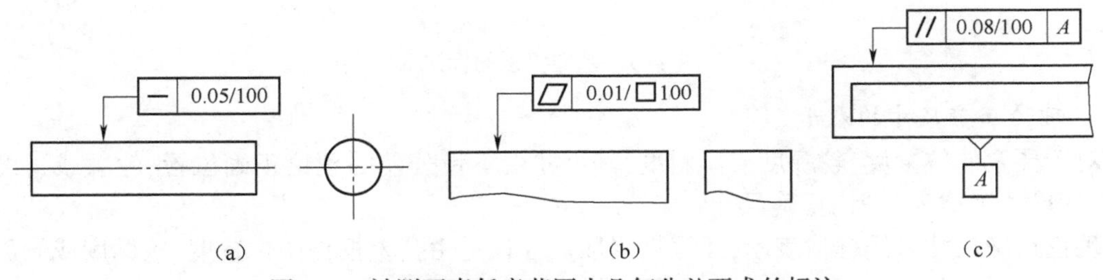

图 4-7　被测要素任意范围内几何公差要求的标注

当被测要素为视图上的整个轮廓线(面)时,应在指示箭头的指引线的转折处加注全周符号。如图 4-8(a)所示线轮廓度公差 0.1 mm 是对该视图上全部轮廓线的要求。其他视图上的轮廓不受该公差要求的限制。以螺纹、齿轮、花键的轴线为被测要素时,应在几何公差框格下方标明节径 PD、大径 MD 或小径 LD,如图 4-8(b)所示。

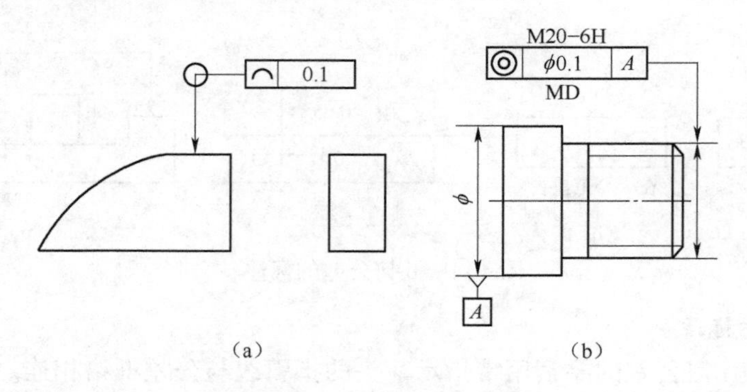

图 4-8 被测要素的其他标注

2. 基准要素的标注

对关联被测要素的方向、位置和跳动公差要求必须注明基准,基准符号如图 4-3 所示,方框内的字母应与公差框格中的基准字母对应,且不论基准代号在图样中的方向如何,方框内的字母均应水平书写。单一基准由一个字母表示,如图 4-9(a)所示;公共基准采用由横线隔开的两个字母表示,如图 4-9(b)所示;基准体系由两个或三个字母表示,如图 4-3 所示。

当以轮廓要素作为基准时,基准符号在基准要素的轮廓线或其延长线上,且与轮廓的尺寸线明显错开,如图 4-9(a)所示;当以中心要素为基准时,基准连线应与相应的轮廓要素的尺寸线对齐,如图 4-9(b)所示(基准符号可以是涂黑的或空白的三角形)。

此外,国家标准中还规定了一些其他特殊符号,如 Ⓔ Ⓜ Ⓛ Ⓡ(详见 4.3 公差原则)及 Ⓟ(延伸公差带)、Ⓕ(非刚性零件的自由状态)等,需要时可参见相应的国家标准。

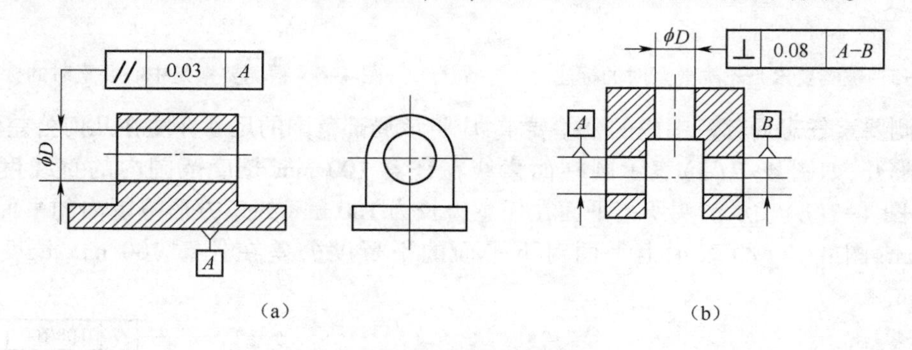

图 4-9 基准要素的标注

3. 理论正确尺寸的表示

对于要素的位置度、轮廓度或倾斜度,其尺寸由不带公差的理论正确位置、轮廓或角度确定,这种尺寸被称为“理论正确尺寸”。

理论正确尺寸采用框格表示,而零件提取尺寸仅是由公差框格中位置度、轮廓度或倾斜度的公差限定,如图 4-10 所示。

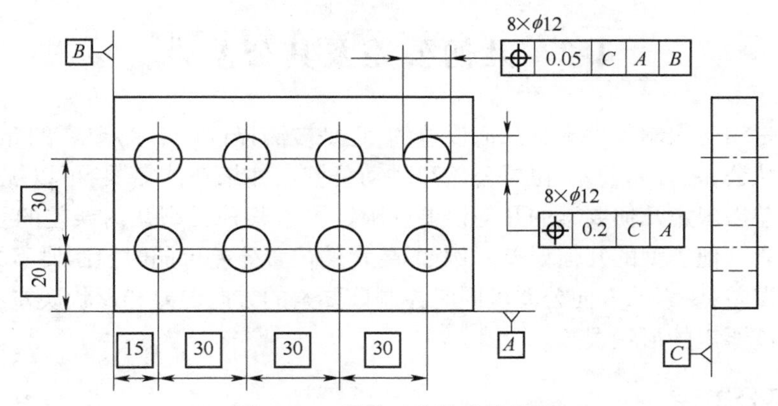

图 4-10　理论正确尺寸的标注

4. 简化标注

(1)当同一要素有多项几何公差要求时，可在一条指引线的末端画出多个框格，如图 4-11所示。

(2)当几个要素有同一几何公差要求时，可以只使用一个公差框格。由该框格的一端引出一条指引线，并在这条指引线上绘制几条带箭头的连线，分别与这几个被测要素相连，如图4-12 所示。

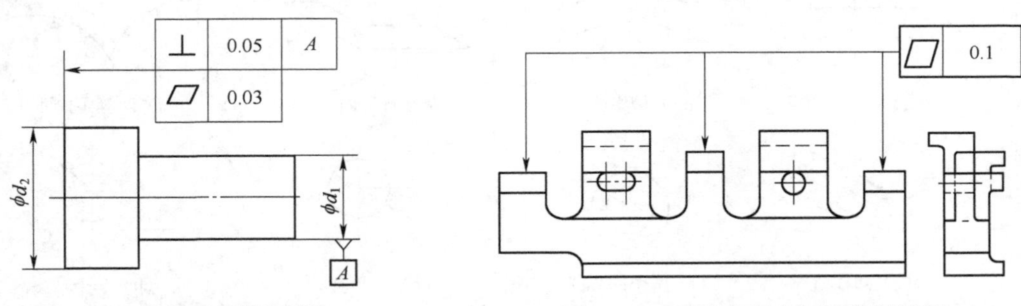

图 4-11　多项要求同时标注　　　图 4-12　不同平面要求相同时的标注

(3)当结构和尺寸分别相同的几个被测要素有相同的几何公差要求时，可以只对其中一个要素绘制公差框格，并在公差框格的上方加文字说明或数字表示被测要素的个数，如图 4-13所示。

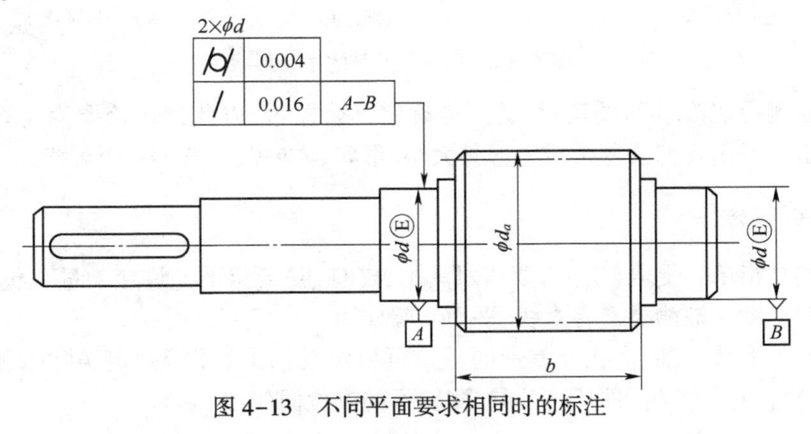

图 4-13　不同平面要求相同时的标注

4.2 几何公差及其公差带

几何公差是用于限制零件本身几何误差的,它是被测提取(实际)要素的允许变动量。几何公差分为形状公差、方向公差、位置公差和跳动公差。如果功能需要,可以规定一种或多种几何特征的公差以限定几何要素的几何误差。限定要素某种类型几何误差的几何公差,有时也能限制该要素其他类型的几何误差。例如:要素的位置公差可同时控制要素的位置误差、方向误差和形状误差;要素的方向公差可同时控制该要素的方向误差和形状误差;而要素的形状公差只能控制该要素的形状误差。

4.2.1 几何公差带

几何公差带是用来限制被测提取(实际)要素变动的区域。只要被测提取要素完全落在给定的公差带内,就表示其形状和位置符合设计要求。

几何公差带的形状由被测要素的理想形状和给定的公差特征所决定,其形状有图 4-14 所示的几种。几何公差带的大小由公差值 t 确定,t 指的是公差带的宽度或直径等。

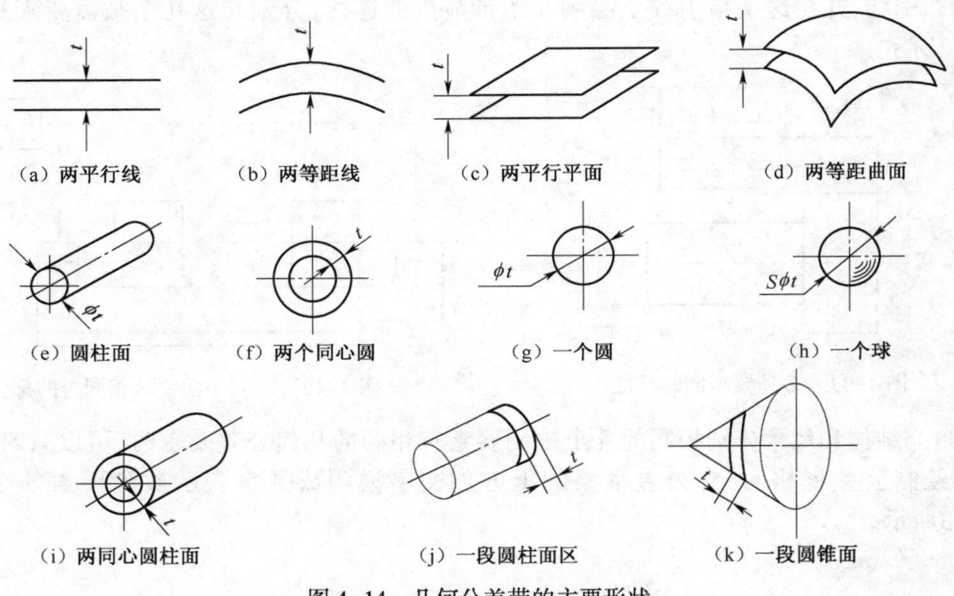

图 4-14 几何公差带的主要形状

在评定被测提取(实际)要素时,首先应确定其公差带,以此判定该要素是否符合给定的几何公差要求。确定几何公差带应考虑其大小、形状、方向及位置等 4 个因素。

4.2.2 形状公差

形状公差是指单一提取(实际)要素对其拟合(理想)要素的允许变动量。包括直线度、平面度、圆度、圆柱度。被测要素有直线、平面和圆柱面。

形状公差不涉及基准,形状公差带的方位可以浮动(用公差带判定实际被测要素是否位于它的区域内时,它的方位可以随实际被测要素的方位而变动)。

形状公差带只能控制被测要素的形状误差。形状公差带及其定义、标注示例和解释见表4-3。

表4-3　形状公差带定义、标注示例和解释

特征	公差带定义	标注示例和解释
直线度	公差带为在给定平面内和给定方向上，间距等于公差值 t 的两平行直线所限定的区域 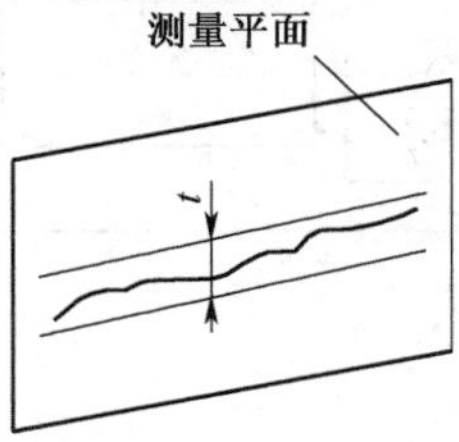 测量平面	在任一平行于图示投影面的平面内，上平面的提取（实际）线应限定在间距等于0.1 mm的两平行直线之间 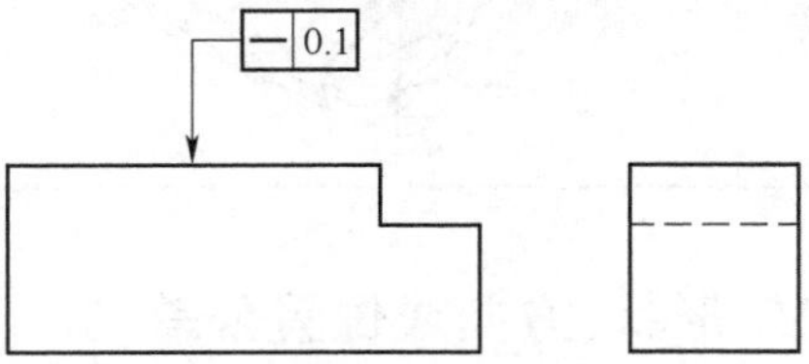 — 0.1
	公差带为间距等于公差值 t 的两平行平面所限定的区域 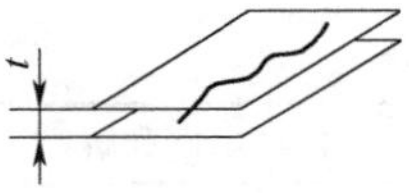	提取（实际）刀口尺的棱边应限定在间距等于0.03 mm的两平行平面内 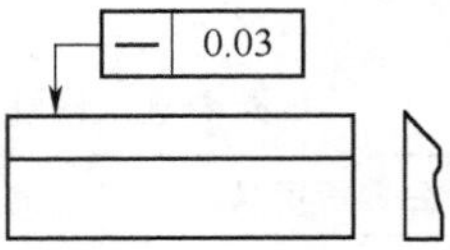 — 0.03
	公差带为直径等于公差值 ϕt 的圆柱面所限定的区域 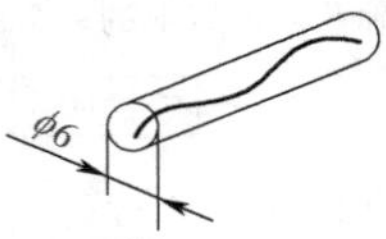	圆柱面的提取（实际）中心线应限定在直径等于公差值 ϕ0.08 mm的圆柱面内 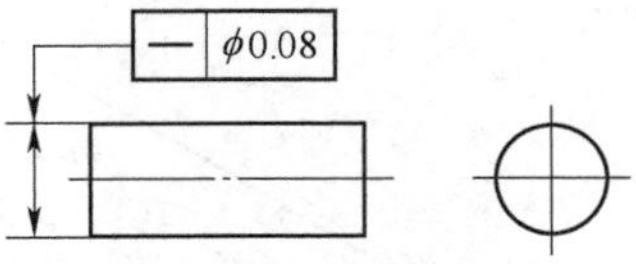 — ϕ0.08
平面度	公差带为间距等于公差值 t 的两平行平面所限定的区域 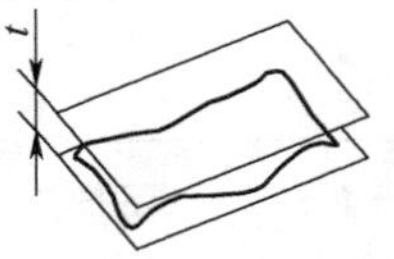	提取（实际）表面应限定在间距等于0.06 mm的两平行平面之间 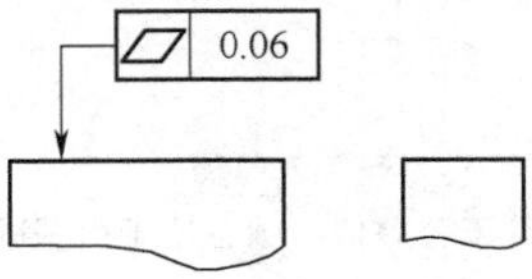 ▱ 0.06
圆度	公差带为在给定横截面内，半径差为公差值 t 的两同心圆所限定的区域 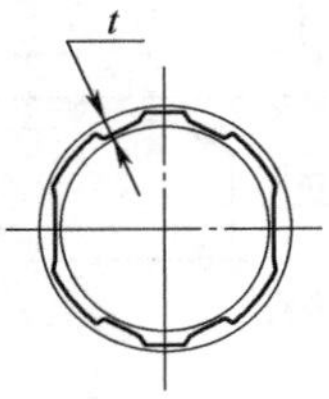	在圆柱面的任意横截面内，提取（实际）圆周应限定在半径差为公差值0.02 mm的两共面同心圆之间 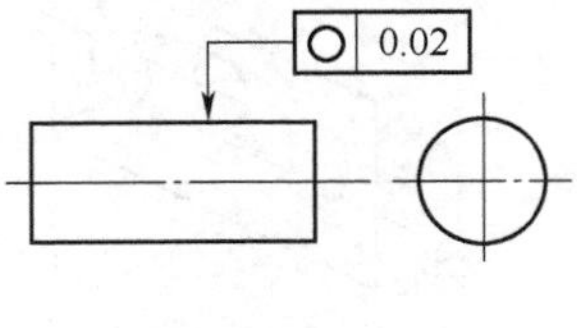 ○ 0.02

续表

特征	公差带定义	标注示例和解释
圆柱度	公差带为半径差等于公差值 t 的两同轴圆柱面所限定的区域	提取(实际)圆柱面应限定在半径差等于公差值 0.05 mm 的两同轴圆柱面之间

4.2.3 形状、方向或位置公差

形状、方向或位置公差包括线轮廓度和面轮廓度,其均可有基准或无基准要求。无基准要求时为形状公差,有基准要求时为方向公差或位置公差。其公差带定义、标注示例和解释见表4-4。

表 4-4 轮廓度公差带定义、标注和解释

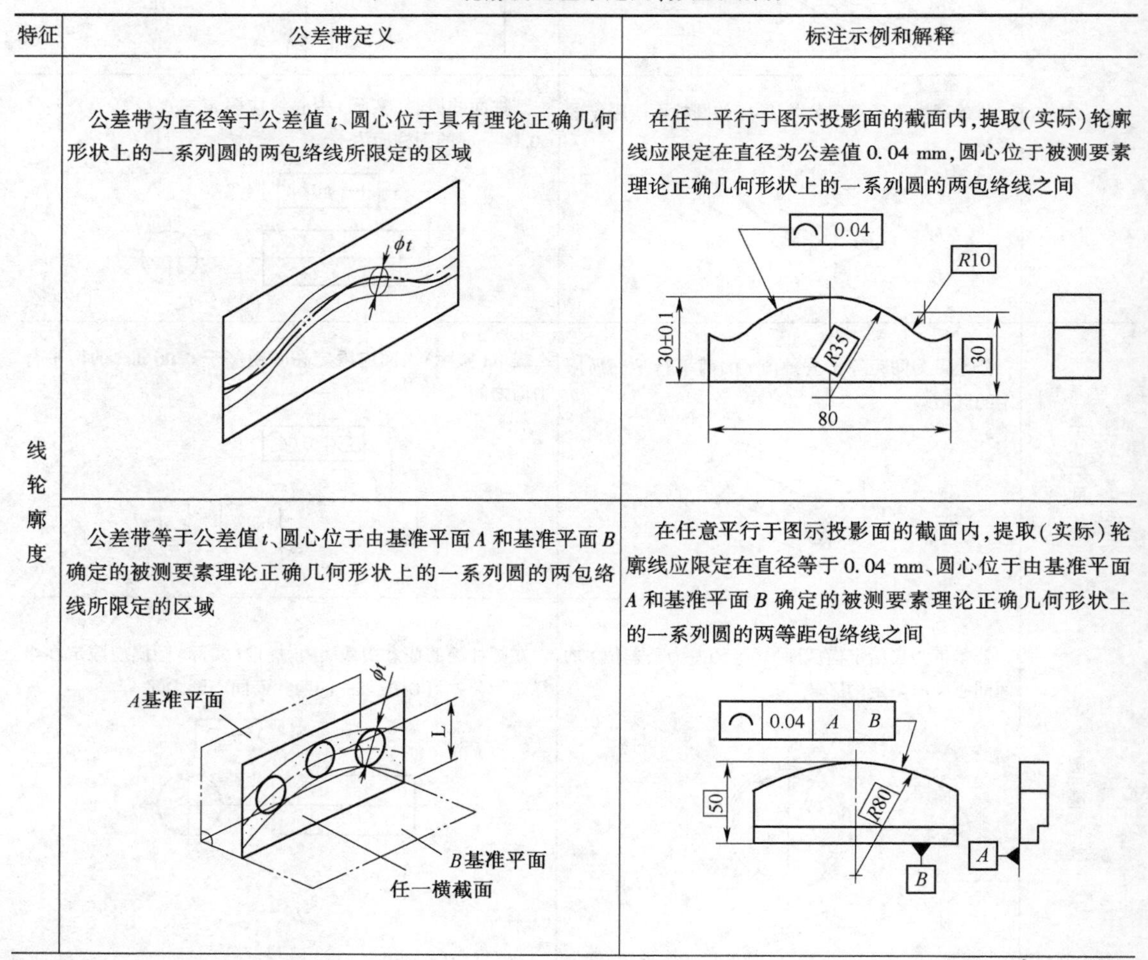

特征	公差带定义	标注示例和解释
线轮廓度	公差带为直径等于公差值 t、圆心位于具有理论正确几何形状上的一系列圆的两包络线所限定的区域	在任一平行于图示投影面的截面内,提取(实际)轮廓线应限定在直径为公差值 0.04 mm,圆心位于被测要素理论正确几何形状上的一系列圆的两包络线之间
	公差带等于公差值 t、圆心位于由基准平面 A 和基准平面 B 确定的被测要素理论正确几何形状上的一系列圆的两包络线所限定的区域	在任意平行于图示投影面的截面内,提取(实际)轮廓线应限定在直径等于 0.04 mm、圆心位于由基准平面 A 和基准平面 B 确定的被测要素理论正确几何形状上的一系列圆的两等距包络线之间

续表

特征	公差带定义	标注示例和解释
面轮廓度	公差带是直径为公差值 t，球心位于被测要素理论正确几何形状上的一系列圆球的两包络面所限定的区域 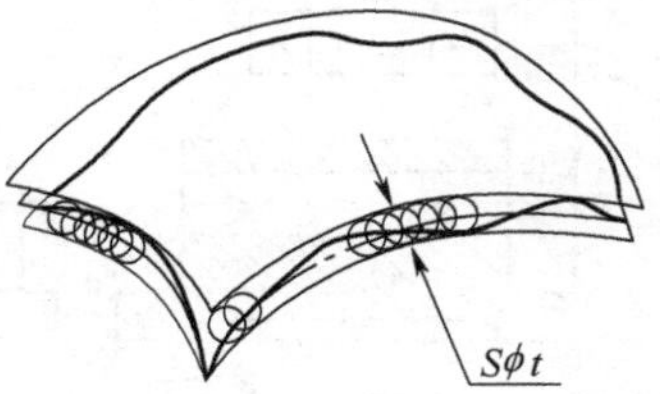	提取(实际)轮廓面应限定在直径为 0.02 mm，球心位于被测要素理论正确几何形状上的一系列圆球的两等距包络面之间 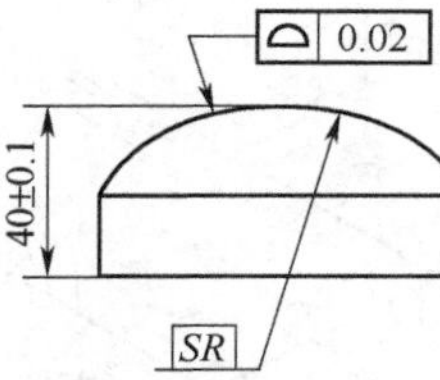
	公差带是直径为公差值 t，球心位于由基准平面确定的被测要素理论正确几何形状上的一系列圆球的两包络面所限定的区域 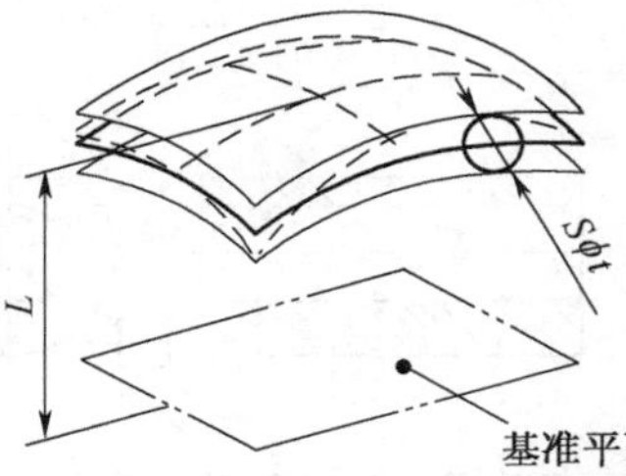	提取(实际)轮廓面应限定在直径为 0.1 mm，球心位于由基准平面 A 确定的被测要素理论正确几何形状上的一系列圆球的两等距包络面之间 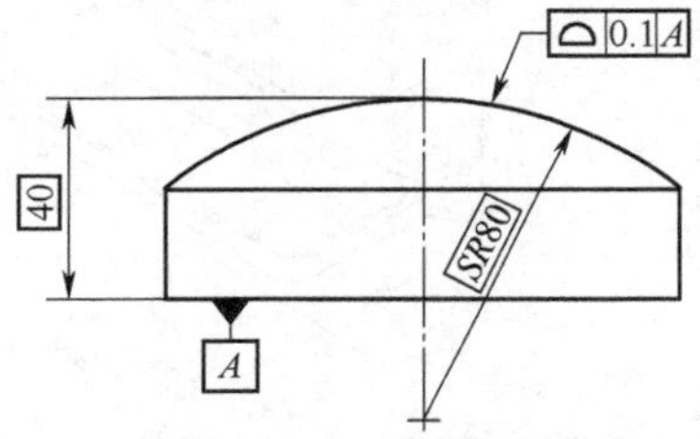

4.2.4　方向公差

方向公差是关联(实际)要素对其具有确定方向的拟合(理想)要素在方向上允许的变动全量。方向公差有平行度、垂直度和倾斜度三项。它们都有面对面、线对面、面对线和线对线几种情况。典型的方向公差的公差带定义、标注示例和解释见表 4-5。

表 4-5　方向公差带定义、标注示例和解释

特征		公差带定义	标注示例和解释
平行度	面对面	公差带是间距为公差值 t，平行于基准平面的两平行平面所限定的区域 	提取(实际)表面应限定在间距为 0.05 mm，平行于基准平面 A 的两平行平面之间 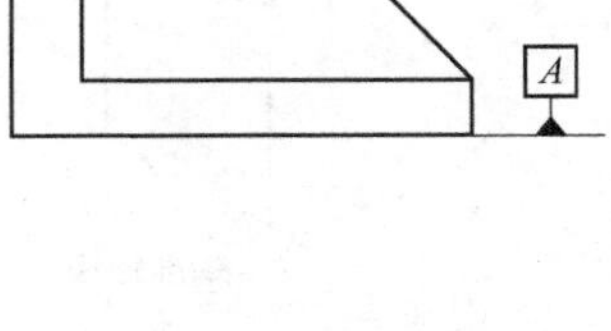

续表

特征		公差带定义	标注示例和解释
平行度	线对面	公差带是平行于基准平面，间距为公差值 t 的两平行平面所限定的区域 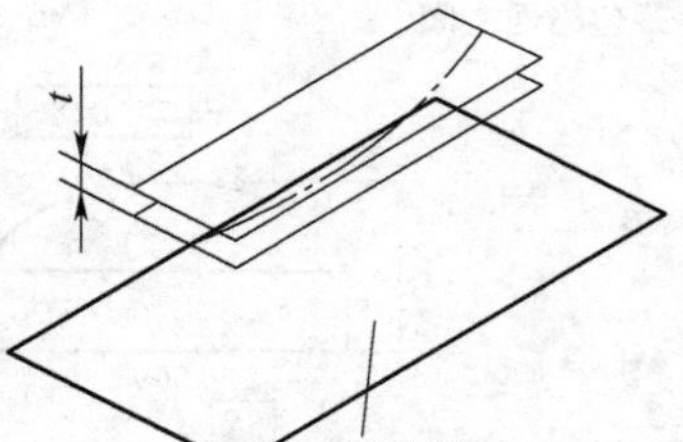 t 基准平面	提取（实际）中心线应限定在平行于基准 A，间距离等于 0.03 mm 的两平行平面之间 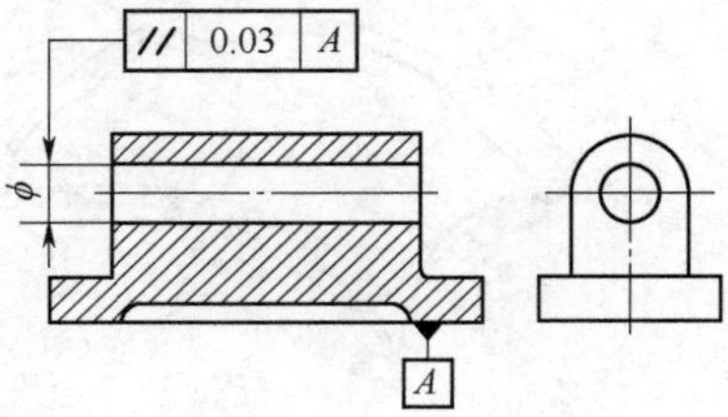 // 0.03 A ϕ A
	面对线	公差带是间距为公差值 t，平行于基准轴线的两平行平面所限定的区域 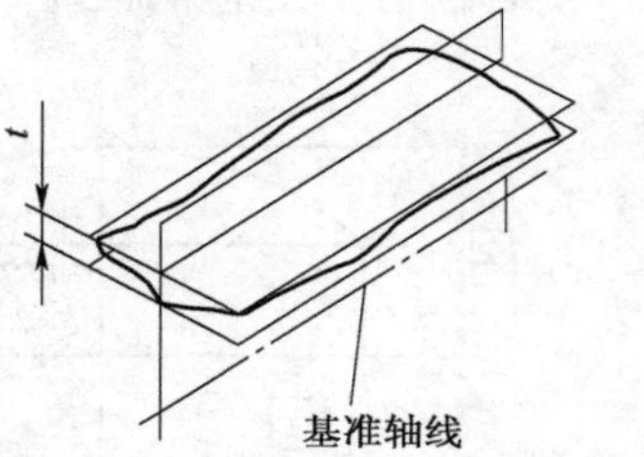 t 基准轴线	提取（实际）表面应限定在间距等于 0.05 mm，平行于基准轴线 A 的两平行平面之间 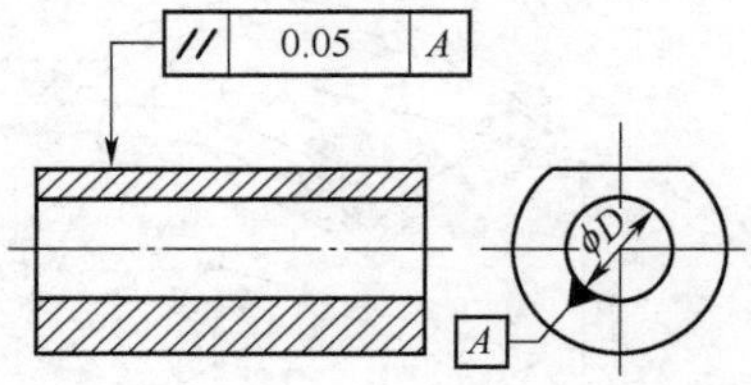 // 0.05 A ϕD A
	线对基准体系	公差带为间距离等于公差值 t，平行于两基准的两平行平面所限定的区域 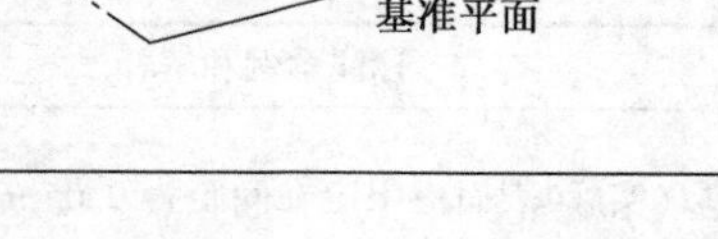 t 基准轴线 基准平面	提取（实际）中心线应限定在间距等于 0.1 mm，平行于基准轴线 A 和基准平面 B 的两平行平面之间 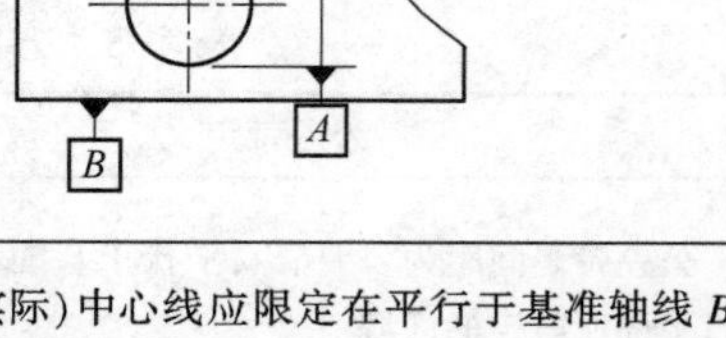 // 0.1 A B B A
	线对线	公差带为平行于基准轴线，直径等于公差值 ϕt 的圆柱面所限定的区域 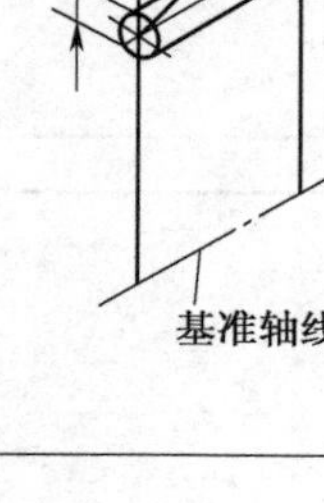 ϕt 基准轴线	提取（实际）中心线应限定在平行于基准轴线 B，直径等于 ϕ0.1 mm 的圆柱面内 ϕD 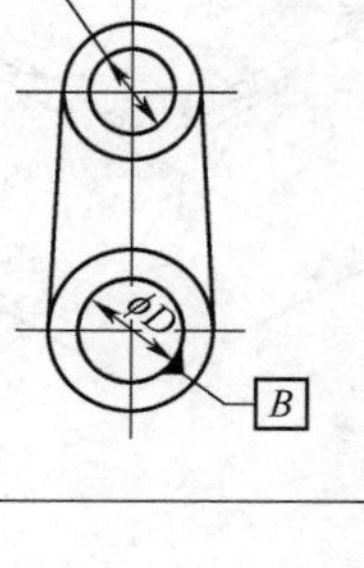 // ϕ0.1 B ϕD B

续表

特征		公差带定义	标注示例和解释
垂直度	面对线	公差带是距离为公差值 t 且垂直于基准轴线的两平行平面所限定的区域 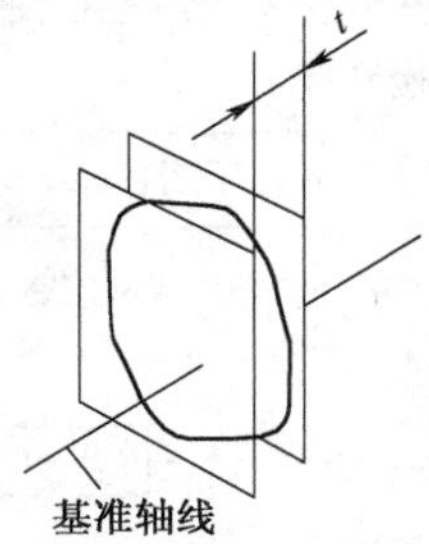 基准轴线	提取(实际)表面应限定在间距等于 0.05 mm 的两平行平面之间,两平行平面垂直于基准轴线 A 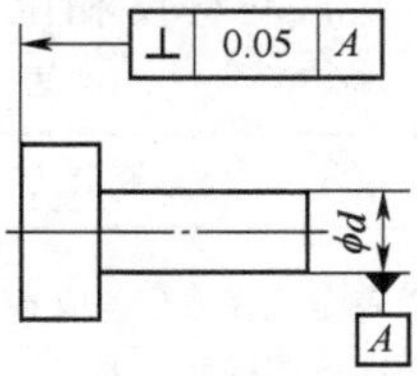
	线对面	公差带是直径为公差值 ϕt,轴线垂直于基准平面的圆柱面所限定的区域 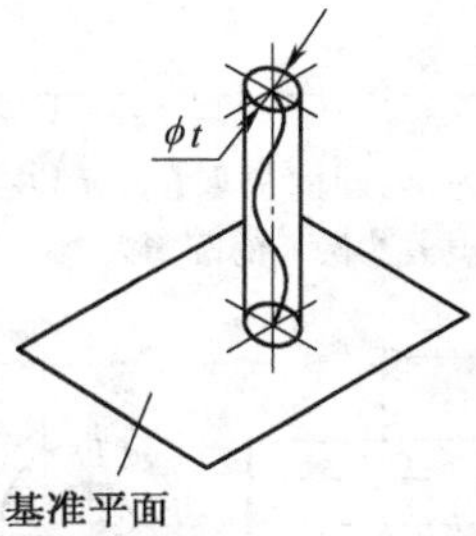 基准平面	提取(实际)中心线应限定在直径等于 ϕ0.05 mm,垂直于基准平面 A 的圆柱面内 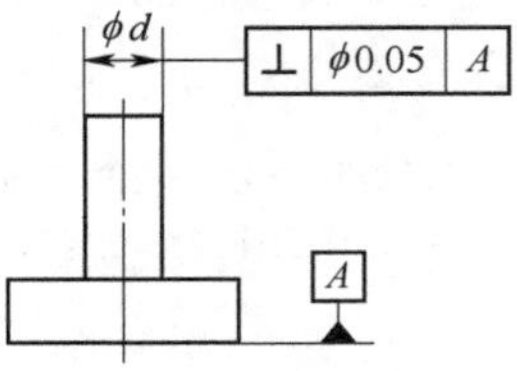
倾斜度	面对面	公差带为间距等于公差值 t 的两平行平面所限定的区域,两平行平面按给定角度倾斜于基准平面 基准平面 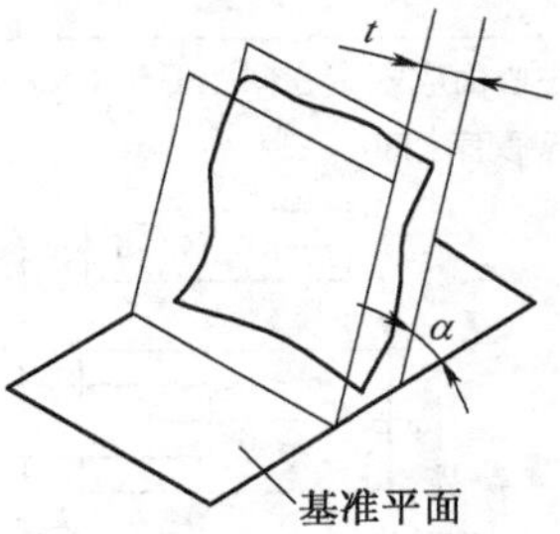	提取(实际)表面应限定在间距等于 0.08 mm 的两平行平面之间,两平行平面按 45°理论正确角度倾斜于基准平面 A 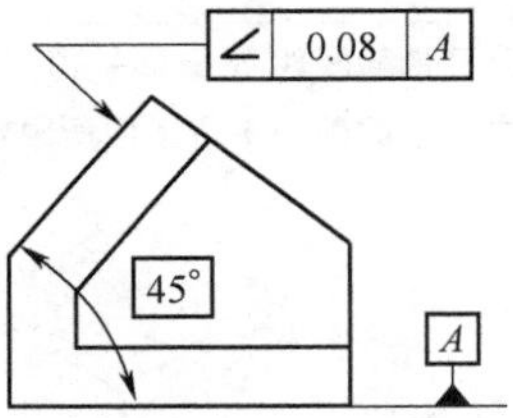
	线对面	公差带为直径等于公差值 ϕt 的圆柱面所限定的区域,且与基准平面(底平面)成理论正确角度的 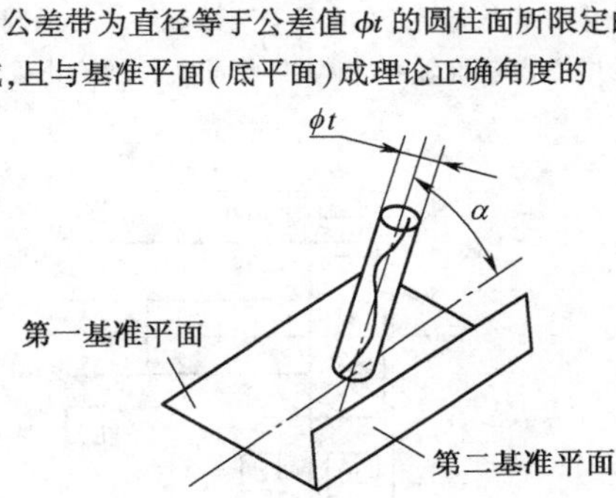 第一基准平面 第二基准平面	提取(实际)中心线应限定在直径等于 ϕ0.05 mm 的圆柱面内,该圆柱面的中心线按 60°理论正确角度倾斜于基准平面 A 且平行于基准平面 B 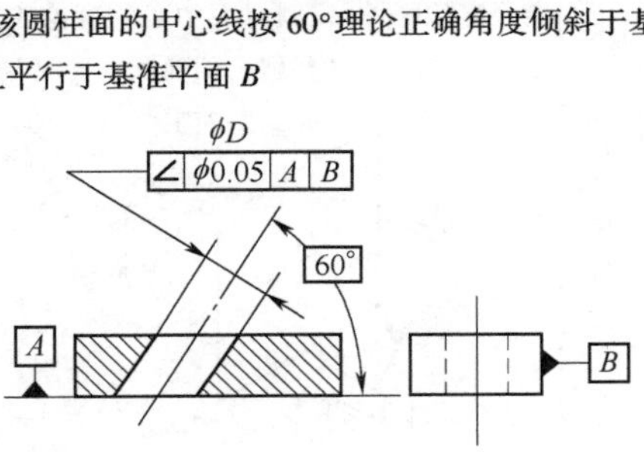

4.2.5 位置公差

位置公差是关联提取要素对基准在位置上所允许的变动全量。位置公差有同轴度(对中心点称为同心度)、对称度和位置度,其公差带的定义、标注示例和解释见表 4-6。

表 4-6 位置公差带定义、标注示例和解释

特征	公差带定义	标注示例和解释
同轴度	公差带是直径为公差值 ϕt ,且以基准轴线为轴线的圆柱面所限定的区域 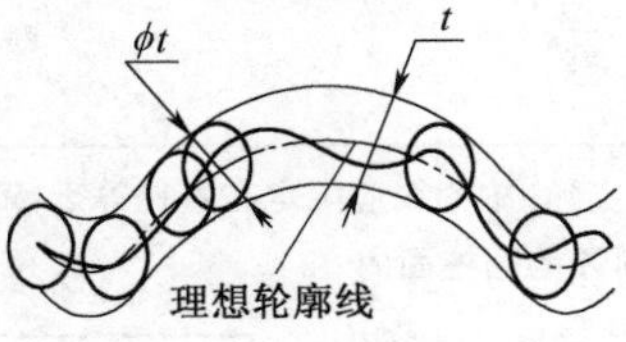	大圆柱面的提取(实际)中心线应限定在直径等于 ϕ0.1 mm 以公共基准轴线 A–B 为轴线的圆柱面内 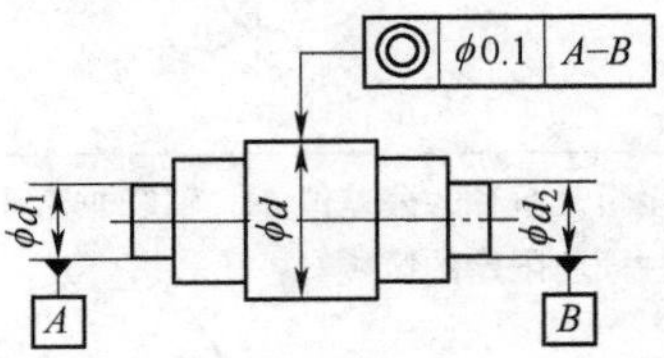
同心度	公差带是直径为公差值 ϕt 的圆周所限定的区域。该圆周的圆心与基准点重合 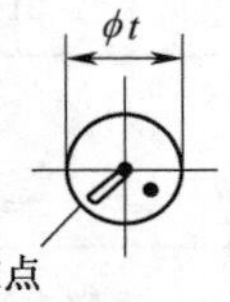	在任意横截面内,内圆的提取(实际)中心应限定在直径等于 ϕ0.1 mm,以基准点 B 为圆心的圆周内 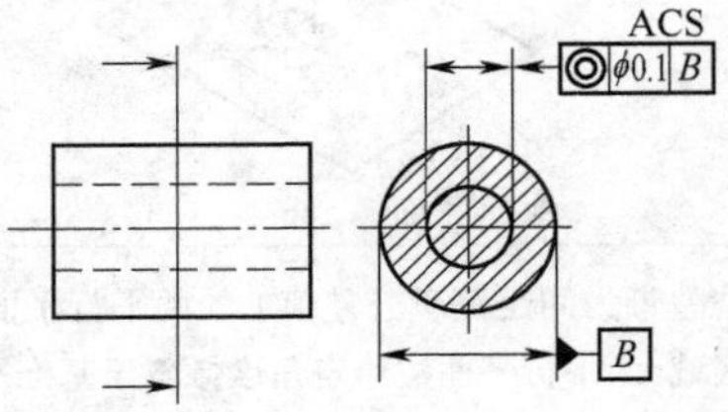
对称度	公差带为间距等于公差值 t ,对称于基准中心平面的两平行平面所限定的区域 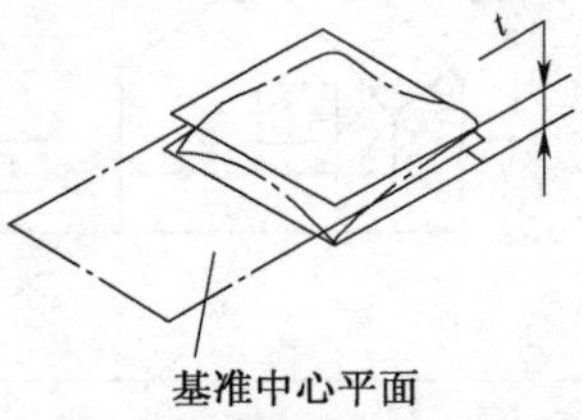	提取(实际)中心面应限定在间距等于 0.08 mm 对称于基准中心平面 A 的两平行平面之间 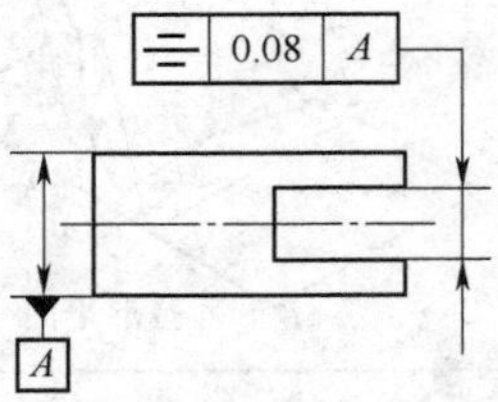
位置度 点的位置度	公差带为直径等于公差值 $S\phi t$ 的圆球面所限定的区域,该圆球面中心的理论正确位置由基准 A、B 和理论正确尺寸确定 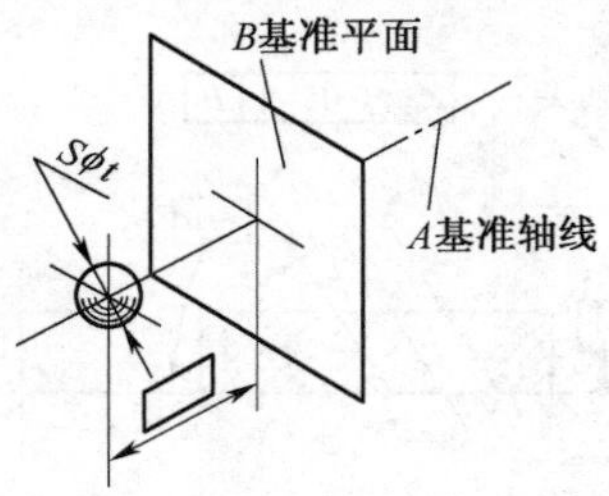	提取(实际)球心应限定在直径等于 $S\phi$0.08 mm 的圆球面内。该圆球面的中心由基准轴线 A、基准平面 B 和理论正确尺寸 30 mm 确定 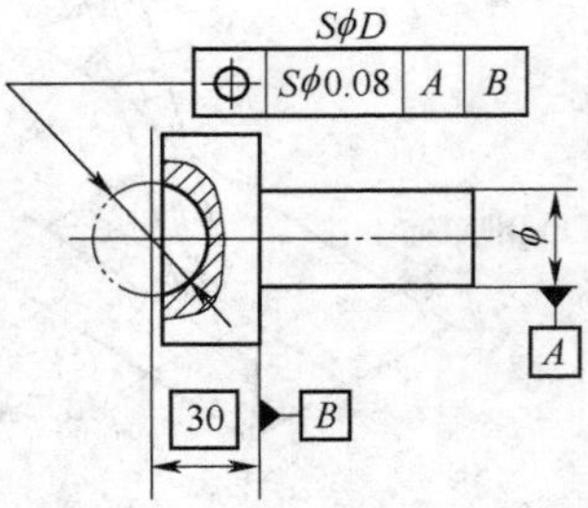

续表

特征		公差带定义	标注示例和解释
位置度	线的位置度	当给定一个方向时，公差带为间距等于公差值 t，对称于线的理论正确位置的两平行平面所限定的区域；任意方向上（如图）公差带是直径为公差值 ϕt 的圆柱面所限定的区域。该圆柱面的轴线位置由基准平面 A、B、C 和理论正确尺寸确定 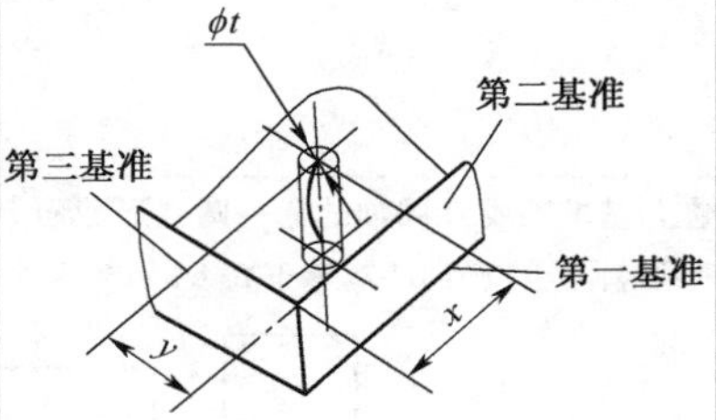	提取（实际）中心线应限定在直径等于 $\phi 0.1$ mm 的圆柱面内。该圆柱面的轴线位置应处于由基准平面 A、B、C 和理论正确尺寸 90°、30 mm、40 mm 确定的理论正确位置上 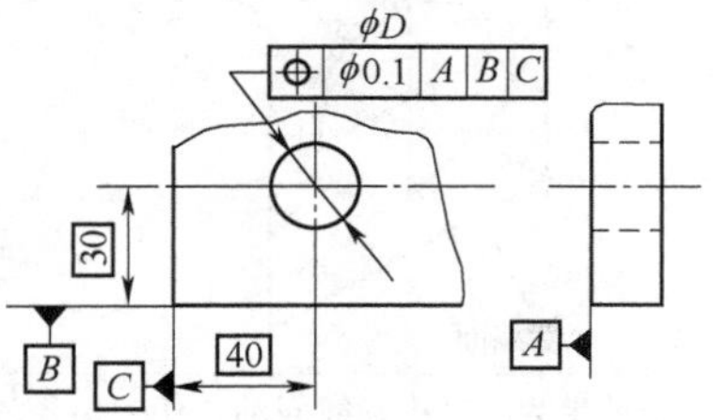
	面的位置度	公差带为间距等于公差值 t，且对称于被测面理论正确位置的两平行平面所限定的区域。面的理论正确位置由基准轴线、基准平面和理论正确尺寸确定 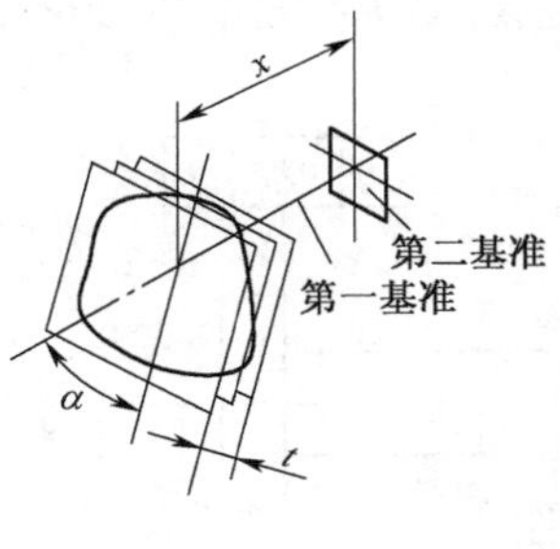	提取（实际）表面应限定在间距等于 0.05 mm，且对称于被测面的理论正确位置的两平行平面之间。两平行平面对称于由基准轴线 A、基准平面 B 和理论正确尺寸 60°、50 确定的被测面的理论正确位置 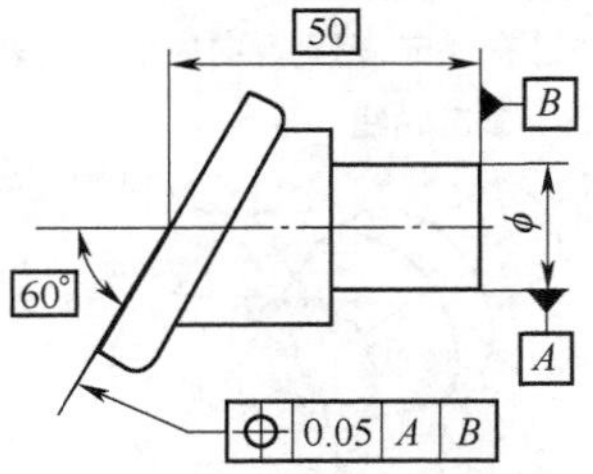

4.2.6 跳动公差

跳动公差是关联提取要素绕基准轴线回转一周或连续回转时所允许的最大跳动量。跳动公差分为圆跳动和全跳动。圆跳动是指被测提取要素在某个测量截面内相对于基准轴线的变动量；全跳动是指整个被测提取要素相对于基准轴线的变动量。其公差带的定义、标注示例和解释见表 4-7。

表 4-7　跳动公差带定义、标注示例和解释

特征		公差带定义	标注示例和解释
圆跳动	径向圆跳动	公差带为在任一垂直于基准轴线的横截面内，半径差为公差值 t，圆心在基准轴线上的两同心圆所限定的区域 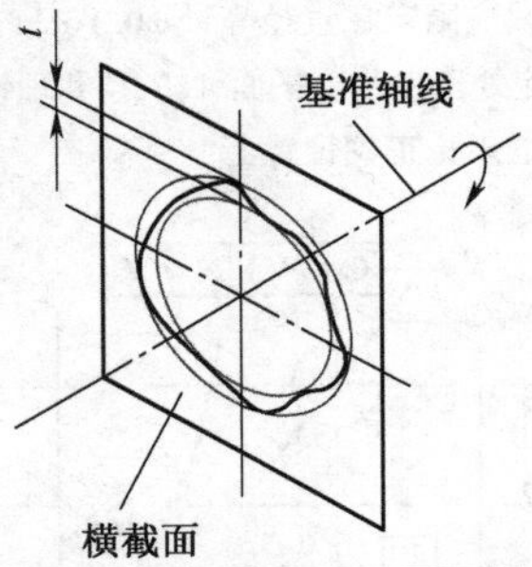	在任一垂直于基准 A 的横截面内，提取(实际)圆应限定在半径差等于 0.05 mm，圆心在基准轴线 A 上的两同心圆之间 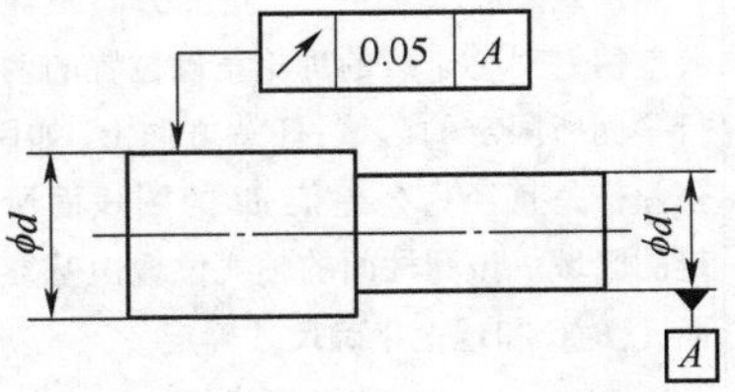
	轴向圆跳动	公差带为与基准轴线同轴的任一半径的圆柱截面上，间距等于公差值 t 的两圆所限定的圆柱面区域 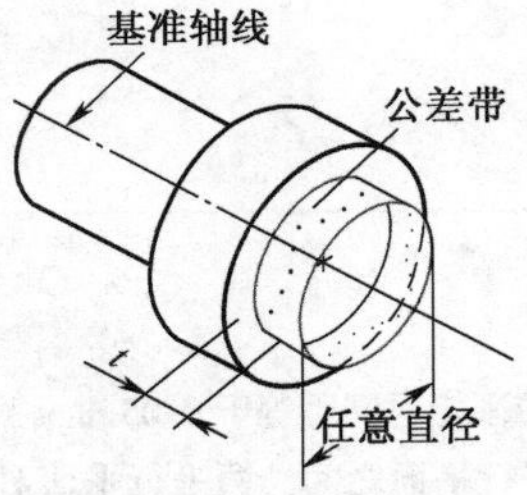	在与基准轴线 D 同轴的任一圆柱形截面上，提取(实际)圆应限定在轴向距离等于 0.1 mm 的两个等圆之间 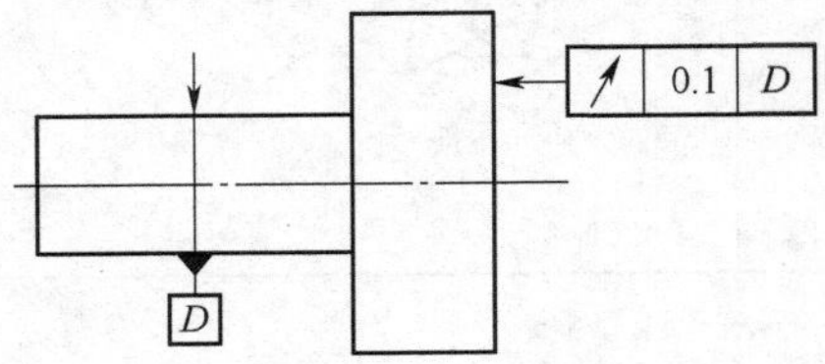
	斜向圆跳动	公差带为与基准轴线同轴的某一圆锥截面上，间距等于公差值 t 的两圆所限定的圆锥面区域(除非另有规定，测量方向应沿被测表面的法向) 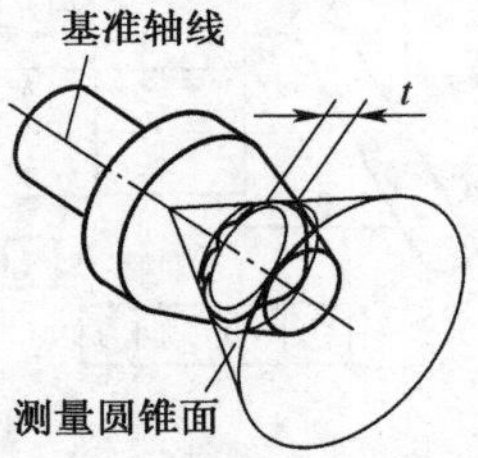	在与基准轴线 A 同轴的任一圆锥截面上，提取(实际)线应限定在素线方向间距等于 0.05 mm 的两不等圆之间 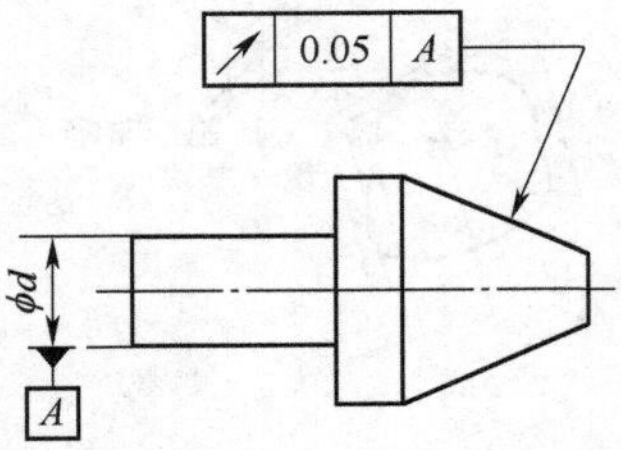
全跳动	径向全跳动	公差带为半径差等于公差值 t，与基准轴线同轴的两圆柱面所限定的区域 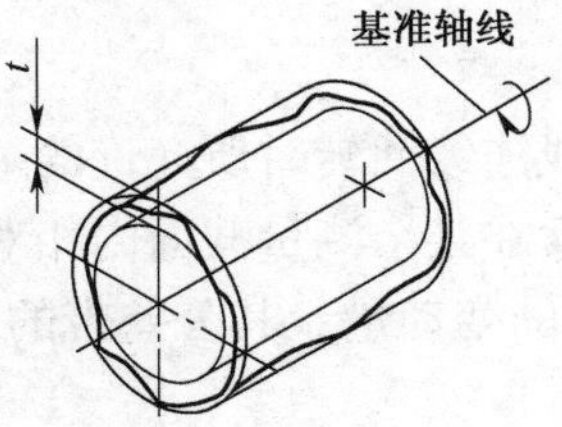	提取(实际)表面应限定在半径差等于 0.1 mm，与公共基准轴线 A-B 同轴的两圆柱面之间 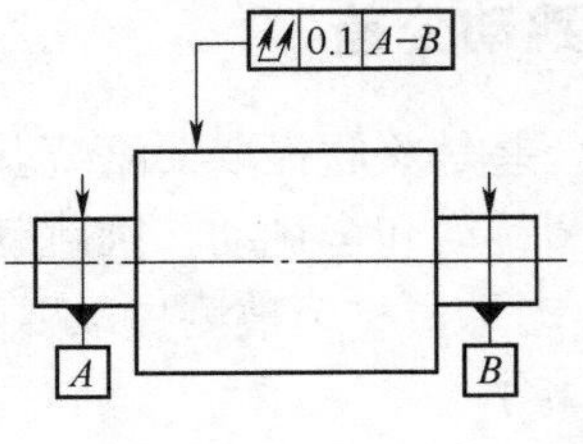

续表

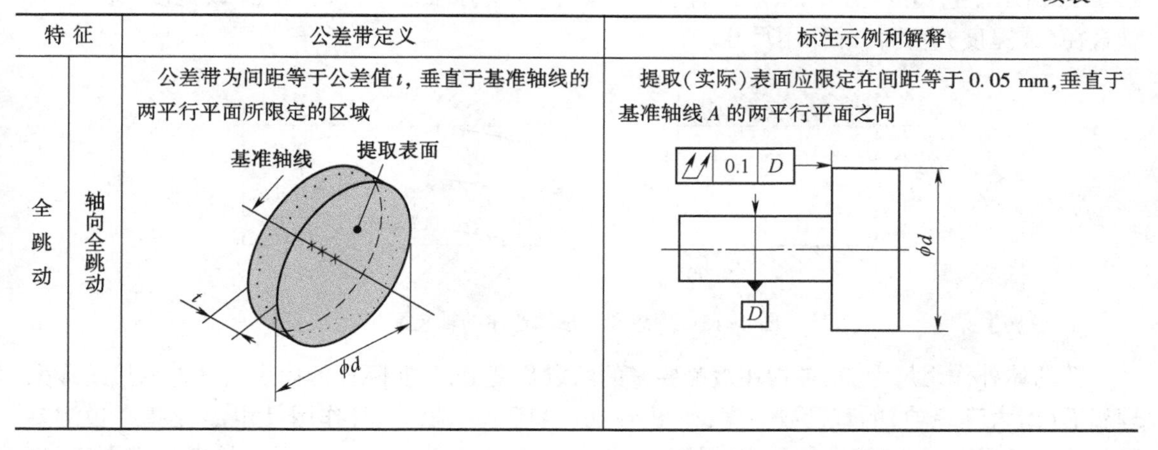

特征		公差带定义	标注示例和解释
全跳动	轴向全跳动	公差带为间距等于公差值 t，垂直于基准轴线的两平行平面所限定的区域	提取(实际)表面应限定在间距等于 0.05 mm，垂直于基准轴线 A 的两平行平面之间

4.3　公 差 原 则

任何提取(实际)要素，都同时存在有几何误差和尺寸误差。有些几何误差和尺寸误差密切相关。而影响零件使用性能的，有时主要是几何误差，有时主要是尺寸误差，有时则主要是它们的综合作用结果而不必区分出它们各自的大小。因而在设计上，为简明扼要地表达设计意图并为工艺提供便利，应根据需要赋予要素的几何公差和尺寸公差以不同的关系。我们把处理几何公差和尺寸公差关系的原则称为公差原则。它分为独立原则和相关要求，而相关要求又分为包容要求、最大实体要求、最小实体要求和可逆要求。公差原则的国家标准包括 GB/T 4249—2009《产品几何技术规范(GPS) 公差原则》和 GB/T 16671—2009《产品几何技术规范(GPS) 几何公差最大实体要求、最小实体要求和可逆要求》。

4.3.1　有关公差原则的术语及定义

1. 最大实体状态(MMC)与最大实体尺寸(MMS)

孔或轴具有允许的材料量为最多时的状态称为最大实体状态，在最大实体状态下的极限尺寸称为最大实体尺寸。它是孔的下极限尺寸和轴的上极限尺寸的统称。孔和轴的最大实体尺寸分别以 D_M 和 d_M 表示。显然，轴的最大实体尺寸 d_M 就是轴的上极限尺寸 d_{max}。孔的最大实体尺寸 D_M 就是孔的下极限尺寸 D_{min}，即

$$d_M = d_{max};D_M = D_{min}$$

2. 最小实体状态(LMC)与最小实体尺寸(LMS)

孔或轴具有允许的材料量为最少时的状态称为最小实体状态，在最小实体状态下的极限尺寸称为最小实体尺寸。它是孔的上极限尺寸和轴的下极限尺寸的统称。孔和轴的最小实体尺寸分别以 D_L 和 d_L 表示。显然，轴的最小实体尺寸 d_L 就是轴的下极限尺寸 d_{min}。孔的最小实体尺寸 D_L 就是孔的上极限尺寸 D_{max}，即

$$d_L = d_{min};D_L = D_{max}$$

注意：最大实体状态和最小实体状态只要求具有极限状态的尺寸，不要求具有理想形状。

3. 体外作用尺寸(D_{fe}、d_{fe})

为保证指定的孔与轴的配合性质，应同时考虑其局部实际尺寸和形状误差的影响，如

图 4-15所示。它们的综合结果用某种包容实际孔或实际轴理想面的直径(或宽度)来表示,该直径(或宽度)称为体外作用尺寸。

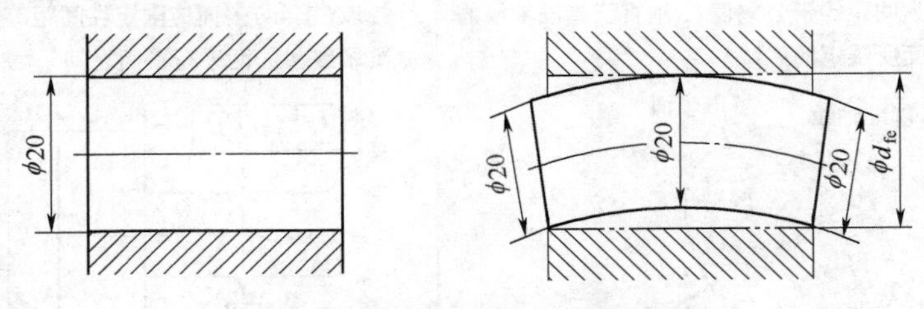

图 4-15　理想孔与轴线弯曲的轴装配

孔的体外作用尺寸 D_{fe}是指在被测要素的给定长度上,与实际孔的内表面体外相接的最大理想面(最大理想轴)的直径或宽度,如图 4-16(a)所示。轴的体外作用尺寸 d_{fe}是指在被测要素的给定长度上,与实际轴的外表面体外相接的最小理想面(最小理想孔)的直径或宽度,如图 4-16(b)所示。

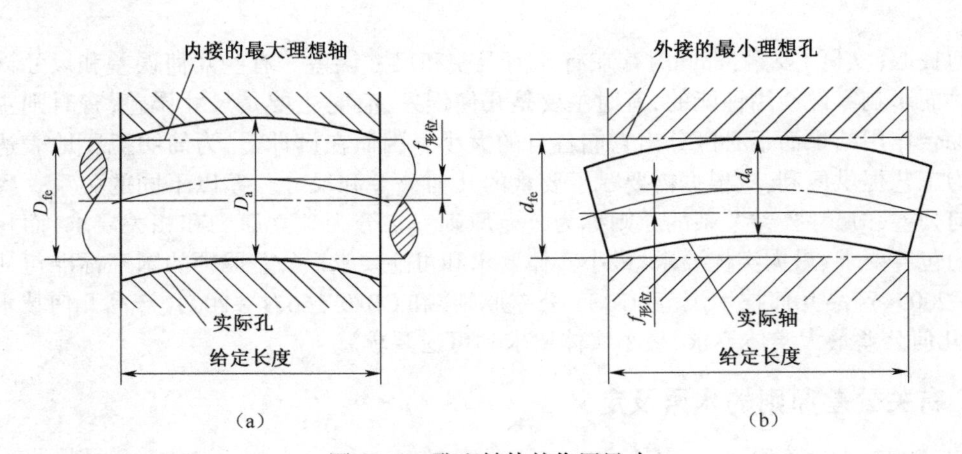

图 4-16　孔和轴体外作用尺寸

对于关联要素(关联体外作用尺寸为 D'_{fe}、d'_{fe}),该理想面的轴线或中心平面必须与基准保持图样上给定的几何关系,如图 4-17 所示。

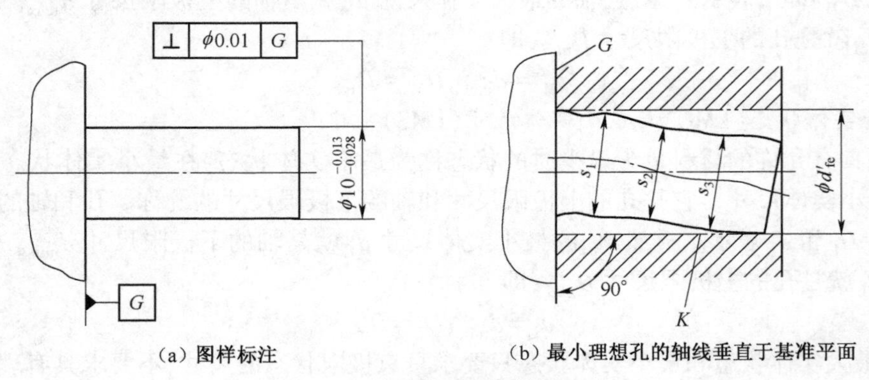

图 4-17　轴的关联要素作用尺寸

4. 体内作用尺寸(D_{fi}、d_{fi})

在被测要素的给定长度上,与实际轴(外表面)体内相接的最大理想孔(内表面)的直径(或宽度),称为轴的体内作用尺寸 d_{fi};与实际孔(内表面)体内相接的最小理想面的直径(或宽度),称为孔的体内作用尺寸 D_{fi},如图 4-18 所示。

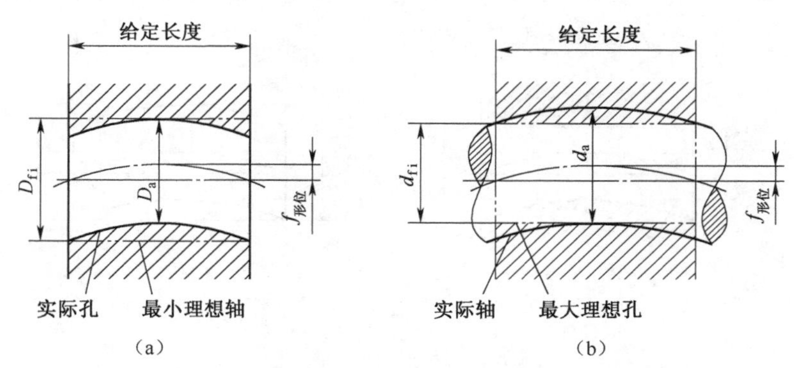

图 4-18 体内作用尺寸

对于关联要素(关联体内作用尺寸为 D'_{fi}、d'_{fi}),该理想面的轴线或中心平面必须与基准保持图样上给定的几何关系。

注意:体内、体外作用尺寸是提取的局部尺寸(局部实际尺寸)与几何误差综合形成的结果,存在于实际孔、轴上的,表示装配状态的尺寸。

5. 极限尺寸判断原则(泰勒原则)

孔或轴的作用尺寸不允许超过其最大实体尺寸,且在任何位置上的提取要素的局部实际尺寸不允许超过其最小实体尺寸。即用极限尺寸判断原则判断合格的孔或轴,其尺寸应符合如下要求。

对于孔:$D_f \geqslant D_{min}$;$D_a \leqslant D_{max}$

对于轴:$d_f \leqslant d_{max}$;$d_a \geqslant d_{min}$

6. 最大实体边界(MMB)

尺寸为最大实体尺寸的边界。由设计给定的具有理想形状的极限包容面称为边界。边界尺寸为极限包容面的直径或距离。

7. 最小实体边界(LMB)

尺寸为最小实体尺寸的边界。

8. 最大实体实效状态、最大实体实效尺寸和最大实体实效边界

(1)最大实体实效状态(MMVC):拟合要素的尺寸为其最大实体实效尺寸时的状态。

(2)最大实体实效尺寸(MMVS):尺寸要素的最大实体尺寸与其导出要素的几何公差共同作用产生的尺寸。对内表面用 D_{MV} 表示;对外表面用 d_{MV} 表示;关联最大实体实效尺寸用 D'_{MI}或 d'_{MV}表示,如图 4-19(a)所示,即

$$D_{MV}(D'_{MV}) = D_M - t = D_{min} - t \quad d_{MV}(d'_{MV}) = d_M + t = d_{max} + t$$

(3)最大实体实效边界(MMVB):尺寸为最大实体实效尺寸的边界,如图 4-19(a)所示。

9. 最小实体实效状态、最小实体实效尺寸和最小实体实效边界

(1)最小实体实效状态(LMVC):拟合要素的尺寸为其最小实体实效尺寸时的状态。

(2)最小实体实效尺寸(LMVS):尺寸要素的最小实体尺寸与其导出要素的几何公差共同

作用产生的尺寸。对内表面用 D_{LV} 表示；对外表面用 d_{LV} 表示；关联最小实体实效尺寸用 D'_{LV} 或 d'_{LV} 表示，如图 4-19(b)所示，即

$$D_{LV}(D'_{LV}) = D_L + t = D_{max} + t \qquad d_{LV} = d'_{LV} = d_L - t = d_{min} - t$$

(3)最小实体实效边界(LMVB)：尺寸为最小实体实效尺寸的边界，如图 4-19(b)所示。

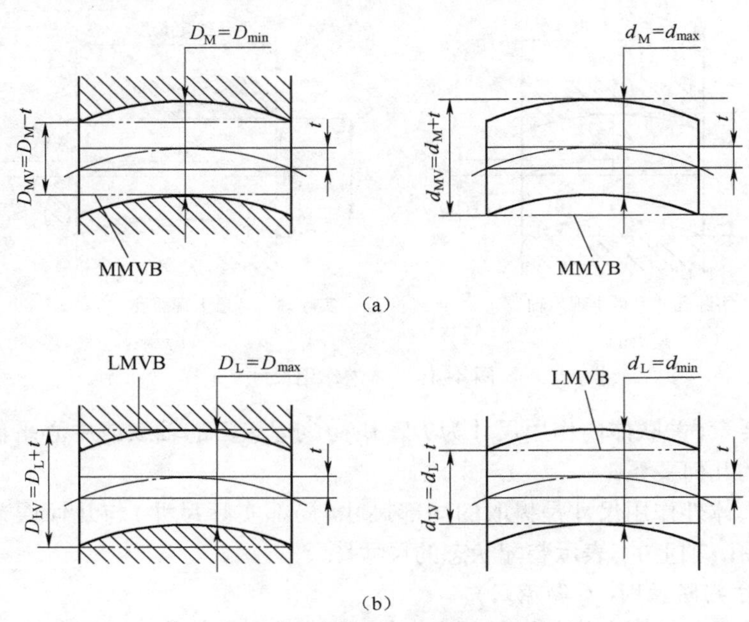

图 4-19　最大、最小实体实效尺寸及边界

为方便记忆，将以上有关公差原则的术语及表示符号列在表 4-8 中。

表 4-8　公差原则术语及对应的表示符号和公式

术　语	符号和公式	术　语	符号和公式
孔的体外作用尺寸	$D_{fe} = D_a - t$	最大实体尺寸	MMS
轴的体外作用尺寸	$d_{fe} = d_a + t$	孔的最大实体尺寸	$D_M = D_{min}$
孔的体内作用尺寸	$D_{fi} = D_a + t$	轴的最大实体尺寸	$d_M = d_{max}$
轴的体内作用尺寸	$d_{fi} = d_a - t$	最小实体尺寸	LMS
最大实体状态	MMC	孔的最小实体尺寸	$D_L = D_{max}$
最大实体实效状态	MMVC	轴的最小实体尺寸	$d_L = d_{min}$
最小实体状态	LMC	最大实体实效尺寸	MMVS
最小实体实效状态	LMVC	孔的最大实体实效尺寸	$D_{MV} = D_{min} - t$
最大实体边界	MMB	轴的最大实体实效尺寸	$d_{MV} = d_{max} + t$
最大实体实效边界	MMVB	最小实体实效尺寸	LMVS
最小实体边界	LMB	孔的最小实体实效尺寸	$D_{LV} = D_{max} + t$
最小实体实效边界	LMVB	轴的最小实体实效尺寸	$d_{LV} = d_{min} - t$

4.3.2 独立原则

独立原则是指图样上给定的各个尺寸和几何形状、方向或位置要求都是独立的，应该分别满足各自的要求。独立原则是尺寸公差和形位公差相互关系遵循的基本原则，它的应用最广。

当采用独立原则时，图样上给出的尺寸公差只控制要素的尺寸误差，不控制要素的几何误差；而图样上给定的几何公差只控制被测要素的几何误差，与要素的局部实际尺寸无关，且在图样上不做任何附加标记。

【例 4-1】 图 4-20 所示为独立原则的应用示例。

【解】不需标注任何相关符号。图示轴的局部实际尺寸应在 $\phi19.97 \sim \phi20$ mm 之间，且中心线的直线度误差不允许大于 $\phi0.02$ mm。

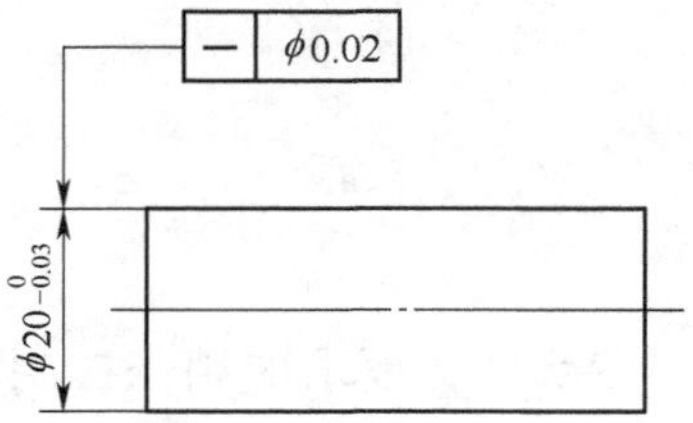

图 4-20 独立原则应用示例

4.3.3 相关要求

图样上给定的尺寸公差与几何公差相互有关的设计要求称为相关要求。它分为包容要求、最大实体要求和最小实体要求。最大实体要求和最小实体要求还可用于可逆要求。

1. *包容要求*（EP，Envelope Principle）

包容要求是被测实际要素处处不得超越最大实体边界的一种要求。它只适用于处理单一尺寸要素（圆柱面、两平行平面）的尺寸公差与几何公差之间的关系。

采用包容要求的尺寸要素，应在其尺寸极限偏差或公差代号后加注符号Ⓔ。

包容要求表示提取组成要素不得超越其最大实体边界，即其体外作用尺寸不超出最大实体尺寸，且其局部实际尺寸不超出最小实体尺寸。

对于内表面（孔）：$D_{fe} \geqslant D_M = D_{min}$ 且 $D_a \leqslant D_L = D_{max}$

对于外表面（轴）：$d_{fe} \leqslant d_M = d_{max}$ 且 $d_a \geqslant d_L = d_{min}$

【例 4-2】 图 4-21（a）中，轴的尺寸 $\phi20_{-0.03}^{0}$Ⓔ表示采用包容要求，则实际轴应满足下列要求：

$$d_{fe} \leqslant d_M = d_{max} = \phi20 \text{ mm} \quad \text{且} \quad d_a \geqslant d_L = d_{min} = \phi19.97 \text{ mm}$$

如图 4-21（b）所示。

【解】图 4-21（c）为其动态公差图，它表达了实际尺寸和形状公差变化的关系。当实际尺寸为 $\phi19.97$ mm，偏离最大实体尺寸 0.03 mm 时，允许的直线度误差为 0.03 mm；而当实际尺寸为最大实体尺寸 $\phi20$ mm 时，允许的直线度误差为 0。

包容要求是将尺寸误差和几何误差同时控制在尺寸公差范围内的一种公差要求，主要用于必须保证配合性质的要素。如回转轴的轴径和滑动轴承、滑动套筒和孔、滑块及滑块槽等。另外，还应用在配合精度要求较高的场合，如滚动轴承内圈与轴径的配合采用包容要求时，不仅可以提高轴径的尺寸精度，保证其严格的配合性质，而且还能确保轴承的运转灵活。

采用包容要求后，若对尺寸要素的几何精度有更严格的要求，还可另行给出几何公差，但是几何公差值必须小于尺寸公差值，如图 4-22 所示。

2. *最大实体要求*（MMR，Maximum Material Requirment）

最大实体要求是指尺寸要素的非理想要素不得超越其最大实体实效边界的一种尺寸要素

要求。它既可应用于被测中心要素,也可用于基准中心要素。

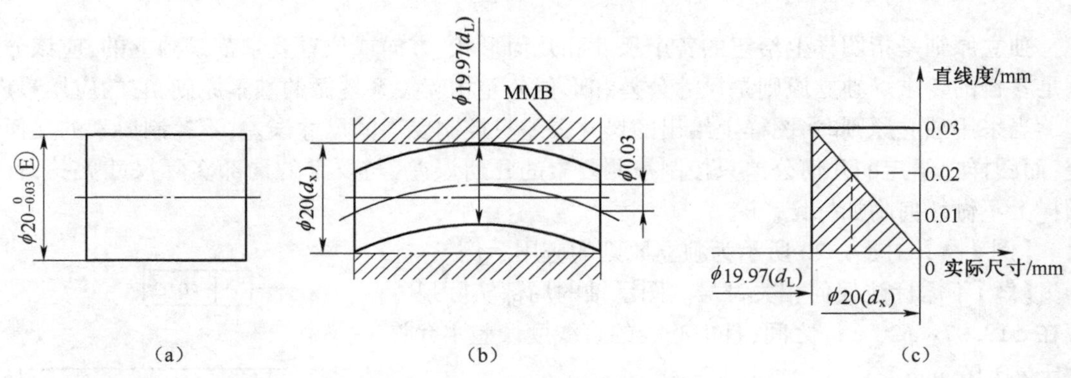

图 4-21　包容要求应用示例

最大实体要求应用于被测中心要素时,应在被测要素几何公差框格中的公差值后标注符Ⓜ号;用于基准中心要素时,应在公差框格中相应的基准字母代号后标注符号Ⓜ。

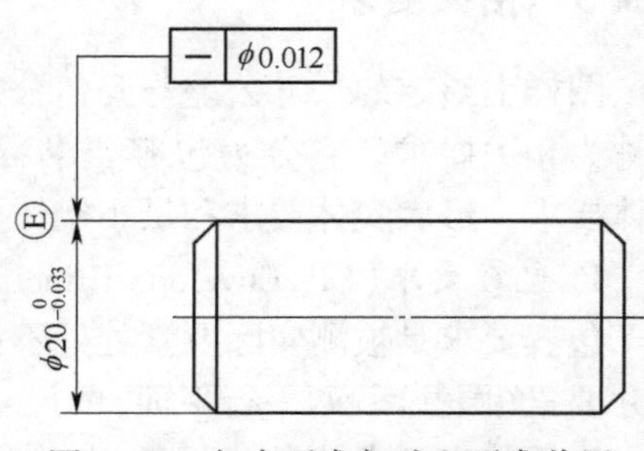

图 4-22　包容要求与独立要求共用

(1)最大实体要求用于被测提取要素时,被测提取要素的实际轮廓应遵守其最大实体实效边界,即其体外作用尺寸不得超出最大实体实效尺寸;而且其局部实际尺寸在最大与最小实体尺寸之间。

对于内表面(孔):$D_{fe}\geqslant D_{MV}=D_{min}-t$ 且 $D_M=D_{min}\leqslant D_a\leqslant D_L=D_{max}$

对于外表面(轴):$d_{fe}\leqslant d_{MV}=d_{max}+t$ 且 $d_M=d_{max}\geqslant d_a\geqslant d_L=d_{min}$

(2)最大实体要求用于被测提取要素时,其几何公差值是在该要素处于最大实体状态时给出的。当被测提取要素的实际轮廓偏离其最大实体状态时,几何误差值可以超出在最大实体状态下给出的几何公差值,即此时的几何公差值可以增大。

【例 4-3】 图 4-23(a)表示 $\phi20_{-0.3}^{\ 0}$轴的中心线直线度公差采用最大实体要求。

【解】当该轴处于最大实体状态时,其中心线的直线度公差为 $\phi0.1$ mm,如图 4-23(b)所示;若轴的实际尺寸向最小实体尺寸方向偏离最大实体尺寸,则其中心线直线度误差可以超出图样给出的公差值 $\phi0.1$ mm,但必须保证其体外作用尺寸不超出轴的最大实体实效尺寸 $\phi20.1$ mm;当轴的实际尺寸处处为最小实体尺寸 $\phi19.7$ mm,其中心线的直线度公差可达最大值,$t=(0.3+0.1)\ \text{mm}=\phi0.4$ mm,如图 4-23(c)所示;图 4-23(d)为其动态公差图。

图 4-23(a)所示轴的尺寸与轴线直线度的合格条件是

$$d_{min}=\phi19.7\ \text{mm}\leqslant d_a\leqslant d_{max}=\phi20\ \text{mm}$$

$$d_{fe}\leqslant d_{MV}=\phi20.1\ \text{mm}$$

当给出的导出要素的几何公差值为零(原称"零形位公差")时,尺寸要素的最大实体实效边界 MMVB 等于最大实体边界 MMB。

【例 4-4】 图 4-24(a)表示 $\phi50_{-0.08}^{+0.13}$孔的中心线对基准平面在任意方向的垂直度公差采用最大实体要求。

【解】当该孔处于最大实体状态时,其中心线对基准平面的垂直度公差为零,即不允许有

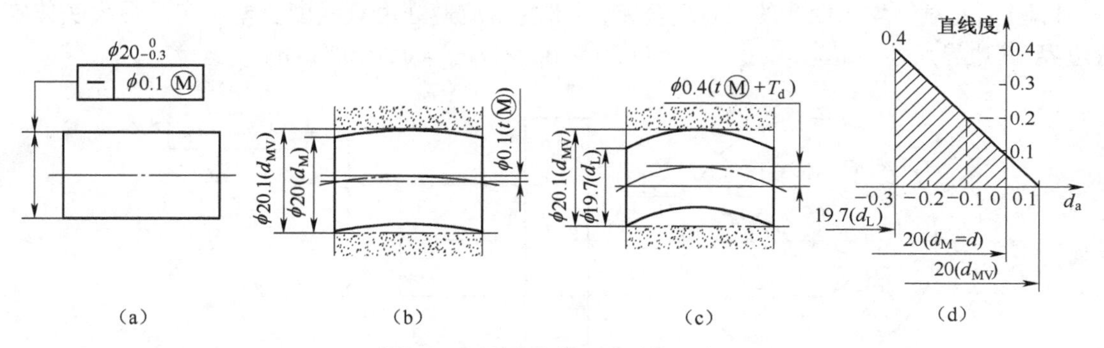

图 4-23　最大实体要求应用示例

垂直度误差，如图 4-24(b)所示；只有当孔的局部实际尺寸向最小实体尺寸方向偏离最大实体尺寸，才允许其中心线对基准平面有垂直度误差，但必须保证其定向体外作用尺寸不超出其最大实体实效尺寸 $D_{MV}=D_M-t=(\phi49.92-0)$ mm $=\phi49.92$ mm；当孔的实际尺寸处处为最小实体尺寸值 50.13 mm，其中心线对基准平面的垂直度公差可达最大值，即孔的尺寸公差 $\phi0.21$ 如图 4-24(c)所示；图 4-24(d)是该孔的动态公差图。

图 4-24 所示零件的合格条件是

$$D_a < D_L = D_{max} = \phi50.13 \text{ mm}$$

$$D_{fe} \geqslant D_{MV} = D_M = D_{min} = \phi49.92 \text{ mm}$$

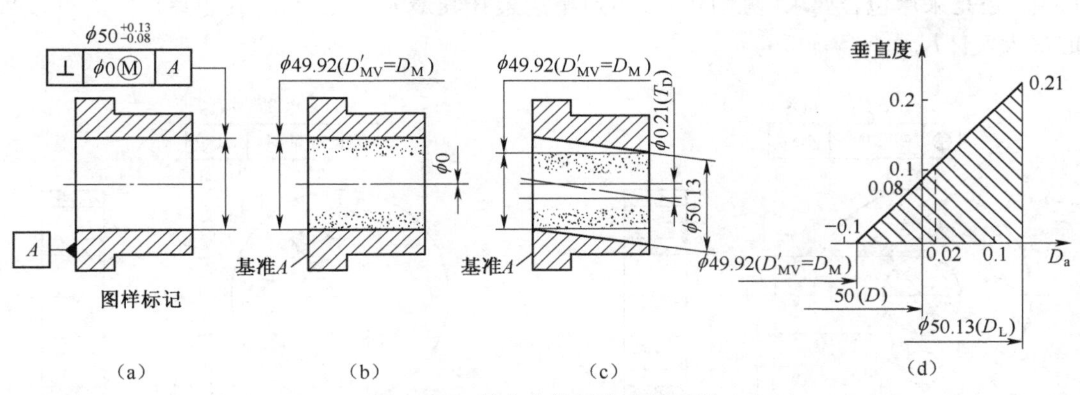

图 4-24　最大实体要求应用示例

(3)最大实体要求应用于基准要素。此时，基准要素应遵守相应的边界。若基准要素的实际轮廓偏离其相应的边界，则允许基准要素在一定范围内浮动，其浮动范围等于基准要素的体外作用尺寸与其相应边界尺寸之差。但这种允许浮动并不能相应地允许增大被测要素的几何公差值。

最大实体要求应用于基准要素时，基准要素应遵守的边界有两种情况：

(1)基准要素本身采用最大实体要求时，应遵守最大实体实效边界。此时，基准代号应直接标注在形成该最大实体实效边界的形位公差框格下面。

【例 4-5】　图 4-25 所示为最大实体要求应用于 $4\times\phi8^{+0.1}_{0}$ 均布四孔的轴线对基准轴线的任意方向位置度公差，且最大实体要求也应用于基准要素，基准本身的轴线直线度公差采用最大实体要求。

【解】因此对于均布四孔的位置度公差，基准要素应遵守由直线度公差确定的最大实体实效边界，其边界尺寸为 $d_{MV} = d_M + t = \phi(20 + 0.02)\ \text{mm} = \phi20.02\ \text{mm}$。

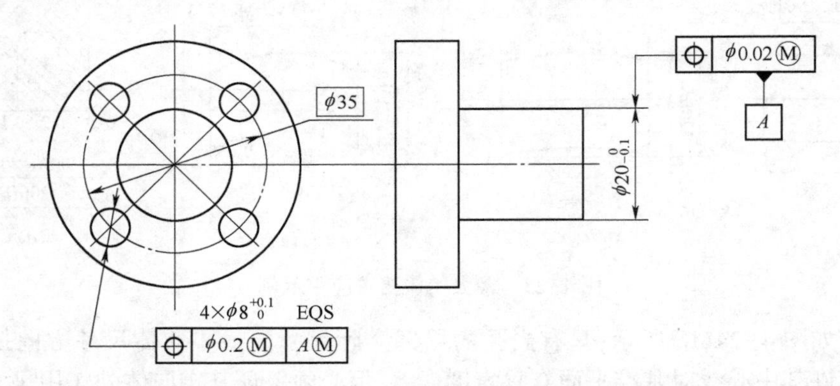

图 4-25 最大实体要求应用于基准要素且基准本身采用最大实体要求

(2)基准本身不采用最大实体要求时，应遵守最大实体边界。此时，基准代号应标注在基准的尺寸线处，其连线与尺寸线对齐。

基准要素不采用最大实体要求可能有两种情况：遵循独立原则或采用包容要求。

【例 4-6】 图 4-26 表示最大实体要求应用于 $4\times\phi8^{+0.1}_{0}$ 均布四孔的轴线对基准轴线的任意方向位置度公差，且最大实体要求也应用于基准要素，基准本身无论遵循独立原则[见图 4-26(a)]，还是采用包容要求[见图 4-26(b)]都应遵守其最大实体边界，其边界尺寸为基准要素的最大实体尺寸 $D_M = \phi20$ mm。

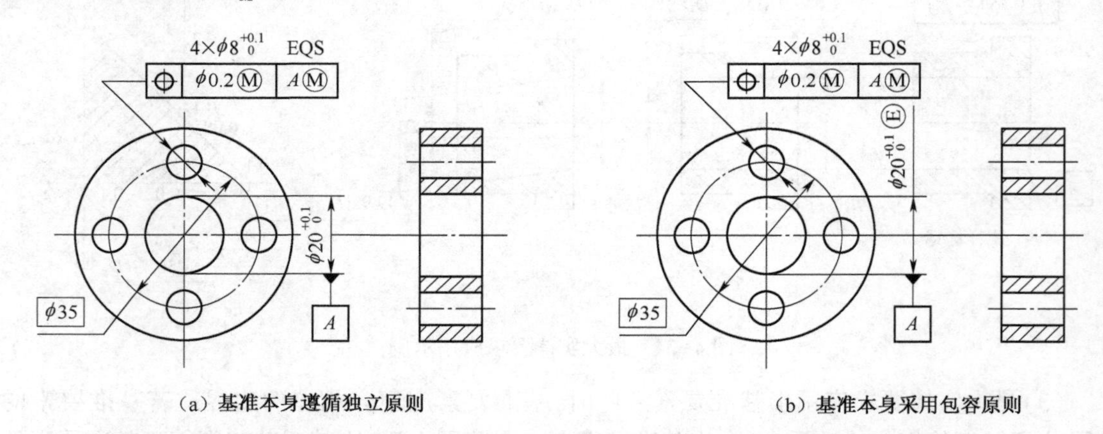

(a) 基准本身遵循独立原则　　(b) 基准本身采用包容原则

图 4-26 最大实体要求应用于基准要素，基准本身不采用最大实体要求

最大实体要求适用于中心要素，主要用于仅需保证零件的可装配性时。

3. 最小实体要求(LMR，Least Material Requiement)

最小实体要求是指尺寸要素的非理想要素不得超越其最小实体实效边界的一种尺寸要素要求。当其局部实际尺寸偏离最小实体尺寸时，允许其几何误差值超出在最小实体状态下给出的公差值。它既可用于被测中心要素，也可用于基准中心要素。

最小实体要求用于被测提取要素时，应在被测提取要素几何公差框格中的公差值后标注符号“Ⓛ”；应用于基准中心要素时，应在被测提取要素几何公差框格内相应的基准字母代号后标注符号“Ⓛ”。

(1) 最小实体要求应用于被测提取要素。此时被测提取要素的几何公差值是在该要素处于最小实体状态时给出的。当被测提取要素的实际轮廓偏离其最小实体状态，即其局部实际尺寸偏离最小实体尺寸时，几何误差值可以超出在最小实体状态下给出的几何公差值。

最小实体要求应用于被测提取要素时，被测提取要素的实际轮廓在给定长度上处处不得超出最小实体实效边界。即其体内作用尺寸不得超出最小实体实效尺寸，且其局部实际尺寸不得超出最大和最小实体尺寸。

对于内表面：$D_{fi} \leqslant D_{LV} = D_{max} - t \qquad D_M = D_{min} \leqslant D_a \leqslant D_L = D_{max}$

对于外表面：$d_{fi} \geqslant d_{LV} = d_{min} - t \qquad d_M = d_{max} \geqslant d_a \geqslant d_L = d_{min}$

【例 4-7】 图 4-27(a)表示孔的中心线对基准平面在任意方向的位置度公差采用最小实体要求。

【解】当该孔处于最小实体状态时，其中心线对基准平面任意方向的位置度公差为 $\phi 0.4$，如图 4-27(b)所示。若孔的局部实际尺寸向最大实体尺寸方向偏离最小实体尺寸，即小于最小实体尺寸 $\phi 8.25$ mm，则其中心线对基准平面的位置度误差可以超出图样给出的公差值 $\phi 0.4$ mm，但必须保证其定位体内作用尺寸 D_{fi}不超出孔的定位最小实体实效尺寸 $D_{LV} = D_t + t = \phi(8.25 + 0.4)$ mm $= \phi 8.65$ mm。所以，当孔的实际尺寸处处相等时，它对最小实体尺寸 $\phi 8.25$ mm 的偏离量就等于轴线对基准平面任意方向的位置度公差的增加值。当孔的实际尺寸处处为最大实体尺寸 $\phi 8$，即处于最大实体状态时，其中心线对基准平面任意方向的位置度公差可达最大值，且等于其尺寸公差与给出的任意方向位置度公差之和，$t = (0.25+0.4)$ mm $= \phi 0.65$ mm。

图 4-27(a)所示孔的尺寸与中心线对基准平面任意方向的位置度的合格条件是

$$D_L = D_{max} = \phi 8.25 \geqslant D_a \geqslant D_M = D_{min} = \phi 8 \text{ mm}$$

$$D_{fi} \leqslant D_{LV} = \phi 8.65 \text{ mm}$$

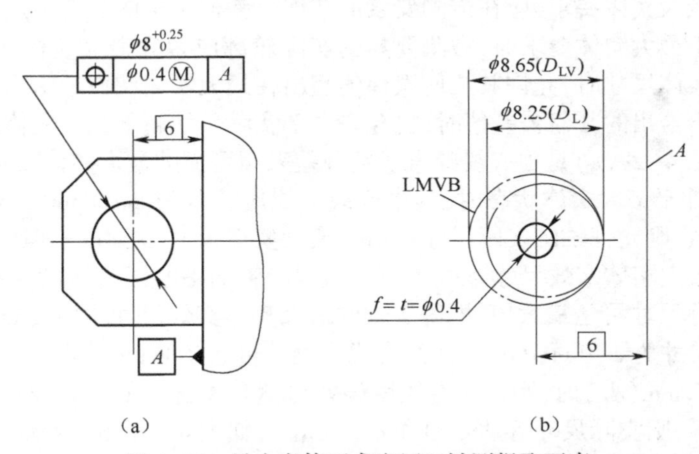

图 4-27 最小实体要求应用于被测提取要素

(2)最小实体要求应用于基准要素。此时基准要素应遵守相应的边界。若基准要素的实际轮廓偏离其相应的边界，则允许基准要素在一定范围内浮动，其浮动范围等于基准要素的体内作用尺寸与其相应的边界尺寸之差。

最小实体要求应用于基准要素时，基准要素应遵守的边界也有两种情况：

①基准要素本身采用最小实体要求时，应遵守最小实体实效边界。此时基准代号应直接

标注在形成该最小实体实效边界的几何公差框格下面,如图 4-28(a)所示。

②基准要素本身不采用最小实体要求时,应遵守最小实体边界。此时基准代号应标注在基准的尺寸线处,其连线与尺寸线对齐,如图 4-28(b)所示。

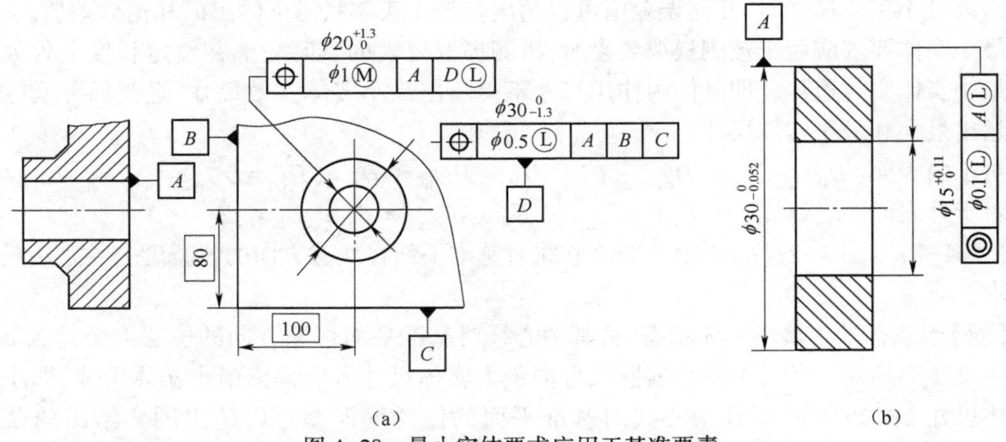

图 4-28　最小实体要求应用于基准要素

(3)最小实体要求的应用

最小实体要求的实质是控制要素的体内作用尺寸,对于孔类零件,体内作用尺寸将使孔的壁厚减薄;对于轴类零件,体内作用尺寸将使轴的直径变小。在产品设计中,对薄壁结构及要求强度高的轴,应考虑合理地使用最小实体要求,以保证产品的质量。

4. *可逆要求*(RR, Reciprocity Requirement)

在不影响零件功能要求的前提下,当被测中心线或中心面的几何误差值小于给出的几何公差值时,允许相应的尺寸公差增大。它是最大实体要求或最小实体要求的附加要求。

采用可逆的最大实体要求,应在被测要素的几何公差框格中的公差值后加注"ⓂⓇ"。

可逆要求用于最大实体要求时,被测要素的实际轮廓应遵守最大实体实效边界。当其实际尺寸偏离最大实体尺寸时,允许其几何误差值超出在最大实体状态下给出的几何公差值;当其几何误差值小于给出的几何公差值时,也允许局部实际尺寸超出最大实体尺寸。

【例 4-8】　图 4-29(a)是中心线的直线度公差采用可逆的最大实体要求的示例。

【解】当该轴处于最大实体状态时,其中心线直线度公差为 $\phi0.1$ mm,若轴的直线度误差小于给出的公差值,则允许轴的实际尺寸超出其最大实体尺寸 $\phi20$ mm,但必须保证其体外作用尺寸不超出其最大实体实效尺寸 $\phi20.1$ mm,所以当轴的中心线直线度误差为零(即具有理想形状)时,其实际尺寸可达最大值,即等于轴的最大实体实效尺寸 $\phi20.1$ mm,如图 4-29(b)所示。如果实际尺寸为 $\phi20$ mm(d_M),时,直线度误差可达 0.1 mm,如图 4-29(c)所示。如果实际尺寸是 $\phi19.7$ mm(d_L)时,则轴线直线度误差可达 0.4 mm,如图 4-29(d)所示。如果轴线直线度误差为零,则实际尺寸可达 $\phi20.1$ mm(d_{MV}),如图 4-29(b)所示。图 4-29(e)给出了上述关系的动态公差图。

图 4-29(a)所示的轴的尺寸与轴线直线度的合格条件是

$$d_a \geqslant d_L = d_{min} = \phi19.7\text{ mm}$$

$$d_{fe} \leqslant d_{MV} = d_M + t = \phi20 + 0.1 = \phi20.1\text{ mm}$$

采用可逆的最小实体要求,应在被测要素的几何公差框格中的公差值后加注"ⓁⓇ"。

【例 4-9】　图 4-30(a)表示 $\phi8^{+0.25}_{0}$孔的中心线对基准平面的任意的方向的位置度公差

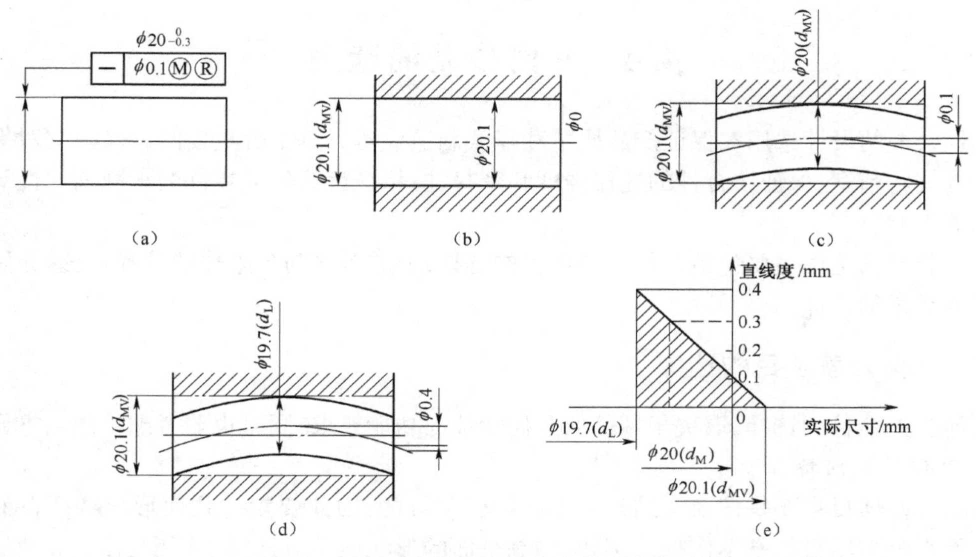

图 4-29　可逆要求用于最大实体要求的示例

采用可逆的最小实体要求。

【**解**】当孔处于最小实体状态时,其中心线对基准平面的位置度公差为 0.4 mm,如图 4-30(b)所示。当孔的实际直径为最大实体尺寸 $\phi8$ 时,位置度公差达到 $\phi(0.4+0.25)=\phi0.65$ mm,如图 4-30(c)所示。若孔的中心线对基准平面的位置度误差小于给出的公差值,则允许孔的实际尺寸超出其最小实体尺寸(即大于 $\phi8.25$ mm),但必须保证其定位体内作用尺寸不超出其定位最小实体实效尺寸[即 $D_{fi} \leqslant D_{LV} = D_L + t = \phi(8.25 + 0.4)\text{mm} = \phi8.65$ mm]。所以当孔的中心线对基准平面任意方向的位置度误差为零时,其局部实际尺寸可达最大值,即等于孔定位最小实体实效尺寸 $\phi8.65$ mm,如图 4-30(d)所示。其动态公差图如图 4-30(e)所示。

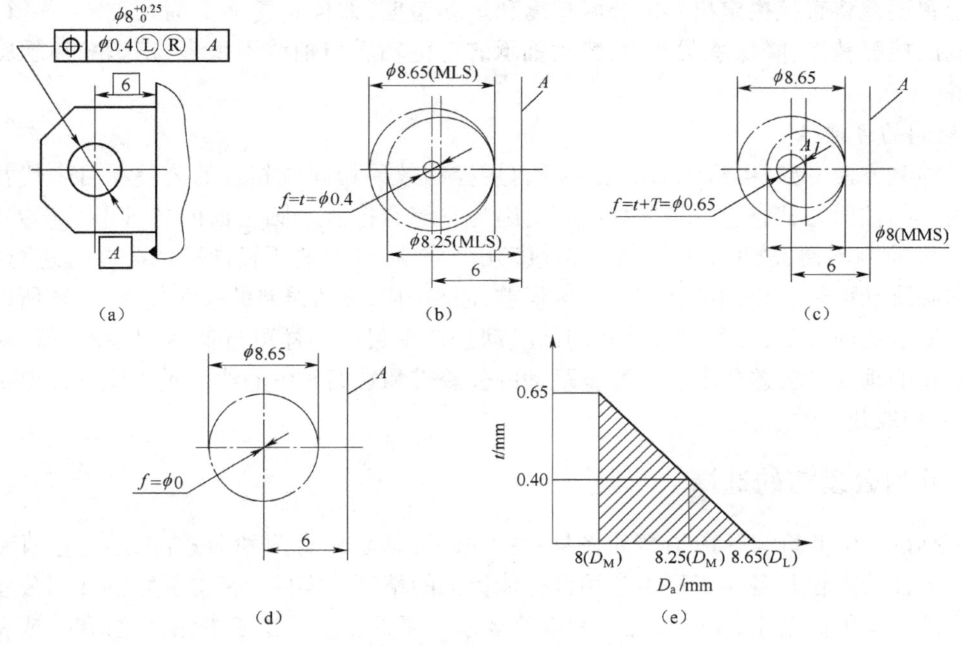

图 4-30　可逆要求用于 LMR 的示例

4.4 几何公差的选用

几何公差的设计选用对保证产品质量和降低制造成本具有十分重要的意义。它对保证轴类零件的旋转精度;保证结合件的连接强度和密封性;保证齿轮传动零件的承载均匀性等都有很重要的影响。

几何公差的选用主要包括几何公差项目的选择;公差等级与公差值的选择;公差原则的选择和基准要素的选择。

4.4.1 几何公差项目的选择

几何公差项目的选择,取决于零件的几何特征与功能要求,同时也要考虑检测的方便性。

1. 零件的几何特征

形状公差项目主要是按要素的几何形状特征制订的,因此要素的几何形状特征自然是选择单一要素公差项目的基本依据。例如:控制平面的形状误差应选择平面度;控制导轨导向面的形状误差应选择直线度;控制圆柱面的形状误差应选择圆度或圆柱度等。

方向或位置公差项目是按要素间几何方位关系制订的,所以关联要素的公差项目应以它与基准间的几何方位关系为基本依据。对线(中心线)、面可规定方向和位置公差,对点只能规定位置度公差,只有回转零件才规定同轴度公差和跳动公差。

2. 零件的使用要求

零件的功能要求不同,对几何公差应提出不同的要求,所以应分析几何误差对零件使用性能的影响。一般说来,平面的形状误差将影响支承面安置的平稳性和定位可靠性,影响贴合面的密封性和滑动面的磨损;导轨面的形状误差将影响导向精度;圆柱面的形状误差将影响定位配合的连接强度和可靠性,影响转动配合的间隙均匀性和运动平稳性;轮廓表面或中心要素的方向或位置误差将直接决定机器的装配精度和运动精度,如齿轮箱体上两孔轴线不平行将影响齿轮副的接触精度,降低承载能力,滚动轴承的定位轴肩与轴线不垂直,将影响轴承旋转时的精度等。

3. 检测的方便性

为了检测方便,有时可将所需的公差项目用控制效果相同或相近的公差项目来代替。例如要素为一圆柱面时,圆柱度是理想的项目,因为它综合控制了圆柱面的各种形状误差,但是由于圆柱度检测不便,故可选用圆度、直线度几个分项,或者选用径向跳动公差等进行控制。又如径向圆跳动可综合控制圆度和同轴度误差,而径向圆跳动误差的检测简单易行,所以在不影响设计要求的前提下,可尽量选用径向圆跳动公差项目。同样可近似地用端面圆跳动代替端面对轴线的垂直度公差要求。端面全跳动的公差带和端面对中心线的垂直度的公差带完全相同,可互相取代。

4.4.2 几何公差值的选择

国家标准 GB/T 1184—1996 规定图样中标注的几何公差有两种形式:未注公差值和注出公差值。未注公差值是各类工厂中常用设备能保证的精度。零件大部分要素的几何公差值均应遵循未注公差值的要求,不必注出。只有当要求要素的公差值小于未注公差值时,或者要求要素的公差值大于未注公差值而给出大的公差值后,能给工厂的加工带来经济效益时,才需要在图样中用框格给出几何公差要求。

注出几何公差要求的几何精度高低是用公差等级数字的大小来表示的。按国家标准的规定,对14项形位公差特征,除线、面轮廓度及位置度未规定公差等级外,其余项目均有规定。一般划分为12级,即1~12级,1级精度最高,12级精度最低;圆度、圆柱度则最高级为0级,划分为13级。各项目的各级公差值见表4-9~表4-13。

表4-9 直线度和平面度的公差值 单位:μm

主参数 $L(D)$ (mm)	公差等级											
	1	2	3	4	5	6	7	8	9	10	11	12
	公差值											
≤10	0.2	0.4	0.8	1.2	2	3	5	8	12	20	30	60
>10~16	0.25	0.5	1	1.5	2.5	4	6	10	15	25	40	80
>16~25	0.3	0.6	1.2	2	3	5	8	12	20	30	50	100
>25~40	0.4	0.8	1.5	2.5	4	6	10	15	25	40	60	120
>40~63	0.5	1	2	3	5	8	12	20	30	50	80	150
>63~100	0.6	1.2	2.5	4	6	10	15	25	40	60	100	200
>100~160	0.8	1.5	3	5	8	12	20	30	50	80	120	250
>160~250	1	2	4	6	10	15	25	40	60	100	150	300
>250~400	1.2	2.5	5	8	12	20	30	50	80	120	200	400
>400~630	1.5	3	6	10	15	25	40	60	100	150	250	500
>630~1000	2	4	8	12	20	30	50	80	120	200	300	600

注:主参数 L 系轴、直线、平面的长度

表4-10 圆度和圆柱度的公差值 单位:μm

主参数 $d(D)$ (mm)	公差等级												
	0	1	2	3	4	5	6	7	8	9	10	11	12
	公差值												
≤3	0.1	0.2	0.3	0.5	0.8	1.2	2	3	4	6	10	14	25
>3~6	0.1	0.2	0.4	0.6	1	1.5	2.5	4	5	8	12	18	30
>6~10	0.12	0.25	0.4	0.6	1	1.5	2.5	4	6	9	15	22	36
>10~18	0.15	0.25	0.5	0.8	1.2	2	3	5	8	11	18	27	43
>18~30	0.2	0.3	0.6	1	1.5	2.5	4	6	9	13	21	33	52
>30~50	0.25	0.4	0.6	1	1.5	2.5	4	7	11	16	25	39	62
>50~80	0.3	0.5	0.8	1.2	2	3	5	8	13	19	30	46	74
>80~120	0.4	0.6	1	1.5	2.5	4	6	10	15	22	35	54	87
>120~180	0.6	1	1.2	2	3.5	5	8	12	18	25	40	63	100
>180~250	0.8	1.2	2	3	4.5	7	10	14	20	29	46	72	115
>250~315	1.0	1.6	2.5	4	6	8	12	16	23	32	52	81	130
>315~400	1.2	2	3	5	7	9	13	18	25	36	57	89	140
>400~500	1.5	2.5	4	6	8	10	15	20	27	40	63	97	155

注:主参数 $d(D)$ 系轴(孔)的直径。

表 4-11　平行度、垂直度和倾斜度公差值　　单位:μm

主参数 L、$d(D)$ (mm)	公差等级											
	1	2	3	4	5	6	7	8	9	10	11	12
	公差值											
≤10	0.4	0.8	1.5	3	5	8	12	20	30	50	80	120
>10~16	0.5	1	2	4	6	10	15	25	40	60	100	150
>16~25	0.6	1.2	2.5	5	8	12	20	30	50	80	120	200
>25~40	0.8	1.5	3	6	10	15	25	40	60	100	150	250
>40~63	1	2	4	8	12	20	30	50	80	120	200	300
>63~100	1.2	2.5	5	10	15	25	40	60	100	150	250	400
>100~160	1.5	3	6	12	20	30	50	80	120	200	300	500
>160~250	2	4	8	15	25	40	60	100	150	250	400	600
>250~400	2.5	5	10	20	30	50	80	120	200	300	500	800
>400~630	3	6	12	25	40	60	100	150	250	400	600	1 000
>630~1 000	4	8	15	30	50	80	120	200	300	500	800	1 200

注:①主参数 L 为给定平行度时轴线或平面的长度,或给定垂直度、倾斜度时被测要素的长度;

②主参数 $d(D)$ 为给定面对线垂直度时,被测要素的轴(孔)直径。

表 4-12　同轴度、对称度、圆跳动和全跳动公差值　　单位:μm

主参数 $d(D)$、B、L (mm)	公差等级											
	1	2	3	4	5	6	7	8	9	10	11	12
	公差值											
≤1	0.4	0.6	1.0	1.5	2.5	4	6	10	15	25	40	60
>1~3	0.4	0.6	1.0	1.5	2.5	4	6	10	20	40	60	120
>3~6	0.5	0.8	1.2	2	3	5	8	12	25	50	80	150
>6~10	0.6	1.0	1.5	2.5	4	6	10	15	30	60	100	200
>10~18	0.8	1.2	2	3	5	8	12	20	40	80	120	250
>18~30	1	1.5	2.5	4	6	10	15	25	50	100	150	300
>30~50	1.2	2	3	5	8	12	20	30	60	120	200	400
>50~120	1.5	2.5	4	6	10	15	25	40	80	150	250	500
>120~250	2	3	5	8	12	20	30	50	100	200	300	600
>250~500	2.5	4	6	10	15	25	40	60	120	250	400	800
>500~800	3	5	8	12	20	30	50	80	150	300	500	1 000
>800~1 250	4	6	10	15	25	40	60	100	200	400	600	1 200

注:①主参数 $d(D)$ 为给定同轴度,或给定圆跳动、全跳动时的轴(孔)直径;

②圆锥体斜向圆跳动公差的主参数为平均直径;

③主参数 B 为给定对称度时槽的宽度;

④主参数 L 为给定两孔对称度时的孔心距。

对位置度公差值应通过计算得出。例如:用螺栓做连接件,被连接零件上的孔均为通孔,其孔径大于螺栓的直径,位置度公差可用下式计算,即

$$t=X_{\min}$$

式中　t——位置度公差；

X_{min}——通孔与螺栓间最小间隙。

若螺钉连接时，被连接零件中有一个零件的孔是螺纹，而其余零件上的孔均为通孔，而且孔径大于螺钉直径，位置度公差可用下式计算，即

$$t=0.5X_{min}$$

按上式确定的公差，经化整后可按表4-13选择公差值。

表4-13　位置度公差值数系

1	1.2	1.5	2	2.5	3	4	5	6	8
1×10^n	1.2×10^n	1.5×10^n	2×10^n	2.5×10^n	3×10^n	4×10^n	5×10^n	6×10^n	8×10^n

注：n为正整数。

几何公差值的选择原则，是在满足零件功能要求的前提下，兼顾工艺经济性的检测条件，尽量选取较大的公差值。选择的方法有计算法和类比法。

1. 计算法

用计算法确定形位公差值，目前还没有成熟系统的计算步骤和方法，一般是根据产品的功能要求，在有条件的情况下计算求得形位公差值。

2. 类比法

几何公差值常用类比法确定，主要考虑零件的使用性能、加工的可能性和经济性等因素，还应考虑：

(1)形状公差与方向、位置公差的关系。同一要素上给定的形状公差值应小于方向、位置公差值，方向公差值应小于位置公差值($t_{形状}<t_{方向}<t_{位置}$)。如同一平面上，平面度公差值应小于该平面对基准平面的平行度公差值。

(2)几何公差和尺寸公差的关系。圆柱形零件的形状公差一般情况下应小于其尺寸公差值；线对线或面对面的平行度公差值应小于其相应距离的尺寸公差值。

圆度、圆柱度公差值约为同级尺寸公差的50%，因而一般可按同级选取。例如：尺寸公差为IT6，则圆度、圆柱度公差通常也选6级，必要时也可比尺寸公差等级高1级到2级。

位置度公差通常需要经过计算确定，对用螺栓连接两个或两个以上零件时，若被连接零件均为光孔，则光孔的位置度公差的计算公式为

$$t\leqslant KX_{min}$$

式中　t——位置度公差；

K——间隙利用系数，其推荐值为，不需调整的固定连接$K=1$，需调整的固定连接$K=0.6\sim0.8$；

X_{min}——光孔与螺栓间的最小间隙。

用螺钉连接时，被连接零件中有一个是螺孔，而其余零件均是光孔，则光孔和螺孔的位置度公差计算公式为

$$t\leqslant 0.6KX_{min}$$

式中　X_{min}——光孔与螺钉间的最小间隙。

按以上公式计算确定的位置度公差，经圆整并按表4-13选择标准的位置度公差值。

(3)几何公差与表面粗糙度的关系。通常表面粗糙度的Ra值可占形状公差值的

20% ~25% 。

(4)考虑零件的结构特点。对于刚性较差的零件(如细长轴)和结构特殊的要素(如跨距较大的轴和孔、宽度较大的零件表面等),在满足零件的功能要求下,可适当降低1~2级选用。此外,孔相对于轴、线对线和线对面相对于面对面的平行度、垂直度公差可适当降低1~2级。

表4-14至表4-17列出了各种几何公差等级的应用举例,可供类比时参考。

表4-14 直线度、平面度公差等级应用

公差等级	应用举例
1,2	用于精密量具、测量仪器以及精度要求高的精密机械零件,如量块、零级样板、平尺、零级宽平尺、工具显微镜等精密量仪的导轨面等
3	1级宽平尺工作面,1级样板平尺的工作面,测量仪器圆弧导轨的直线度,量仪的测杆等
4	零级平板,测量仪器的V形导轨,高精度平面磨床的V形导轨和滚动导轨等
5	1级平板,2级宽平尺,平面磨床的导轨、工作台,液压龙门刨床导轨面,柴油机进气、排气阀门导杆等
6	普通机床导轨面,柴油机机体结合面等
7	2级平板,机床主轴箱结合面,液压泵盖、减速器壳体结合面等
8	机床传动箱体、挂轮箱体、溜板箱体,柴油机气缸体,连杆分离面,缸盖结合面,汽车发动机缸盖,曲轴箱结合面,液压管件和法兰连接面等
9	自动车床床身底面,摩托车曲轴箱体,汽车变速箱壳体,手动机械的支承面等

表4-15 圆度、圆柱度公差等级应用

公差等级	应用举例
0,1	高精度量仪主轴,高精度机床主轴,滚动轴承的滚珠和滚柱等
2	精密量仪主轴、外套、阀套高压油泵柱塞及套,纺锭轴承,高速柴油机进、排气门,精密机床主轴轴颈,针阀圆柱表面,喷油泵柱塞及柱塞套等
3	高精度外圆磨床轴承,磨床砂轮主轴套筒,喷油嘴针,阀体,高精度轴承内外圈等
4	较精密机床主轴、主轴箱孔,高压阀门,活塞,活塞销,阀体孔,高压油泵柱塞,较高精度滚动轴承配合轴,铣削动力头箱体孔等
5	一般计量仪器主轴、测杆外圆柱面,陀螺仪轴颈,一般机床主轴轴颈及轴承孔,柴油机、汽油机的活塞、活塞销,与P6级滚动轴承配合的轴颈等
6	一般机床主轴及前轴承孔,泵、压缩机的活塞、气缸,汽油发动机凸轮轴,纺机锭子,减速传动轴轴颈,高速船用发动机曲轴、拖拉机曲轴主轴颈,与P6级滚动轴承配合的外壳孔,与P0级滚动轴承配合的轴颈等
7	大功率低速柴油机曲轴轴颈、活塞、活塞销、连杆、气缸,高速柴油机箱体轴承孔,千斤顶或压力油缸活塞,机车传动轴,水泵及通用减速器转轴轴颈,与P0级滚动轴承配合的外壳孔等
8	低速发动机、大功率曲柄轴轴颈,压气机连杆盖、体,拖拉机气缸、活塞,炼胶机冷铸轴辊,印刷机传墨辊,内燃机曲轴轴颈,柴油机凸轮轴承孔,凸轮轴,拖拉机、小型船用柴油机气缸套等
9	空气压缩机缸体,液压传动筒,通用机械杠杆与拉杆用套筒销子,拖拉机活塞环、套筒孔

表4-16 平行度、垂直度、倾斜度公差等级应用

公差等级	应用举例
1	高精度机床、测量仪器、量具等主要工作面和基准面等
2,3	精密机床、测量仪器、量具、模具的工作面和基准面,精密机床的导轨,重要箱体主轴孔对基准面的要求,精密机床主轴轴肩端面,滚动轴承座圈端面,普通机床的主要导轨,精密刀具的工作面和基准面等

续表

公差等级	应 用 举 例
4,5	普通机床导轨,重要支承面,机床主轴孔对基准的平行度,精密机床重要零件,计量仪器、量具、模具的工作面和基准面,床头箱体重要孔,通用减速器壳体孔,齿轮泵的油孔端面,发动机轴和离合器的凸缘,气缸支承端面,安装精密滚动轴承壳体孔的凸肩等
6,7,8	一般机床的工作面和基准面,压力机和锻锤的工作面,中等精度钻模的工作面,机床一般轴承孔对基准的平行度,变速器箱体孔,主轴花键对定心直径部位轴线的平行度,重型机械轴承盖端面,卷扬机、手动传动装置中的传动轴,一般导轨、主轴箱体孔,刀架,砂轮架,气缸配合面对基准轴线,活塞销孔对活塞中心线的垂直度,滚动轴承内、外圈端面对轴线的垂直度等
9,10	低精度零件,重型机械滚动轴承端盖,柴油机、煤气发动机箱体曲轴孔、曲轴颈、花键轴和轴肩端面,传动带运输机法兰盘等端面对轴线的垂直度,手动卷扬机及传动装置中的轴承端面,减速器壳体平面等

表 4-17 同轴度、对称度、跳动公差等级应用

公差等级	应 用 举 例
1,2	精密测量仪器的主轴和顶尖,柴油机喷油嘴针阀等
3,4	机床主轴轴颈,砂轮轴轴颈,汽轮机主轴,测量仪器的小齿轮轴,安装高精度齿轮的轴颈等
5,	机床轴颈,机床主轴箱孔,套筒,测量仪器的测量杆,轴承座孔,汽轮机主轴,柱塞油泵转子,高精度轴承外圈,一般精度轴承内圈等
6,7	内燃机曲轴,凸轮轴轴颈,柴油机机体主轴承孔,水泵轴,油泵柱塞,汽车后桥输出轴,安装一般精度齿轮的轴颈,涡轮盘,测量仪器杠杆轴,电动机转子,普通滚动轴承内圈,印刷机传墨辊的轴颈,键槽等
8,9	内燃机凸轮轴孔,连杆小端铜套,齿轮轴,水泵叶轮,离心泵体,气缸套外径配合面对内径工作面,运输机械滚筒表面,压缩机十字头,安装低精度齿轮用轴颈,棉花精梳机前后滚子,自行车中轴等

4.4.3 公差原则和公差要求的选择

选择公差原则和公差要求时,应根据被测要素的功能要求,各公差原则的应用场合、可行性和经济性等方面来考虑,表 4-18 列出了几种公差原则和要求的应用场合和示例,可供选择时参考。

基准是确定关联要素间方向和位置的依据。在选择公差项目时,必须同时考虑要采用的基准。基准有单一基准、组合基准及多基准几种形式。选择基准时,一般应从如下几方面考虑:

(1)根据要素的功能及对被测要素间的几何关系来选择基准。如轴类零件,常以两个轴承为支承运转,其运动轴线是安装轴承的两轴颈公共轴线。因此,从功能要求和控制其他要素的位置精度来看,应选这两处轴颈的公共轴线(组合基准)为基准。

(2)根据装配关系应选零件上相互配合、相互接触的定位要素作为各自的基准。如盘、套类零件多以其内孔轴线径向定位装配或以其端面轴向定位,因此根据需要可选其轴线或端面作为基准。

(3)从零件结构考虑,应选较宽大的平面、较长的轴线作为基准,以使定位稳定。对结构复杂的零件,一般应选三个基准面,以确定被测要素在空间的方向和位置。

(4)从加工检测方面考虑,应选择在加工、检测中方便装夹定位的要素为基准。

表 4-18　公差原则和公差要求选择示例

公差原则	应用场合	示　　例
独立原则	尺寸精度与几何精度需要分别满足要求	齿轮箱体孔的尺寸精度与两孔轴线的平行度;连杆活塞销孔的尺寸精度与圆柱度;滚动轴承内、外圈滚道的尺寸精度与形状精度
	尺寸精度与几何精度要求相差较大	滚筒类零件尺寸精度要求很低,形状精度要求较高;平板的尺寸精度要求不高,形状精度要求很高;通油孔的尺寸有一定精度要求,形状精度无要求
	尺寸精度与几何精度无联系	滚子链条的套筒或滚子内、外圆柱面的轴线同轴度与尺寸精度;发动机连杆上的尺寸精度与孔轴线间的位置精度
	保证运动精度	导轨的形状精度要求严格,尺寸精度一般
	保证密封性	气缸的形状精度要求严格,尺寸精度一般
	未注公差	凡未注尺寸公差与未注形位公差都采用独立原则,如退刀槽、倒角、圆角等非功能要素
包容要求	保证国家标准规定的配合性质	如 ϕ30H7Ⓔ孔与 ϕ30h6Ⓔ轴的配合,可以保证配合的最小间隙等于零
	尺寸公差与几何公差间无严格比例关系要求	一般的孔与轴配合,只要求作用尺寸不超越最大实体尺寸,局部实际尺寸不超越最小实体尺寸
最大实体要求	保证关联作用尺寸不超越最大实体尺寸	关联要素的孔与轴有配合性质要求,在公差框格的第二格标注 0Ⓜ
	保证可装配性	如轴承盖上用于穿过螺钉的通孔;法兰盘上用于穿过螺栓的通孔
最小实体要求	保证零件强度和最小壁厚	如孔组轴线的任意方向位置度公差,采用最小实体要求可保证孔组间的最小壁厚
可逆要求	与最大(最小)实体要求联用	能充分利用公差带,扩大被测要素实际尺寸的变动范围,在不影响使用性能要求的前提下可以选用

4.4.4　几何公差的未注公差值的规定

图样上未注几何公差的要素,其几何精度要求由未注几何公差来控制。

为了简化图样,对一般机床加工能保证的几何精度,不必在图样上注出几何公差,图样上没有具体注明几何公差值的要素,其几何精度应按下列规定执行。

(1)国家标准 GB /T 1184—1996 对未注直线度、平面度、垂直度、对称度和圆跳动作了规定,其公差值见表 4-19~表 4-22。采用规定的未注公差值时,应在标题栏附件或技术要求中注出公差等级代号及标准编号,如“GB/T 1184-H”。

(2)未注圆度公差值等于直径公差值,但不能大于表 4-22 中的径向圆跳动值。

(3)未注圆柱度公差由圆度、直线度和素线平行度的注出公差或未注公差控制。

(4)未注平行度公差值等于尺寸公差值或直线度和平面度未注公差值中的较大者。

(5)未注同轴度的公差值可以和表 4-21 中规定的圆跳动的未注公差值相等。

(6)未注线、面轮廓度,倾斜度,位置度和全跳动的公差值均应由各要素的注出或未注线性尺寸公差或角度公差控制。

表 4-19　直线度和平面度未注公差值　　单位:mm

公差等级	基本长度范围					
	≤10	>10~30	>30~100	>100~300	>300~1 000	>1 000~3 000
H	0.02	0.05	0.1	0.2	0.3	0.4
K	0.05	0.1	0.2	0.4	0.6	0.8
L	0.1	0.2	0.4	0.8	1.2	1.6

表 4-20　垂直度未注公差值　　单位:mm

公差等级	基本长度范围			
	≤100	>100~300	>300~1 000	>1 000~3 000
H	0.2	0.3	0.4	0.5
K	0.4	0.6	0.8	1
L	0.6	1	1.5	2

表 4-21　对称度未注公差值

单位:mm

公差等级	基本长度范围			
	≤100	>100~300	>300~1 000	>1 000~3 000
H	0.5	0.5	0.5	0.5
K	0.6	0.6	0.8	1
L	0.6	1	1.5	2

表 4-22　圆跳动未注公差值

单位:mm

公差等级	公差值
H	0.1
K	0.2
L	0.5

4.4.5　几何公差选择举例

【例 4-10】　图 4-31 所示为减速器的输出轴,两轴颈 ϕ55k6 与 P0 级滚动轴承内圈相配合。

【解】为保证配合性质,采用了包容要求,为保证轴承的旋转精度,在遵循包容要求的前提下,又进一步提出圆柱度公差的要求,其公差值由国家标准 GB/T 275—2015 中查得为 0.005 mm。在该两轴颈上安装滚动轴承后,将分别与减速器箱体的两孔配合,因此需限制两轴颈的同轴度误差,以保证轴承外圈和箱体孔的安装精度,为检测方便,实际给出了两轴颈的径向圆跳动公差 0.025 mm(圆跳动公差 7 级)。ϕ65 处的两轴肩都是止推面,起一定的定位作用,为保证定位精度,提出了两轴肩相对于基准轴线的端面圆跳动公差 0.015 mm(由 GB/T 275—2015 查得)。

ϕ58r6 和 ϕ45n7 分别与齿轮和带轮配合,为保证配合性质,也采用了包容要求,为保证齿轮的运动精度,对与齿轮配合的 ϕ58r6 圆柱又进一步提出了对基准轴线的径向圆跳动公差 0.025 mm(跳动公差 7 级)。对 ϕ58r6 和 ϕ45n7 轴颈上的键槽 16N9 和 14N9 都提出了对称度公差 0.02 mm(对称度公差 8 级),以保证键槽的安装精度和安装后的受力状态。

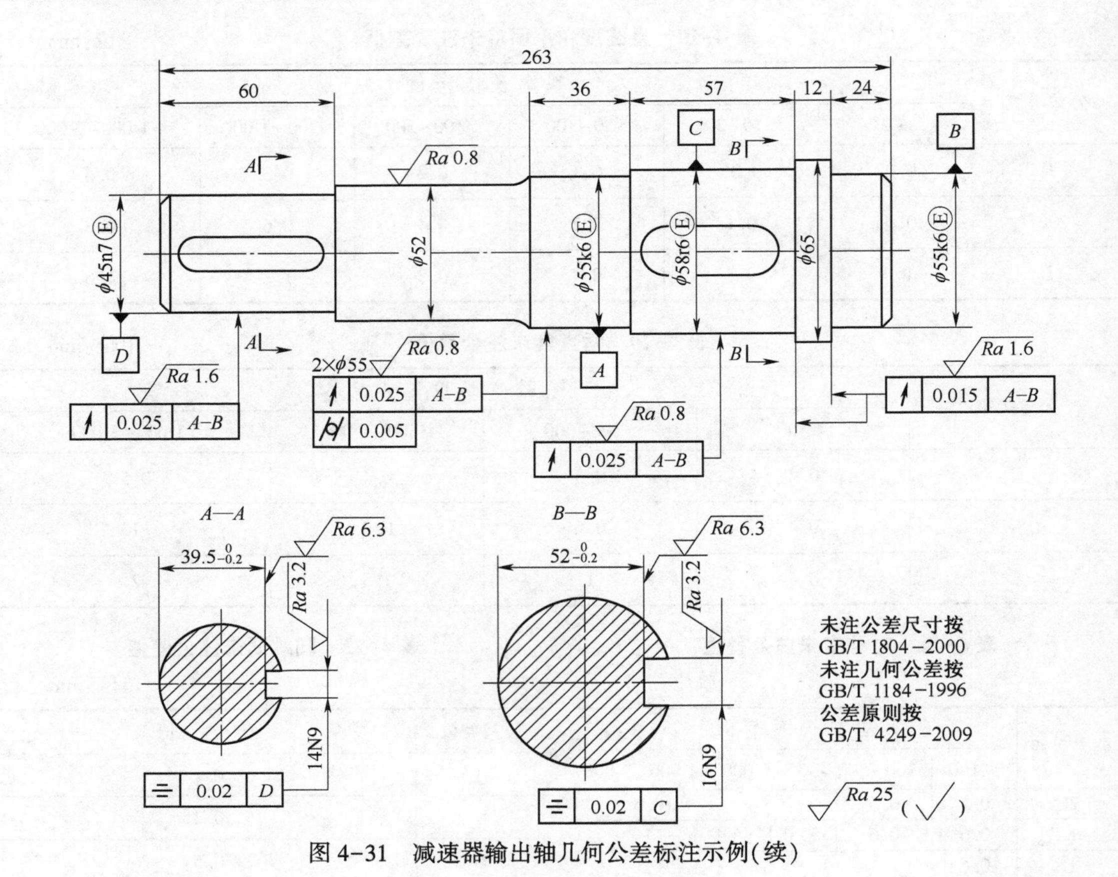

图 4-31　减速器输出轴几何公差标注示例(续)

4.5　几何误差的检测

加工后的零件其提取(实际)要素的几何误差值必须通过测量得到,根据测得的几何误差值是否符合精度要求判断其合格性。GB/T 1958—2017《产品几何技术规范(GPS)几何公差检测与验证》规定了几何误差的检测条件、检测方法、误差评定方法、测量不确定度、相应的检测与验证操纵集、制订方法及合格评定规则等。

4.5.1　几何误差的评定

几何误差是指被测提取(实际)要素对其拟合(理想)要素的变动量。几何值若小于或等于相应的几何公差值,则认为被测要素合格。而拟合(理想)要素的位置符合最小条件,即拟合(理想)要素处于符合最小条件的位置时,实际单一要素对拟合(理想)要素的最大变动量为最小。如图 4-32 所示,拟合直线 $A_1 \sim B_1$、$A_2 \sim B_2$、$A_3 \sim B_3$ 处于不同的位置,被测提取要素相对于拟合要素的最大变动量分别为 h_1、h_2、h_3 且 $h_1<h_2<h_3$,所以拟合直线 $A_1 \sim B_1$ 的位置符合最小条件, h_1 即为实际被测直线的直线度误差值 f。

最小条件是评定形状误差的基本原则,评定数据最小、评定结果唯一,符合国家标准规定。

1. 形状误差及其评定的评定方法—最小区域判别法

形状误差是单一被测要素的提取(实际)要素对其拟合(理想)要素的变动量。

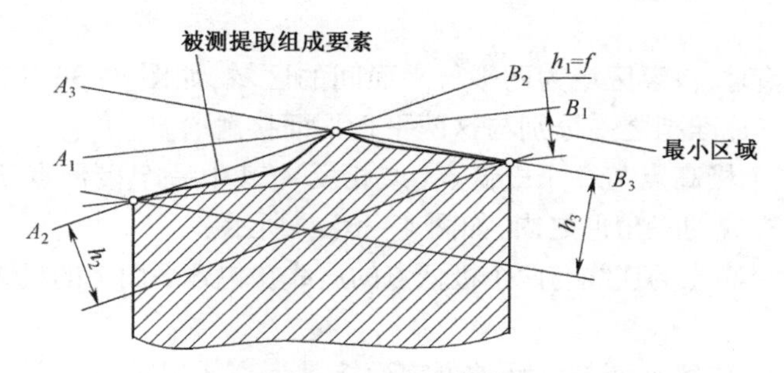

图 4-32　最小条件

最小区域法是指被测要素的提取要素相对于理想要素的最大距离为最小。采用该理想要素包容被测要素的提取要素时具有最小宽度 f 或直径 d 的包容区域称为最小包容区域(简称最小区域),如图 4-33 和图 4-34 所示。最小区域的宽度 f 等于被测要素上的最高的峰点到理想要素的距离(V)之和(T);最小区域的直径 d 等于被测要素上的点到理想要素的最大距离值的 2 倍。

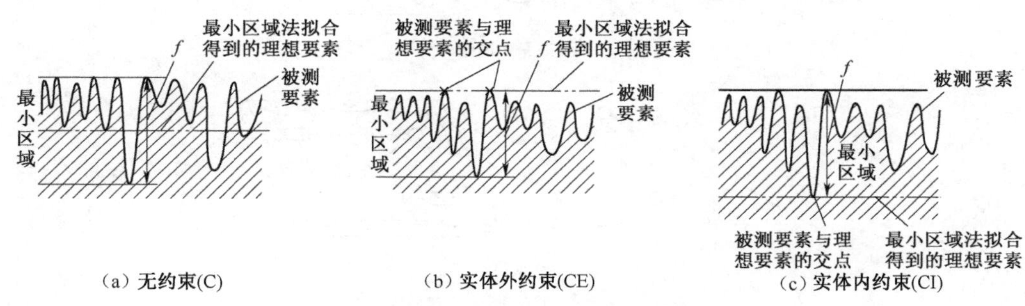

(a) 无约束(C)　(b) 实体外约束(CE)　(c) 实体内约束(CI)

图 4-33　不同约束下的最小区域法

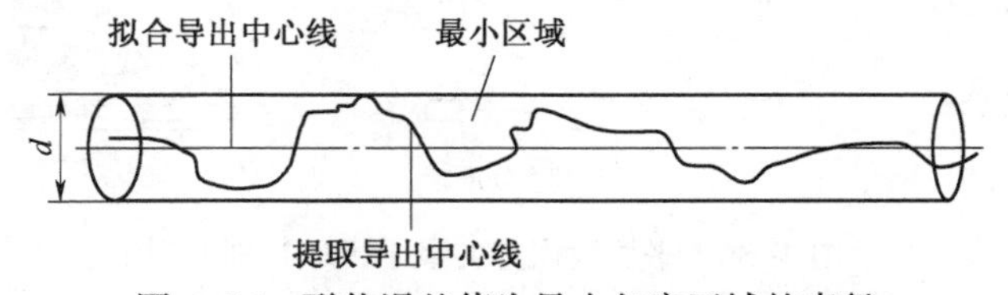

图 4-34　形状误差值为最小包容区域的直径

一般情况下,各形状误差项目最小区域的形状分别与各自的公差带形状一致,但宽度 f(或直径 d)由被测提取要素本身决定。

最小区域是根据被测提取要素与包容区域的接触状态判别的。

1)直线度误差

直线度误差的最小区域判别准则称为相间准则,如图 4-35 所示。评定给定平面内的直线度误差,包容区域为二平行直线,实际直线应至少与包容直线有两高夹一低两低夹一高三点接触,这个包容区就是最小区域 f,如图 4-35 所示。

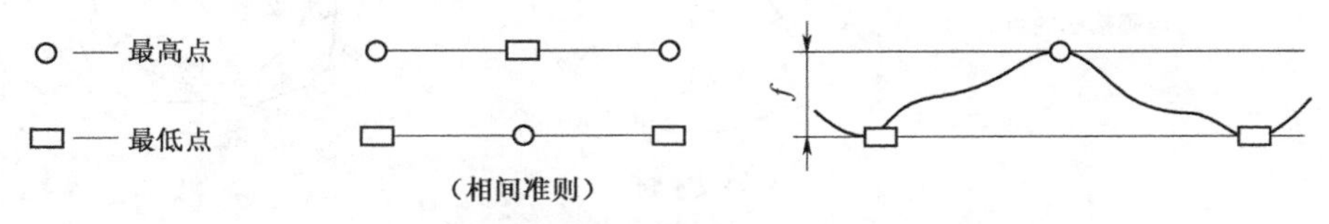

图 4-35　直线度误差最小区域判别准则

2)平面度误差

评定平面度误差时,包容区域为两平行平面间的区域,如图 4-36 所示。被测平面至少有三点或四点按下列三种准则之一分别与这两平行平面接触。

三角形准则:三个极高点与一个极低点(或相反),其中一个极低点(或极高点)位于三个极高点(或极低点)构成的三角形之内,如图 4-36(a)所示。

交叉准则:两个极高点的连线与两个极低点的连线在包容平面上的投影相交,如图 4-36(b)所示。

直线准则:两平行包容平面与实际被测表面接触为高低相间的三点,且它们在包容平面上的投影位于同一直线上,如图 4-36(c)所示。

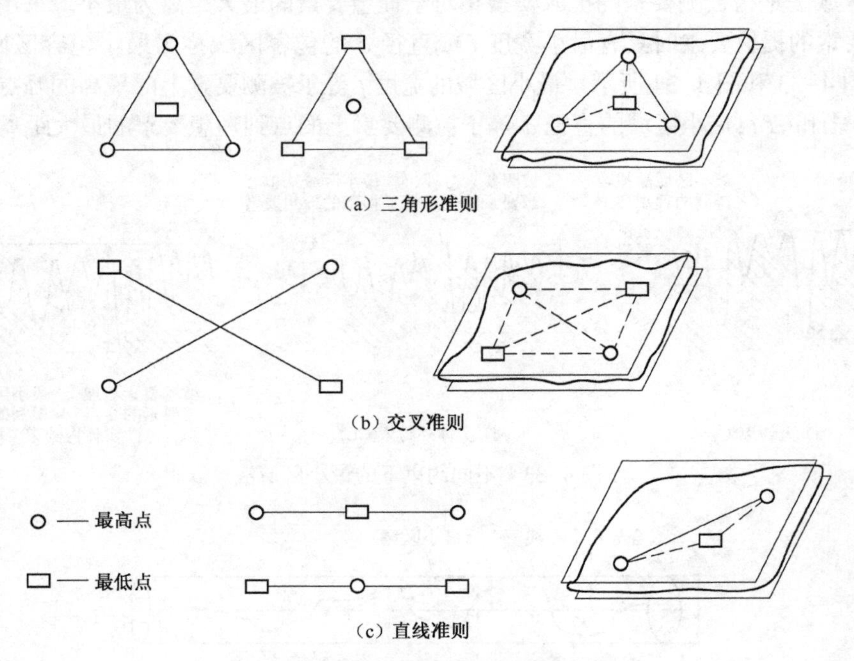

图 4-36　平面度误差的最小区域判别准则

3)圆度误差

圆度误差的最小区域判别准则称为交叉准则,评定圆度误差是包容区域为两同心圆间的区域,如图 4-37 所示。当两同心圆包容被测实际要素时,至少应有内、外交替四点与两包容圆接触,则两同心圆之间区域为最小区域,圆度误差为两同心圆的半径差 f。

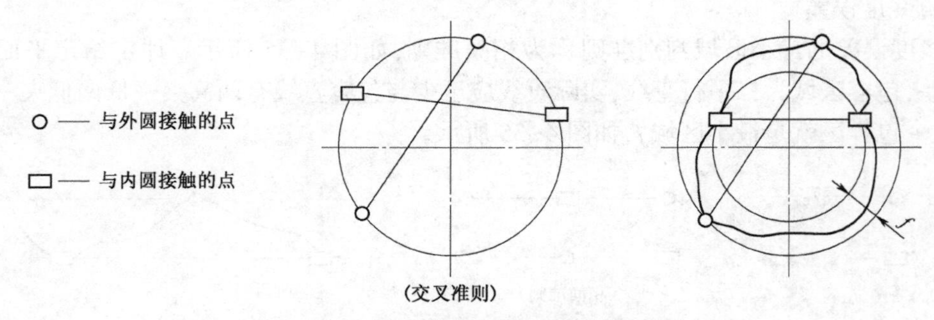

图 4-37　圆度误差的最小区域判别准则

【例 4-11】　用合像水平仪测量一窄长平面的直线度误差，仪器的分度值为 0.01 mm/m，选用的桥板节距 $L=165$ mm，测量记录数据见表 4-23，要求用作图法求被测平面的直线度误差。表中相对值为 a_0-a_i，a_0 可取任意数，但要有利于数字的简化，以便作图，本例取 $a_0=497$ 格，累积值为将各点相对值顺序累加。

表 4-23　测量读数值

测点序号	0	1	2	3	4	5
读数值(格)	—	497	495	496	495	499
相对值(格)	0	0	+2	+1	+2	−2
累积值(格)	0	0	+2	+3	+5	+3

作图方法如下：

以 0 点为原点，累积值(格数)为纵坐标 Y，被测点到 0 点的距离为横坐标 X，按适当的比例建立直角坐标系。根据各测点对应的累积值在坐标上描点，将各点依次用直线连接起来，即得误差折线，如图 4-38 所示。

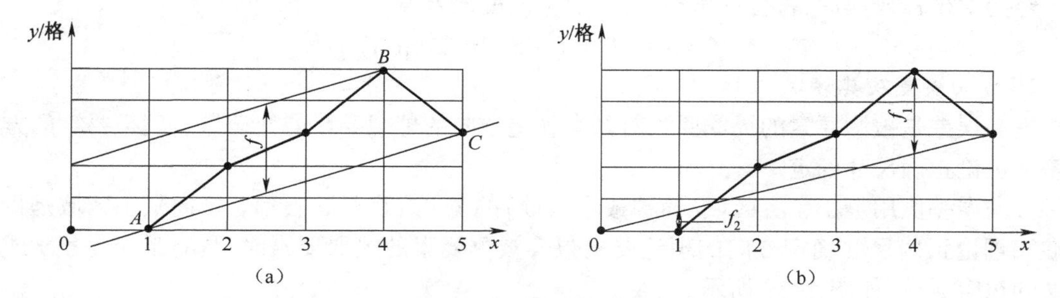

图 4-38　直线度误差的评定

①用两端点的连线法评定误差值[图 4-38(b)]。以折线首尾两点的连线作为评定基准(理想要素)，折线上最高点和最低点到该连线的 Y 坐标绝对值之和，就是直线度误差的格数，即

$$f_{端}=(f_1+f_2)\times 0.01\times L=(2.5+0.6)\times 0.01\times 165\approx 5.1(\mu m)$$

②用最小包容区域法评定误差值[图 4-38(a)]。若两平行包容直线与误差图形的接触状态符合相间准则(即符合“两高夹一低”或“两低夹一高”的判断准则)时，这两平行包容直线沿纵坐标方向的距离为直线度误差格数。显然，在图 4-38(a)中，A、C 属最低点，B 为夹在 A、C 间的最高点，故 AC 连线和过 B 点且平行于 AC 连线的直线是符合相间准则的两平行包容直线，两平行线沿纵坐标方向的距离为 2.8 格，故按最小包容区域法评定的直线度误差为

$$f_{包}=2.8\times 0.01\times 165\approx 4.6(\mu m)$$

一般情况下，两端点连线法的评定结果大于最小包容区域法，即 $f_{端}>f_{包}$，只有当误差图形位于两端点连线的一侧时，两种方法的评定结果才相同，但按国家标准 GB/T 1958—2017 的规定，有时允许用两端点连线法来评定直线度误差，但如发生争议，则以最小包容区域法来仲裁。

【例 4-12】　用打表法测量一块 350 mm×350 mm 的平板，各测点的读数值如下，请用最小包容区域法求平面度误差值。

【解】

$$\begin{array}{|ccc|}\hline a_1 & a_2 & a_3 \\ b_1 & b_2 & b_3 \\ c_1 & c_2 & c_3 \\ \hline\end{array} = \begin{array}{|ccc|}\hline 0 & +15 & +7 \\ -12 & +20 & +4 \\ +5 & -10 & +2 \\ \hline\end{array}$$

用最小包容区域法求平面度误差值：将第一列的数都 +7，而将第三列的数都 -7，将结果列表后，再将第一行 -5，而将第三行 +5，又将结果列表，可见：

$$\begin{array}{ccc} +7 & & -7 \\ \hline 0 & +15 & +7 \\ -12 & +20 & +4 \\ +5 & -10 & +2 \end{array} \rightarrow\cdots \begin{array}{ccc|c} +7 & +15 & 0 & -5 \\ -5 & +20 & -3 & \\ +12 & -10 & -5 & +5 \end{array} \cdots\rightarrow \begin{array}{|ccc|}\hline +2 & +10 & -5 \\ -5 & +20 & -3 \\ +17 & -5 & 0 \\ \hline\end{array}$$

经两次坐标变换后，符合三角形准则，故平面度误差值为

$$f = |+20-(-5)| = 25(\mu m)$$

2. *方向误差及其评定*

方向误差是被测要素的提取要素对具有确定方向的理想要素的变动量。理想要素的方向由基准理论正确尺寸确定。

方向误差值用最小包容区域（简称最小区域）的宽 f 或直径 d 表示。定向最小区域是指由基准和理论正确尺寸确定方向的理论要素包容被测要素的提取要素时，具有最小宽度 f 或直径 d 的包容区域，如图 4-39 所示。

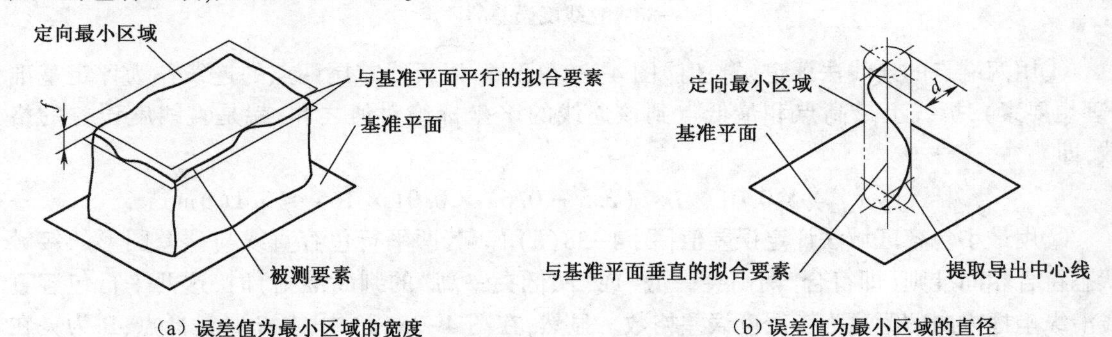

（a）误差值为最小区域的宽度　　（b）误差值为最小区域的直径

图 4-39　定向最小区域

各方向误差项目的定向最小区域形状分别与各自的公差带形状一致，但宽度或直径则由被测提取要素本身决定。

1）平行度误差判别法

（1）平面或直线对基准平面

由定向两平行平面包容被测提取要素，至少有两个实测点与之接触；一个为最高点，一个为最低点，称为高低准则，如图 4-40 所示。

（2）平面对基准直线

由定向两平行平面包容被测提取要素，至少有两个或三个点与之接触，垂直于基准直线的

平面上的投影,如图 4-41 所示。

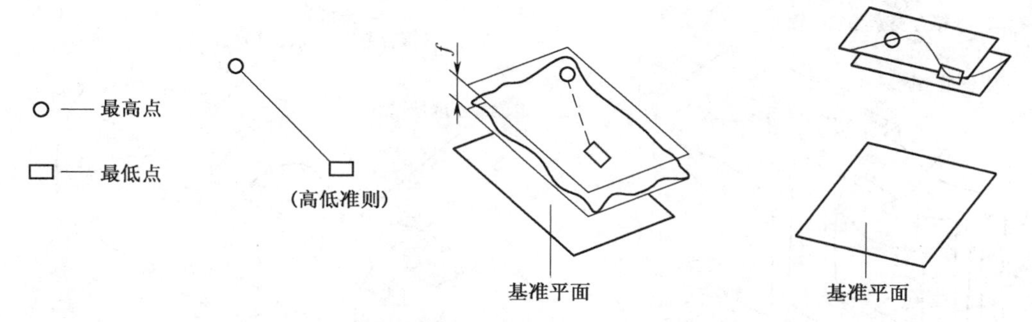

图 4-40 平面或直线对基准面平行度误差的最小区域

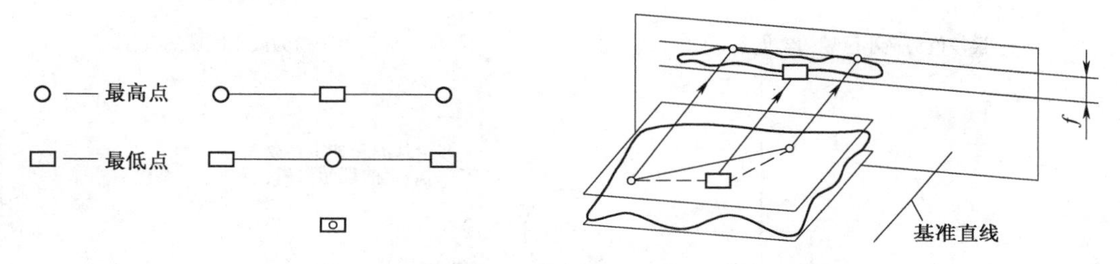

图 4-41 “平面对基准直线”平行度误差的最小区域

2)垂直度误差判别法

由定向两平行平面包容被测提取表面,至少有两点或三点与之接触,在基准平面上的投影,如图 4-42 所示,表示被测提取(实际)要素已被最小包容区域包容。

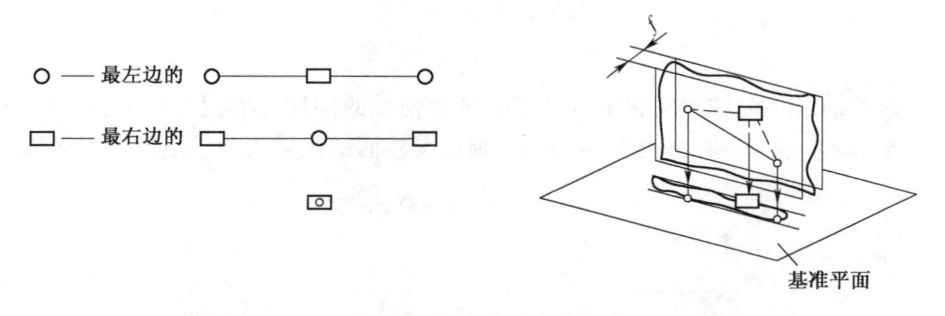

图 4-42 “平面对基准平面”垂直度误差的最小区域

3. 位置误差及其评定

位置误差是被测要素的提取要素对具有确定位置的理想要素的变动量。理想要素的位置由基准理论正确尺寸确定。

位置误差值用定位最小包容区域(简称定位最小区域)的宽度 f 或直径 d 表示。定位最小区域是指由基准和理论正确尺寸确定位置的理论要素包容被测要素的提取要素时,具有最小宽度 f 或直径 d 的包容区域,如图 4-43 所示。

各位置误差项目的定位最小区域形状分别与各自的公差带形状一致,但宽度(或直径)则由被测提取要素本身决定。

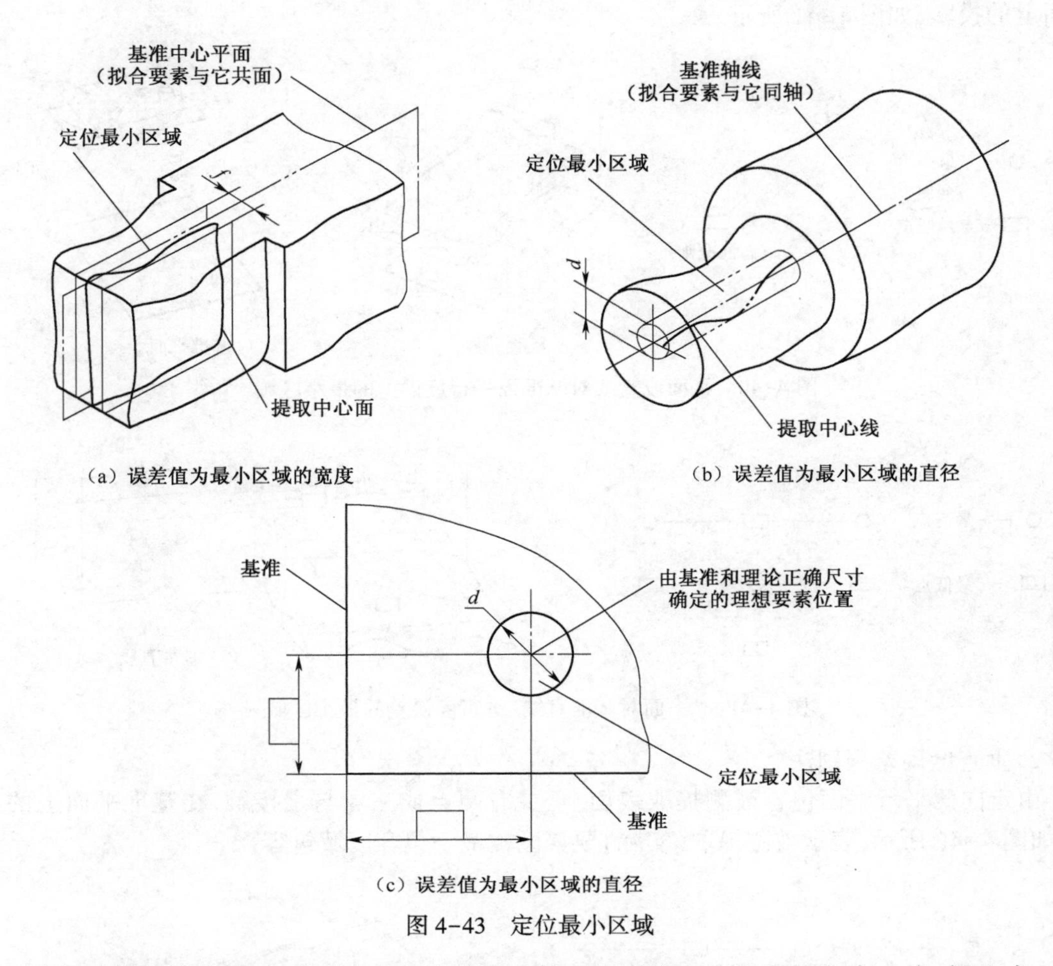

（a）误差值为最小区域的宽度

（b）误差值为最小区域的直径

（c）误差值为最小区域的直径

图 4-43　定位最小区域

同轴度误差的最小区域判别法用以基准轴线为轴线的圆柱包容提取中心线，提取中心线与该圆柱面至少有一点接触，如图 4-44 所示，则该圆柱面的区域为同轴度的最小区域。

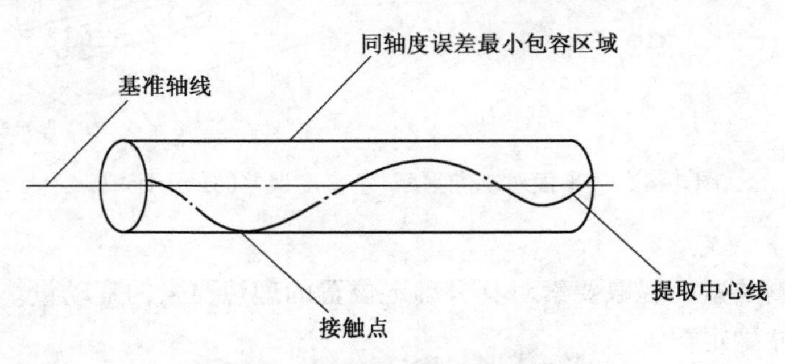

图 4-44　同轴度误差最小区域判别

4. 跳动误差及其评定

跳动是一项综合误差，根据被测要素是线要素或是面要素分为圆跳动和全跳动。

圆跳动是被测要素的提取要素绕基准轴线做无轴向移动的相对回转一周时，测头在给定计值方向上测得的最大与最小示值之差。

全跳动是被测要素的提取要素绕基准轴线做无轴向移动的相对回转一周,同时测头沿给定方向的理想直线连续移动过程中,由测头在给定计值方向上测得的最大与最小示值之差。

4.5.2　几何误差的检测原则

1. 与理想要素比较原则

将被测实际要素与理想要素相比较,测量值可由直接法或间接法获得。测量时,拟合要素用模拟法获得,其可以是实物,也可以是一束光线、水平面或运动轨迹。拟合要素是几何误差测量中的标准样件,它的误差将直接反映到测量值中,是测量总误差的重要组成部分。因此,拟合要素必须具有足够的精度。

2. 测量坐标值原则

测量坐标值原则是指用坐标测量装置(如三坐标测量机、工具显微镜)测量被测实际要素的坐标值,并经过数据处理获得几何误差值。测量坐标值原则在轮廓度和位置度的误差测量中应用最广。

3. 测量特征参数原则

测量特征参数原则是指用测量被测实际要素中的特征参数来表示几何误差值。例如,以平面内任意方向的最大直线度误差来表示平面度误差。虽然此方法得到的只是个近似值,存在着测量原理误差,但该检测方法简单。所以,在不影响使用功能的前提下,应用该原则可获得良好的经济效果。测量特征参数原则常用于生产车间现场,是一种应用较为普遍的检测原则。

4. 测量跳动原则

测量跳动原则是针对测量圆跳动和全跳动的方法而提出的检测原则,即在被测实际要素绕基准轴线回转过程中,沿给定方向测量其对某参考点或线的变动量,变动量是指示器最大与最小读数之差。

5. 控制实效边界原则

控制实效边界原则适用于采用最大实体要求的场合,即检验被测实际要素是否超过最大实体实效边界,以判断零件合格与否。一般采用位置量规检验,若位置量规能通过被测实际要素,则被测实际要素在最大实体实效边界内,表示该项形位公差要求合格。若不能通过,则表示被测实际要素超越了最大实体实效边界。

4.5.3　几何误差的检测方案

根据被测要素的结构特点、精度要求、加工工艺方法和设备条件等因素,为实现几何误差检测的目的,所拟订的具体检测实施方法,称为检测方案。

检测方案的内容包括:被测零件所需检测的几何公差项目及其公差带;检测方法;测量用仪器、设备;测得数据的处理方法、误差判定等有关说明。它是在一定条件下对检测原则的具体应用。

为便于在生产中选择检测方案,在国家标准 GB/T 1958—2017《产品几何技术规范(GPS)几何公差　检测与验证》的附录中,按照五种检测原则对几何公差各特征项目分别提供了多种误差检测方案。生产中可根据具体情况选用。

检测方案中常用符号及说明见表 4-24。

表 4-24 检测方案中常用符号及说明

序号	符号	说明	序号	符号	说明
1		平板、平台（或测量平面）	7		连续转动（不超过一周）
2		固定支承	8		间断转动（不超过一周）
3		可调支承	9		旋转
4		连续直线移动	10		指示计
5		间断直线移动	11		带有指示计的测量架（可根据测量设备的用途，将测量架的符号画成其他试样）
6		沿几个方向直线移动			

4.5.4 形状误差的检测方法

1. 直线度误差的检测

检测给定方向上、给定平面内的直线度误差可采用光隙法。将刀口尺的刀刃模拟成理想直线，被测实际素线与之相比较，根据光隙的大小来确定直线度误差值，如图 4-45 所示。当两者之间的最大空隙为最小时，此最大空隙为被测素线的直线度误差。测量若干条素线，取其中最大的误差值作为被测零件的直线度误差。误差的大小应根据光线通过狭缝时呈现的不同颜色，并对照标准光隙颜色与间隙的关系来判断。光隙法适用于磨削或研磨较短表面的直线度误差的测量。

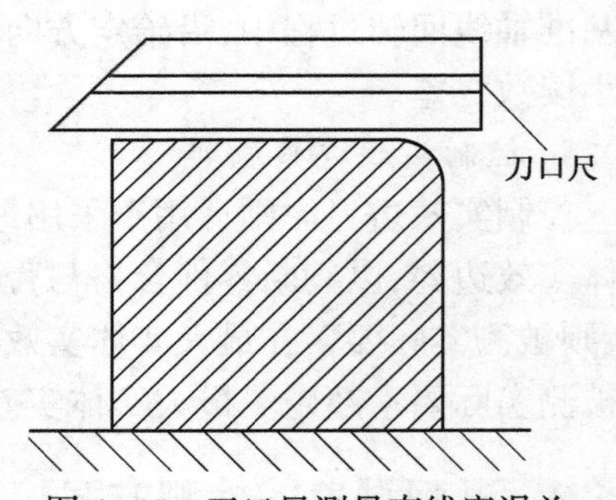

图 4-45 刀口尺测量直线度误差

2. 平面度误差的检测

(1) 干涉法

利用光的干涉原理，以平晶的工作平面模拟理想平面，如图 4-46 所示。将其贴在被测表面上，观测它们之间的干涉条纹，被测表面的平面度误差为封闭的干涉条纹乘以光波波长的一半；对于不封闭的干涉条纹，被测表面的平面度误差为条纹的弯曲度与相邻两条条纹间距之比再乘以光波波长的一半。

利用平晶测量平面度，适用于对平面度要求很高的小平面，如量块的测量表面和测量仪器的工作台等。

(2)指示器打表法

将平板的工作面模拟为理想平面,作为测量的基准,将被测实际平面与之比较,用指示表测得被测实际平面上各测点的测量数据,然后按一定规则处理点数据,从而确定平面度误差值。

如图4-47所示,这里采用的是对角线方式布点。将被测零件支承在平板上,平板工作面为测量基准,用指示表分别调整被测表面对角线上 a 与 b 两点,c 与 d 两点,使之等高,记录指示器对各点的所测数据。指示表的最大与最小读数之差即为平面度误差。对角线法评定适用于较大平面的平面度误差的测量。

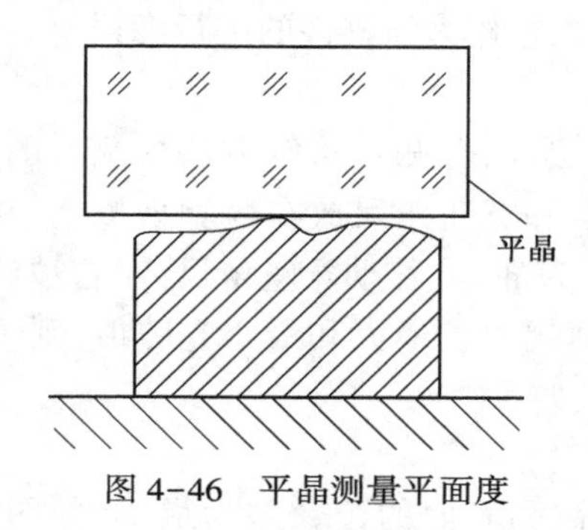

图4-46　平晶测量平面度

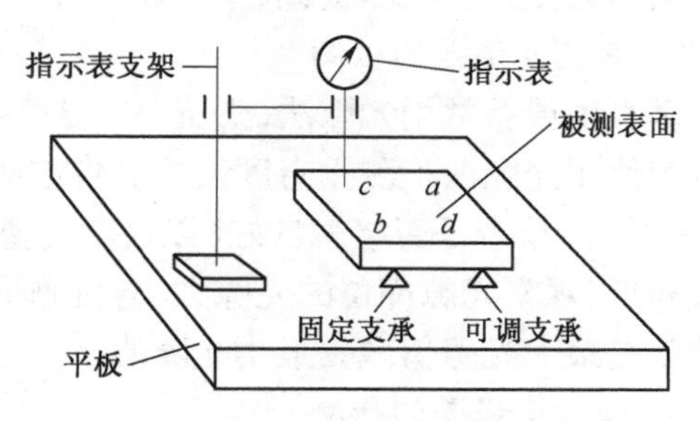

图4-47　指示器打表法测量平面度

3. 圆度误差的检测

圆度误差可用圆度仪或光学分度头等进行测量,将实际测量出的轮廓圆与理想圆进行比较,得到被测轮廓的圆度误差。但此方法使用条件要求高,不适合在生产现场使用。所以,实际生产中常采用两点法、三点法近似测量圆度误差。

4. 圆柱度误差的检测

如图4-48所示,将长度大于零件长度的V形架放在平板上,被测零件放在V形架内,在被测零件回转一周过程中,得出一个横截面上最大与最小读数值。按上述方法,沿被测件从截面方向推动带指示表的支架,连续测量若干个横截面,然后取各截面内所测得的所有读数中最大与最小读数差值的一半,作为该零件的圆柱度误差。为测量准确,通常使用夹角 $V=90°$ 和 $V=120°$ 的两V形架分别测量。圆柱度误差也可用圆度仪或配备计算机的三坐标测量装置检测,但使用条件要求高,不适合在生产现场使用。

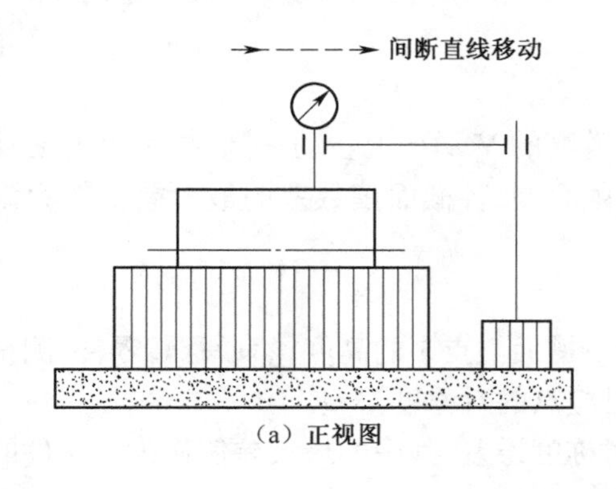

(a) 正视图

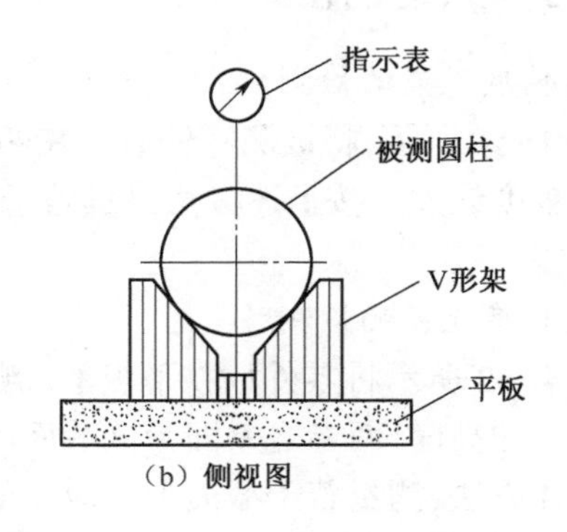

(b) 侧视图

图4-48　V形架测量圆柱度误差

5. 线轮廓度误差与面轮廓度误差的检测

线轮廓度误差可用轮廓样板进行比较测量，根据光隙法估读间隙大小，并取最大间隙为该零件的线轮廓度误差。面轮廓度误差可用三坐标测量装置进行测量。

4.5.5 方向误差的检测方法

1. 平行度误差的检测

平行度误差常用打表法和水平仪法检测。

打表法检测面对面平行度误差时，将被测零件放置在平板上，在整个被测表面上多方向地移动指示表支架进行测量，取指示表的最大与最小读数之差作为该零件的平行度误差。

2. 垂直度误差的检测

垂直度误差常用光隙法（透光法）、打表法、水平仪法、闭合测量法等方法检测。图 4-49 所示为使用光隙法检测垂直度误差。将被测零件的基准和宽座角尺放在检验平板上，并用塞尺（厚薄规）检查是否接触良好（以最薄的塞尺不能插入为准）。移动宽座角尺，对着被测表面轻轻靠近，观察光隙部位的光隙大小，目测估出或用厚薄规检查最大和最小光隙值，则垂直度误差就是最大光隙值减去最小光隙值。

3. 倾斜度误差的检测

将被测零件置于定角座上，调整被测零件，使整个被测表面的读数差为最小，如图 4-50 所示。

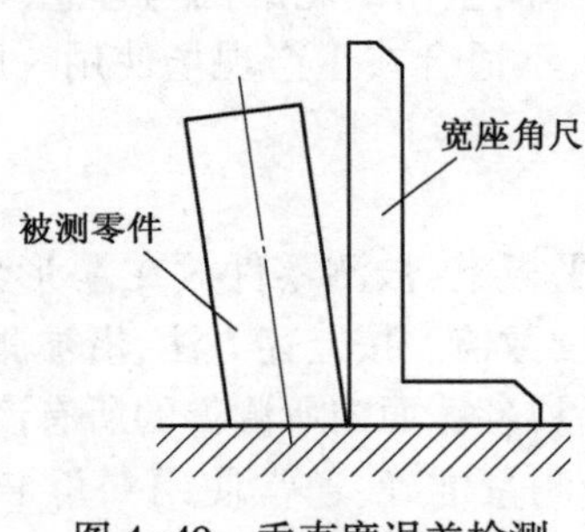

图 4-49 垂直度误差检测

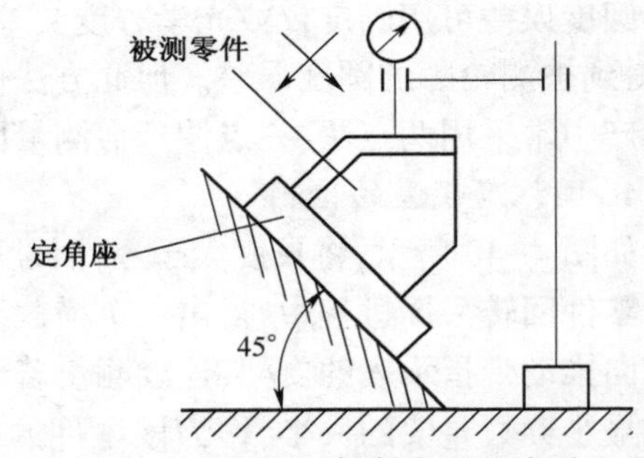

图 4-50 面对面倾斜度误差检测

4.5.6 位置误差的检测方法

1. 同轴度误差的检测

如图 4-51 所示，将被测零件放置在两个等高的 V 形架上转动一圈，指示表的变动量为该截面的同轴度误差。按上述方法测量若干个截面，取各截面读数差的最大差值作为该零件的同轴度误差。

2. 对称度误差的检测

如图 4-52 所示将零件放在平板上，测量下槽面上点 1 的高度，然后翻转零件，测量上槽面上对应点 2 的高度，两者之差即为该截面两对应点的对称度误差。

按上述方法，测量若干截面上对应点的对称度误差，其中的最大差值作为该零件的对称度误差。

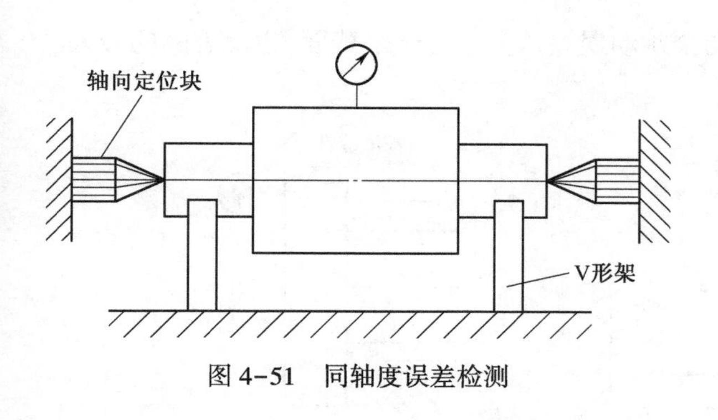

图 4-51　同轴度误差检测

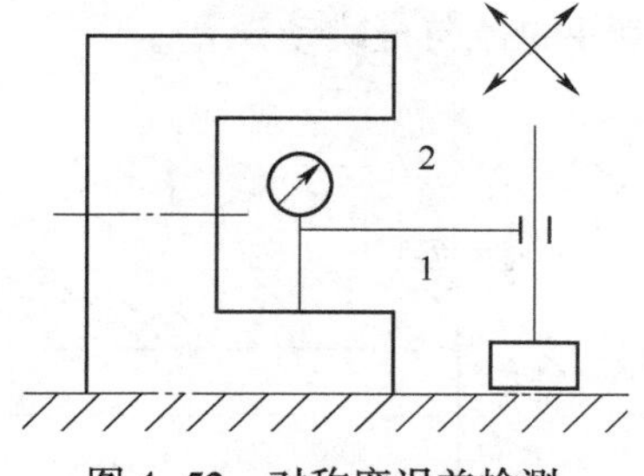

图 4-52　对称度误差检测

3. 位置度误差的检测

(1)用综合量规检测孔的位置度时,将量规的固定测销插入零件中,再将活动测销插入其他孔中,如果都能插入零件的对应孔中,被测零件位置度误差合格,否则不合格。

(2)采用测量坐标值原则。用坐标测量装置(如三坐标测量机、工具显微镜)测量被测实际要素的坐标值,并经过数据处理获得形位误差值。

4.5.7　跳动误差的检测方法

1. 圆跳动误差的检测

图 4-53(a)所示为被测零件通过心轴安装在两同轴顶尖之间,两同轴顶尖的中心线体现基准轴线。图 4-53(b)为 V 形块体现基准轴线。

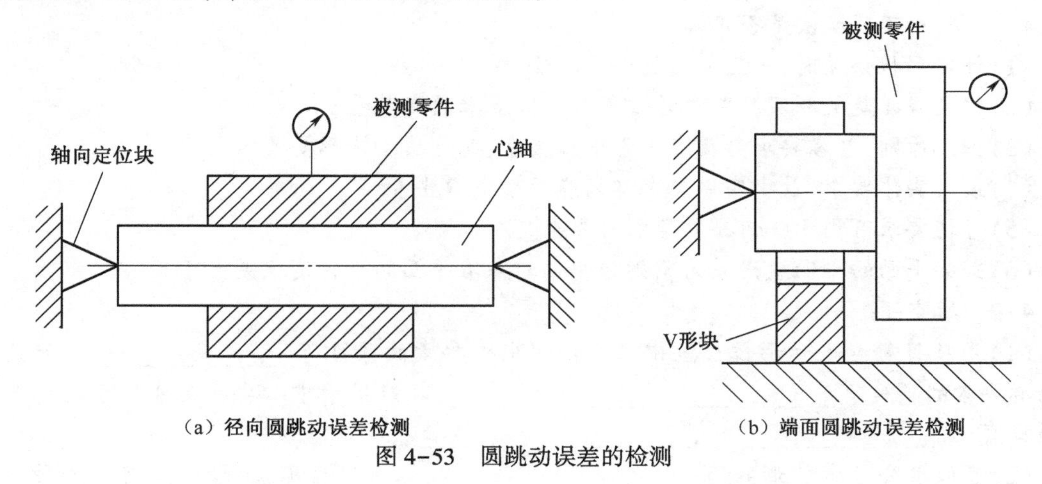

(a) 径向圆跳动误差检测　　(b) 端面圆跳动误差检测

图 4-53　圆跳动误差的检测

(1)径向圆跳动误差的检测

如图 4-53(a)所示,将被测工件绕基准回转一周,指示表上的最大值为该截面的径向圆跳动误差。测量若干个截面,指示表上的最大值为该零件的径向圆跳动误差。

(2)端面圆跳动误差的检测

如图 4-53(b)所示,其测量方法同上。

2. 全跳动误差的检测

(1)径向全跳动误差的检测

如图 4-54(a)所示,在被测工件绕基准回转一周的过程中,指示器沿基准轴线的方向做直线运动,则指示表上的最大值为该截面的径向全跳动误差。测量若干个截面,指示表上的最大值为该零件的径向全跳动误差。

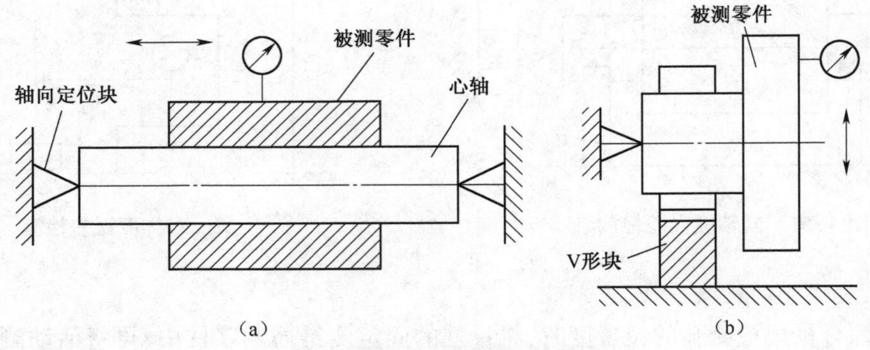

图 4-54　端面全跳动误差的检测

(2)端面全跳动误差的检测

如图 4-54(b)所示,在被测工件绕基准回转一周过程中,指示器沿径向做直线运动,则指示表上的最大值为该截面的全端面跳动误差。测量若干个截面,指示表上的最大值为该零件的端面全跳动误差。

习　题　4

4-1　判断下列说法是否正确。

(1)评定形状误差时,一定要用最小区域法。

(2)位置误差是关联实际要素的位置对实际基准的变动量。

(3)独立原则、包容要求都既可用于中心要素,也可用于轮廓要素。

(4)最大实体要求、最小实体要求都只能用于中心要素。

(5)可逆要求可用于任何公差原则与要求。

(6)若某平面的平面度误差为 f,则该平面对基准平面的平行度误差大于 f。

4-2　填空题。

(1)用项目符号表示形位公差中只能用于中心要素的项目有____________,只能用于轮廓要素的项目有____________________,既能用于中心要素又能用于轮廓要素的项目有____________________。

(2)直线度公差带的形状有____________________几种形状,具有这几种公差带形状的位置公差项目有____________________。

(3)最大实体状态是实际尺寸在给定的长度上处处位于__________之内,并具有__________时的状态。在此状态下的__________称为最大实体尺寸。尺寸为最大实体尺寸的边界称为__________。

(4)包容要求主要适用于____________________的场合;最大实体要求主要适用于____________________的场合;最小实体要求主要适用于____________________的场合。

(5)几何公差特征项目的选择应根据____________________等方面的因素,经综合分析后确定。

4-3　选择填空题。

(1)一般来说零件的形状误差________其位置误差，方向误差________其位置误差。

A. 大于　　B. 小于　　C. 等于

(2)方向公差带的________随被测实际要素的位置而定。

A. 形状　　B. 位置　　C. 方向

(3)某轴线对基准中心平面的对称度公差为 0.1 mm，则允许该轴线对基准中心平面的偏离量为________。

A. 0.1 mm　　B. 0.05 mm　　C. 0.2 mm

(4)几何未注公差标准中没有规定________的未注公差，是因为它可以由该要素的尺寸公差来控制。

A. 圆度　　B. 直线度　　C. 对称度

(5)对于孔，其体外作用尺寸一般________其实际尺寸，对于轴，其体外作用尺寸一般________其实际尺寸。

A. 大于　　B. 小于　　C. 等于

4-4　解释题图 4-55 中各项几何公差标注的含义，填在表 4-25 中。

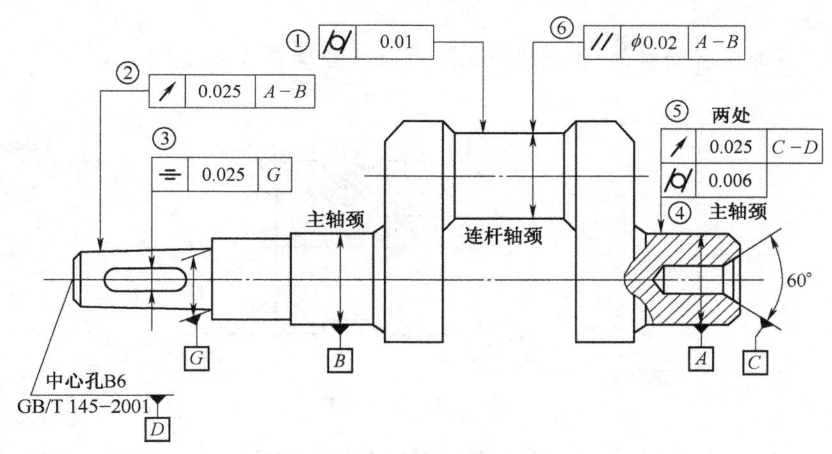

图 4-55　题 4-4 图

表 4-25

序号	公差项目名称	公差带形状	公差带大小	解释(被测要素、基准要素及要求)
①				
②				
③				
④				
⑤				
⑥				

4-5　将下列各项几何公差要求标注在图 4-56 上。

(1)$\phi40_{-0.03}^{\ 0}$圆柱面对 $2\times\phi25_{-0.021}^{\ 0}$公共轴线的圆跳动公差为 0.015 mm；

(2)$2\times\phi25_{-0.021}^{\ 0}$轴颈的圆度公差为 0.01 mm；

(3)$\phi40_{-0.03}^{\ 0}$左右端面对$2\times\phi25_{-0.021}^{\ 0}$公共轴线的端面圆跳动公差为0.02 mm；

(4)键槽$10_{-0.036}^{\ 0}$中心平面对$\phi40_{-0.03}^{\ 0}$轴线的对称度公差为0.015 mm。

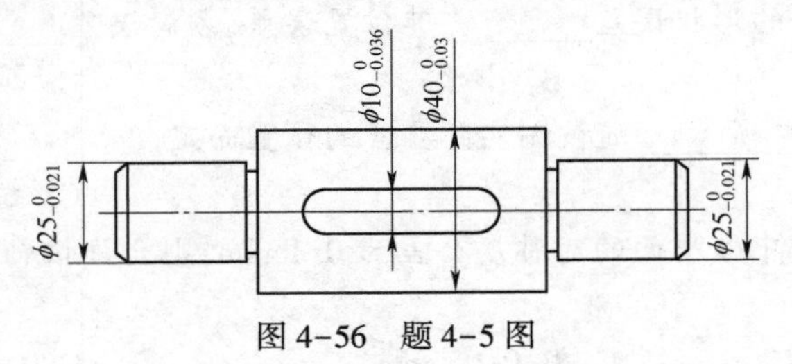

图4-56　题4-5图

4-6　将下列各项几何公差要求标注在图4-57上。

(1)$\phi5_{-0.03}^{+0.05}$孔的圆度公差为0.004 mm，圆柱度公差0.006 mm；

(2)B面的平面度公差为0.008 mm，B面对$\phi5_{-0.03}^{+0.05}$孔轴线的端面圆跳动公差为0.02 mm，B面对C面的平行度公差为0.03 mm；

(3)平面F对$\phi5_{-0.03}^{+0.05}$孔轴线的端面圆跳动公差为0.02 mm；

(4)$\phi18_{-0.10}^{-0.05}$的外圆柱面轴线对$\phi5_{-0.03}^{+0.05}$孔轴线的同轴度公差为0.08 mm；

(5)90°30″密封锥面G的圆度公差为0.0025 mm，G面的轴线对$\phi5_{-0.03}^{+0.05}$孔轴线的同轴度公差为0.012 mm；

(6)$\phi12_{-0.26}^{-0.15}$外圆柱面轴线对$\phi5_{-0.03}^{+0.05}$孔轴线的同轴度公差为0.08 mm。

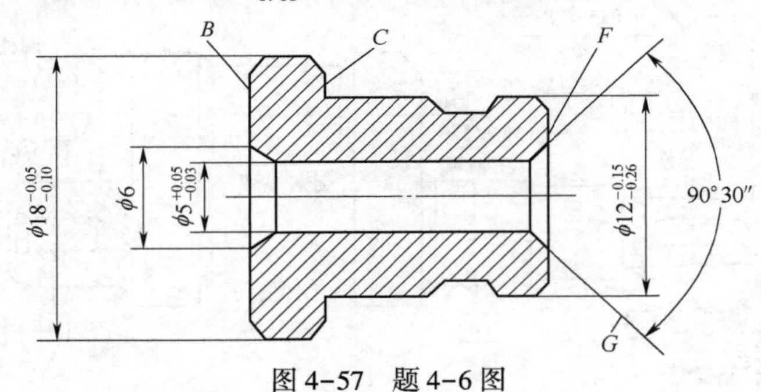

图4-57　题4-6图

4-7　改正图4-58所示几何公差标注的错误(直接改在图上，不改变几何公差项目)。

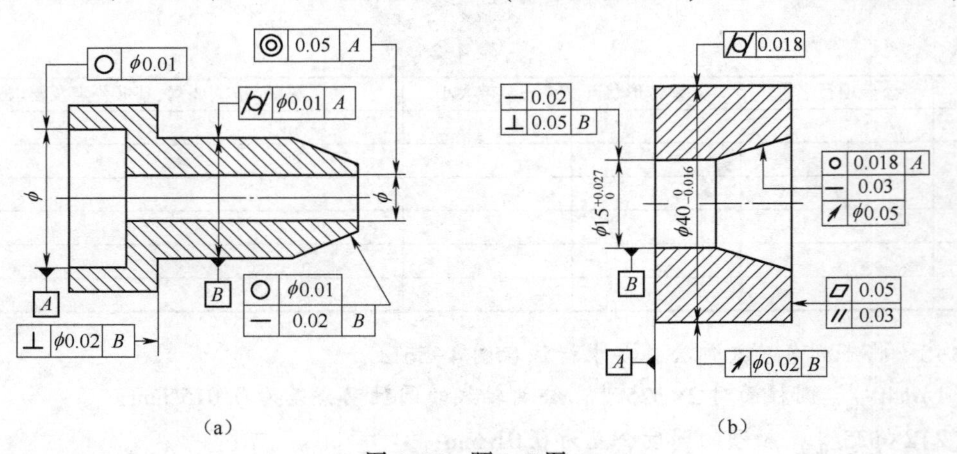

图4-58　题4-7图

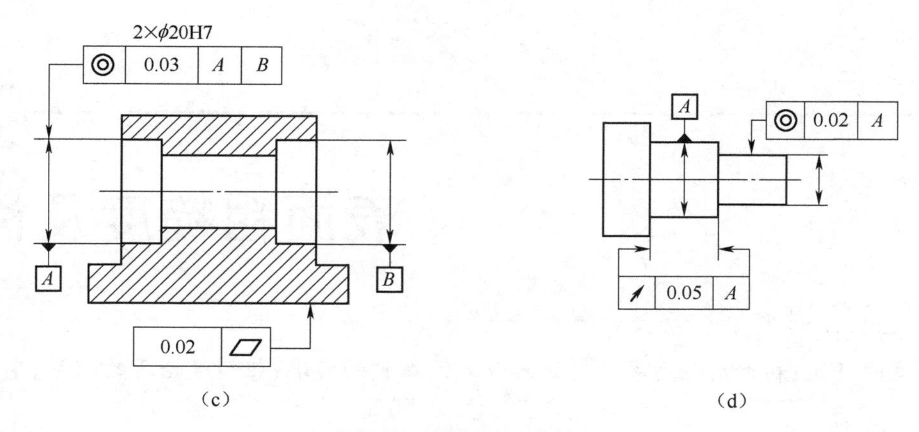

（c）　　（d）

图 4-58　题 4-7 图(续)

4-8　根据图 4-59 的公差要求填写表 4-26,并绘出动态公差带图。

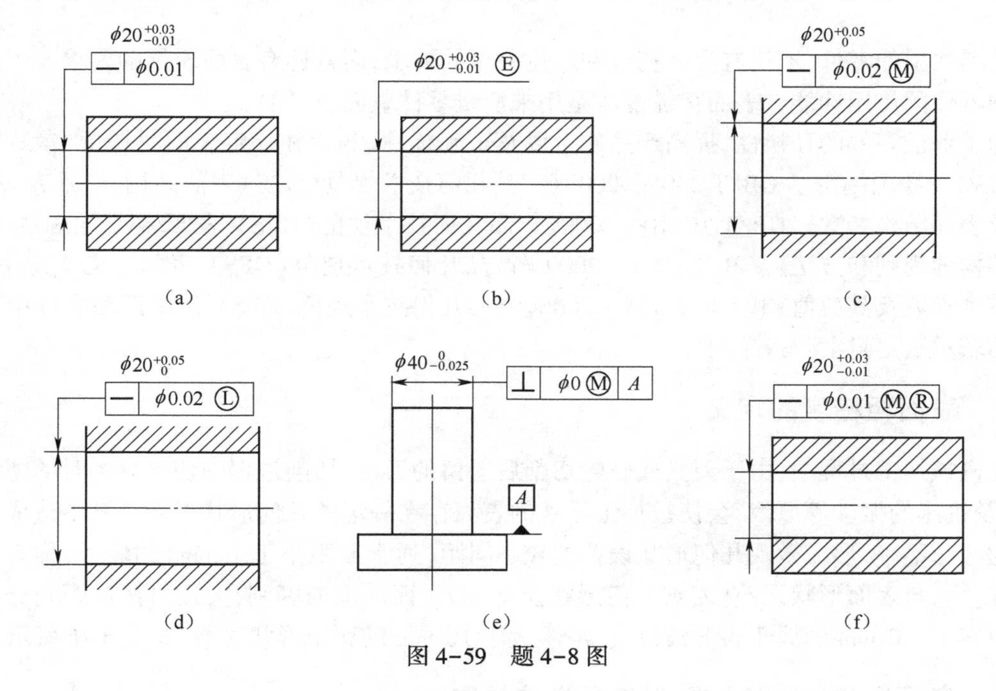

（a）　（b）　（c）　（d）　（e）　（f）

图 4-59　题 4-8 图

表 4-26　题 4-8 表

图序	采用的公差原则或公差要求	理想边界名称	理想边界尺寸(mm)	MMC 时的几何公差值(mm)	LMC 时的几何公差值(mm)
(a)					
(b)					
(c)					
(d)					
(e)					
(f)					

5 表面粗糙度及检测

粗糙度的评定;粗糙度轮廓参数的选择和表面结构的标准;粗糙度轮廓的测量。

5.1 概　　述

切削加工的零件,不仅有尺寸精度和形位公差的要求,而且还有表面质量的要求。表面质量影响零件的使用性能。表面粗糙度就是用来衡量零件表面质量的。

为了保证零件的互换性、提高产品质量以及正确标注、测量和评定表面粗糙度,参照国际标准(ISO),我国制定了 GB/T 3505—2009《产品几何技术规范(GPS)表面结构 轮廓法 术语、定义及表面结构参数》、GB/T 10610—2009《产品几何技术规范(GPS) 表面结构 轮廓法 评定表面结构的规则和方法》、GB/T 1031—2009《产品几何技术规范(GPS) 表面结构 轮廓法 表面粗糙度参数及其数值》和 GB/T 131—2006《产品几何技术规范(GPS) 技术产品文件中表面结构的表示法》等国家标准。

5.1.1　表面粗糙度的定义

在机械加工过程中,由于刀具或砂轮切削后遗留的刀痕、切削过程中切屑分离时的塑性变形,以及机床的振动等原因,会使被加工零件的表面存在一定的几何形状误差。其中造成零件表面的凹凸不平,形成微观几何形状误差的较小间距(通常波距小于 1 mm)的峰谷,称为表面粗糙度。它与表面形状误差(宏观几何形状误差)和表面波度的区别,大致可按波距划分。通常波距在 1~10 mm 的属于表面波纹度,波距大于 10 mm 的属于形状误差,如图 5-1 所示。

5.1.2　表面粗糙度对机械零件使用性能的影响

表面粗糙度对机械零件使用性能及其寿命影响较大,尤其对在高温、高速和高压条件下工作的机械零件影响更大,其影响主要表现在以下几个方面:

1. 对耐磨性的影响

具有表面粗糙度的两个零件,当它们接触并产生相对运动时只是一些峰顶间的接触,从而减少了接触面积,比压增大,使磨损加剧。零件越粗糙,阻力就越大,零件磨损也越快。

但需指出,零件表面越光滑,磨损量不一定越小。因为零件的耐磨性除受表面粗糙度影响外,还与磨损下来的金属微粒的刻划,以及润滑油被挤出和分子间的吸附作用等因素有关。所以,过于光滑表面的耐磨性不一定好。

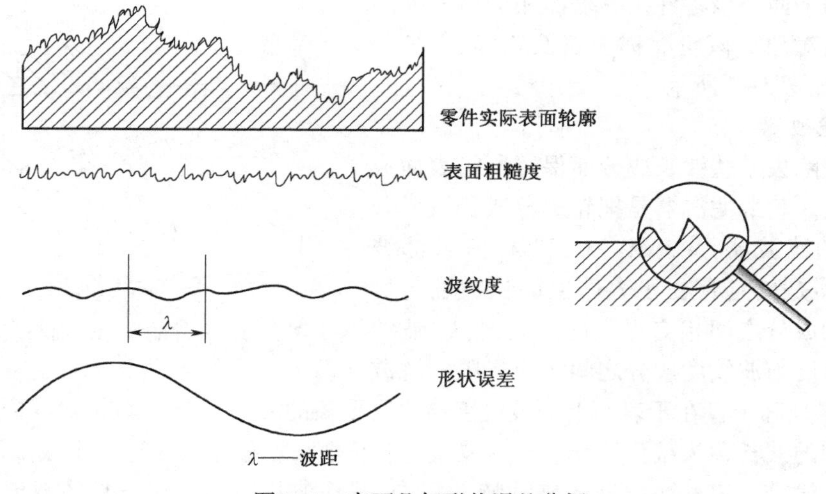

图 5-1　表面几何形状误差分析

2. 对配合性质的影响

对于间隙配合,相对运动的表面因其粗糙不平而迅速磨损,致使间隙增大;对于过盈配合,表面轮廓峰顶在装配时易被挤平,实际有效过盈减小,致使连接强度降低。因此,表面粗糙度影响配合性质的可靠性和稳定性。

3. 对抗疲劳强度的影响

零件表面越粗糙,凹痕越深,波谷的曲率半径也越小,对应力集中越敏感。特别是当零件承受交变载荷时,由于应力集中的影响,使疲劳强度降低,导致零件表面产生裂纹而损坏。

4. 对接触刚度的影响

由于两表面接触时,实际接触面仅为理想接触面积的一部分。零件表面越粗糙,实际接触面积就越小,单位面积压力增大,零件表面局部变形必然增大,接触刚度降低,影响零件的工作精度和抗振性。

5. 对抗腐蚀性的影响

粗糙的表面,易使腐蚀性物质存积在表面的微观凹谷处,并渗入到金属内部,致使腐蚀加剧。因此,提高零件表面粗糙度的质量,可以增强其抗腐蚀的能力。

此外,表面粗糙度大小还对零件结合的密封性,流体流动的阻力,机器、仪器的外观质量及测量精度等都有很大影响。

5.2　表面粗糙度的评定

由于加工表面的不均匀性,在评定表面粗糙度时,需要规定取样长度和评定长度等技术参数,以限制和减弱表面波纹度对表面粗糙度测量结果的影响。

5.2.1　基本术语

1. 表面轮廓

物体与周围介质分离的表面称为实际表面。为了研究零件的表面结构,通常用垂直于零件实际表面的平面与该零件实际表面相交所得到的轮廓作为评估对象。该轮廓称为表面轮廓,它是一条轮廓曲线,如图 5-2 所示。

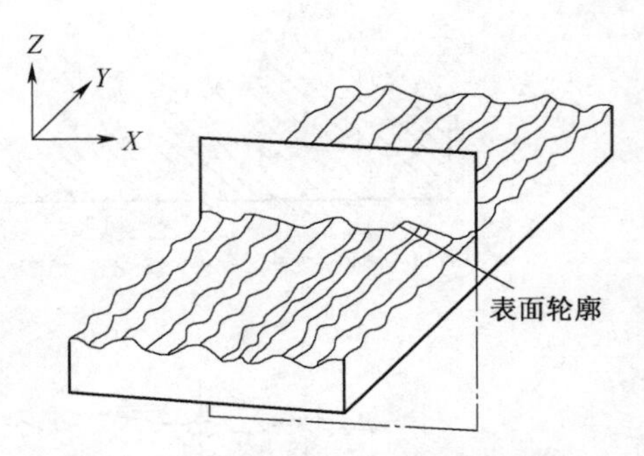

图 5-2 零件的实际表面与表面轮廓

2. 轮廓滤波器

滤波器是除去某些波长成分而保留所需表面成分的处理方法。轮廓滤波器是把轮廓分成长波成分和短波成分的滤波器,共有 λ_s、λ_c 和 λ_f 三种滤波器。λ_s 滤波器是确定存在于表面上的粗糙度与比它更短的波的成分之间相交界限的滤波器;λ_c 滤波器是确定粗糙度与波纹度成分之间相交界限的滤波器。λ_f 滤波器是确定存在于表面上的波纹度与比它更长的波的成分之间相交界限的滤波器。它们所能抑制的波长称为截止波长。从短波截止波长至长波截止波长这两个极限值之间的波长范围称为传输带。三种滤波器的传输特性相同,截止波长不同。波长具体数值根据 GB/T 6062—2009《接触(触针)式仪器的标称特性》中的规定确定。

为了评价表面轮廓(图 5-2 所示的实际表面轮廓)上各种形状误差中的某一形状误差,可以通过轮廓滤波器来呈现这一形状误差,过滤掉其他的形状误差。

对表面轮廓采用轮廓滤波器 λ_s 抑制短波后得到的总的轮廓,称为原始轮廓。对原始轮廓采用 λ_c 滤波器抑制长波成分以后形成的轮廓,称为粗糙度轮廓。对原始轮廓连续采用 λ_f 和 λ_c 两个滤波器分别抑制长波成分和短波成分以后形成的轮廓,称为波纹度轮廓。粗糙度轮廓和波纹度轮廓均是经过人为修正的轮廓,粗糙度轮廓是评定粗糙度轮廓参数(R 参数)的基础,波纹度轮廓是评定波纹度轮廓参数(W 参数)的基础。本章只讨论粗糙度轮廓参数,波纹度轮廓参数有关内容可参考相关书籍及标准。零件表面宏观形状误差相关内容见本书第 4 章。

3. 取样长度(l_r)

取样长度是用于判别被评定轮廓的不规则特征的 X 轴方向上的长度,即测量或评定表面粗糙度时所规定的一段基准线长度,它至少包含 5 个以上轮廓峰和谷,如图 5-3 所示。取样长度值的大小对表面粗糙度测量结果有影响。一般表面越粗糙,取样长度就越大。评定粗糙度轮廓的取样长度 l_r 在数值上与轮廓滤波器 λ_c 的截止波长相等。

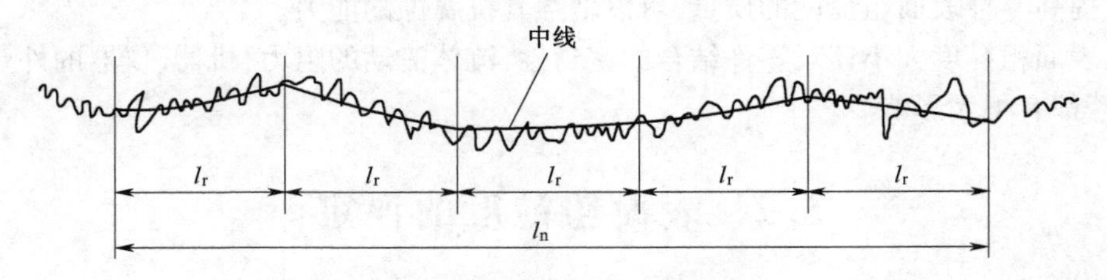

图 5-3 取样长度 l_r 和评定长度 l_n

4. 评定长度(l_n)

由于零件表面的微小峰、谷的不均匀性,在表面轮廓不同位置的取样长度上的表面粗糙度轮廓测量值不完全相同。因此,为了更合理地反映整个表面粗糙度轮廓的特性,应测量连续的几个取样长度上的表面粗糙度轮廓。这些连续的几个取样长度称为评定长度,它是用于评定被评定轮廓的 X 轴方向上的长度,用符号 l_n 表示,如图 5-3 所示。

评定长度可以只包含一个取样长度或包含连续的几个取样长度。评定长度的缺省值为连续的 5 个取样长度（即 $l_n=5\times l_r$）。取样长度和评定长度的标准值见表 5-1。

对于微观不平度间距较大的端铣、滚铣及其他大进给走刀量的加工表面，应按标准中规定的取样长度系列选取较大的取样长度值。由于加工表面的不均匀，在评定表面粗糙度时，其评定长度应根据不同的加工方法和相应的取样长度来确定。一般情况下，推荐选取标准值。对均匀性好的表面，可选 $l_n<5\times l_r$；对均匀性较差的表面，可选 $l_n>5\times l_r$。

表 5-1　取样长度 l_r 和评定长度 l_n 标准值（摘自 GB/T 1031—2009）

Ra(μm)	Rz(μm)	RSm(μm)	标准取样长度 l_r(mm)	标准取样长度 l_n(mm)
≥0.006~0.02	≥0.025~0.1	≥0.013~0.04	0.08	0.4
>0.02~0.1	>0.1~0.5	>0.04~0.13	0.25	1.25
>0.1~2	>0.5~10	>0.13~0.4	0.8	4
>2~10	>10~50	>0.4~1.3	2.5	12.5
>10~80	>50~200	>1.3~4	8	40

5. 轮廓中线(m)

为了定量地评定表面轮廓参数，首先要确定一条中线，它是具有几何轮廓形状并划分轮廓的基准线，以中线为基础来计算各种评定参数的数值。用轮廓滤波器 λ_c 抑制了长波轮廓成分相对应的中线，称为粗糙度轮廓中线。粗糙度轮廓中线是用以评定被测表面粗糙度参数数值的基准。基准线通常有轮廓最小二乘中线和轮廓算术平均中线两种。

(1)轮廓最小二乘中线

轮廓最小二乘中线是指在一个取样长度范围内，实际被测轮廓线上的各点至该线的距离平方和为最小的线，如图 5-4 所示。

$$\int_0^{l_r} Z_i^2 \mathrm{d}x = \min \tag{5-1}$$

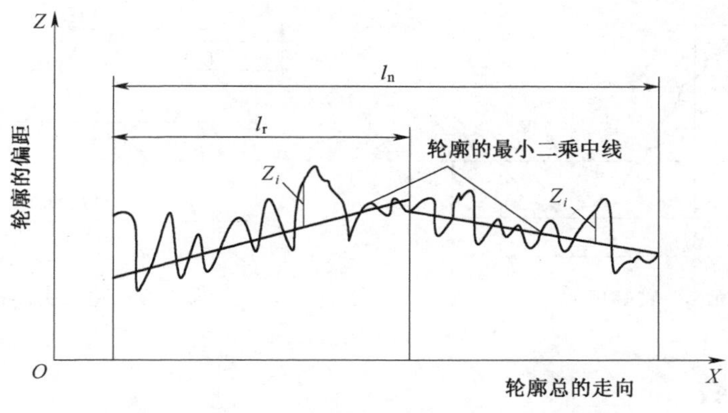

图 5-4　轮廓最小二乘中线

(2)轮廓算术平均中线

在轮廓图形上确定最小二乘中线的位置比较困难，可使用轮廓算术平均中线。轮廓算术平均中线是指在取样长度内，与轮廓走向一致，将轮廓划分为上、下两部分，且使上、下两部分面积相等的线，如图 5-5 所示。

$$F_1 + F_2 + \cdots + F_n = S_1 + S_2 + \cdots + S_n \tag{5-2}$$

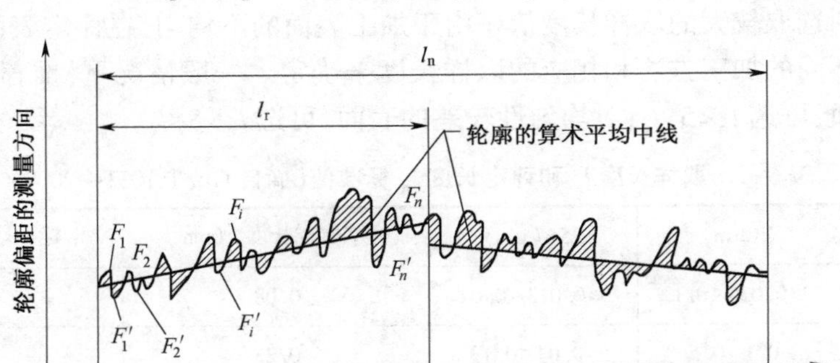

图 5-5　轮廓算术平均中线

6. 轮廓峰与轮廓谷

轮廓峰表示被评定轮廓上连接轮廓与 X 轴两相邻交点向外（从材料到周围介质）的轮廓部分；轮廓谷表示被评定轮廓上连接轮廓与 X 轴两相邻交点向内（从周围介质到材料）的轮廓部分。

7. 轮廓单元(Z_t)

轮廓单元指的是一个轮廓峰与相邻的一个轮廓谷的组合。一个轮廓单元的轮廓峰高与轮廓谷深之和，称为轮廓单元高度，用 Z_t 表示；一个轮廓单元与 X 轴相交线段的长度，称为轮廓单元宽度，用 X_s 表示，如图 5-6 所示。

8. 轮廓实体材料长度

轮廓的实体材料长度是指在一个给定水平截面高度 c 上用一条平行于 X 轴的线与轮廓单元相截所获得的各段截线长度之和，用 $Ml(c)$ 表示，如图 5-7 所示。

$$Ml(c) = Ml_1 + Ml_2 \tag{5-3}$$

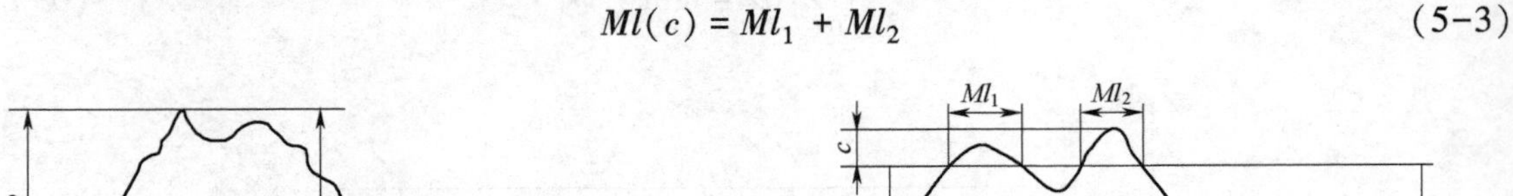

图 5-6　轮廓单元　　　　图 5-7　轮廓实体材料长度

5.2.2　评定参数

国家标准规定采用中线制来评定表面粗糙度，为了定量地评定表面粗糙度轮廓，必须用参数及其数值来表示表面粗糙度轮廓的特征。由于表面轮廓上的微小峰、谷的幅度、间距和形状是构成表面粗糙度轮廓的基本特征，因此在评定表面粗糙度轮廓时，可采用以下幅度参数、间距参数和混合参数。其中幅度参数是基本参数，间距参数和混合参数是附加评定参数。

1. 幅度参数(Ra、Rz)

1) 轮廓的算术平均偏差(Ra)

轮廓的算术平均偏差 Ra 是指在一个取样长度内，粗糙度轮廓上各点纵坐标值 $Z(x)$（纵坐标值指被评定轮廓在任一位置上距 X 轴的高度）绝对值的算术平均值，如图 5-8 所示。

$$Ra = \frac{1}{l_r}\int_0^{l_r} |Z(x)| \mathrm{d}x \tag{5-4}$$

或近似为

$$Ra = \frac{1}{n}\sum_{i=1}^{n} |Z(x_i)| \tag{5-5}$$

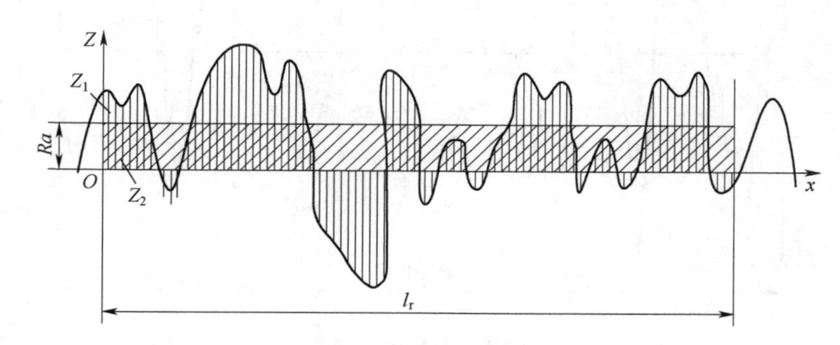

图 5-8 轮廓算数平均偏差

2) 轮廓最大高度(R_z)

轮廓峰的最高点距 X 轴的距离，称为轮廓峰高 Z_p，轮廓谷的最低点与 X 轴的距离，称为轮廓谷深 Z_v，如图 5-6 所示。在一个取样长度内，轮廓峰高的最大值称为最大轮廓峰高，用 R_p 表示，轮廓谷深的最大值称为最大轮廓谷深，用 R_v 表示。

轮廓的最大高度 R_z 是指在一个取样长度内，被评定轮廓的最大轮廓峰高 R_p 与最大轮廓谷深 R_v 的绝对值之和，如图 5-9 所示，即

$$Rz = |R_p| + |R_v| \tag{5-6}$$

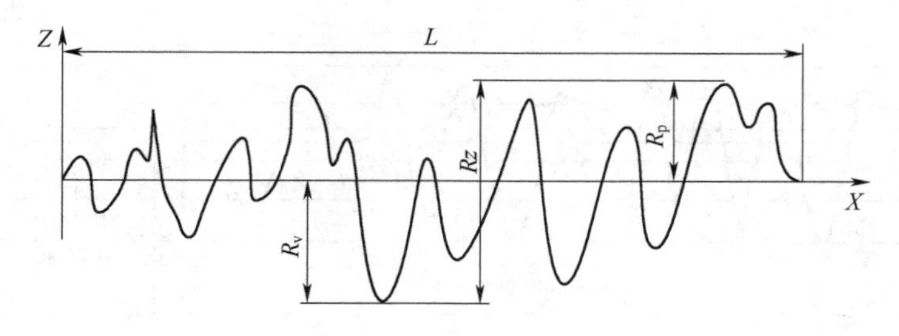

图 5-9 轮廓最大高度

显然，评定粗糙度轮廓的幅度参数 Ra、Rz 的数值越大，则零件表面越粗糙。Ra 参数能客观地反映表面微观几何形状误差，是通常采用的评定参数。一般用触针式电动轮廓仪进行测量。Rz 测量相对简单，但不如 Ra 值能准确反映表面几何特性。

2. 间距参数(RSm)

轮廓单元的平均宽度 RSm 是指在一个取样长度内轮廓单元宽度的平均值,如图 5-10所示。RSm 的值可以反映被测表面加工痕迹的细密程度。

$$RSm = \frac{1}{m}\sum_{i=1}^{m} X_{Si} \tag{5-7}$$

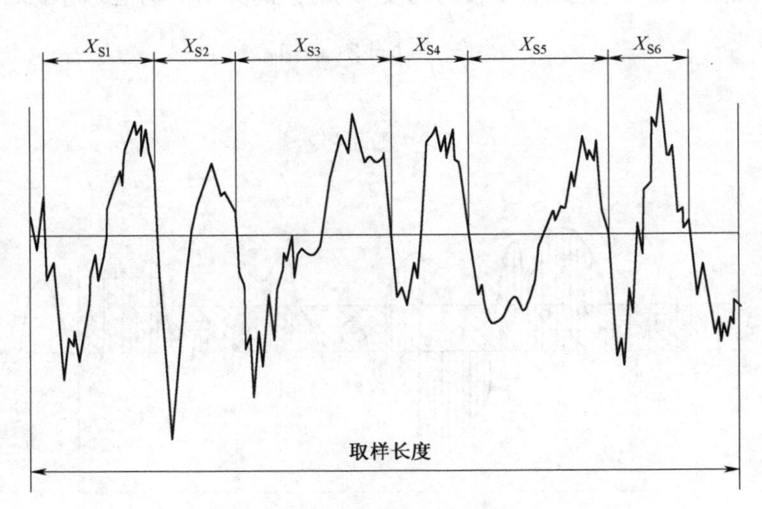

图 5-10　轮廓单元的宽度

3. 混合参数[$Rmr(c)$]

轮廓的支承长度率 $Rmr(c)$ 是指在评定长度范围内在给定水平截面高度 c 上轮廓的实体材料长度 $Ml(c)$ 与评定长度的比率。

$$Rmr(c) = \frac{Ml(c)}{l_n} \tag{5-8}$$

表示轮廓支承长度率随水平截面高度 c 变化关系的曲线称为轮廓支承长度率曲线,如图 5-11所示,显然不同的 c 位置有不同的轮廓支承长度率。

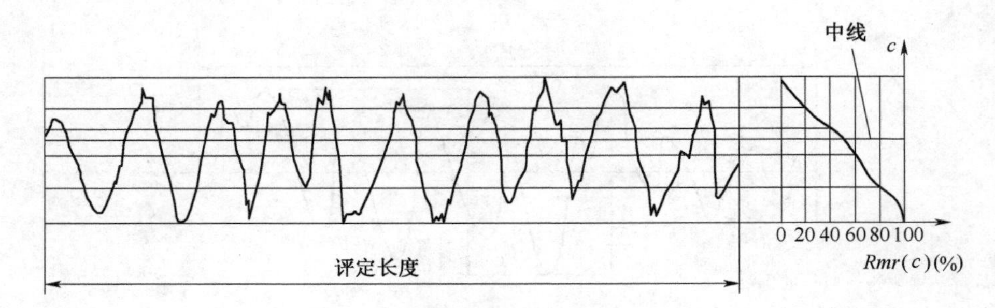

图 5-11　轮廓支承长度率曲线

轮廓支承长度率与零件的实际轮廓形状有关,能直观反映实际接触面积的大小,是反映零件表面耐磨性能的指标。对于不同的实际轮廓形状,在相同的评定长度内对于相同的水平截距,轮廓支承长度率越大,则表示零件表面凸起的实体部分越大,承载面积就越大,因而接触刚度就越高,耐磨性能就越好。如图 5-12(a)所示表面的耐磨性能较好,图 5-12(b)所示表面的耐磨性能较差。

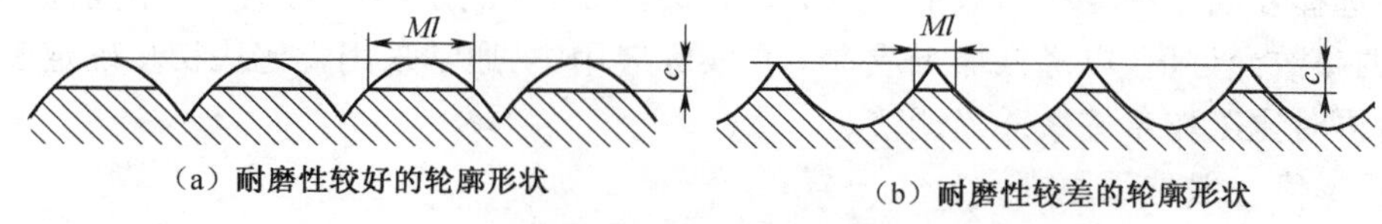

(a) 耐磨性较好的轮廓形状　(b) 耐磨性较差的轮廓形状

图 5-12　不同轮廓形状的实体材料长度

5.2.3　评定参数的数值规定

表面粗糙度的参数值已经标准化,设计时应按国家标准 GB/T 1031—2009《产品几何技术规范(GPS)　表面粗糙度参数及其数值》规定的参数值系列选取。

幅度参数值见表 5-2 和表 5-3,间距参数值见表 5-4,混合参数值见表 5-5。

表 5-2　*Ra* 的数值(摘自 GB/T 1031—2009)　单位:μm

0.012	0.050	0.20	0.80	3.2	12.5	50
0.025	0.100	0.40	1.60	6.3	25	100

表 5-3　*Rz* 的数值(摘自 GB/T 1031—2009)　单位:μm

0.025	0.20	1.6	12.5	100	800
0.050	0.40	3.2	25	200	1 600
0.100	0.80	6.3	50	400	

表 5-4　*RSm* 的数值(摘自 GB/T 1031—2009)　单位:μm

0.006	0.025	0.10	0.40	1.6	6.3
0.012 5	0.050	0.20	0.80	3.2	12.5

表 5-5　*Rmr*(*c*)(%)的数值(摘自 GB/T 1031—2009)　单位:μm

10	15	20	25	30	40	50	60	70	80	90

注:选用 *Rmr*(*c*)时,必须同时给出轮廓水平截距 *C* 的数值。*C* 值多用 *Rz* 的百分数表示,其系列如下:5%,10%,15%,20%,25%,30%,40%,50%,60%,70%, 80%,90%。

在一般情况下测量 *Ra* 和 *Rz* 时,推荐按表 5-1 选用对应的取样长度及评定长度值,此时在图样上可省略标注取样长度值。当有特殊要求不能选用表 5-1 中数值时,应在图样上标注出取样长度值。

5.2.4　评定参数值的选择

对于表面粗糙度轮廓的技术要求,通常只给出幅度参数 (*Ra* 或 *Rz*)及允许值,附加参数 *RSm*、*Rmr*(*c*)仅用于少数零件的重要表面,而其他要求常采用默认的标准化值,所以这里只讨论表面粗糙度轮廓幅度参数 *Ra*、*Rz* 值的选用原则。

表面粗糙度参数值选择得合理与否,直接关系到机器的使用性能、使用寿命和制造成本。一般来说,表面粗糙度值越小,零件工作性能越好,使用寿命也越长。但绝不能认为表面粗糙度值越小越好。因为表面粗糙度值越小,零件加工越困难,加工成本也越高,而且对某些情况而言,表面粗糙度参数值过小,反而会影响使用性能。所以应综合考虑零件的功能要求和制造成本,合理选择表面粗糙度的参数值。总的选择原则是:在满足零件功能要求的前提下,尽量选用较大的参数允许值,以降低加工成本。在实际应用中,通常采用类比法初步确定表面粗糙度值,然后再对比工作条件做适当调整。

表面粗糙度一般选用原则:

(1)同一零件上,工作表面的粗糙度参数值小于非工作表面的粗糙度参数值。尺寸精度高的部位,其粗糙度参数值应比尺寸精度低的部位小。

(2)摩擦表面的粗糙度参数值比非摩擦表面小;滚动摩擦表面比滑动摩擦表面的粗糙度参数值要小。其相对速度越高,单位面积压力越大,粗糙度参数值值应越小。

(3)受循环载荷作用的重要零件的表面及易引起应力集中的部分(如圆角、沟槽、台肩等),其表面粗糙度参数值应较小。

(4)要求配合性质稳定可靠时,其配合表面的糙度参数值应较小。特别是小间隙的间隙配合和承受重载荷、要求连接强度高的过盈配合,其配合表面的糙度参数值应小一些。一般情况下,间隙配合比过盈配合的糙度参数值要小。配合性质相同,零件尺寸越小,表面粗糙度参数值应越小;表面粗糙度与配合间隙或过盈的关系可参考表5-6。

表5-6 表面粗糙度与配合间隙或过盈的关系

<table>
<tr><th rowspan="2">间隙或过盈量(μm)</th><th colspan="2">表面粗糙度 Ra(μm)</th></tr>
<tr><th>轴</th><th>孔</th></tr>
<tr><td>≤2.5</td><td>0.1~0.2</td><td>0.2~0.4</td></tr>
<tr><td>>2.5~4</td><td rowspan="2">0.2~0.4</td><td>0.4~0.8</td></tr>
<tr><td>>4~6.5</td><td>0.8~1.6</td></tr>
<tr><td>>6.5~10</td><td>0.4~0.8</td><td rowspan="3">1.6~3.2</td></tr>
<tr><td>>10~16</td><td rowspan="2">0.8~1.6</td></tr>
<tr><td>>16~25</td></tr>
<tr><td>>25~40</td><td>1.6~3.2</td><td>3.2~6.3</td></tr>
</table>

(5)同一精度等级其他条件相同时,小尺寸表面比大尺寸表面的粗糙度参数值要小,轴表面比孔表面的粗糙度参数值要小。

(6)要求防腐蚀、密封性能好或外表美观的表面,其粗糙度参数值应较小。

(7)凡有标准对零件的表面粗糙度参数值作出具体规定的,则应按标准的规定确定粗糙度参数值,如与滚动轴承配合的轴颈和外壳孔的表面粗糙度。

(8)表面粗糙度参数值应与尺寸公差及几何公差相协调。通常情况下,尺寸公差和几何公差值越小,表面粗糙度的 Ra 或 Rz 值应越小。一般应符合:尺寸公差>形状公差>表面粗糙度。在正常工艺条件下,表面粗糙度 Ra、Rz 与尺寸公差 T 和形状公差 t 的对应关系参见表5-7。

但是尺寸公差、形状公差、表面粗糙度之间并不存在确定的函数关系。有些零件尺寸精度和几何精度要求不高,但表面粗糙度参数值却要求很小。例如,为了避免应力集中,提高抗疲劳强度,对某些非配合轴颈表面和转接圆处,应要求较小的表面粗糙度。又如,某些装饰表面和工作时与人身体相接触的表面(如仪表框、操作手轮或手柄、手术工具等),也应规定较小的粗糙度参数值。

表 5-7 表面粗糙度与尺寸公差和形状公差的关系

形状公差与尺寸公差的关系	Ra 与 T 的关系	Rz 与 T 的关系
$t\approx0.6T$	$Ra\leqslant0.05T$	$Rz\leqslant0.2T$
$t\approx0.4T$	$Ra\leqslant0.025T$	$Rz\leqslant0.1T$
$t\approx0.25T$	$Ra\leqslant0.012T$	$Rz\leqslant0.05T$
$t<0.25T$	$Ra\leqslant0.15T$	$Rz\leqslant0.6T$

表 5-8 列出了表面粗糙度的表面特征、经济加工方法及应用举例,供类比法选择时参考。

表 5-8 表面粗糙度的表面特征、经济加工方法及应用举例

Ra(μm)	Rz(μm)	表面形状特征		加工方法	应用举例
>20~40	>80~160	粗糙	可见刀痕	粗车、粗刨、粗铣、钻、毛锉、锯断	粗加工表面,非配合的加工表面,如轴端面、倒角、钻孔、齿轮和带轮侧面、键槽底面、垫圈接触面等
>10~20	>40~80		微见刀痕		
>5~10	>20~40	半光	可见加工痕迹	车、刨、铣、钻、镗、粗铰	轴上不安装轴承、齿轮处的非配合表面,紧固件的自由装配表面,轴和孔的退刀槽等
>2.5~5	>10~20		微见加工痕迹	车、刨、铣、镗、磨、拉、粗刮、滚压	半精加工面,支架、箱体、盖面、套筒等和其他零件连接而无配合要求的表面,需要发蓝的表面等
>1.25~2.5	>6.3~10		看不清加工痕迹	车、刨、铣、镗、磨、拉、刮、铣齿	接近于精加工表面,箱体上安装轴承的镗孔表面、齿轮齿工作面等
>0.63~1.25	>3.2~6.3	光	可辨加工痕迹的方向	车、镗、磨、拉、刮、精铰、磨齿、滚压	圆柱销、圆锥销,与滚动轴承配合的表面,普通车床导轨表面,内、外花键定心表面,齿轮齿面等
>0.32~0.63	>1.6~3.2		微辨加工痕迹的方向	精镗、磨、刮、精铰、滚压	要求配合性质稳定的配合表面,工作时承受交变应力的重要表面,较高精度车床导轨表面、高精度齿轮齿面等
>0.16~0.32	>0.8~1.6		不可辨加工痕迹的方向	精磨、珩磨、研磨、超精加工	精密机床主轴圆锥孔、顶尖圆锥面,发动机曲轴轴颈和凸轮轴的凸轮工作表面,高精度齿轮齿面等
>0.08~0.16	>0.4~0.8	极光	暗光泽面	精磨、研磨、普通抛光	精密机床主轴轴颈表面,一般量规工作表面,气缸套内表面,活塞销表面等

续表

Ra(μm)	*Rz*(μm)	表面形状特征		加工方法	应用举例
>0.04~0.08	>0.2~0.4	极光	亮光泽面	超精磨、精抛光、镜面磨削	精密机床主轴轴颈表面,滚动轴承滚珠表面,高压液压泵中柱塞和柱塞孔的配合表面等
>0.01~0.04	>0.05~0.2		镜状光泽面		特别精密的滚动轴承套圈滚道、钢球及滚子表面,高压油泵中的柱塞和柱塞套的配合表面,保证高度气密的结合表面等
≤0.01	≤0.05		镜面	镜面磨削、超精研	高精度量仪、量块的测量面,光学仪器中的金属镜面等

5.2.5 规定表面粗糙度要求的一般规则

(1)为保证零件的表面质量,可按功能需要规定表面粗糙度参数值,否则,可不规定其参数值,也不需要检查。

(2)在规定表面粗糙度要求时,应给出表面粗糙度参数值和测定时的取样长度值两项基本要求,必要时也可规定表面纹理、加工方法或加工顺序和不同区域的粗糙度等附加要求。

(3)表面粗糙度各参数的数值应在垂直于基准面的各截面上获得。对给定的表面,如截面方向与高度参数(*Ra*、*Rz*)最大值的方向一致,则可不规定测量截面的方向,否则应在图样上标出。

(4)表面粗糙度要求不适用于表面缺陷,在评定过程中,不应把表面缺陷(如沟槽、气孔、划痕等)包含进去。必要时,应单独规定表面缺陷的要求。

5.3 表面粗糙度的标注

图样上所标注的表面粗糙度符号、代号,是该表面完工后的要求。表面粗糙度的标注应符合国家标准 GB/T 131—2006 的规定。

5.3.1 表面粗糙度的符号

图样上表示的零件表面粗糙度符号及其说明,见表 5-9。若仅需要加工(采用去除材料的方法或不去除材料的方法)但对表面粗糙度的其他规定没有要求时,允许只注表面粗糙度符号。

表 5-9 表面粗糙度符号(摘自 GB/T 131—2006)

符 号	意义及说明
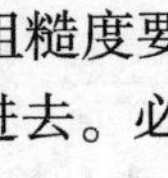	基本符号,表示表面可用任何方法获得。当不加注粗糙度参数值或有关说明时,仅适用于简化代号标注
	基本符号加一短划,表示表面是用去除材料的方法获得。例如:车、铣、钻、磨、电加工等

续表

符　　号	意义及说明
	基本符号加一小圆，表示表面是用不去除材料的方法获得。例如：铸、锻、冲压变形、热轧、粉末冶金等或用于保持原供应状况的表面（包括保持上道工序的状况）
	在上述3个符号的长边上均可加一横线，用于标注有关参数和说明
	在上述3个符号上均可加一小圆，表示所有表面具有相同的表面粗糙度要求

5.3.2　表面粗糙度的代号及其注法

表面粗糙度的代号、数值及其有关规定在符号中注写的位置，如图5-13所示。当允许在表面粗糙度参数的所有实测值中超过规定值的个数少于总数的16%时，应在图样上标注表面粗糙度参数的上限值或下限值，称“16%规则”。当要求在表面粗糙度参数的所有实测值中不得超过规定值时，应在图样上标注表面粗糙度参数的最大值或最小值。

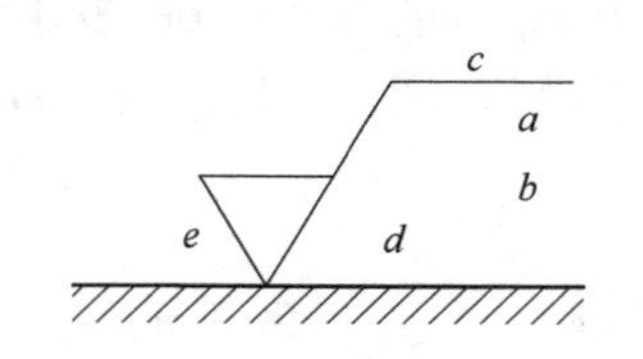

a：传输带或取样长度（单位为mm）/粗糙度参数代号及其数值（第一个表面结构要求，单位为μm）。

b：粗糙度参数代号及其数值（第二个表面结构要求）。

c：加工要求、镀覆、涂覆、表面处理或其他说明等。

d：加工纹理方向符号。

e：加工余量（单位为mm）。

图5-13　表面粗糙度代号注法

1. 表面粗糙度基本参数的标注

表面粗糙度幅度参数 *Ra* 和 *Rz* 是基本参数，标注在参数值前。表面粗糙度幅度参数的各种标注方法及其意义见表5-10。

表5-10　表面粗糙度幅度（高度）参数的标注（摘自GB/T 131—2006）

代　　号	意　　义	代　　号	意　　义
Ra 3.2	用任何方法获得的表面粗糙度，*Ra* 的上限值为3.2 μm	*Ra* max 3.2	用任何方法获得的表面粗糙度，*Ra* 的最大值为3.2 μm
Ra 3.2	用去除材料方法获得的表面粗糙度，*Ra* 的上限值为3.2 μm	*Ra* max 3.2	用去除材料方法获得的表面粗糙度，*Ra* 的最大值为3.2 μm
Ra 3.2	用不去除材料方法获得的表面粗糙度，*Ra* 的上限值为3.2 μm	*Ra* max 3.2	用不去除材料方法获得的表面粗糙度，*Ra* 的最大值为3.2 μm

续表

代号	意义	代号	意义
U *Ra* 3.2 L *Ra* 1.6	用去除材料方法获得的表面粗糙度,*Ra* 的上限值为 3.2 μm,*Ra* 的下限值为 1.6 μm	*Ra* max 3.2 *Ra* min 1.6	用去除材料方法获得的表面粗糙度,*Ra* 的最大值为 3.2 μm,*Ra* 的最小值为 1.6 μm
Rz 3.2	用任何方法获得的表面粗糙度,*Rz* 的上限值为 3.2 μm	*Rz* max 3.2	用任何方法获得的表面粗糙度,*Rz* 的最大值为 3.2 μm
U *Rz* 3.2 L *Rz* 1.6 *Rz* 3.2 *Rz* 1.6	用去除材料方法获得的表面粗糙度,*Rz* 的上限值为 3.2 μm,*Rz* 的下限值为 1.6 μm(在不引起误会的情况下,也可省略标注 U、L)	*Rz* max 3.2 *Rz* min 1.6	用去除材料方法获得的表面粗糙度,*Rz* 的最大值为 3.2 μm,*Rz* 的最小值为 1.6 μm
U *Ra* 3.2 U *Rz* 1.6	用去除材料方法获得的表面粗糙度,*Ra* 的上限值为 3.2 μm,*Rz* 的上限值为 1.6 μm	*Ra* max 3.2 *Rz* max 1.6	用去除材料方法获得的表面粗糙度,*Ra* 的最大值为 3.2 μm,*Rz* 的最大值为 1.6 μm
0.008−0.8/*Ra* 3.2	用去除材料方法获得的表面粗糙度,*Ra* 的上限值为 3.2 μm,传输带 0.008~0.8 mm	−0.8/*Ra* 3 3.2	用去除材料方法获得的表面粗糙度,*Ra* 的上限值为 3.2 μm,取样长度 0.8 mm,评定包含 3 个取样长度

2. 表面粗糙度附加参数的标注

表面粗糙度的间距参数和混合特性参数为附加参数,图 5-14(a)为 *RSm* 上限值的标注示例;图 5-14(b)为 *RSm* 最大值的标注示例;图 5-14(c)为 *Rmr*(*c*)的标注示例,表示水平截距 *C* 在 *Rz* 的 50%位置上时,*Rmr*(*c*)为 70%,此时 *Rmr*(*c*)为下限值;图 5-14(d)为 *Rmr*(*c*)最小值的标注示例。

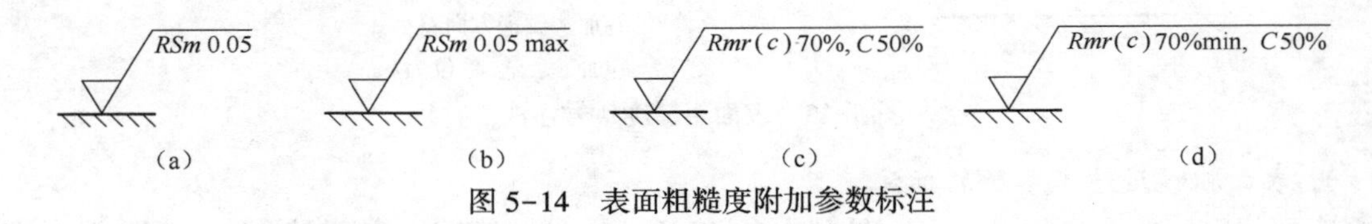

图 5-14　表面粗糙度附加参数标注

3. 表面粗糙度其他项目的标注

设计时若采用标准评定长度,即采用默认的取样长度个数 5 可省略标注。需要指定评定长度时(在评定长度范围内的取样长度个数不等于 5),则应在幅度参数符号的后面注写取样长度的个数,如图 5-15(a)所示的标注中,$l_n=3\times l_r$,$\lambda_c=l_r=1$ mm,λ_s 默认为标准化值。

若某表面的粗糙度要求由指定的加工方法(如铣削)获得时,可用文字标注在图 5-15 规定之处,如图 5-15(b)所示。

若需要标注加工余量(设加工总余量为 7 mm),应将其标注在图 5-15 所示规定之处,如图 5-15(c)所示。

若需要控制表面加工纹理方向时,可在图 5-15 所示的规定之处,加注加工纹理方向符号,见表 5-11。标准规定了加工纹理方向符号,见表 5-11。

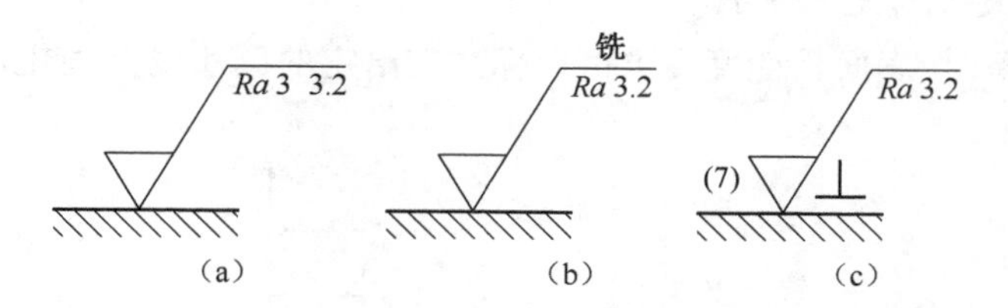

图 5-15　表面粗糙度其他项目标注

表 5-11　加工纹理方向的符号(摘自 GB/T 131—2006)

符号	图例与说明	符号	图例与说明
=	纹理方向 纹理沿平行方向	*M*	纹理呈多方向
⊥	纹理方向 纹理沿垂直方向	*C*	纹理近似为以表面的中心为圆心的同心圆
X	纹理方向 纹理沿二交叉方向	*R*	纹理近似为通过表面中心的辐线
		P	纹理无方向或呈凸起的细粒状

注:若表中所列符号不能清楚表明所要求的纹理方向,应在图样上用文字说明。

5. 3. 3　表面粗糙度图样上的标注方法

1. 标注在轮廓线上或指引线上

表面粗糙度要求可标注在轮廓线上或其延长线、尺寸界线上,其符号应从材料外指向并接触表面,如图 5-16 所示。必要时,表面结构符号也可用带黑点(它位于可见表面上)的指引线引出标注,如图 5-17 所示。

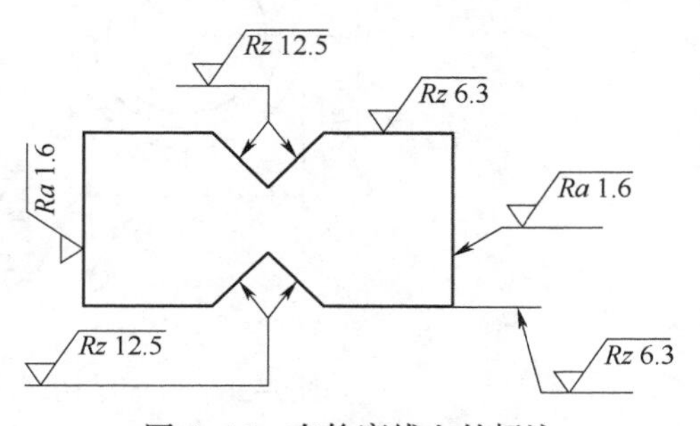

图 5-16　在轮廓线上的标注

2. 标注在特征尺寸的尺寸线上

在不致引起误解时,表面粗糙度要求可以标注在给定的尺寸线上,如图 5-18 所示。

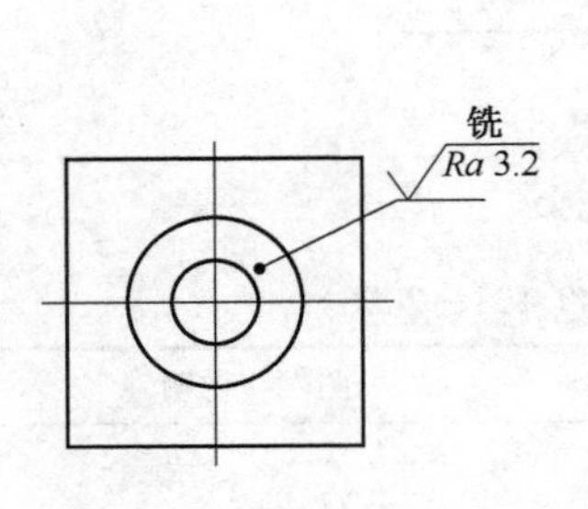

图 5-17 带黑点的指引线引出标注

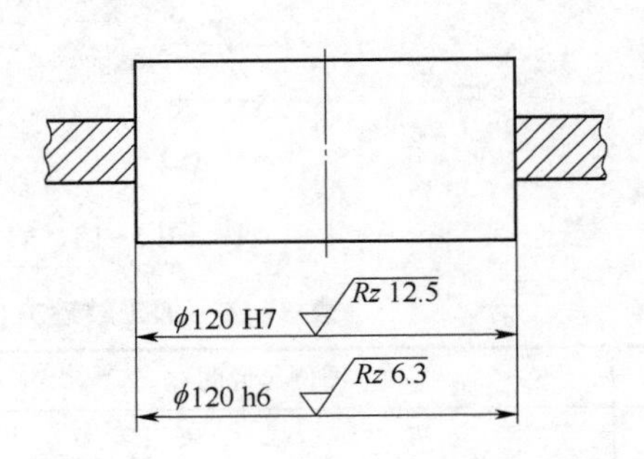

图 5-18 标注在尺寸线上

3. 标注在几何公差框格上

粗糙度要求可标注在几何公差框格的上方,如图 5-19 所示。

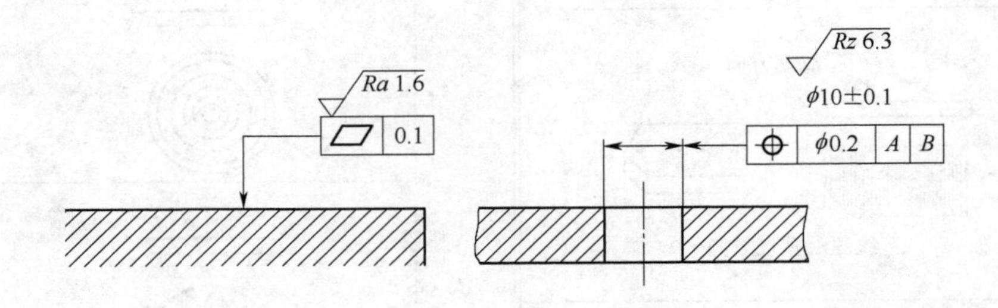

图 5-19 标注在几何公差框格上方

4. 标注在圆柱和棱柱表面上

圆柱和棱柱表面的表面粗糙度要求只标注一次,如图 5-20 所示。如果每个棱柱表面有不同的表面粗糙度要求,则应分别单独标注,如图 5-21 所示。

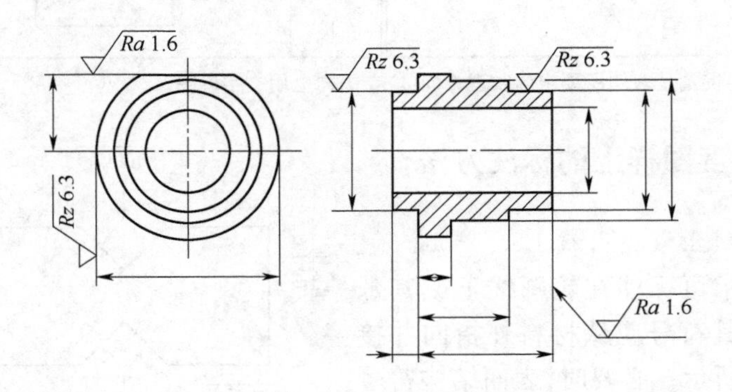

图 5-20 表面结构要求标注在圆柱特征的延长线上

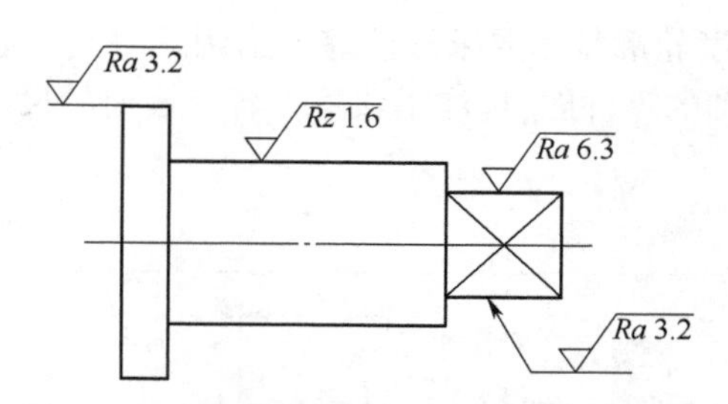

图 5-21 圆柱和棱柱的表面结构要求的注法

5. 倒角、圆角和键槽的粗糙度标注方法

倒角、圆角和键槽的粗糙度标注方法，如图 5-22 和图 5-23 所示。

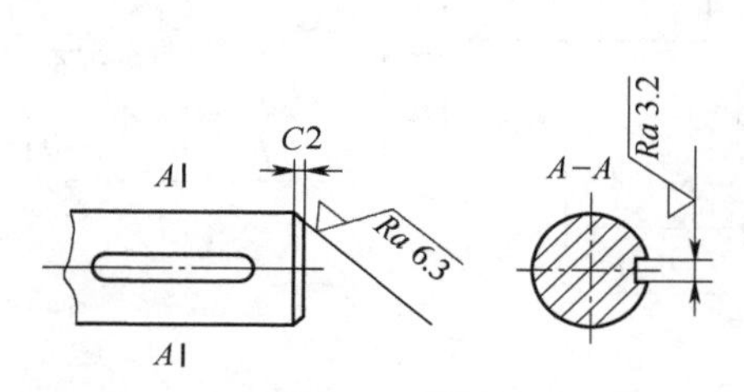

图 5-22 键槽的表面粗糙度注法

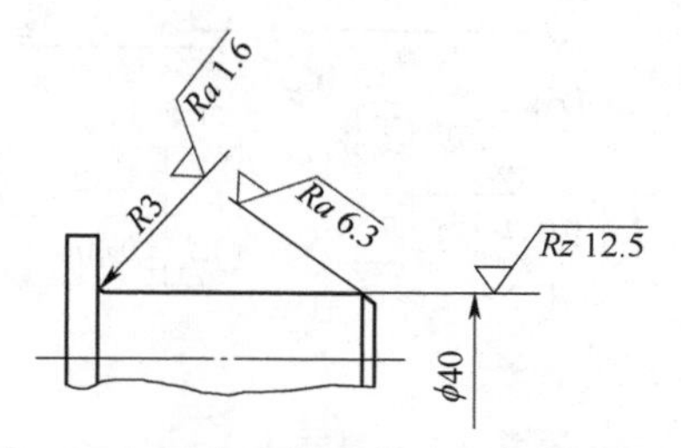

图 5-23 圆角和倒角的表面粗糙度注法

6. 简化注法

当零件除注出表面外，其余所有表面具有相同的表面粗糙度要求时，其符号、代号可在图样上统一标注，并采用简化注法，如图 5-24 和图 5-25 所示，表示除 *Rz* 值为 1.6 μm 和 6.3 μm 的表面外，其余所有表面粗糙度均为 *Ra*3.2 μm，两种注法意义相同。

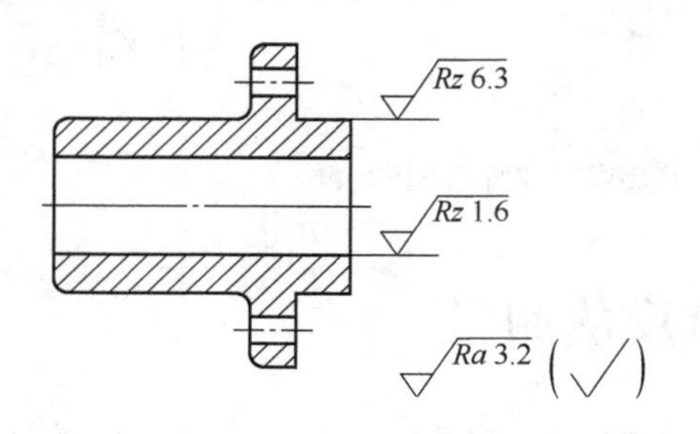

图 5-24 简化标注(一)

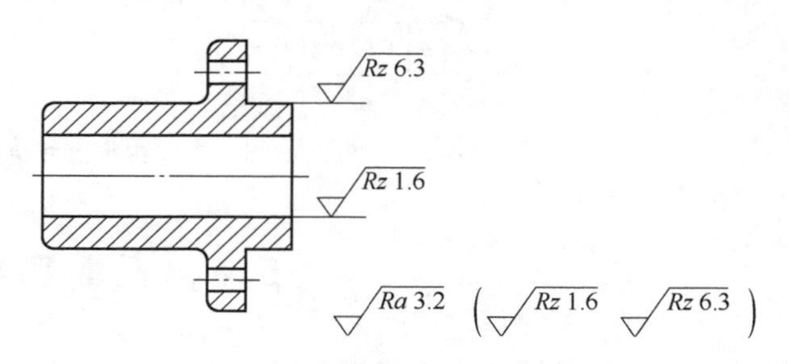

图 5-25 简化标注(二)

当多个表面具有相同的表面结构要求或图纸空间有限时，也可采用简化注法，以等式的形式给出，如图 5-26 和图 5-27 所示。

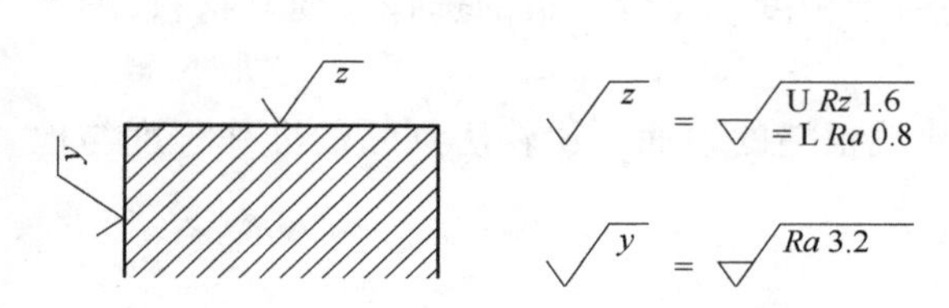

图 5-26 图纸空间有限时的简化注法

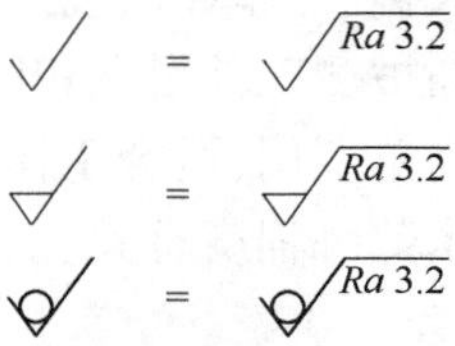

=
Ra 3.2
=
Ra 3.2
=
Ra 3.2

图 5-27 只用符号的的简化注法

【**例 5-1**】 表面粗糙度轮廓技术要求标注综合图例。

【**解**】图 5-28 所示为轴的零件图，标注了该零件各个表面的尺寸公差、几何公差和表面粗糙度轮廓技术要求。

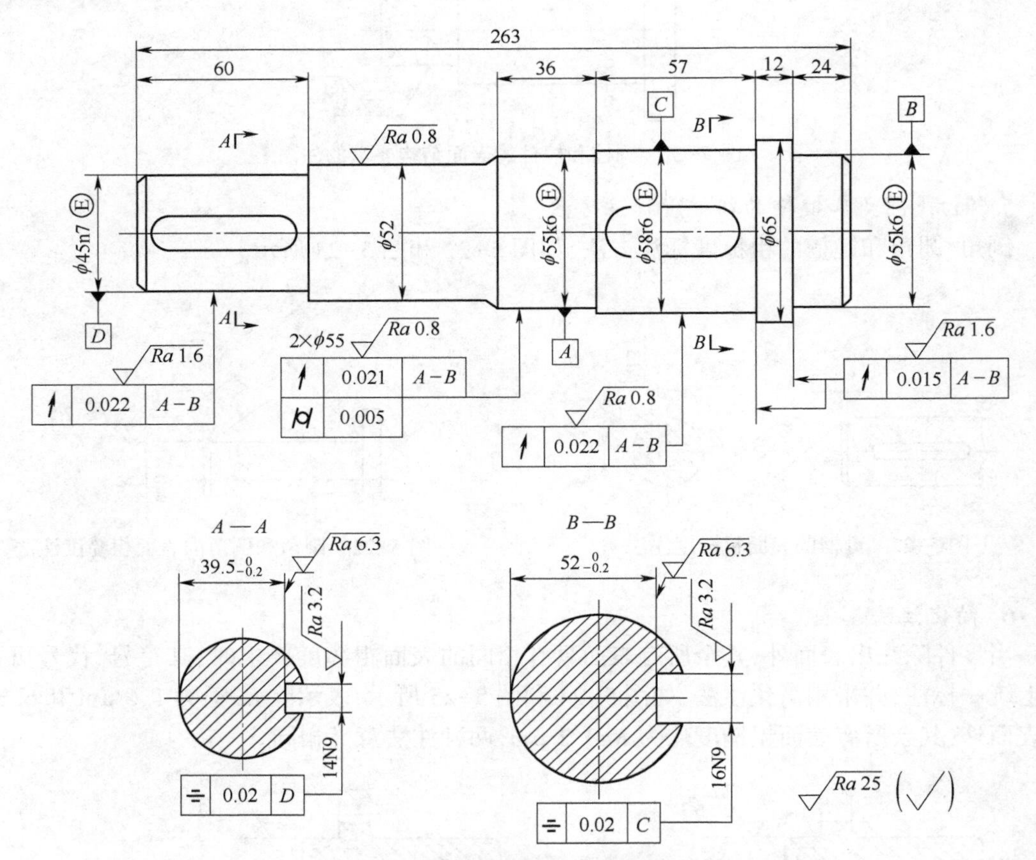

图 5-28 表面粗糙度轮廓技术要求标注综合图例

5.4 表面粗糙度的测量

目前常用的表面粗糙度的测量方法主要有：比较法、光切法、针描法、干涉法、激光反射法等。

1. 比较法

比较法是将被测表面与已知其评定参数值的粗糙度样板相比较，如被测表面精度较高时，可借助于放大镜、比较显微镜进行比较，以提高检测精度。比较样板的选择应使其材料、形状和加工方法与被测工件尽量相同。

比较法简单实用，适合于在车间条件下判断较粗糙的表面。比较法判断的准确程度与检验人员的技术熟练程度有关。

2. 光切法

光切法是利用“光切原理”测量表面粗糙度的方法。光切原理示意图如图 5-29 所示。

图 5-29(a)所示被测表面为阶梯面,其阶梯高度为 h。由光源发出的光线经狭缝后形成一个光带,此光带与被测表面以夹角为 45°的方向 A 与被测表面相截,被测表面的轮廓影像沿 B 向反射后可由显微镜中观察得到图 5-29(b)所示结果。其光路系统如图 5-29(c)所示,光源通过聚光镜、狭缝和物镜,以 45°角的方向投射到工件表面上,形成一窄细光带。光带边缘的形状,即光束与工件表面的交线,也就是工件在 45°截面上的轮廓形状,此轮廓曲线的波峰在 S_1 点反射,波谷在 S_2 点反射,通过物镜,分别成像在分划板上的 S_1'' 和 S_2'' 点,其峰、谷影像高度差为 h''。由仪器的测微装置可读出此值,按定义测出评定参数 Rz 的数值。

按光切原理设计制造的表面粗糙度测量仪器称为光切显微镜(或双管显微镜)其测量范围 Rz 为 0.8~80 μm。

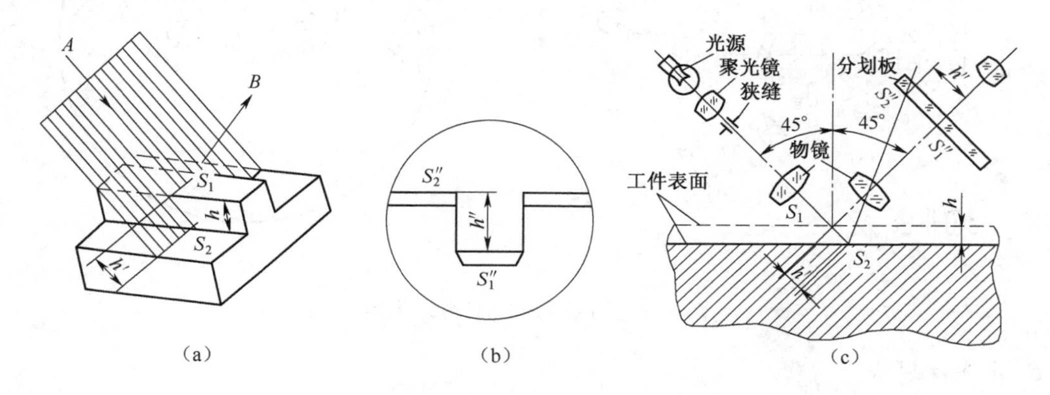

图 5-29　光切法测量原理示意图

3. 针描法

针描法是利用仪器的触针在被测表面上轻轻划过,被测表面的微观不平度将使触针作垂直方向的位移,再通过传感器将位移量转换成电量,经信号放大后送入计算机,在显示器上示出被测表面粗糙度的评定参数值。也可由记录器绘制出被测表面轮廓的误差图形,其工作原理如图 5-30 所示。

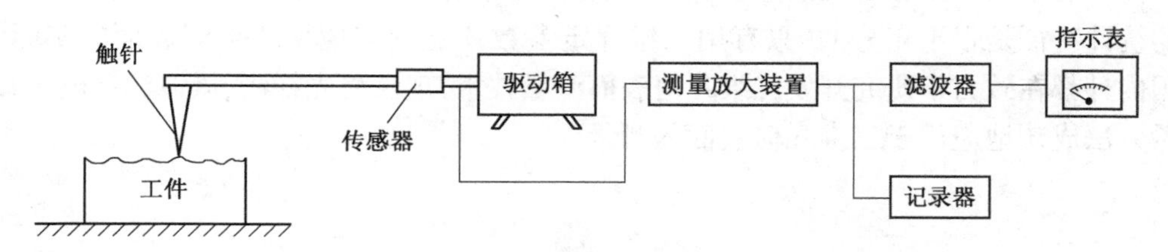

图 5-30　针描法测量原理示意图

按针描法原理设计制造的表面粗糙度测量仪器通常称为轮廓仪。根据转换原理的不同,可以有电感式轮廓仪、电容式轮廓仪、压电式轮廓仪等。轮廓仪可测 Ra、Rz、RSm 及 $Rmr(c)$ 等多个参数。

除上述轮廓仪外,还有光学触针轮廓仪,它适用于非接触测量,以防止划伤零件表面,这种仪器通常直接显示 Ra 值,其测量范围为(0.02~5)μm。

4. 干涉法

干涉法是利用光波干涉原理测量表面粗糙度的方法。根据干涉原理设计制造的仪器称为干涉显微镜,其基本光路系统如图 5-31(a)所示。由光源 1 发出的光线经平面镜 5 反射向上,至半透半反分光镜 9 后分成两束。一束向上射至被测表面 18 返回,另一束向左射至参考镜 13 返回。这两束光线会合后形成一组干涉条纹。干涉条纹的相对弯曲程度反映被测表面微观不平度的状况,如图 5-31(b)所示。仪器的测微装置可按定义测出相应的评定参数 *Rz* 值,其测量范围为(0.025~0.8)μm。

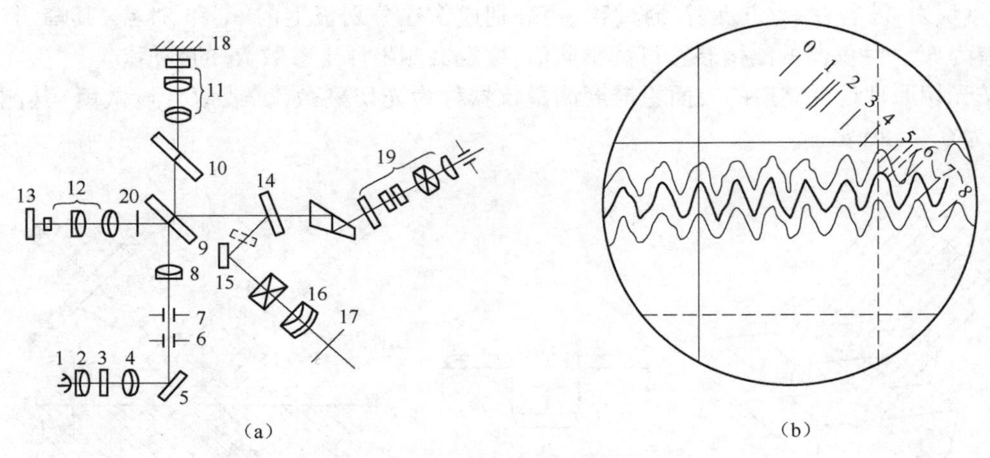

图 5-31　干涉法测量原理示意图

5. 激光反射法

激光反射法的基本原理是用激光束以一定的角度照射到被测表面,除了一部分光被吸收以外,大部分被反射和散射。反射光与散射光的强度及其分布与被照射表面的微观不平度状况有关。通常,反射光较为集中形成明亮的光斑,散射光则分布在光斑周围形成较弱的光带。较为光洁的表面光斑较强、光带较弱且宽度较小;较为粗糙的表面则光斑较弱、光带较强且宽度较大。

6. 三维几何表面测量

表面粗糙度的一维和二维测量,只能反映表面不平度的某些几何特征,把它作为表征整个表面的统计特征是很不充分的,只有用三维评定参数才能真实地反映被测表面的实际特征。为此国内外都在致力于研究开发三维几何表面测量技术,现已将光纤法、微波法和电子显微镜等测量方法成功地应用于三维几何表面的测量。

习　题　5

5-1　表面粗糙度评定参数 *Ra* 和 *Rz* 的含义是什么?

5-2　轮廓中线的含义和作用是什么?为什么规定了取样长度还要规定评定长度?两者之间有什么关系?

5-3　表面粗糙度的图样标注中,什么情况注出评定参数的上极限值、下极限值?什么情况要注出最大值、最小值?上极限值和下极限值与最大值和最小值如何标注?

5-4　ϕ60H7/f6 和 ϕ60H7/h6 相比,哪个应选用较小的表面粗糙度 *Ra* 和 *Rz* 值?为什么?

5-5　常用的表面粗糙度测量方法有哪几种?电动轮廓仪、光切显微镜、干涉显微镜各适用于测量哪些参数？

5-6　解释图5-32所示标注的各表面粗糙度要求的含义。

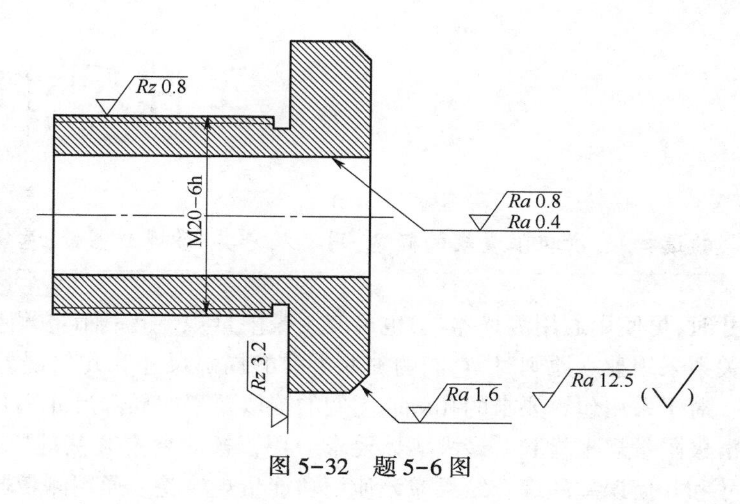

图5-32　题5-6图

6

工件尺寸的检验

普通计量器具的选择；光滑极限量规的概念、用途及分类；量规公差带；量规的设计。

检验工件尺寸时，可使用通用测量器具，也可使用极限量规。孔、轴（被测要素）的尺寸公差与几何公差的关系采用独立原则时，它们的提取要素的局部尺寸和几何误差分别使用通用测量器具来测量。对于采用包容要求的孔、轴，它们的提取要素的局部尺寸和几何误差的综合结果应该使用光滑极限量规来检验。最大实体要求应用于被测要素和基准要素时，它们的提取要素的局部尺寸和几何误差的综合结果应该使用功能量规检验。通用测量器具能测出工件实际尺寸的具体数值，并了解产品质量情况，有利于对生产过程进行分析。用量规检验的特点是无法测出工件实际尺寸确切的数值，但能判断工件是否合格。用这种方法检验，迅速方便，并且能保证工件在生产中的互换性，因此在生产中特别是大批量生产中，量规的应用非常广泛。

6.1　用普通测量器具检测工件

用普通计量器具测量工件应参照国家标准 GB/T 3177—2009《产品几何技术规范（GPS）光滑工件尺寸的检验》进行。该标准适用于车间用的计量器具（游标卡尺、千分尺和分度值不小于 0.5 μm 的指示表和比较仪等），主要用以检测基本尺寸至 500 mm，公差等级为 IT6～IT18 的光滑工件尺寸，也适用于对一般公差尺寸的检测。

1. 尺寸误检的基本概念

由于各种测量误差的存在，若按零件的上、下极限尺寸验收，当零件的局部实际尺寸处于上、下极限尺寸附近时，有可能将本来处于零件公差带内的合格品判为废品，或将本来处于零件公差带以外的废品误判为合格品，前者称为“误废”，后者称为“误收”。误废和误收是尺寸误检的两种形式。

2. 验收极限与安全裕度(A)

国家标准规定的验收原则是：所用验收方法应只接收位于规定的极限尺寸之内的工件。为了保证这个验收原则的实现，保证零件达到互换性要求，规定了验收极限。

验收极限是指检测工件尺寸时判断合格与否的尺寸界限。国家标准规定，验收极限可以按照下列两种方案之一确定。

方案 1：验收极限是从图样上标定的上极限尺寸和下极限尺寸分别向工件公差带内移动一个安全裕度 A 来确定，如图 6-1 所示，即

上验收极限尺寸=上极限尺寸-A

下验收极限尺寸=下极限尺寸+A

安全裕度 A 由工件公差 T 确定，A 的数值一般取工件公差的 1/10，其数值可由表 6-1 查得。

由于验收极限向工件的公差带之内移动，为了保证验收时合格，在生产时不能按原有的极限尺寸加工，应按由验收极限所确定的范围生产，这个范围称为“生产公差”。

方案 2：验收极限等于图样上标定的上极限尺寸和下极限尺寸，即安全裕度 A 值等于零。

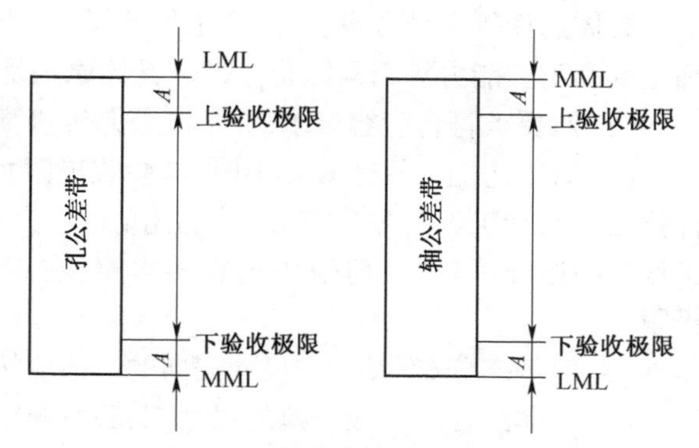

图 6-1　验收极限与安全裕度

表 6-1　安全裕度(A)与计量器具的测量不确定度允许值(u_1)　　单位：μm

公差等级		IT6					IT7					IT8					IT9				
公称尺寸(mm)		T	A	u_1			T	A	u_1			T	A	u_1			T	A	u_1		
大于	至			Ⅰ	Ⅱ	Ⅲ			Ⅰ	Ⅱ	Ⅲ			Ⅰ	Ⅱ	Ⅲ			Ⅰ	Ⅱ	Ⅲ
—	3	6	0.6	0.54	0.9	1.4	10	1.0	0.9	1.5	2.3	14	1.4	1.3	2.1	3.2	25	2.5	2.3	3.8	5.6
3	6	8	0.8	0.72	1.2	1.8	12	1.2	1.1	1.8	2.7	18	1.8	1.6	2.7	4.1	30	3.0	2.7	4.5	6.8
6	10	9	0.9	0.81	1.4	2.0	15	1.5	1.4	2.3	3.4	22	2.2	2.0	3.3	5.0	36	3.6	3.3	5.4	8.1
10	18	11	1.1	1.0	1.7	2.5	18	1.8	1.7	2.7	4.1	27	2.7	2.4	4.1	6.1	43	4.3	3.9	6.5	9.7
18	30	13	1.3	1.2	2.0	2.9	21	2.1	1.9	3.2	4.7	33	3.3	3.0	5.0	7.4	52	5.2	4.7	7.8	12
30	50	16	1.6	1.4	2.4	3.6	25	2.5	2.3	3.8	5.6	39	3.9	3.5	5.9	8.8	62	6.2	5.6	9.3	14
50	80	19	1.9	1.7	2.9	4.3	30	3.0	2.7	4.5	6.8	46	4.6	4.1	6.9	10	74	7.4	6.7	11	17
80	120	22	2.2	2.0	3.3	5.0	35	3.5	3.2	5.3	7.9	54	5.4	4.9	8.1	12	87	8.7	7.8	13	20
120	180	25	2.5	2.3	3.8	5.6	40	4.0	3.6	6.0	9.0	63	6.3	5.7	9.5	14	100	10	9.0	15	23
180	250	29	2.9	2.6	4.4	6.5	46	4.6	4.1	6.9	10	72	7.2	6.5	11	16	115	12	10	17	26
250	315	32	3.2	2.9	4.8	7.2	52	5.2	4.7	7.8	12	81	8.1	7.3	12	18	130	13	12	19	29
315	400	36	3.6	3.2	5.4	8.1	57	5.7	5.1	8.4	13	89	8.9	8.0	13	20	140	14	13	21	32
400	500	40	4.0	3.6	6.0	9.0	63	6.3	5.7	9.5	14	97	9.7	8.7	15	22	155	16	14	23	35

公差等级		IT10					IT11					IT12				IT13			
公称尺寸(mm)		T	A	u_1			T	A	u_1			T	A	u_1		T	A	u_1	
大于	至			Ⅰ	Ⅱ	Ⅲ			Ⅰ	Ⅱ	Ⅲ			Ⅰ	Ⅱ			Ⅰ	Ⅱ
—	3	40	4.0	3.6	6.0	9.0	60	6.0	5.4	9.0	14	100	10	9.0	15	140	14	13	21
3	6	48	4.8	4.3	7.2	11	75	7.5	6.8	11	17	120	12	11	18	180	18	16	27
6	10	58	5.8	5.2	8.7	13	90	9.0	8.1	14	20	150	15	14	23	220	22	20	33
10	18	70	7.0	6.3	11	16	110	11	10	17	25	180	18	16	27	270	27	24	41
18	30	84	8.4	7.6	13	19	130	13	12	20	29	210	21	19	32	330	33	30	50
30	50	100	10	9.0	15	23	160	16	14	24	36	250	25	23	38	390	39	35	59
50	80	120	12	11	18	27	190	19	17	29	43	300	30	27	45	460	46	41	69
80	120	140	14	13	21	32	220	22	20	33	50	350	35	32	53	540	54	49	81
120	180	160	16	15	24	36	250	25	23	38	56	400	40	36	60	630	63	57	95
180	250	185	18	1	28	42	290	29	26	44	65	460	46	41	69	720	72	65	110
250	315	210	21	19	32	47	320	32	29	48	72	520	52	47	78	810	81	73	120
315	400	230	23	21	35	52	360	36	32	54	81	570	57	51	80	890	89	80	130
400	500	250	25	23	38	56	400	40	36	60	90	630	63	57	95	970	97	87	150

具体选择哪一种方案,要结合工件的尺寸、功能要求及其重要程度、尺寸公差等级、测量不确定度和工艺能力等因素综合考虑。具体原则是:

(1)对要求符合包容要求的尺寸、公差等级高的尺寸,其验收极限按方法1确定。

(2)对工艺能力指数 $C_p \geq 1$ 时,其验收极限可以按方法2确定(工艺能力指数 C_p 值是工件公差 T 与加工设备工艺能力 C_σ 的比值。C 为常数,工件尺寸遵循正态分布时 $C=6$;σ 为加工设备的标准偏差)。但采用包容要求时,在最大实体尺寸一侧仍应按内缩方式确定验收极限。

(3)对偏态分布的尺寸,尺寸偏向的一边应按方法1确定。

(4)对非配合和一般公差的尺寸,其验收极限按方法2确定。

3. 计量器具的选择原则

计量器具的选择主要取决于计量器具的技术指标和经常指标。选用时应考虑:

(1)选择的计量器具应与被测工件的外形位置、尺寸的大小及被测参数特性相适应,使所选计量器具的测量范围能满足工件的要求。

(2)选择计量器具应考虑工件的尺寸公差,使所选计量器具的不确定度值既要保证测量精度要求,又要符合经济性要求。

为了保证测量的可靠性和量值的统一,国家标准规定:按照计量器具的测量不确定度允许值 u_1 选择计量器具。u_1 值见表6-2。u_1 值分为Ⅰ、Ⅱ、Ⅲ挡,分别约为工件公差的1/10、1/6和1/4。一般情况下,优先选用Ⅰ挡,其次为Ⅱ挡、Ⅲ挡。选用计量器具时,应使所选测量器具的不确定度 u_1' 等于或小于表6-2所列的 u_1 值,($u_1' \leq u_1$)。各种普通计量器具的不确定度 u_1' 见表6-3、表6-4。

表6-2 指示表的不确定度 单位:mm

尺寸范围		所使用的计量器具			
		分度值为0.001的千分表(0级在全程范围内,1级在0.2 mm内) 分度值为0.002的千分表(1转范围内)	分度值为0.001、0.002、0.005的千分表(1级在全程范围内) 分度值为0.01的百分表(0级在任意1 mm内)	分度值为0.01的百分表(0级在全程范围内,1级在任意1 mm内)	分度值为0.01的百分表(1级在全程范围内)
大于	至	不确定度 u_1'			
0	115	0.005	0.01	0.018	0.30
115	315	0.006			

表6-3 千分尺和游标卡尺的不确定度 单位:mm

尺寸范围		计量器具类型			
		分度值0.01外径千分尺	分度值0.01内径千分尺	分度值0.02游标卡尺	分度值0.05游标卡尺
大于	至	不确定度 u_1'			
0	50	0.094	0.008	0.020	0.05
50	100	0.005			
100	150	0.006			

续表

尺寸范围		计量器具类型			
		分度值 0.01 外径千分尺	分度值 0.01 内径千分尺	分度值 0.02 游标卡尺	分度值 0.05 游标卡尺
150	200	0.007			
200	250	0.008	0.013	0.020	0.05
250	300	0.009			
300	350	0.010			
350	400	0.011			
400	450	0.012	0.020		0.100
450	500	0.013	0.025		
500	600				
600	700		0.030		
700	1 000				0.150

注：①当采用比较测量时，千分尺的不确定度可小于本表规定的数值，一般可减小 40%。

②考虑到某些车间的实际情况，当从本表中选用的计量器具不确定度（u_1'）需在一定范围内大于国家标准 GB/T 3177—2009 规定的 u_1 值时，须按式：$A'=u_1'/0.9$ 重新计算出相应的安全裕度。

表 6-4　比较仪的不确定度　　单位：mm

尺寸范围		所使用的计量器具			
		分度值为 0.000 5（相当于放大倍数 2 000 倍）的比较仪	分度值为 0.001（相当于放大倍数 1000 倍）的比较仪	分度值为 0.002（相当于放大倍数 400 倍）的比较仪	分度值为 0.005（相当于放大倍数 250 倍）的比较仪
大于	至	不确定度 u_1'			
0	25	0.000 6	0.001 0	0.001 7	
25	40	0.000 7			
40	65	0.000 8	0.001 1	0.001 8	0.003 0
65	90	0.000 8			
90	115	0.000 9	0.001 2	0.001 9	
115	165	0.001 0	0.001 3		
165	215	0.001 2	0.001 4	0.002 0	
215	265	0.001 4	0.001 6	0.002 1	0.003 5
265	315	0.001 6	0.001 7	0.002 2	

【例 6-1】　被检验零件尺寸为轴 $\phi65e9Ⓔ$，试确定验收极限、选择适当的计量器具。

【解】①由极限与配合标准中查得：$\phi65e9$ 的极限偏差为 $\phi65_{-0.134}^{-0.060}$。

②由表 6-1 中查得安全裕度：$A=7.4\ \mu m$，测量不确定度允许值：$u_1=6.7\ \mu m$。因为此工件尺寸遵循包容要求，应按照方案 1 的原则确定验收极限，则

$$上验收极限=\phi65-0.060-0.007\,4=\phi64.932\,6$$

$$下验收极限=\phi65-0.134+0.007\,4=\phi64.893\,4$$

③由表 6-3 查得分度值为 0.01 mm 的外径千分尺,在尺寸大于 50~100 mm 内,不确定度数 $u_1'=0.005$ mm,因 $0.005<u_1=0.0067$,故可满足使用要求。

【例 6-2】 被检验零件为孔 ϕ130H10E,工艺能力指数 $C_p=1.2$,试确定验收极限,并选择适当的计量器具。

【解】①由极限与配合标准中查得:ϕ130H10 的极限偏差为 $\phi130^{+0.16}_{0}$。

②由表 6-1 中查得安全裕度 $A=16$ μm ,因 $C_p=1.2>1$,其验收极限可以按方案 2 确定,即一边 $A=0$,但因该零件尺寸遵循包容要求,因此,其最大实体极限一边的验收极限仍按方案 1 确定,则有

$$上验收极限=\phi(130+0.16)=\phi130.16$$

$$下验收极限=\phi(130+0+0.016)=\phi130.016$$

③由表 6-1 中按优先选用 I 档的原则,查得计量器具不确定度允许值 $u_1=15$ μm,由表 6-3 查得,分度值为 0.01 mm 的内径千分尺在尺寸 100~150 mm 范围内,不确定度为 $0.008<u_1=0.015$ mm,故可满足使用要求。

6.2 光滑极限量规

光滑极限量规是指被检验工件为光滑孔或光滑轴所用的极限量规的总称,简称量规。在大批量生产时,为了提高产品质量和检验效率而采用量规,量规结构简单、使用方便,省时可靠,并能保证互换性。因此,量规在机械制造中得到了广泛的应用。

6.2.1 量规的用途

量规是一种无刻度定值专用量具,用它来检验工件时,只能判断工件是否在允许的极限尺寸范围内,而不能测量出工件的实际尺寸。当图样上被测要素的尺寸公差和形位公差按独立原则标注时,一般使用通用计量器具分别测量。当单一要素的尺寸公差和形状公差采用包容要求标注时,则应使用量规来检验,把尺寸误差和形状误差都控制在尺寸公差范围内。

检验孔用的量规称为塞规,如图 6-2(a)所示;检验轴用的量规称为卡规(或环规),如图 6-2(b)所示。塞规和卡规(或环规)统称量规,量规有通规和止规之分,量规通常成对使用。通规控制被测零件的作用尺寸,止规控制其提取要素的局部实际尺寸。

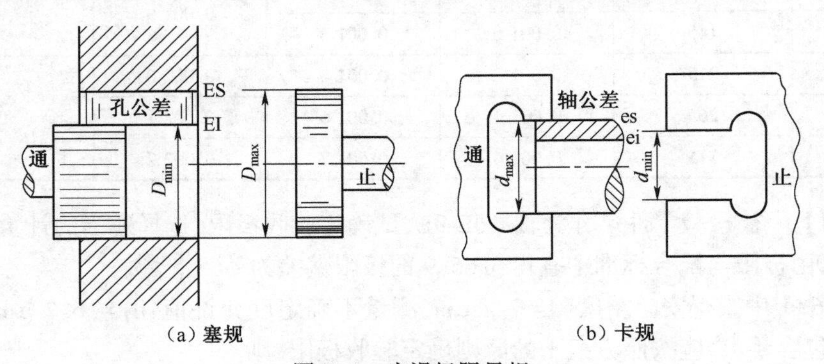

(a) 塞规　　(b) 卡规

图 6-2　光滑极限量规

塞规的通规以被检验孔的最大实体尺寸(下极限尺寸)作为公称尺寸,塞规的止规以被检

验孔的最小实体尺寸(上极限尺寸)作为公称尺寸。检验工件时,塞规的通规应通过被检验孔,表示被被检验孔的体外作用尺寸大于下极限尺寸(最大实体边界尺寸);止规应不能通过被检验孔,表示被检验孔实际尺寸小于上极限尺寸。当通规通过被检验孔而止规不能通过时,说明被检验孔的尺寸误差和形状误差都控制在尺寸公差范围内,被检孔是合格的。

卡规的通规以被检验轴的最大实体尺寸(上极限尺寸)作为公称尺寸,卡规的止规以被检验轴的最小实体尺寸(下极限尺寸)作为公称尺寸。检验轴时,卡规的通规应通过被检验轴,表示被被检验轴的体外作用尺寸小于上极限尺寸(最大实体边界尺寸);止规应不能通过被检验轴,表示被检验轴实际尺寸大于下极限尺寸。当通规通过被检验轴而止规不能通过时,说明被检验轴的尺寸误差和形状误差都控制在尺寸公差范围内,被检验轴是合格的。

综上所述,量规的通规用于控制工件的体外作用尺寸,止规用于控制工件的局部实际尺寸。用量规检验工件时,其合格的标志是通规能通过,止规不能通过;否则即为不合格。因此,用量规检验工件时,必须通规和止规成对使用,才能判断被检验孔或轴是否合格。

6.2.2 量规的种类

量规按其用途不同分为工作量规、验收量规和校对量规三种。

1. 工作量规

工作量规是生产过程中操作者检验工件时所使用的量规。通常用代号“T”表示,止规用代号“Z”表示。

2. 验收量规

验收量规是验收工件时,检验人员或用户代表所使用的量规。验收量规一般不需要另行制造,它的通规是从磨损较多,但未超过磨损极限的工作量规中挑选出来的,验收量规的止规应接近工件的最小实体尺寸。这样,操作者用工作量规自检合格的工件,当检验人员用验收量规验收时也一定合格。

3. 校对量规

校对量规是检验轴用工作量规的量规。用以检查轴用工作量规在制造时是否符合制造公差,使用中是否已达到磨损极限,校对量规有三种,其名称、代号、用途等见表6-5。

表6-5 校对量规

量规形状	检验对象		量规名称	量规代号	功　能	判断合格的标志
塞规	轴用工作量规	通规	校通-通	TT	防止通规制造时尺寸过小	通过
		止规	校止-通	ZT	防止止规制造时尺寸过小	通过
		通规	校通-损	TS	防止通规使用中磨损过大	不通过

6.2.3 量规的形状要求

通规用来控制工件的体外作用尺寸,它的测量面应是与孔或轴形状相对应的完整表面(即全形量规),且测量长度等于配合长度。止规用来控制工件的实际尺寸,它的测量面应是点状的(即不全形量规),且测量长度尽可能短些,止规表面与工件是点接触。

用符合泰勒原则的量规检验工件时,若通规能通过并且止规不能通过,则表示工件合格;否则即为不合格。

如图 6-3 所示,孔的实际轮廓已超出尺寸公差带,应为不合格品。用全形量规检验时不能通过;而用点状止规检验,虽然沿 X 方向不能通过,但沿 Y 方向却能通过。于是,该孔被正确地判断为废品。反之,若用两点状通规检验,则可能沿 Y 轴方向通过,用全形止规检验,则不能通过。这样一来,由于量规的测量面形状不符合泰勒原则,结果导致把该孔误判为合格。

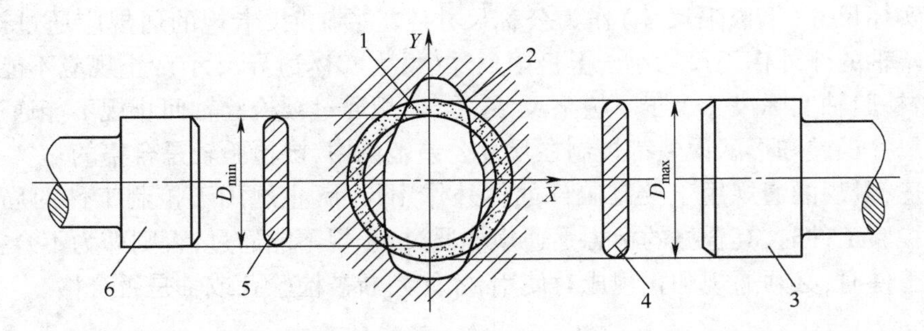

图 6-3 量规形式对检验结果的影响

1—孔公差带;2—工件实际轮廓;3—全形塞规的止规;4—不全形塞规的止规;
5—不全形塞规的通规;6—全形塞规的通规

在量规的实际应用中,由于量规制造和使用方面的原因,要求量规形状完全符合泰勒原则是有一定困难的。因此国家标准规定,在被检验工件的形状误差不影响配合性质的条件下,允许使用偏离泰勒原则的量规。例如,对于尺寸大于 100 mm 的孔,为了不让量规过于笨重,通规很少制成全形轮廓。同样,为了提高检验效率,检验大尺寸轴的通规也很少制成全形环规。此外,全形环规不能检验已装夹在顶尖上的被加工零件以及曲轴零件等。当采用不符合泰勒原则的量规检验工件时,应在工件的多方位上作多次检验,并从工艺上采取措施以限制工件的形状误差。

6.2.4 量规公差带

虽然量规是一种精密的检验工具,量规的制造精度比被检验工件的精度要求更高,但在制造时也不可避免地会产生误差,不可能将量规的工作尺寸正好加工到某一规定值,因此对量规也必须规定制造公差。

由于通规在使用过程中经常通过工件,因而会逐渐磨损。为了使通规具有一定的使用寿命,应当留出适当的磨损储备量,因此对通规应规定磨损极限,即将通规公差带从最大实体尺寸向工件公差带内缩一个距离;而止规通常不通过工件,所以不需要留磨损储备量,故将止规公差带放在工件公差带内紧靠最小实体尺寸处。校对量规也不需要留磨损储备量。

1. 工作量规的公差带

国家标准 GB/T 1957—2006 规定量规的公差带不得超越工件的公差带,这样有利于防止误收,保证产品质量与互换性。但有时会把一些合格的工件检验成不合格,实质上缩小了工件公差范围,提高了工件的制造精度。工作量规的公差带分布如图 6-4 所示。图 6-4 中 T_1 为量规制造公差,Z_1 为位置要素(即通规制造公差带中心到工件最大实体尺寸之间的距离),T_1、Z_1 的大小取决于工件公差的大小。国家标准规定的 T_1 值和 Z_1 值见表 6-6。通规的磨损极限尺寸等于工件的最大实体尺寸。

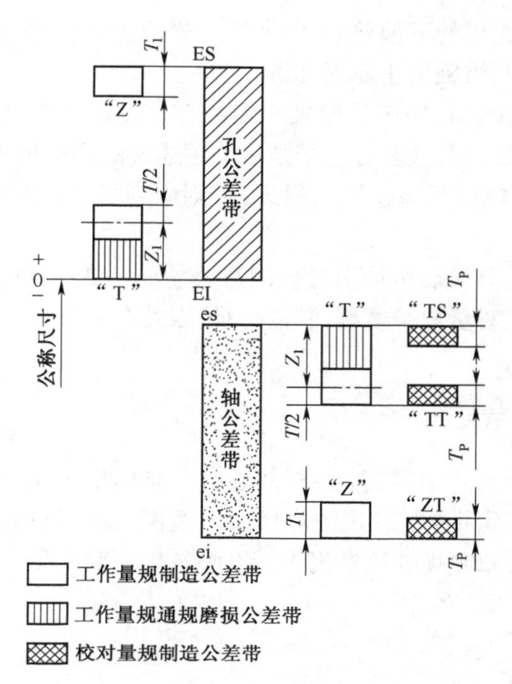

图 6-4 量规的公差带分布

表 6-6 量规制造公差 T_1 值和位置要素 Z_1 值(摘自 GB/T 1957—2006) 单位:μm

工件公称尺寸(mm)	IT6			IT7			IT8			IT9			IT10			IT11			IT12		
	IT6	T_1	Z_1	IT7	T_1	Z_1	IT8	T_1	Z_1	IT9	T_1	Z_1	IT10	T_1	Z_1	IT11	T_1	Z_1	IT12	T_1	Z_1
~3	6	1.0	1.0	10	1.2	1.6	14	1.6	2.0	25	2.0	3	40	2.4	4	60	3	6	100	4	9
>3~6	8	1.2	1.4	12	1.4	2	18	2	2.6	30	2.4	4	48	3	5	75	4	8	120	5	11
>6~10	9	1.4	1.6	15	1.8	2.4	22	2.4	3.2	36	2.8	5	58	3.6	6	90	5	9	150	6	13
>10~18	11	1.6	2	18	2	2.8	27	2.8	4	43	3.4	6	70	4	8	110	6	11	180	7	15
>18~30	13	2	2.4	21	2.4	3.4	33	3.4	5	52	4	7	84	5	9	130	7	13	210	8	18
>30~50	16	2.4	2.8	25	3	4	39	4	6	62	5	8	100	6	11	160	8	16	250	10	22
>50~80	19	2.8	3.4	30	3.6	4.6	46	4.6	7	74	6	9	120	7	13	190	9	19	300	12	26
>80~120	22	3.2	3.8	35	4.2	5.4	54	5.4	8	87	7	10	140	8	15	220	10	22	350	14	30
>120~180	25	3.8	4.4	40	4.8	6	63	6	9	100	8	12	160	9	18	250	12	25	400	16	35
>180~250	29	4.4	5	46	5.4	7	72	7	10	115	9	14	185	10	20	290	14	29	460	18	40
>250~315	32	4.8	5.6	52	6	8	81	8	11	130	10	16	210	12	22	320	16	32	520	20	45
>315~400	36	5.4	6.2	57	7	9	89	9	12	140	11	18	230	14	25	360	18	36	570	22	50
>400~500	40	6	7	63	8	10	97	10	14	155	12	20	250	16	28	400	20	40	630	24	55

2. 校对量规的公差带

校对量规的公差带如图 6-4 所示。

(1)校通—通(代号"TT"):用在轴用通规制造时,其作用是防止通规尺寸小于其最小极限尺寸,故其公差带是从通规的下偏差起,向轴用通规公差带内分布。检验时,该校对塞规应通过轴用通规,否则应判断该轴用通规不合格。

(2)校止—通(代号"ZT"):用在轴用止规制造时,其作用是防止止规尺寸小于其最小极限尺寸,故其公差带是从止规的下偏差起,向轴用止规公差带内分布。检验时,该校对塞规应通过轴用止规,否则应判断该轴用止规不合格。

(3)校通—损(代号“TS”):用于检验轴用通规在使用时磨损情况,其作用是防止轴用通规在使用中超过磨损极限尺寸,故其公差带是从轴用通规的磨损极限起,向轴用通规公差带内分布。检验时,该校对塞规应不通过轴用通规,否则应判断所校对的轴用通规已达到磨损极限,不应该继续使用。

校对量规的尺寸公差取被校对轴用量规制造公差的 1/2,校对量规的形状公差应控制在其尺寸公差带内。由于校对量规精度高,制造困难,因此在实际生产中通常用量块或计量器具代替校对量规。

6.2.5 量规的结构形式

光滑极限量规的结构形式很多,图 6-5、图 6-6 分别给出了几种常用的轴用和孔用量规的结构形式,表 6-7 列出了不同量规形式的应用尺寸范围,供设计时选用。更详细的内容可参见国家标准 GB/T 10920—2008《螺纹量规光滑极限量规　型式和尺寸》及有关资料。

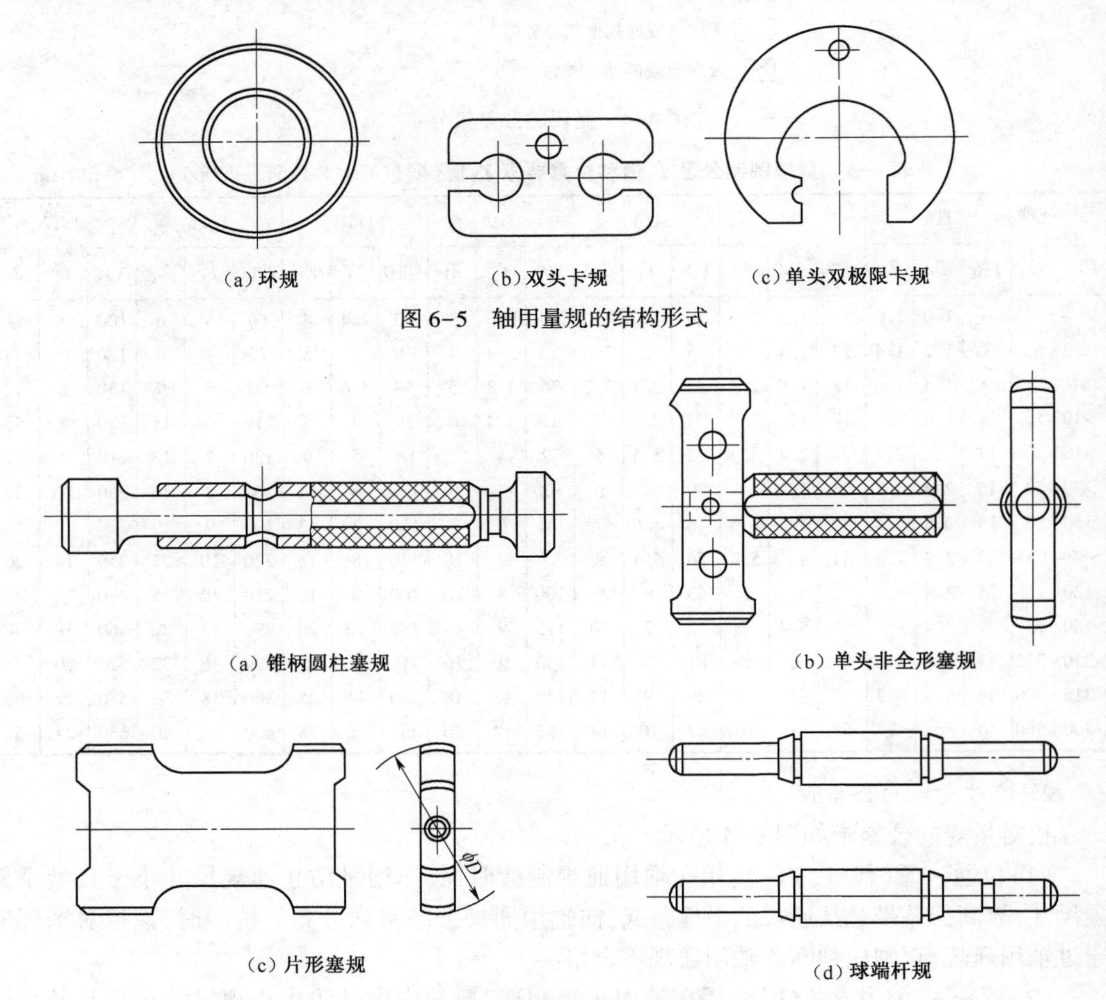

(a)环规　(b)双头卡规　(c)单头双极限卡规

图 6-5　轴用量规的结构形式

(a)锥柄圆柱塞规　(b)单头非全形塞规

(c)片形塞规　(d)球端杆规

图 6-6　孔用量规的结构形式

表 6-7 量规形式适用的尺寸范围(摘自 GB/T 1957—2006)

<table>
<tr><th rowspan="2">用途</th><th rowspan="2">推荐顺序</th><th colspan="4">量规的工作尺寸(mm)</th></tr>
<tr><th>~18</th><th>>18~100</th><th>>100~315</th><th>>315~500</th></tr>
<tr><td rowspan="2">孔用通规</td><td>1</td><td colspan="2">全形塞规</td><td>非全形塞规</td><td>球端杆规</td></tr>
<tr><td>2</td><td>—</td><td>非全形塞规或片形塞规</td><td>片形塞规</td><td>—</td></tr>
<tr><td rowspan="2">孔用止规</td><td>1</td><td>全形塞规</td><td colspan="2">全形塞规或片形塞规</td><td>球端杆规</td></tr>
<tr><td>2</td><td>—</td><td colspan="2">非全形塞规</td><td>—</td></tr>
<tr><td rowspan="2">轴用通规</td><td>1</td><td colspan="2">环规</td><td colspan="2">卡规</td></tr>
<tr><td>2</td><td colspan="2">卡规</td><td colspan="2">—</td></tr>
<tr><td rowspan="2">轴用止规</td><td>1</td><td colspan="4">卡规</td></tr>
<tr><td>2</td><td>环规</td><td colspan="3">—</td></tr>
</table>

6.3 光滑极限量规设计

量规的设计就是根据工件图样上的要求,设计出能够把工件尺寸控制在允许的公差范围内的适用量具。

6.3.1 量规设计步骤

工作量规的设计步骤一般如下:

(1)根据被检工件的尺寸大小和结构特点等因素选择量规结构形式。

(2)根据被检工件的基本尺寸和公差等级查出量规的制造公差 T_1 和位置要素 Z_1 值,画量规公差带图,计算量规工作尺寸的上、下偏差。

(3)确定量规结构尺寸、计算量规工作尺寸,绘制量规工作图,标注尺寸及技术要求。

6.3.2 量规设计原则

设计量规应遵守泰勒原则(极限尺寸判断原则),泰勒原则是指遵守包容要求的单一要素(孔或轴)的局部尺寸和几何误差综合形成的体外作用尺寸不允许超越最大实体尺寸,在孔或轴的任何位置上的实际尺寸不允许超越最小实体尺寸。

符合泰勒原则的量规如下:通规的公称尺寸应等于工件的最大实体尺寸(MMS);止规的公称尺寸应等于工件的最小实体尺寸(LMS)。

6.3.3 量规的技术要求

1. 量规材料

量规测量面的材料与硬度对量规的使用寿命有一定的影响。量规可用合金工具钢(如 CrMn、CrMnW、CrMoV),碳素工具钢(如 T10A、T12A),渗碳钢(如 15 钢、20 钢)及其他耐磨材料(如硬质合金)等材料制造。手柄一般用 Q235 钢、LY11 铝等材料制造。量规测量面硬度不应小于 700HV(或 60 HRC),并应经过稳定性处理。

2. 几何公差

国家标准规定了检验 IT6~IT16 工件的量规公差。量规的形位公差一般为量规尺寸公差的 50%。考虑到制造和测量的困难,当量规的尺寸公差小于 0.002 mm 时,其形位公差仍取 0.001 mm。

3. 表面粗糙度

量规测量面不应有锈迹、毛刺、黑斑、划痕等明显影响外观和使用质量的缺陷。量规测量面的表面粗糙度参数 Ra 的上限值见表 6-8。

表 6-8 量规测量面的表面粗糙度 *Ra*(摘自 GB/T 1957—2006) 单位:μm

工作量规	工作量规的基本尺寸		
	≤120(mm)	>120~315(mm)	>315~500(mm)
IT6 级孔用量规	0.05	0.10	0.20
IT6~IT9 级轴用量规 IT7~IT9 级孔用量规	0.10	0.20	0.40
IT10~IT12 级孔/轴用量规	0.20	0.40	0.80
IT13~IT16 级孔/轴用量规	0.40	0.80	0.80

6.3.4 量规工作尺寸的计算

量规工作尺寸的计算步骤如下:

(1)查出被检验工件的极限偏差。

(2)查出工作量规的制造公差 T_1 和位置要素 Z_1 值,并确定量规的几何公差。

(3)画出工件和量规的公差带图。

(4)计算量规的极限偏差。

(5)计算量规的极限尺寸以及磨损极限尺寸。

6.3.5 量规设计应用举例

【例 6-3】 设计检验 ϕ30H8/f8 的孔、轴用工作量规。

【解】① 查表得 ϕ30H8 孔的极限偏差为:ES=+0.033 mm,EI=0 ,f8 轴的极限偏差为:es = -0.020 mm,ei =-0.053 mm。

②由表 6-6 查出工作量规制造公差 T_1 和位置要素 Z_1 值,并确定形位公差。T_1=0.003 4 mm,Z_1=0.005 mm,$T_1/2$=0.001 7 mm。

③画出工件和量规的公差带图,如图 6-7 所示。

④计算量规的极限偏差,并将极限偏差值标注在图 6-7 中。

孔用量规通规(T):

上极限偏差=EI $+Z_1+T_1/2$= 0 + 0.005 + 0.001 7 = + 0.006 7(mm)

下极限偏差=EI $+Z_1-T_1/2$= 0 + 0.005-0.001 7 = + 0.003 3(mm)

磨损极限偏差=EI=0

孔用量规止规(Z):

上极限偏差=ES= + 0.033 mm

下极限偏差=ES$-T_1$= + 0.033-0.003 4= + 0.029 6(mm)

轴用量规通规(T):

上极限偏差=es$-Z_1+T_1/2$=-0.020 -0.005 + 0.001 7 =-0.023 3(mm)

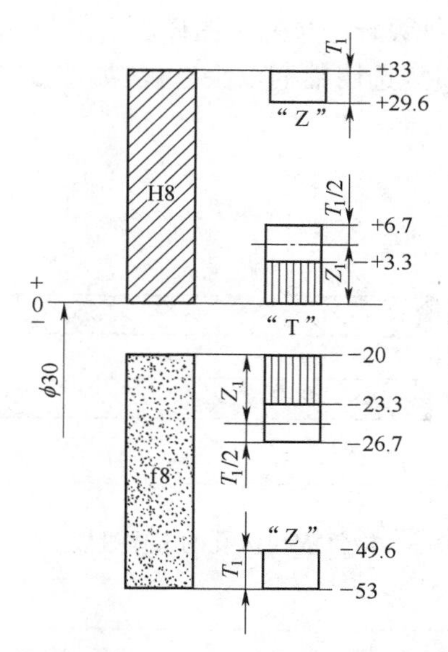

图 6-7 $\phi30H8/f8$ 孔、轴用工作量规公差带图

下极限偏差=es$-Z_1-T_1/2$=-0.020 - 0.005-0.001 7 =-0.026 7(mm)

磨损极限偏差=es=-0.020 mm

轴用量规止规(Z):

上极限偏差=ei + T_1=-0.053+0.003 4=-0.049 6(mm)

下极限偏差=ei =-0.053 mm

⑤计算量规的极限尺寸和磨损极限尺寸。

孔用量规通规:上极限尺寸= 30 + 0.006 7 = 30.006 7(mm)

下极限尺寸= 30 +0.003 3 = 30.003 3(mm)

磨损极限尺寸= 30 mm

所以塞规的通规尺寸为 $\phi30^{+0.006\,7}_{+0.003\,3}$,按工艺尺寸标注为 $\phi30.006\,7^{\ 0}_{-0.003\,4}$。

孔用量规止规:上极限尺寸= 30 + 0.033 = 30.033(mm)

下极限尺寸= 30 + 0.029 6 = 30.029 6(mm)

所以塞规的止规尺寸为 $\phi30^{-0.033\,0}_{-0.029\,6}$,按工艺尺寸标注为 $\phi30.033^{\ 0}_{-0.003\,4}$。

轴用量规通规:上极限尺寸= 30-0.023 3 = 29.976 7(mm)

下极限尺寸= 30-0.026 7 = 29.973 3(mm)

磨损极限尺寸= 29.98 mm

所以卡规的通规尺寸为 $\phi30^{-0.023\,3}_{-0.026\,7}$,按工艺尺寸标注为 $\phi29.973\,3^{+0.003\,4}_{\ 0}$。

轴用量规止规:上极限尺寸= 30-0.049 6= 29.950 4(mm)

下极限尺寸= 30-0.053= 29.947(mm)

所以卡规的止规尺寸为 $\phi30^{-0.049\,6}_{-0.053\,0}$,按工艺尺寸标注为 $\phi29.947^{+0.003\,4}_{\ 0}$。

在使用过程中,量规的通规不断磨损,如塞规通规尺寸可以小于 $\phi30.003\,3$,但当其尺寸接近磨损极限尺寸 $\phi30$ 时,就不能再用作工作量规,而只能转为验收量规使用;当通规尺寸磨损到 $\phi30$ 时,通规应报废。

⑥按量规的常用形式绘制量规图样并标注工作尺寸。

绘制量规的工作图样,就是把设计结果通过图样表示出来,从而为量规的加工制造提供技术依据。上述设计例子中孔用量规选用锥柄双头塞规,如图 6-8 所示;轴用量规选用单头双极限卡规,如图 6-9 所示。

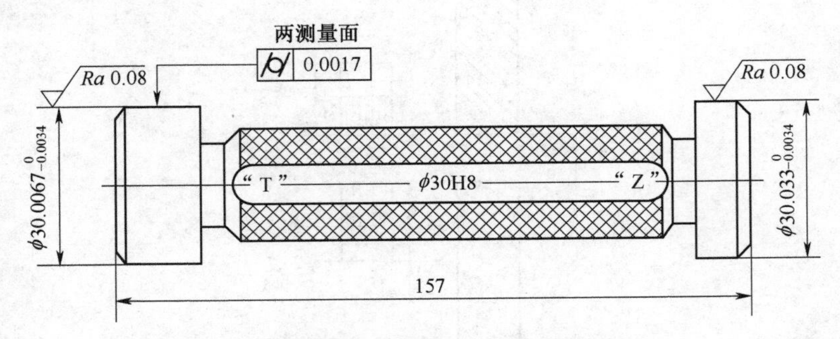

图 6-8　检验 ϕ30H8 孔的工作量规工作图

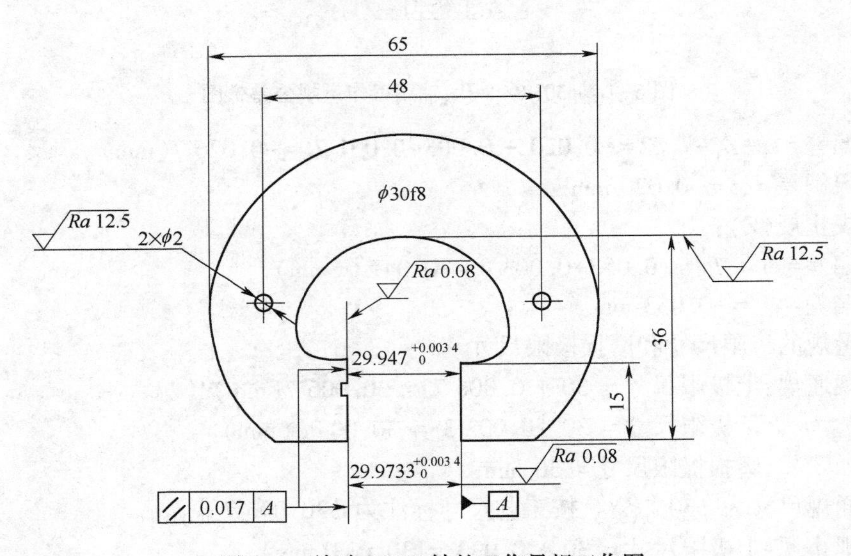

图 6-9　检验 ϕ30f8 轴的工作量规工作图

习　题　6

6-1　误收和误废是怎样造成的?

6-2　被测工件为 ϕ50f8,试确定验收极限并选择合适的测量器具。

6-3　试述光滑极限量规的作用和分类。

6-4　量规的通规和止规按工件的什么尺寸制造?分别控制工件的什么尺寸?

6-5　孔、轴用工作量规的公差带是如何分布的?其特点是什么?

6-6　用量规检验工件时,为什么总是成对使用?被检验工件合格的标志是什么?

6-7　根据泰勒原则设计的量规,对量规测量面的形式有何要求?在实际应用中是否可以偏离泰勒原则?

6-8　设计检验 ϕ55H9/d9 的工作量规工作尺寸,并画出量规公差带图。

7

常用结合件的互换性

滚动轴承、键、螺纹的公差与配合；精度等级、表面粗糙度、形位公差选择原则。

7.1 滚动轴承的公差与配合

滚动轴承是机器中一种重要的标准部件。它由专业工厂生产，供各种机械选用。滚动轴承工作时，要求运转平稳、旋转精度高、噪声小，其工作性能和使用寿命不仅取决于本身的制造精度，还与它相配合的轴径和轴承座孔的尺寸精度、形位精度和表面粗糙度等因素有关。

7.1.1 滚动轴承的组成和形式

滚动轴承一般由内圈、外圈、滚动体和保持架4部分组成[图7-1(a)]。

滚动轴承的形式很多。按滚动体的形状不同，可分为球轴承和滚子轴承；按受负荷的作用方向，则可分为向心轴承、推力轴承、向心推力轴承，如图7-1所示。

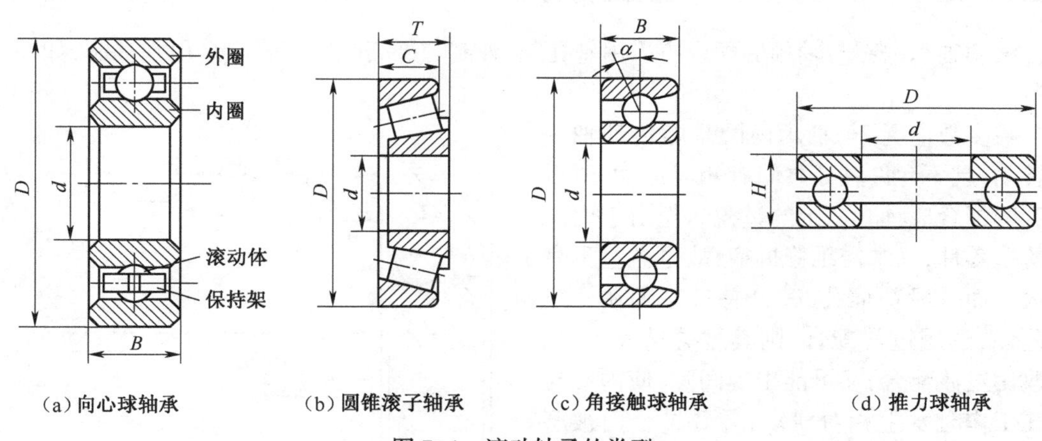

(a) 向心球轴承　(b) 圆锥滚子轴承　(c) 角接触球轴承　(d) 推力球轴承

图7-1　滚动轴承的类型

通常，滚动轴承内圈装在传动轴的轴颈上，随轴一起旋转，以传递扭矩；外圈固定于机体孔中，起支承作用。因此，内圈的内径(d)和外圈的外径(D)是滚动轴承与结合件配合的公称尺寸。

设计机械需采用滚动轴承时，除了确定滚动轴承的型号外，还必须选择滚动轴承的精度等级、滚动轴承与轴和外壳孔的配合、轴和外壳孔的几何公差及表面粗糙度参数。

7.1.2 滚动轴承的精度等级及其应用

1. 滚动轴承的精度等级

滚动轴承的精度是按其外形尺寸公差和旋转精度分级的。外形尺寸公差是指成套轴承的内径、外径和宽度的尺寸公差;旋转精度包括轴承内外圈的径向跳动、轴承内外圈端面对滚道的跳动;内圈基准端面对内孔的跳动;外径表面母线对基准端面的倾斜度变动量等。

根据国家标准 GB/T 307.3—2017《滚动轴承　通用技术规则》规定,向心轴承(圆锥滚子轴承除外)按其公称尺寸精度和旋转精度分为 0、6、5、4、2 五个精度等级,精度依次升高;其中,仅向心轴承有 2 级;圆锥滚子轴承精度分为 0、6x、5、4 共 4 个等级;推力轴承精度分为 0、6、5、4 共 4 个等级。

2. 滚动轴承精度等级的选用

滚动轴承各级精度的应用情况如下:

0 级轴承(普通精度级)应用在中等负荷、中等转速和旋转精度要求不高的一般机构中,如减速机的旋转机构;普通机床、汽车和拖拉机的变速机构和普通电动机、水泵、压缩机的旋转机构的轴承。

6(6x)级(中等精度级)轴承应用于旋转精度和转速较高的旋转机构中,如普通机床的主轴轴承、精密机床传动轴使用的轴承。

5、4 级(较高级、高级)轴承应用于旋转精度高和转速高的旋转机构中,如精密机床的主轴轴承、精密仪器和仪表的主要轴承。

2 级(精密级)轴承应用于旋转精度和转速很高的旋转机构中,如精密坐标镗床的主轴轴承、高精度齿轮磨床、高精度仪器和高转速机构中使用的轴承。

7.1.3 滚动轴承与轴、外壳孔的配合特点

滚动轴承内圈与轴颈的配合应采用基孔制,外圈与外壳孔的配合应采用基轴制,如图 7-2 所示。

在多数情况下,轴承内圈是随传动轴一起转动,且不允许轴孔之间有相对运动,所以两者的配合应具有一定的过盈。但由于内圈是薄壁零件,又常需维修拆换,故过盈量不宜过大。而一般基准孔,其公差带布置在零线上侧,若选用过盈配合,则其过盈量太大;如果改用过渡配合,又可能出现间隙,使内圈与轴在工作时发生相对滑动,导致结合面被磨损。因此,在采用相同的轴公差带的前提下,其所得到配合比一般基孔制的相应配合要紧些。当其与 k6、m6、n6 等轴构成配合时,将获得比一般基孔制过渡配合规定的过盈量稍大的过盈配合;当与 g6、h6 等轴构成配合时,不再是间隙配合,而成为过渡配合,如图 7-3 所示。

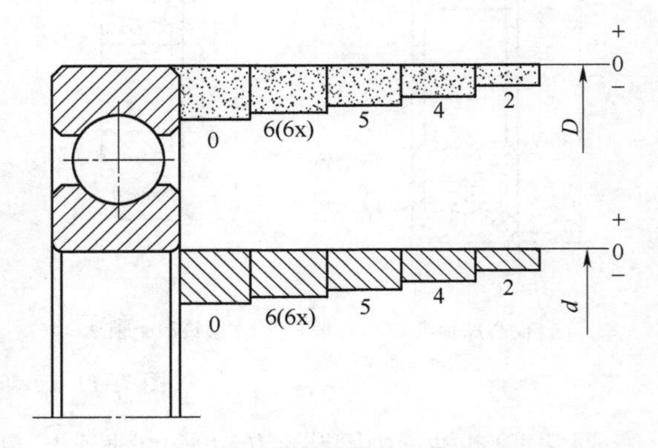

图 7-2　滚动轴承内、外径公差带

国家标准 GB/T 275—2015《滚动轴承　配合》中对 0 级轴承配合的轴颈规定了 17 种公差

带,对外壳孔规定了16种公差带,如图7-3和图7-4所示。

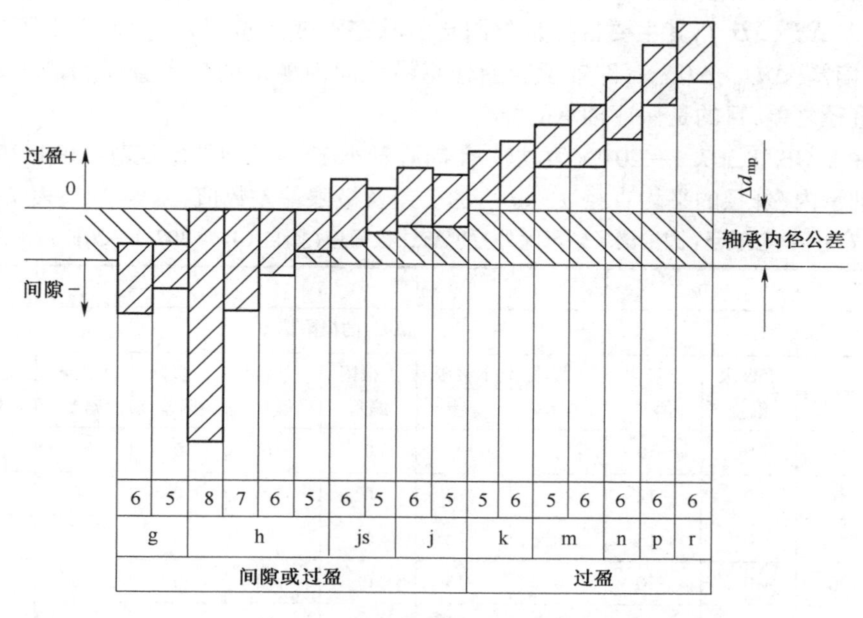

图7-3 与滚动轴承配合的轴颈的常用公差带

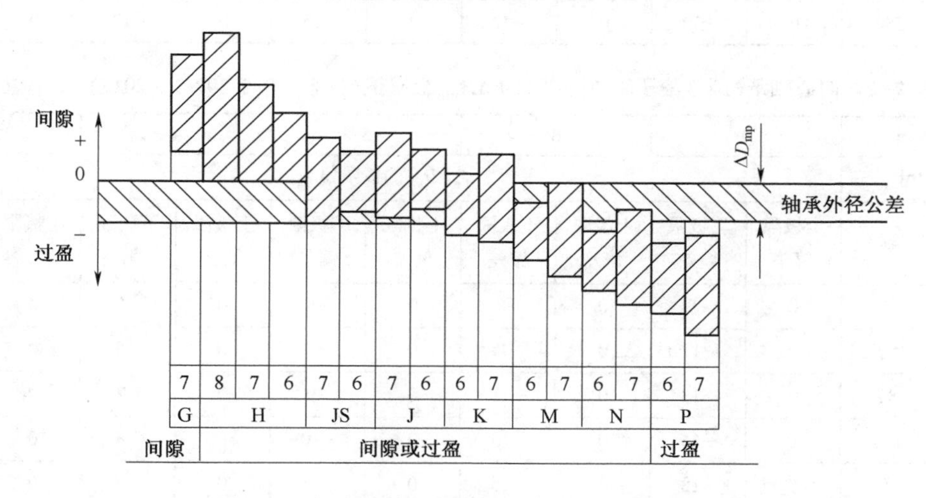

图7-4 与滚动轴承配合的外壳孔的常用公差带

7.1.4 滚动轴承配合的选择

选择滚动轴承配合之前,必须首先确定轴承的精度等级。精度等级确定后,轴承内、外圈基准结合面的公差带也就随之确定。因此,选择配合其实就是选择与内圈结合的轴的公差带及与外圈结合的孔的公差带。

1. 滚动轴承的内外径公差带

滚动轴承的内、外圈,都是厚度比较小的薄壁零件。在其加工和未与轴、外壳孔装配的自由状态下,容易变形(如变成椭圆形),但在装入外壳孔和轴上之后,这种变形又容易得到一定的矫正。因此国家标准为分别控制滚动轴承的配合性质和自由状态下的变形量,对其内、外径尺寸公差做了两种规定:一种是规定了内外径尺寸的最大值和最小值所允许的偏差(即单一内、外径偏差 Δd_s、ΔD_s),其主要目的是限制自由状态下变形量;另一种是规定了单一平面平均内、外径偏差(Δd_{mp}、ΔD_{mp}),即轴承套圈任意横截面内测得的最大直径和最小直径的平均值与公称直径之差,目的是保证轴承的配合。

国家标准 GB/T 307.1—2017《滚动轴承 向心轴承 产品几何技术规范(GPS)和公差值》规定的向心轴承内、外径的平均直径 d_{mp}、D_{mp} 的公差及极限偏差数值,见表 7-1、表 7-2。

表 7-1 向心轴承(圆锥滚子轴承除外)的 Δd_{mp} 极限值(摘自 GB/T 307.1—2017) 单位:μm

精度等级		0		6		5		4		2	
公称尺寸		Δd_{mp} 的极限偏差									
大于	到	上极限偏差	下极限偏差	上极限偏差	下极限偏差	上极限偏差	下极限偏差	上极限偏差	下极限偏差	上极限偏差	下极限偏差
18	30	0	−10	0	−8	0	−6	0	−5	0	−2.5
30	50	0	−12	0	−10	0	−8	0	−6	0	−2.5
50	80	0	−15	0	−12	0	−9	0	−7	0	−4
80	120	0	−20	0	−15	0	−10	0	−8	0	−5
120	180	0	−25	0	−18	0	−13	0	−10	0	−7
180	250	0	−30	0	−22	0	−15	0	−12	0	−8

表 7-2 向心轴承(圆锥滚子轴承除外)的 ΔD_{mp} 极限值(摘自 GB/T 307.1—2017) 单位:μm

精度等级		0		6		5		4		2	
公称尺寸		ΔD_{mp} 的极限偏差									
大于	到	上极限偏差	下极限偏差	上极限偏差	下极限偏差	上极限偏差	下极限偏差	上极限偏差	下极限偏差	上极限偏差	下极限偏差
18	30	0	−9	0	−8	0	−6	0	−5	0	−4
30	50	0	−11	0	−9	0	−7	0	−6	0	−4
50	80	0	−13	0	−11	0	−9	0	−7	0	−4
80	120	0	−15	0	−13	0	−10	0	−8	0	−5
120	150	0	−18	0	−15	0	−11	0	−9	0	−5
150	180	0	−25	0	−18	0	−13	0	−10	0	−7
180	250	0	−30	0	−20	0	−15	0	−11	0	−8

2. 轴和外壳孔公差带的选用

正确地选用轴和外壳孔的公差带,对于充分发挥轴承的技术性能和保证机构的运转质量、使用寿命有着重要的意义。

影响公差带选用的因素较多,如轴承的工作条件(载荷类型、载荷大小、工作温度、旋转精度、轴向游隙),配合零件的结构、材料及安装与拆卸的要求等。一般根据轴承所承受的载荷类型和大小来决定。

1)运转条件

作用在轴承上的合成径向载荷,是由定向载荷和旋转载荷合成的。若合成径向载荷的作用方向是固定不变的,则称为定向载荷(如传动带的拉力、齿轮的传递力);若合成径向载荷的作用方向是随套圈(内圈或外圈)一起旋转的,则称为旋转载荷(如镗孔时的切削力)。根据套圈工作时相对于合成径向载荷的方向,可将载荷分为三种类型:局部载荷、循环载荷和摆动载荷。

局部载荷:作用在轴承上的合成径向载荷与套圈相对静止,即作用方向始终不变地作用在套圈滚道的局部区域上,该套圈所承受的这种载荷,称为局部载荷[图 7-5(a)所示的外圈和图 7-5(b)所示的内圈]。

循环载荷:作用于轴承上的合成径向载荷与套圈相对旋转,即合成径向载荷顺次地作用在套圈滚道的整个圆周上,套圈所承受的这种载荷,称为循环载荷。例如轴承承受一个方向不变的径向载荷 R_g,旋转套圈所承受的载荷性质即为循环载荷[图 7-5(a)所示的内圈和图 7-5(b)所示的外圈]。

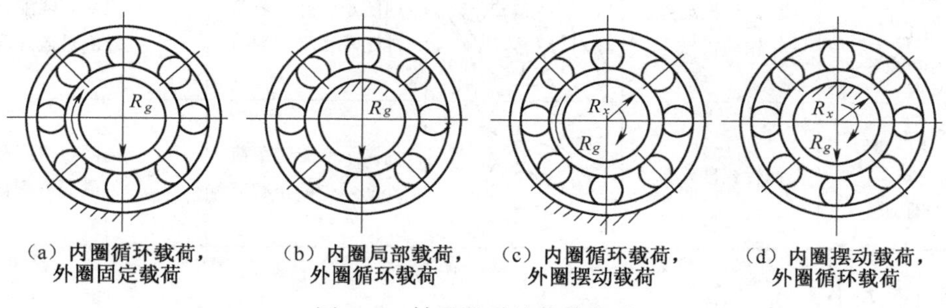

图 7-5 轴承承受的载荷类型

摆动载荷:作用于轴承上的合成径向载荷与所承受的套圈在一定区域内相对摆动,即合成径向载荷经常变动地作用在套圈滚道的局部圆周上,该套圈所承受的载荷,称为摆动载荷。

例如轴承承受一个方向不变的径载负荷 R_g,和一个较小的旋转径向载荷 R_x,两者的合成径向载荷 R,其大小与方向都在变动。但合成径向载荷 R 仅在非旋转套圈一段滚道内摆动(图 7-6),该套圈所承受的载荷性质,即为摆动载荷[图 7-5(c)所示的外圈和图 7-5(d)所示的内圈]。

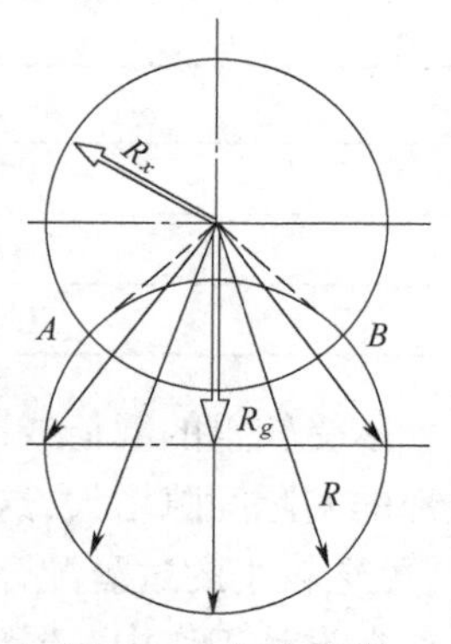

图 7-6 摆动载荷

轴承套圈承受的载荷类型不同,选择轴承配合的松紧程度也应不同。承受局部载荷的套圈,局部滚道始终受力,磨损集中,其配合应选松些(选较松的过渡配合或具有极小间隙的间隙配合)。这是为了让套圈在振动、冲击和摩擦力矩的带动下缓慢转位,以充分利用全部滚道并使磨损均匀,从而延长轴承的寿命。但配合也不能过松,否则会引起套圈在相配件上滑动而使结合面磨损。对于旋转精度及速度有要求的场合(如机床主轴和电动机轴上的轴承),则不允许套圈转位,以免影响支承精度。

承受循环载荷的套圈,滚道各点循环受力,磨损均匀,其配合应选紧些(选较紧的过渡配合或过盈量较小的过盈配合)。因为套圈与轴颈或外壳孔之间,工作时不允许产生相对滑动以免结合面磨损,并且要求在全圆周上具有稳固的支承,以保证载荷能最佳分布,从而充分发挥轴承的承载力。但配合的过盈量也不能太大,否则会使轴承内部的游隙减少以至完全消失,产生过大的接触应力,影响轴承的工作性能。承受摆动载荷的套圈,其配合松紧介于循环载荷与局部载荷之间。套圈运转及承载情况见表 7-3。

表 7-3　套圈运转及承载情况(摘自 GB/T 275—2015)

套圈运转情况	典型示例	示意图	套圈承载情况	推荐的配合
内圈旋转 外圈静止 载荷方向恒定	传动带驱动轴		内圈承受旋转载荷 外圈承受静止载荷	内圈过盈配合 外圈间隙配合
内圈静止 外圈旋转 载荷方向恒定	传送带托辊 汽车轮毂轴承		内圈承受静止载荷 外圈承受旋转载荷	内圈间隙配合 外圈过盈配合
内圈旋转 外圈静止 载荷随内圈旋转	离心机、振动筛、 振动机械		内圈承受静止载荷 外圈承受旋转载荷	内圈间隙配合 外圈过盈配合
内圈静止 外圈旋转 载荷随外圈旋转	回转式破碎机		内圈承受旋转载荷 外圈承受静止载荷	内圈过盈配合 外圈间隙配合

2)载荷的大小

滚动轴承套圈与轴颈或壳体孔配合的最小过盈,取决于载荷的大小。国家标准将当量径向载荷 P_r 分为三类:径向载荷 $P_r \leqslant 0.06C_r$ 的称为轻载荷;$0.06C_r < P_r < 0.12C_r$ 称为正常载荷;$P_r > 0.12C_r$ 的称为重载荷(C_r 为轴承的额定载荷),见表 7-4。

表 7-4　向心轴承载荷大小

载荷大小	P_r/C_r
轻载荷	≤0.6
正常载荷	>0.06~0.12
重载荷	>0.12

承受较重的载荷或冲击载荷时,将引起轴承较大的变形,使结合面间实际过盈减小和轴承内部的实际间隙增大,这时为了使轴承运转正常,应选较大的过盈配合。同理,承受较轻的载荷,可选较小的过盈配合。

在设计工作中,选择轴承的配合通常采用类比法,有时为了安全起见,才用计算法校核。用类比法确定轴颈和外壳孔的公差带时,可应用滚动轴承标准推荐的资料进行选取,见表 7-5~表 7-8。

为了保证轴承的工作质量及使用寿命,除选定轴和外壳孔的公差带之外,还应规定相应的几何公差及表面粗糙度值,国家标准推荐的几何公差及表面粗糙度值列于表 7-9 和表 7-10 中,供设计时选取。

表 7-5 向心轴承和外壳的配合(孔公差带代号)(摘自 GB/T 275—2015)

载荷情况		举例	其他情况	公差带①	
				球轴承	滚子轴承
外圈承受固定载荷	轻、正常、重	一般机械、铁路机车车辆轴箱	轴向易移动可采用剖分式轴承座	H7、G7②	
	冲击		轴向能移动、可采用整体或剖分式轴承座	J7、JS7	
方向不定载荷	轻、正常	电动机、泵、曲轴主轴承			
	正常、重		轴向不移动采用整体式轴承座	K7	
	重、冲击	牵引电动机		M7	
外圈承受旋转载荷	轻	传动带张紧轮		J7	K7
	正常	轮毂轴承		M7	N7
	重			—	N7、P7

注:①并列公差带随尺寸的增大从左至右选择。对选择精度有较高要求时,可提高相应一个公差等级。

②不适用于剖分式轴承座。

表 7-6 向心轴承和轴的配合(轴公差带代号)(摘自 GB/T 275—2015)

载荷情况			举例	深沟球轴承、调心球轴承和角接触球轴承	圆柱滚子轴承和圆锥滚子轴承	调心滚子轴承	公差带
				轴承公称内径(mm)			
内圈承受旋转载荷或方向不定载荷	轻载荷		输送机、轻载齿轮箱	≤18 >18~100 >100~200 —	— ≤40 >40~140 >140~200	— ≤40 >40~100 >100~200	h5 j6① k6① m6①
	正常载荷		一般通用机械、电动机、泵、内燃机、正齿轮传动装置	≤18 >18~100 >100~140 >140~200 >200~280 — —	— ≤40 >40~100 >100~140 >140~200 >200~400 —	— ≤40 >40~65 >65~100 >100~140 >140~280 >280~500	j5 js5 k5② m5② m6 n6 p6 r6
	重载荷		铁路机车车辆轴箱、牵引电动机、破碎机等	— — — —	>50~140 >140~200 >200 —	>50~100 >100~140 >140~200 >200	n9 p6③ r6 r7
内圈承受固定载荷	所有载荷	内圈须在轴向易移动	非旋转轴上的各种轮子	所有尺寸			f6 g6
		内圈不需要在轴向易移动	张紧轮、绳轮	所有尺寸			h6 j6
仅有轴向载荷			所有尺寸				j6、js6
	圆锥孔轴承(带锥形套)						

续表

载荷情况		举例	深沟球轴承、调心球轴承和角接触球轴承	圆柱滚子轴承和圆锥滚子轴承	调心滚子轴承	公差带
			轴承公称内径(mm)			
所有负荷	铁路机车车辆轴箱	装在退卸套上	所有尺寸			h8(IT6)④⑤
	一般机械传动	装在紧定套上	所有尺寸			h9(IT7)④⑤

注:①凡对精度有较高要求场合,应选用 j5、k5 等代替 j6、k6、m6。

②圆锥滚子轴承、角接触球轴承配合对游隙影响不大,可用 k6 和 m6 代替 k5 和 m5。

③重载下轴承游隙应选大于 N 组。

④凡有较高精度或转速要求的场合,应选用 h(IT5)代替 h8(IT6)等。

⑤IT6、IT7 表示圆柱度公差数值。

表 7-7　推力轴承的外壳孔公差带(摘自 GB/T 275—2015)

座圈工作条件		轴承类型	外壳孔公差带
纯轴向载荷		推力球轴承	H8
		推力圆柱滚子轴承	H7
		推力调心滚子轴承	注①
径向和轴向联合载荷	座圈相对于载荷方向静止或摆动	推力调心滚子轴承	H7
	座圈相对于载荷方向旋转		M7

注:外壳孔与座圈间的配合间隙 0.0001D(D 为轴承公称外径)。

表 7-8　安装推力轴承的轴径公差带(摘自 GB/T 275—2015)

轴圈工作条件		推力球和圆柱滚子轴承	推力调心滚子轴承	轴径公差带
		轴承公称内径(mm)		
纯轴向载荷		所有尺寸	所有尺寸	j6 或 js6
径向和轴向联合载荷	轴圈相对于载荷方向静止	—	≤250	j6
		—	>250	js6
	轴圈相对于载荷方向旋转或摆动	—	≤200	k6
		—	>200~400	m6
		—	>400	n6

表 7-9　轴颈和外壳孔的几何公差

公称尺寸(mm)	圆柱度				端面圆跳动			
	轴颈		外壳孔		轴肩		外壳孔肩	
	轴承精度等级							
	0	6(6X)	0	6(6X)	0	6(6X)	0	6(6X)
	公差值(μm)							
>18~30	4	2.5	6	4	10	6	15	10
>30~50	4	2.5	7	4	12	8	20	12

续表

公称尺寸(mm)	圆柱度				端面圆跳动			
	轴颈		外壳孔		轴肩		外壳孔肩	
	轴承精度等级							
	0	6(6X)	0	6(6X)	0	6(6X)	0	6(6X)
	公差值(μm)							
>50~80	5	3	8	5	15	10	25	15
>80~120	6	4	10	6	15	10	25	15
>120~180	8	5	12	8	20	12	30	20
>180~250	10	7	14	10	20	12	30	20

表 7-10　轴颈和外壳孔的表面粗糙度

轴颈和外壳孔的直径(mm)	轴或轴承座孔配合表面直径公差等级					
	IT7		IT6		IT5	
	表面粗糙度参数 *Ra* 值(μm)					
	磨	车	磨	车	磨	车
≤80	1.6	3.2	0.8	1.6	0.4	0.8
>80~500	1.6	3.2	1.6	3.2	0.8	1.6
端面	3.2	6.3	6.3	6.3	6.3	3.2

【例 7-1】 一圆柱齿轮减速器,小齿轮轴要求较高的旋转精度,装有 0 级单列深沟球轴承(型号为 310),轴承尺寸为(50×110×27)mm,额定动载荷 $C=32\ 000$ N,径向载荷 $P=4\ 000$ N。试确定与轴承配合的轴颈和外壳孔的配合尺寸和技术要求。

【解】 ①按给定条件,$P/C=4\ 000/32\ 000=0.125$,属于正常载荷。减速器的齿轮传速动力,内圈承受旋转载荷,外圈承受固定载荷。

②按轴承类型和尺寸规格,查表 7-6 可知轴颈公差带为 k5。

③查表 7-5 可知外壳孔的公差带为 G6 或 H6 均可,但由于该轴旋转精度要求较高,可相应提高一个公差等级,选定 H6。

④查表 7-9 可知轴颈的圆柱度公差为 0.004 mm,轴肩的圆跳动公差 0.012 mm,外壳孔的圆柱度公差为 0.010 mm,孔肩的圆跳动公差为 0.025 mm。

⑤查表 7-10 可知轴颈表面粗造度要求 $Ra=0.4$ μm,轴肩表面粗糙度 $Ra=1.6$ μm,外壳孔表面粗糙度 $Ra=1.6$ μm,孔肩表面粗糙度 $Ra=3.2$ μm。

⑥轴颈和外壳孔的各项公差在图样上的标注示例如图 7-7 所示。

应当指出,由于滚动轴承结合面的公差带是特别规定的,因此,在装配图上对轴承的配合,仅标注公称尺寸及轴、外壳孔的公差带代号。

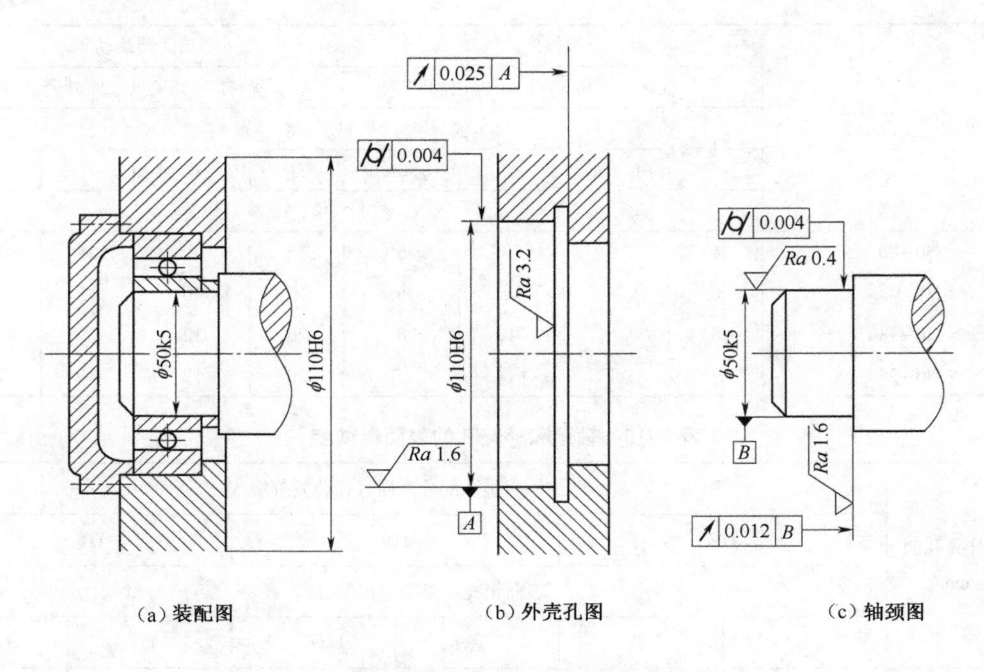

(a) 装配图　　(b) 外壳孔图　　(c) 轴颈图

图 7-7　轴颈和外壳孔公差在图样上的标注

7.2　键和花键结合的互换性

键和花键主要用于轴与轴上传动件(如齿轮、带轮、联轴器等)之间实现周向固定以传递转矩的可拆连接。其中,有些还能用作导向连接,如变速箱中变速齿轮花键孔与花键轴的连接。

7.2.1　键连接件的互换性

1. 定义

键又称单键,是标准零件,主要类型有平键、半圆键和楔形键等几种。其中,平键应用最为广泛,因此这里仅讨论平键的互换性。

平键的侧面是工作面,工作时,靠键与键槽的互压传递转矩。

按用途,平键分为普通平键、导向平键和滑键三种。平键连接由键、轴键槽和轮毂键槽(孔键槽)三部分组成。平键的剖面尺寸参数如图 7-8 所示。

平键连接由于键侧面同时与轴和轮毂键槽侧面连接,且键是标准件,由型钢制成,因此,键连接采用基轴制配合,其公差带如图 7-9 所示。为了保证键与键槽侧面接触良好而又便于拆装,键与键槽宽采用过渡配合或小间隙配合。其中,键与轴槽宽的配合应较紧,而键与轮毂槽宽的配合可较松。对于导向平键,因要求键与轮毂槽之间做轴向相对移动,要有较好的导向性,因此宜采用具有适当间隙的间隙配合。平键连接的配合尺寸是键和键槽宽,其配合性质也是以键与键槽宽的配合性质来体现的,其他为非配合尺寸。

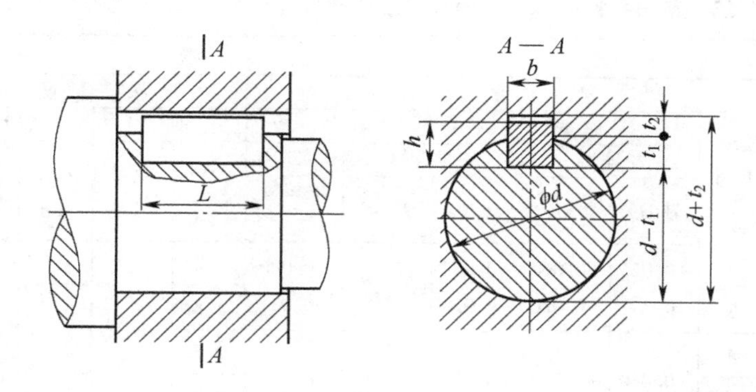

图 7-8 平键的剖面尺寸参数

2. 平键连接的公差与配合

国家标准 GB/T 1095—2003《平键 键槽的剖面尺寸》及 GB/T 1096—2003《普通 A 型、B 型、C 型平键的规格要求》中规定了平键和键槽的剖面尺寸和极限偏差。对键宽只规定一种公差带 h9,对轴槽宽与轮毂宽各规定了三种公差带,可以得到三种松紧程度不同的配合,如图 7-9 所示。普通平键连接的三种配合性质及应用见表 7-11。普通平键的键槽剖面尺寸及极限公差见表 7-12。

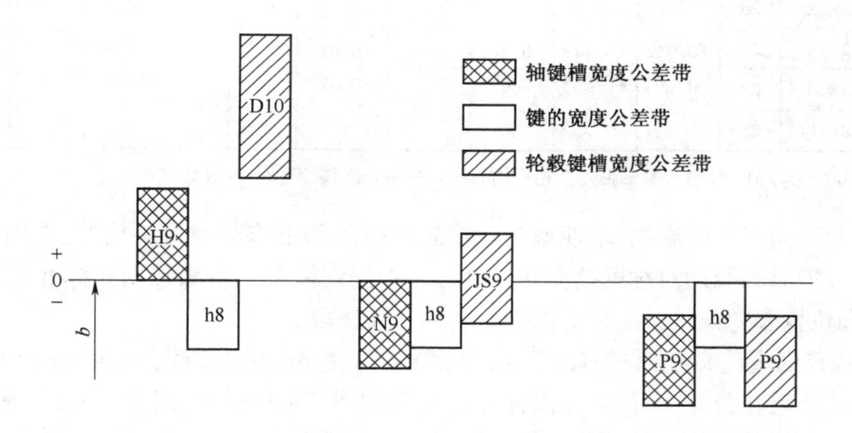

图 7-9 键宽与键槽宽 b 的公差带

表 7-11 普通平键连接的三种配合性质及其应用

配合种类	宽度 b 的公差带			应用范围
	键	轴槽	毂槽	
松连接	h9	H9	D10	主要用于导向平键
正常连接		N9	Js9	单件和成批生产且载荷不大时
紧密连接		P9	P9	传递重载、冲击载荷或双向扭矩时

表 7-12　普通平键的键槽剖面尺寸及极限公差（摘自 GB/T 1095—2003）　　单位：mm

轴	键	键槽											
		宽度 b						深度				半径 r	
			偏差					轴 t_1		毂 t_2			
公称直径 d	公称尺寸 $b \times h$	公称尺寸 b	松连接		正常连接		紧密连接	公称尺寸	极限偏差	公称尺寸	极限偏差	min	max
			轴 H9	毂 D10	轴 N9	毂 Js9	轴和毂 P9						
≤6~8	2×2	2	+0.025	+0.060	-0.004	±0.012 5	-0.006	1.2		1.0		0.08	0.16
>8~10	3×3	3	0	+0.020	-0.029		-0.031	1.8	+0.10	1.4	+0.10		
>10~12	4×4	4	+0.030	+0.078	0		-0.012	2.5	0	1.8	0		
>12~17	5×5	5	0	+0.030	-0.030	±0.015	-0.042	3.0		2.3		0.16	0.25
>17~22	6×6	6						4.0		2.8			
>22~30	8×7	8	+0.036	+0.098	0	±0.018	-0.015	4.0		3.3			
>30~38	10×8	10	0	+0.040	-0.036		-0.051	5.0		3.3		0.25	0.40
>38~44	12×8	12						5.0		3.3			
>44~50	14×9	14	+0.043	+0.012	0	±0.021 5	-0.018	5.5		3.8			
>50~58	16×10	16	0	+0.050	-0.043		-0.061	6.0	+0.20	4.3	+0.20		
>58~65	18×11	18						7.0	0	4.4	0		
>65~75	20×12	20						7.5		4.9		0.40	0.60
>75~85	22×14	22	+0.052	+0.149	0	±0.026	-0.022	9.0		5.4			
>85~95	25×14	25	0	+0.065	-0.052		-0.074	9.0		5.4			
>95~110	28×16	28						10.0		6.4			

注：$(d-t_1)$ 和 $(d+t_2)$ 两个组合尺寸的偏差按相应的 t_1 和 t_2 的偏差选取，但 $(d-t_1)$ 偏差值应取负号。

为了限制几何误差的影响，不使键与键槽装配困难和工作面受力不均等，在国家标准中，对轴槽和轮毂槽对轴线的对称度公差作了规定。根据键槽宽 b，一般按国家标准 GB/T 1184—1996《形状和位置公差未注公差值》中对称度 7~9 级选取。

其表面粗糙度值要求为：键槽侧面取 Ra 值为 1.6~3.2 μm；其他非配合面取 Ra 值为 6.3 μm。

键槽尺寸及尺寸公差、形位公差图样标注示例如图 7-10 所示，图 7-10(a) 所示为轴槽，图 7-10(b) 所示为轮毂槽。

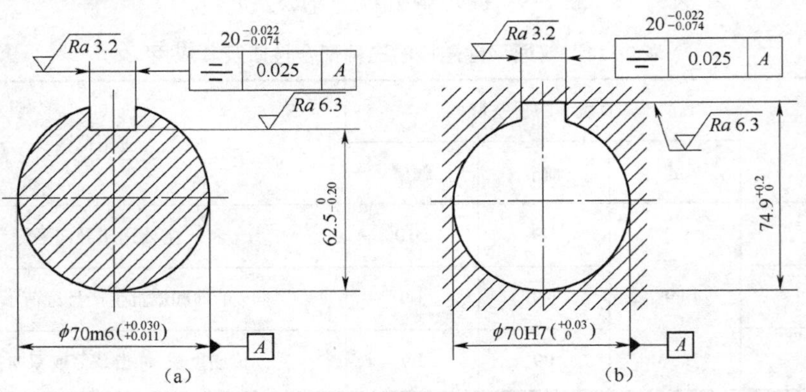

图 7-10　键槽尺寸与公差标注

7.2.2　花键连接件的互换性

1. 花键连接

与键连接相比,花键连接具有下列优点:①定心精度高;②导向性好;③承载能力强。因而在机械中获得广泛应用。

花键连接分为固定连接与滑动连接两种。

花键连接的使用要求为:保证连接强度及传递扭矩可靠;定心精度高;滑动连接还要求导向精度及移动灵活性,固定连接要求可装配性。按齿形的不同,花键分为矩形花键、渐开线花键和三角花键,其中矩形花键应用最广泛。

2. 矩形花键

(1)花键定心方式

花键有大径 D、小径 d 和键(槽)宽 B 三个主要尺寸参数,若要求这三个尺寸同时起配合定心作用,以保证内、外花键同轴度是很困难的,而且也无必要。因此,为了改善其加工工艺性,只需将其中一个参数加工得较准确,使其起配合定心作用,由于扭矩的传递是通过键和键槽两侧面来实现的,因此,键和槽宽不论是否作为定心尺寸,都要求有较高的尺寸精度。

根据定心要素的不同,可分为三种定心方式:①按大径 D 定心;②按小径 d 定心;③按键宽 B 定心,如图 7-11 所示。

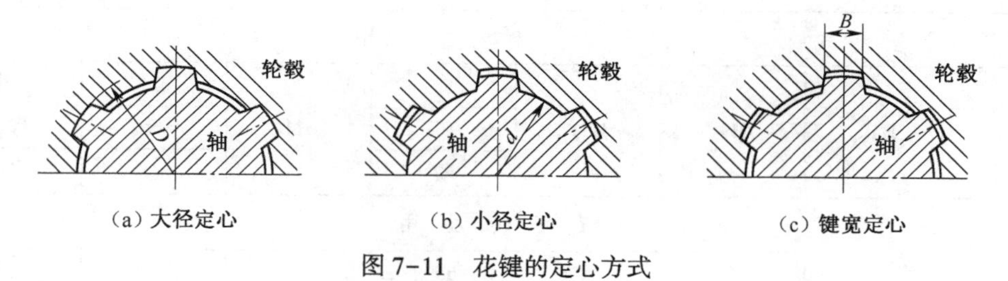

图 7-11　花键的定心方式

矩形花键按国家标准 GB/T 1144—2001《矩形花键尺寸、公差和检验》规定,矩形花键用小径定心,因为小径定心有一系列优点。当用大径定心时,内花键定心表面的精度依靠拉刀保证。而当内花键定心表面硬度要求高(40HRC 以上)时,热处理后的变形难以用拉刀修正;当内花键定心表面粗糙度要求高(Ra<0.63 μm)时,用拉削工艺也难以保证;在单件、小批生产及大规格花键中,内花键也难以用拉削工艺,因为这种加工方式不经济。采用小径定心时,热处理后的变形可用内圆磨修复,而且内圆磨可达到更高的尺寸精度和更高的表面粗糙度要求。因而小径定心的定心精度更高,定心稳定性较好,使用寿命长,有利于产品质量的提高。外花键小径精度可用成形磨削保证。

(2)矩形花键的公差与配合

GB/T 1144—2001 规定的小径 d、大径 D 及键(槽)宽 B 的尺寸公差带如图 7-12 所示及表 7-13所列。

对花键孔规定了拉削后热处理和不热处理两种。标准中规定,按装配形式分滑动、紧滑动和固定三种配合。其区别在于,前两种在工作过程中花键套可在轴上移动。

花键连接采用基孔制,目的是减少拉刀的数目。

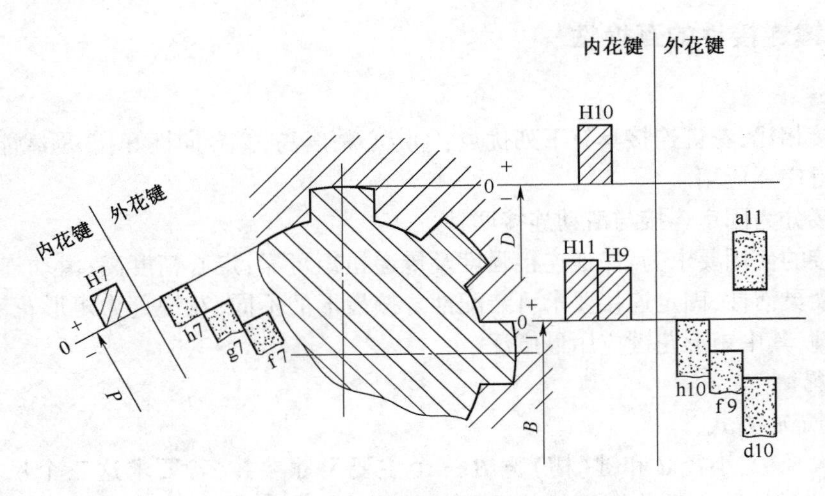

图 7-12　矩形花键的公差带

表 7-13　矩形花键的尺寸公差带与装配形式(摘自 GB/T 1144—2001)

<table>
<tr><th colspan="4">内花键</th><th colspan="3">外花键</th><th rowspan="3">装配形式</th></tr>
<tr><th rowspan="2">d</th><th rowspan="2">D</th><th colspan="2">B</th><th rowspan="2">d</th><th rowspan="2">D</th><th rowspan="2">B</th></tr>
<tr><th>不热处理</th><th>要热处理</th></tr>
<tr><td colspan="8">一般用</td></tr>
<tr><td rowspan="3">H7</td><td rowspan="3">H10</td><td rowspan="3">H9</td><td rowspan="3">H11</td><td>f7</td><td rowspan="3">a11</td><td>d11</td><td>滑动</td></tr>
<tr><td>g7</td><td>f9</td><td>紧滑动</td></tr>
<tr><td>h7</td><td>h10</td><td>固定</td></tr>
<tr><td colspan="8">精密传动用</td></tr>
<tr><td rowspan="3">H5</td><td rowspan="6">H10</td><td colspan="2" rowspan="6">H7、H9</td><td>f5</td><td rowspan="6">a11</td><td>d8</td><td>滑动</td></tr>
<tr><td>g5</td><td>f7</td><td>紧滑动</td></tr>
<tr><td>h5</td><td>h8</td><td>固定</td></tr>
<tr><td rowspan="3">H6</td><td>f6</td><td>d8</td><td>滑动</td></tr>
<tr><td>g6</td><td>f7</td><td>紧滑动</td></tr>
<tr><td>h6</td><td>h8</td><td>固定</td></tr>
</table>

对于精密传动用的内花键，当需要控制键侧配合间隙时，槽宽公差带可选用 H7，一般情况下可选用 H9。

当内花键小径公差带为 H6 和 H7 时，允许与高一级的外花键配合。

为保证装配性能要求，小径极限尺寸应遵守包容要求。

各尺寸(D、d 和 B)的极限偏差，可按其公差带代号或由“极限与配合”相应国家标准查出。

内、外花键的几何公差要求，主要是位置度公差(包括键、槽的等分度、对称度等)要求，见表 7-14。

表 7-14 矩形花键的位置度公差 t_1(摘自 GB/T 1144—2001)

键槽宽或键宽 B(mm)		3	3.5~6	7~10	12~18
		t_1(μm)			
键槽宽		10	15	20	25
键宽	滑动、固定	10	15	20	25
	紧滑动	6	10	13	15

对较长的花键,可根据产品性能自行规定键侧对轴线的平行度公差。

(3)花键连接在图纸上的标注

按顺序包括以下项目:键数 N,小径 d,大径 D,键宽 B,花键公差带代号。示例如下:

花键规格　　$N\times d\times D\times B$　　6×23×26×6

【例 7-2】 某矩形花键连接,各参数为健数 $N=6$,小径 $d=23$,配合为 H7/f7;大径 $D=26$,配合为 H10/a11;键(键槽)宽 $B=6$ mm,配合为 H11/d10。

标注如下

花键副:$6\times23\dfrac{H7}{f7}\times26\dfrac{H10}{a11}\times6\dfrac{H11}{d10}$　　GB/T 1144—2001

内花键:6×23H7×26H10×6H11　　GB/T 1144—2001

外花键:6×23f7×26a11×6d10　　GB/T 1144—2001

矩形花键各表面的粗糙度 *Ra* 的上限值推荐如下。

内花键:小径表面不大于 0.8 μm,键槽侧面不大于 3.2 μm,大径表面不大于 6.3 μm;

外花键:小径表面不大于 0.8 μm,键槽侧面不大于 0.8 μm,大径表面不大于 3.2 μm。

图样标注如图 7-13 所示。

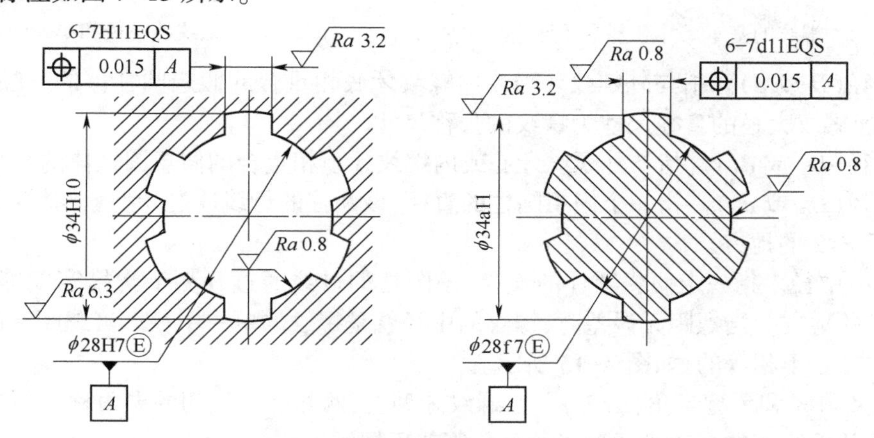

图 7-13 矩形花键的尺寸与公差标注

键和花键的检测与一般长度尺寸的检测类同,这里不再赘述,关于花键综合量规,请参阅其他相关书籍。

7.3 普通螺纹结合的互换性

螺纹件在机电产品和仪器中应用甚广。按其用途可分为普通螺纹、传动螺纹和紧密螺纹。

虽然三种螺纹的使用要求及牙型不同,但各参数对互换性的影响是一致的。

本节主要介绍使用最广泛的普通螺纹的公差、配合及其应用。

7.3.1 普通螺纹件的使用要求和基本牙型

1. 使用要求

普通螺纹有粗牙和细牙两种,用于固定或夹紧零件,构成可拆连接,如螺栓、螺母。其主要使用要求是可旋合性和连接可靠性。所谓旋合性,即内外螺纹易于旋入拧出,以便装配和拆换;所谓连接可靠性,是指具有一定的连接强度,螺牙不得过早损坏和自动松脱。

2. 基本牙型及主要几何参数

基本牙型是指在螺纹的轴剖面内,截去原始三角形的顶部和底部,所形成的螺纹牙型,如图 7-14 所示。从图 7-15 中可以看出螺纹的主要几何参数有(小写字母为外螺纹的几何参数,大写字母为内螺纹的几何参数):

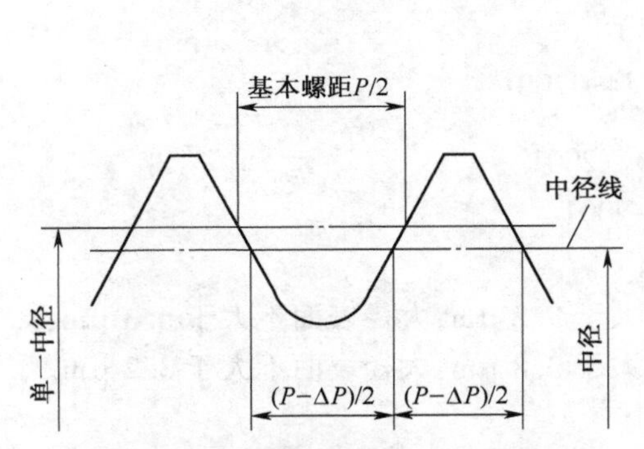

图 7-14 螺纹的基本尺寸和基本牙型

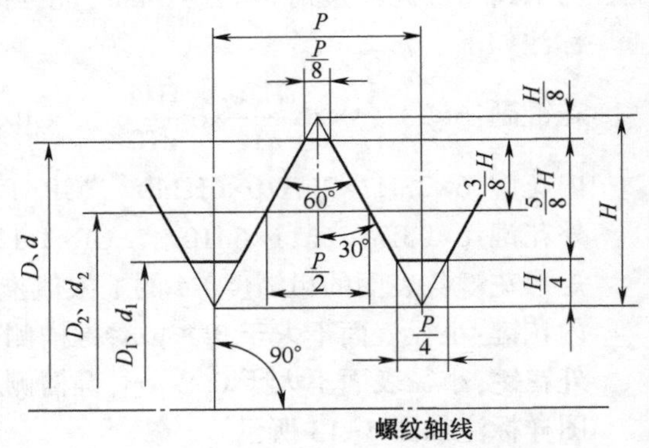

图 7-15 螺纹的中径和单一中径

(1)大径(D 或 d)。指与外螺纹牙顶或内螺纹牙底相重合的假想圆柱体的直径。国家标准规定,普通螺纹大径的直径尺寸为螺纹的公称尺寸。

(2)小径(D_1 或 d_1)。指与外螺纹牙底或内螺纹牙顶相重合的假想圆柱体的直径。

(3)中径(D_2 或 d_2)。指一个假想圆柱的直径,该圆柱的母线通过牙型上沟槽和凸起宽度相等且等于 $P/2$ 的地方。

(4)单一中径。指一个假想圆柱的直径,该圆柱的母线通过牙型上沟槽宽度等于螺距基本尺寸一半的地方。当螺距无误差时,螺纹的中径就是螺纹的单一中径。当螺距有误差时,单一中径与中径是不相等的,如图 7-15 所示。

(5)牙型角 α 和牙型半角($\alpha/2$)。在螺纹牙型上,两相邻牙侧间的夹角称为牙型角,牙侧与螺纹轴线的垂线间的夹角为牙型半角。公制普通螺纹 $\alpha=60°$,$\alpha/2=30°$。

(6)螺距(P)与导程(Ph)。螺距是指相邻两牙在中径线上对应两点间的轴向距离;导程是指在同一条螺旋线上相邻两牙在中径线上对应两点间的轴向距离。对单线螺纹,导程等于螺距;对多线(头)螺纹,导程等于螺距与线数(n)的乘积:$Ph=nP$。

(7)螺纹旋合长度(L)。指两相配合螺纹沿螺纹轴线方向相互旋合部分的长度。

7.3.2 螺纹几何参数对互换性的影响

影响螺纹结合互换性的主要几何参数误差有螺距误差,牙型半角误差和中径误差。

1. 螺距误差的影响

对于普通螺纹，螺距误差会影响螺纹的旋合性与连接强度。

为便于分析，假设内螺纹具有理想的牙型，外螺纹仅螺距有误差，且螺距大于内螺纹的螺距，在几个螺牙长度上，螺距累积误差为 ΔP_Σ，这时在牙侧处将产生干涉（如图 7-16 中阴影线部分）。为避免产生干涉，可把外螺纹的实际中径减小 f_p 值或把内螺纹的实际中径增加 f_p 值。f_p 值称为螺距误差的中径当量。

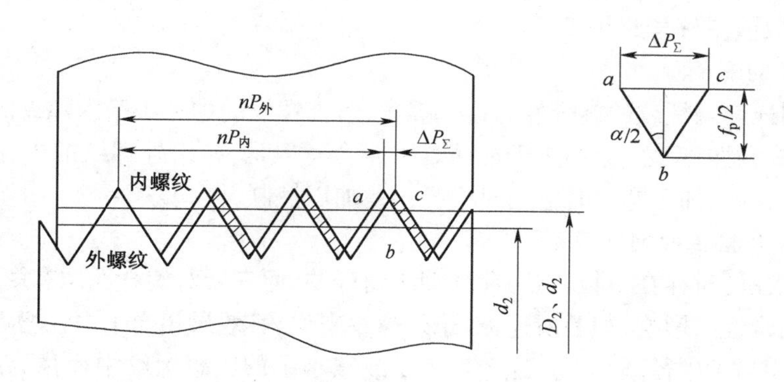

图 7-16　螺距误差的影响

由图 7-16 中 $\triangle abc$ 可知，$f_p = 1.732|\Delta P_\Sigma|$。

2. 牙型半角误差的影响

牙型半角误差同样会影响螺纹的旋合性与连接强度。

为便于分析，假设内螺纹具有理想的牙型，外螺纹仅牙型半角有误差。如图 7-17 所示，当外螺纹的牙型半角小于［图 7-17(a)］或大于［图 7-17(b)］内螺纹的牙型半角时，在牙侧处将产生干涉（图中阴影线部分）。为避免产生干涉，可把外螺纹的实际中径减小 $f_{\frac{\alpha}{2}}$ 值或把内螺纹的实际中径增加 $f_{\frac{\alpha}{2}}$ 值。$f_{\frac{\alpha}{2}}$ 值称为半角误差的中径当量。

根据任意三角形的正弦定理，考虑到左、右牙型半角误差可能同时出现的各种情况及必要的单位换算，得出

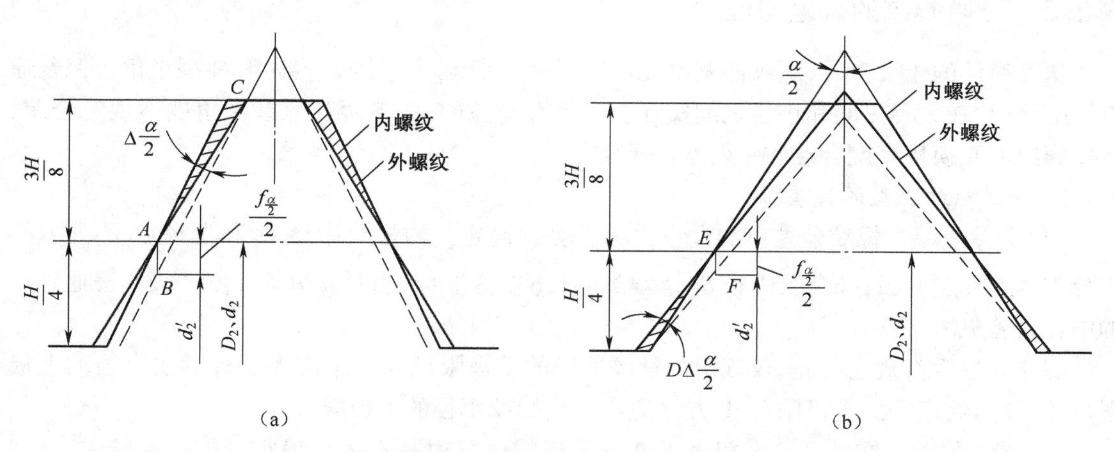

图 7-17　牙型半角误差的影响

$$f_{\frac{\alpha}{2}} = 0.073P\left(K_1\left|\Delta\frac{\alpha_1}{2}\right| + K_2\left|\Delta\frac{\alpha_2}{2}\right|\right) \tag{7-1}$$

式中 P——螺距(mm)；

$\Delta\frac{\alpha_1}{2}$、$\Delta\frac{\alpha_2}{2}$——左右牙型半角误差(′)；

K_1、K_2——左右牙型半角误差系数。对外螺纹，当 $\alpha/2$ 为正时，取为2；为负取为3；内螺纹的取值正好与此相反。

3. 中径误差的影响

中径误差同样影响螺纹的旋合性与连接强度，若外螺纹的中径小于内螺纹的中径，就能保证内、外螺纹的旋合性；反之，会产生干涉而难以旋合。但是，如果外螺纹的中径过小，则会削弱其连接强度。为此，加工螺纹时应当对中径误差加以控制。

4. 螺纹中径合格性的判断原则

实际螺纹往往同时存在中径、螺距和牙型半角误差，而三者对旋合性均有影响。螺距和牙型半角误差对旋合性的影响，如前所述，对于外螺纹来说，其效果相当于中径增大了；对于内螺纹来说，其效果相当于中径减小了。这个增大了或减小了的假想螺纹中径称为螺纹的作用中径，其值为

$$d_{2作用} = d_{2单一} + (f_{\frac{\alpha}{2}} + f_{\mathrm{p}}) \tag{7-2}$$

$$D_{2作用} = D_{2单一} - (f_{\frac{\alpha}{2}} + f_{\mathrm{p}}) \tag{7-3}$$

国家标准规定螺纹中径合格性的判断仍然遵守泰勒原则，即实际螺纹的作用中径不能超出最大实体牙型的中径，而实际螺纹上任何部位的单一中径不能超出最小实体牙型的中径。

根据中径合格性判断原则，合格的螺纹应满足下列不等式：

对于外螺纹　$d_{2作用} \leqslant d_{2\max}$　　$d_{2单一} \geqslant d_{2\min}$

对于内螺纹　$D_{2作用} \geqslant D_{2\min}$　　$D_{2单一} \leqslant D_{2\max}$

7.3.3 普通螺纹的公差与配合

从互换性的角度来看，螺纹的基本几何要素有大径、小径、中径、螺距和牙型半角。但普通螺纹配合时，在大径之间和小径之间实际上都是有间隙的，而螺距和牙型半角也不规定公差，所以螺纹的互换性和配合性质主要取决于中径。

1. 普通螺纹公差的公差带

(1)公差等级。螺纹公差带的大小由标准公差确定。内螺纹中径 D_2 和顶径 D_1 的公差等级分为4、5、6、7、8级；外螺纹中径 d_2 分为3、4、5、6、7、8、9级，顶径 d 分为4、6、8级。普通螺纹的中径公差见表7-15。

螺纹底径没有规定公差，仅规定内螺纹底径的下极限尺寸 $D_{\min}$ 应大于外螺纹大径的上极限尺寸；外螺纹底径的上极限尺寸 $d_{1\max}$ 应小于内螺纹小径的下极限尺寸。

(2)基本偏差。螺纹公差带相对于基本牙型的位置由基本偏差确定。国家标准中，对内螺纹规定了两种基本偏差，代号为G、H；对外螺纹规定了四种基本偏差，代号为e、f、g、h，其偏差值见表7-16。

表 7-15 普通螺纹中径公差(摘自 GB/T 197—2003) 单位:μm

公称直径 D(mm)		螺距	内螺纹中径公差 T_{D2}					外螺纹中径公差 T_{d2}						
>	≤	P(mm)	公差等级					公差等级						
			4	5	6	7	8	3	4	5	6	7	8	9
5.6	11.2	0.5	71	90	112	140	—	42	53	67	85	106	—	—
		0.75	85	106	132	170	—	50	63	80	100	125	—	—
		1	95	118	150	190	236	56	71	90	112	140	180	224
		1.25	100	125	160	200	250	60	75	95	118	150	190	236
		1.5	112	140	180	224	280	67	85	106	132	170	212	295
11.2	22.4	0.5	75	95	118	150	—	45	56	71	90	112	—	—
		0.75	90	112	140	180	—	53	67	85	106	132	—	—
		1	100	125	160	200	250	60	75	95	118	150	190	236
		1.25	112	140	180	224	280	67	85	106	132	170	212	265
		1.5	118	150	190	236	300	71	90	112	140	180	224	280
		1.75	125	160	200	250	315	75	95	118	150	190	236	300
		2	132	170	212	265	335	80	100	125	160	200	250	315
		2.5	140	180	224	280	355	85	106	132	170	212	265	335
22.4	45	0.75	95	118	150	190	—	56	71	90	112	140	—	—
		1	106	132	170	212	—	63	80	100	125	160	200	250
		1.5	125	160	200	250	315	75	95	118	150	190	236	300
		2	140	180	224	280	355	85	106	132	170	212	265	335
		3	170	212	265	335	425	100	125	160	200	250	315	400
		3.5	180	224	280	355	450	106	132	170	212	265	335	425
		4	190	236	300	375	415	112	140	180	224	280	355	450
		4.5	200	250	315	400	500	118	150	190	236	300	375	475

表 7-16 普通螺纹的基本偏差和顶径公差(摘自 GB/T 197—2003) 单位:μm

螺距 P(mm)	内螺纹的基本偏差 EI		外螺纹的基本偏差 es				内螺纹小径公差 T_{D1}					外螺纹大径公差 T_d		
	G	H	e	f	g	h	4	5	6	7	8	4	6	8
1	+26	0	−60	−40	−26	0	150	190	236	300	375	112	180	280
1.25	+28		−63	−42	−28		170	212	265	335	425	132	212	335
1.5	+32		−67	−45	−32		190	236	300	375	475	150	236	375
1.75	+34		−71	−48	−34		212	265	335	425	530	170	265	425
2	+38		−71	−52	−38		236	300	375	475	600	180	280	450
2.5	+42		−80	−58	−42		280	355	450	560	710	212	335	530
3	+48		85	−63	−48		315	400	500	630	800	236	375	600
3.5	+53		90	−70	−53		355	450	560	710	900	265	425	670
4	+60		95	−75	−60		375	475	600	750	950	300	475	750

(3)旋合长度。国家标准规定:螺纹的旋合长度分为三组,分别为短旋合长度、中等旋合长度和长旋合长度,并分别用代号 S、N、L 表示。

螺纹公差带和旋合长度构成螺纹的精度等级。GB/T 197—2003 将普通螺纹精度分为精密级、中等级和粗糙级三个等级,见表 7-17。

7.3.4 普通螺纹公差与配合选用

由基本偏差和公差等级可以组成多种公差带。在实际生产中为了减少刀具及量具的规格和数量,便于组织生产,对公差带的种类予以了限制,国家标准推荐按表 7-17 选用。

表 7-17 普通螺纹的选用公差带(摘自 GB/T 197—2003)

旋合长度		内螺纹选用公差带			外螺纹选用公差带		
		S	N	L	S	N	L
配合精度	精密	4H	4H、5H	5H、6H	(3h4h)	4h*	(5h4h)
	中等	5H* (5G)	6H(6G)	7H* (7G)	(5h6h) (5g6g)	6h* 6g 6f* 6e*	(7h6h) (7g6g)
	粗糙	—	7H (7G)	—	—	(8h) 8g	—

注:大量生产的精制紧固螺纹,推荐采用带下划线的公差带;带 * 号的公差带优先选用,加( )的公差带尽量不用。

1. 螺纹精度等级与旋合长度的选用

精度等级的选用,对于间隙较小,要求配合性质稳定,需保证一定的定心精度的精密螺纹,采用精密级;对于一般用途的螺纹,采用中等级;不重要的以及制造较困难的螺纹采用粗糙级。

旋合长度的选用,通常采用中等旋合长度,仅当结构和强度上有特殊要求时方可采用短旋合长度和长旋合长度。

2. 配合的选用

螺纹配合的选用主要根据使用要求,一般规定如下:

(1)为了保证螺母、螺栓旋合后的同轴度及强度,一般选用间隙为零的配合(H/h)。

(2)为了装拆方便及改善螺纹的疲劳强度,可选用小间隙配合(H/g 和 G/h)。

(3)需要涂镀保护层的螺纹,其间隙大小决定于镀层的厚度。镀层厚度为 5 μm 左右,一般选 6H/6g,镀层厚度为 10 μm 左右,则选 6H/6e;若内外螺纹均涂镀,则选 6G/6e。

(4)在高温下工作的螺纹,可根据装配和工作时的温度差别来选定适宜的间隙配合。

7.3.5 普通螺纹标记

普通螺纹的完整标记,由螺纹特征代号(M)、尺寸代号、螺纹公差带代号、旋合长度代号(或数值)和旋向代号组成。尺寸代号为公称直径(D,d)×导程(Ph)或螺距(P),其数值单位均为 mm,对单线螺纹省略标注其导程,对粗牙螺纹可省略标注其螺距。如需要说明螺纹线数时,可在螺距的数值后加括号用英语说明,如双线为 two starts、三线为 three starts、四线为 four starts。公差带代号是指中径和顶径公差带代号,由公差等级级别和基本偏差代号组成,中径公差带在前;若中径和顶径公差带相同,只标一个公差带代号。中等旋合长度省略代号标注。对于左旋螺纹,标注“LH”代号,右旋螺纹省略旋向代号。尺寸、螺纹公差带、旋合长度和旋向代号间各用短横线“—”分开。例如:

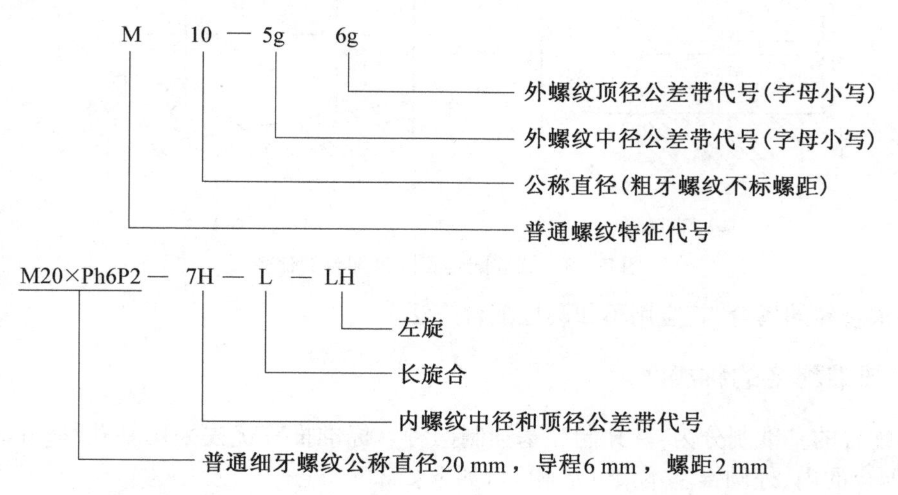

7.4 圆锥配合的互换性

圆锥配合是机器、仪表及工具结构中常用的典型配合。圆锥配合与圆柱配合相比较,具有独特的优点,在工业生产中得到了广泛的应用。但是圆锥配合在结构上比较复杂,影响其互换性的参数较多,加工和检测也比较困难。为了满足圆锥配合的使用要求,保证圆锥配合的互换性,我国发布了一系列有关圆锥公差与配合及圆锥公差标注方法的标准,它们分别是国家标准GB/T 157—2001《产品几何技术规范(GPS)圆锥的锥度与锥角系列》、GB/T 11334—2005《产品几何技术规范(GPS)圆锥公差》、GB/T 12360—2005《产品几何技术规范(GPS)圆锥配合》、GB/T 15754—1995《技术制图 圆锥的尺寸和公差注法》等国家标准。

7.4.1 圆锥配合的特点

圆锥配合常用在需自动定心、配合自锁性要求好、间隙及过盈可自动调节等场合,与圆柱配合相比,有以下特点:

1. 对中性好

在圆柱结合中,当配合存在间隙时,孔与轴的中心线就存在同轴度的误差,如图7-18(a)所示。而在圆锥配合中,内、外圆锥在轴向力的作用下能自动对中,以保证内、外圆锥体的轴线具有较高精度的同轴度,并能快速装拆,如图7-18(b)所示。

2. 间隙或过盈可以调整

配合的间隙或过盈的大小可以通过改变内外圆锥在轴向上的相对位置来调整。间隙和过盈的可调性可补偿配合表面的磨损,延长圆锥的使用寿命。

3. 密封性好

调整内、外圆锥的表面,经过配对研磨后,配合起来具有良好的自锁性和密封性。

4. 结构复杂、加工和检验比较困难

由于圆锥配合在结构上较为复杂,且影响互换性的参数较多,因此,不适合于孔、轴轴向相

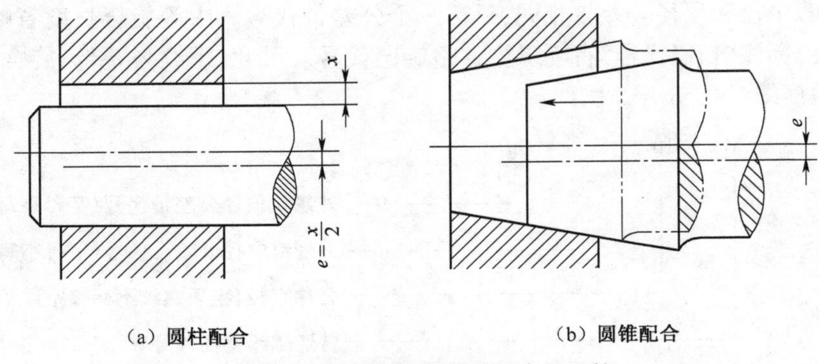

（a）圆柱配合　　（b）圆锥配合

图 7-18　圆柱配合和圆锥配合的比较

对位置要求较高的场合，其应用不如圆柱配合广泛。

7.4.2　圆锥配合的种类

圆锥配合的基准制分为：基孔制和基轴制两种。标准推荐优先采用基孔制。圆锥配合种类（相互配合的内、外圆锥基本尺寸应相同）如下：

1. 间隙配合

间隙配合是具有间隙的圆锥配合，其间隙大小在装配时和使用中通过内、外圆锥的轴向相对位移进行调整，它主要用于滑动轴承机构中。如机床顶尖、车床主轴的圆锥轴颈与滑动轴承的配合。

2. 过盈配合

过盈配合是具有过盈的圆锥配合，其过盈大小也可以调整。在承载情况下，它利用内、外圆锥间的摩擦力自锁传递转矩。内、外锥体没有相对运动，过盈大小也可以调整，而且装卸方便。如机床上的刀具（钻头、立铣刀等）的锥柄与机床主轴锥孔的配合。

3. 过渡配合

过渡配合这类配合具有间隙，也可能具有过盈，要求内、外圆锥紧密配合，它用于对中定心和密封。当用于密封时，可以防止漏水和漏气，例如内燃机中气门与气门座的配合。为了使配合的圆锥面有良好的密封性，内、外圆锥要成对研磨，因而通常这类圆锥不具有互换性。

国家标准 GB/T 12360—2005《产品几何量技术规范（GPS）　圆锥配合》适用于锥度 C 从 1 : 3至 1 : 500，基本圆锥长度 L 从 6mm 至 630 mm，直径小于或等于 500 mm 的光滑圆锥的配合。

7.4.3　圆锥配合的基本参数

1. 圆锥配合常用术语

（1）圆锥表面

圆锥表面是指与轴线成一定角度，且一端相交于轴线的一条直线段（母线），围绕着该轴线旋转形成的表面，如图 7-19 所示。圆锥表面与通过圆锥轴线的平面的交线称为轮廓素线。

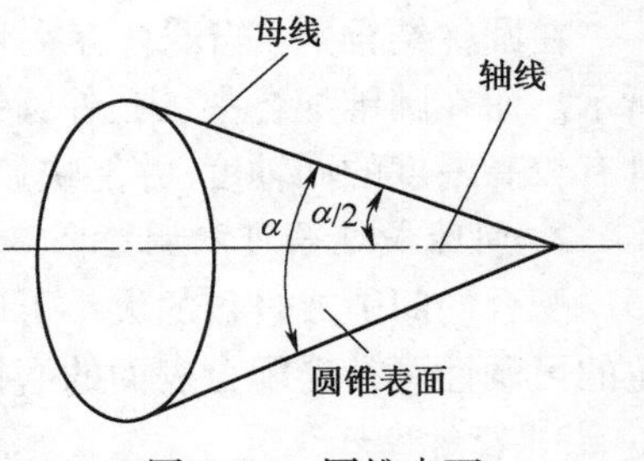

图 7-19　圆锥表面

（2）圆锥

与轴线成一定角度且一端相交于轴线的一条直线称为母线，围绕着该轴线旋转形成的圆锥表面与一定尺寸所限定的几何体,可分为外圆锥和内圆锥。其中,外圆锥是指外表面为圆锥表面的几何体;内圆锥是指内表面为圆锥表面的几何体。

2. 圆锥配合的基本参数

圆锥分为内圆锥(圆锥孔)、外圆锥(圆锥轴)两种,其主要参数为圆锥角、圆锥直径和圆锥长度,圆锥配合中的基本参数如图 7-20 所示。

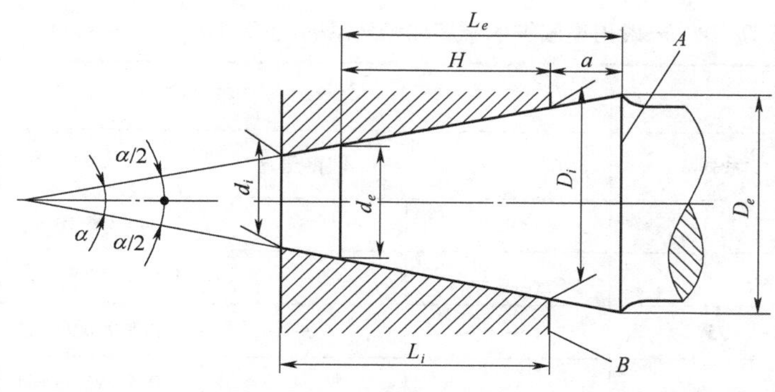

图 7-20 圆锥配合的基本参数

(1)圆锥角

圆锥角是指通过圆锥轴线的截面内,两条素线间的夹角,用符号 α 表示。

(2)圆锥素线角

圆锥素线角是指圆锥素线与其轴线间的夹角,它等于 $\alpha/2$。

(3)圆锥直径

圆锥直径是指与圆锥轴线垂直的截面内的直径,圆锥直径分为:内、外圆锥的最大直径 D_i、D_e,最小直径 d_i、d_e 和任意给定截面内的圆锥直径 d_x(与端面的距离为 x)。计算时,一般选内圆锥的最大直径或外圆锥的的最小直径作为基本直径。

(4)圆锥长度

圆锥长度是指圆锥的最大直径与其最小直径之间的距离,用 L 表示。

(5)圆锥配合长度

圆锥配合长度是指内、外圆锥配合面的轴向距离,用 H 表示。

(6)锥度

锥度是指圆锥的最大直径与其最小直径之差对圆锥长度之比,用 C 表示。用公式表示为

$$C = \frac{D - d}{L} = 2\tan\frac{\alpha}{2} \tag{7-4}$$

锥度常用比例或分数形式表示,例如 $C=1:20$,或 $C=1/20$ 等。

(7)基面距

基面距是指相互结合的内、外圆锥基准面的距离,用 a 表示。基面距决定内外圆锥的轴间相对位置,基面距的位置按圆锥的基本直径而定。

7.4.4 圆锥的公差与配合

1. 锥度与锥角系列

国家标准 GB/T 157—2001《产品几何技术规范(GPS)圆锥的锥度与锥角系列》中规定了

一般用途和特殊用途两种圆锥的锥度和锥角,适用于光滑圆锥。

(1)一般用途圆锥的锥度与锥角

国家标准 GB/T 151—2001 对一般用途圆锥的锥度与锥角规定了 21 个基本值系列,见表 7-18。锥角从 120°到小于 1°,或锥度从 1：0.289 到 1：500。选用时应优先选用表中第一系列,当不能满足需要时选用第二系列。

表 7-18　一般用途圆锥的锥度和锥角系列(摘自 GB/T 157—2001)

基本值		推算值			
系列 1	系列 2	圆锥角 α			锥度 C
120°		—	—	2.049 395 10 rad	1：0.288 675 1
90°		—	—	1.570 796 33 rad	1：0.500 000 0
	75°	—	—	1.308 996 94 rad	1：0.651 612 7
60°		—	—	1.047 197 55 rad	1：0.866 025 4
45°		—	—	0.785 398 16 rad	1：1.207 106 8
30°		—	—	0.523 598 78 rad	1：1.866 025 4
1：3		18°55′28.719 9″	18.924 644 42°	0.330 297 35 rad	—
	1：4	14°15′0.117 7″	14.250 032 70°	0.248 709 99 rad	—
1：5		11°25′16.270 6″	11.421 186 27°	0.199 337 30 rad	—
	1：6	7°9′9.607 5″	7.152 668 75°	0.124 837 62 rad	—
	1：7	8°10′16.440 8″	8.171 233 56°	0.142 614 93 rad	—
	1：8	7°9′9.607 5″	7.152 668 75°	0.124 837 62 rad	—
1：10		5°43′29.317 6″	5.724 810 45°	0.099 916 79 rad	—
	1：12	4°46′18.797 0″	4.771 888 06°	0.083 285 16 rad	—
	1：15	3°49′5.897 5″	3.818 304 87°	0.066 641 99 rad	—
1：20		2°51′51.092 5″	2.864 192 37°	0.049 989 59 rad	—
1：30		1°54′34.857 0″	1.909 682 51°	0.033 330 25 rad	—
1：50		1°8′45.158 6″	1.145 877 40°	0.019 999 33 rad	—
1：100		34′22.630 9″	0.572 953 02°	0.009 999 92 rad	—
1：200		17′11.321 9″	0.286 478 30°	0.004 999 99 rad	—
1：500		6′52.529 5″	0.114 591 52°	0.002 000 00 rad	

注:系列 1 中 120°~1：3 的数值近似按 R10/2 优先数系列,1：5~1：500 按 R10/3 优先数系列(见 GB/T 321—2005)。

(2)特殊用途圆锥的锥度和锥角系列

国家标准 GB/T 157—2001 对特殊用途圆锥的锥度与锥角规定了 24 个基本值系列,见表 7-19,仅适用于表中所说明的特殊行业和用途。

表 7-19 特殊用途圆锥的锥度和锥角系列(GB/T 157—2001)

基本值	推算值				标准号 GB/T (ISO)	用途
	圆锥角 α			锥度 C		
	(°)(′)(″)	(°)	rad			
11°54′	—	—	0.207 694 18	1 : 4.797 451 1	(5237) (8489-5)	纺织机械和附件
8°40′	—	—	0.151 261 87	1 : 6.598 441 5	(8489-3) (8489-4) (324.575)	
7°	—	—	0.122 173 05	1 : 8.174 927 7	(8489-2)	
1 : 38	1°30′27.708 0″	1.507 696 67	0.026 314 27	—	(368)	
1 : 64	0°53′42.822 0″	0.895 228 34	0.015 624 68	—	(368)	
7 : 24	16°35′39.444 3″	16.594 290 08	0.289 625 00	1 : 3.428 571 4	3837 (297)	机床主轴工具配合
1 : 12.262	4°40′12.151 4″	4.670 042 05	0.081 507 61	—	(239)	贾各锥度 No.2
1 : 12.972	4°24′52.903 9″	4.414 695 52	0.077 050 97	—	(239)	贾各锥度 No.1
1 : 15.748	3°38′13.442 9″	3.637 067 47	0.063 478 80	—	(239)	贾各锥度 No.33
6 : 100	3°26′12.177 6″	3.436 716 00	0.059 982 01	1 : 16.666 666 7	1962.1 (594-1) (595-1) (595-2)	医疗设备
1 : 18.779	3°3′1.207 0″	3.050 335 27	0.053 238 39	—	(239)	贾各锥度 No.3
1 : 19.002	3°0′52.395 6″	3.014 554 34	0.052 613 90	—	1443(296)	莫氏锥度 No.5
1 : 19.180	2°59′11.725 8″	2.986 590 50	0.052 125 84	—	1443(296)	莫氏锥度 No.6
1 : 19.212	2°58′53.825 5″	2.981 618 20	0.052 039 05	—	1443(296)	莫氏锥度 No.0
1 : 19.254	2°58′30.421 7″	2.975 117 13	0.051 925 59	—	1443(296)	莫氏锥度 No.4
1 : 19.264	2°58′24.864 4″	2.973 573 43	0.051 898 65	—	(239)	莫氏锥度 No.6
1 : 19.922	2°52′31.446 3″	2.875 401 76	0.050 185 23	—	1443(296)	莫氏锥度 No.3
1 : 20.020	2°51′40.796 0″	2.861 332 23	0.049 939 67	—	1443(296)	莫氏锥度 No.2
1 : 20.047	2°51′26.928 3″	2.857 480 08	0.049 872 44	—	1443(296)	莫氏锥度 No.1
1 : 20.288	2°49′24.780 2″	2.823 550 06	0.049 280 25	—	(239)	贾各锥度 No.0
1 : 23.904	2°23′47.624 4″	2.396 562 32	0.041 827 90	—	1443(296)	布朗夏普锥度 No.1 至 No.3
1 : 28	2°2′45.817 4″	2.046 060 38	0.035 710 49	—	(8382)	复苏器(医用)
1 : 36	1°35′29.209 6″	1.591 447 11	0.027 775 99	—	(5356-1)	麻醉器具
1 : 40	1°25′56.351 6″	1.432 319 89	0.024 998 70	—		

莫氏锥度在工具行业中应用广泛,有关参数、尺寸及公差已标准化。表 7-20 所列为莫氏工具圆锥(摘录)。

表 7-20　莫氏工具圆锥(摘录)

圆锥符号	锥　度	圆锥角(2α)	锥度的极限偏差	锥角的极限偏差	大端直径/mm		量规刻线间距/mm
					内锥体	外锥体	
No. 0	1 : 19. 212 = 0. 052 05	2°58′54″	±0. 000 6	±120″	9. 045	9. 212	1. 2
No. 1	1 : 20. 047 = 0. 049 88	2°51′26″	±0. 000 6	±120″	12. 065	12. 240	1. 4
No. 2	1 : 20. 020 = 0. 049 95	2°51′41″	±0. 000 6	±120″	17. 780	17. 980	1. 6
No. 3	1 : 19. 922 = 0. 050 20	2°52′32″	±0. 000 5	±100″	23. 525	24. 051	1. 8
No. 4	1 : 19. 254 = 0. 051 94	2°58′31″	±0. 000 5	±100″	31. 267	31. 542	2
No. 5	1 : 19. 002 = 0. 052 63	3°00′53″	±0. 000 4	±80″	44. 399	44. 731	2
No. 6	1 : 19. 180 = 0. 052 14	2°59′12″	±0. 000 35	±70″	63. 348	63. 760	2. 5

注:①锥角的偏差是根据锥度的偏差折算列入的。

②当用塞规检查内锥时,内锥大端端面必须位于塞规的两刻线之间,第一条刻线决定内锥大端直径的公称尺寸,第二条刻线决定内锥大端直径的最大极限尺寸。

③套规必须与配对的塞规校正,套规端面应与塞规上第一条线前面边缘相重合,允许套规端面不到塞规上第一条刻线,但不超过 0. 1 mm 距离。

2. 圆锥公差标准

为了保证内、外圆锥的互换性和使用要求,国家标准 GB/T 11334—2005 规定的圆锥公差项目如下:

1)圆锥直径公差(T_D)

圆锥直径公差是指圆锥直径的允许变动量,其数值为允许的最大极限圆锥和最小极限圆锥直径之差,如图 7-21 所示,用公式表示为

$$T_D = D_{\max}(d_{\max}) - D_{\min}(d_{\min}) \tag{7-5}$$

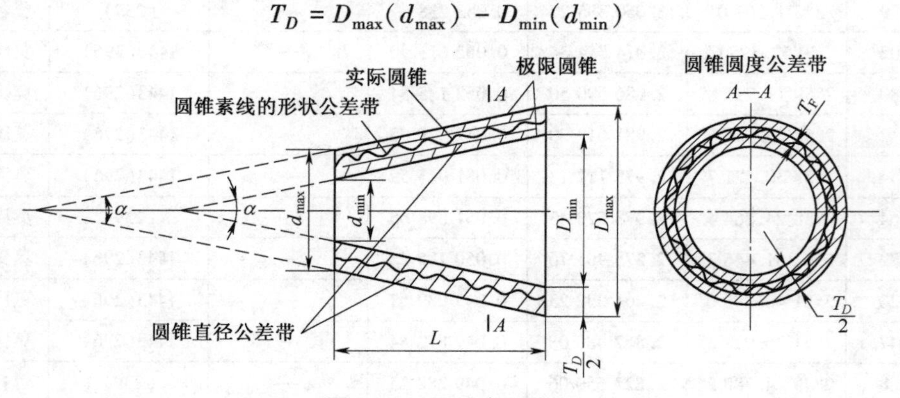

图 7-21　圆锥直径公差

最大极限圆锥和最小极限圆锥都称为极限圆锥,它与基本圆锥同轴,且圆锥角相等。在垂直于圆锥轴线的任意截面上,该两圆锥直径差都相等。

圆锥直径公差数值未另行规定标准,可根据圆锥配合的使用要求和工艺条件,对圆锥直径公差 T_D 和给定截面直径公差 T_{Ds},分别以最大圆锥直径 D 和给定截面圆锥直径 d_s 为公称直径,直接从国家标准 GB/T 1800. 1—2009 中查得,它适用于圆锥的全长(L)。圆锥直径公差带用圆柱体公差与配合标准符号表示,其公差等级也与该标准相同。对于有配合要求的圆锥,推荐采用基孔制;对没有配合要求的内、外圆锥,最好选用基本偏差 JS 和 js。

2)圆锥角公差(AT)

圆锥角公差是指圆锥角允许的变动量。其数值为允许的最大与最小圆锥角之差,如图 7-22 所示,用公式表示为

$$AT = |\alpha_{max} - \alpha_{min}| \tag{7-6}$$

圆锥角公差 AT 共分 12 个公差等级,用符号 $AT1, AT2, \cdots, AT12$ 表示。其中 $AT1$ 为最高公差等级,$AT12$ 为最低公差等级。国家标准 GB/T 1334—2005 规定其公差值见表 7-21。

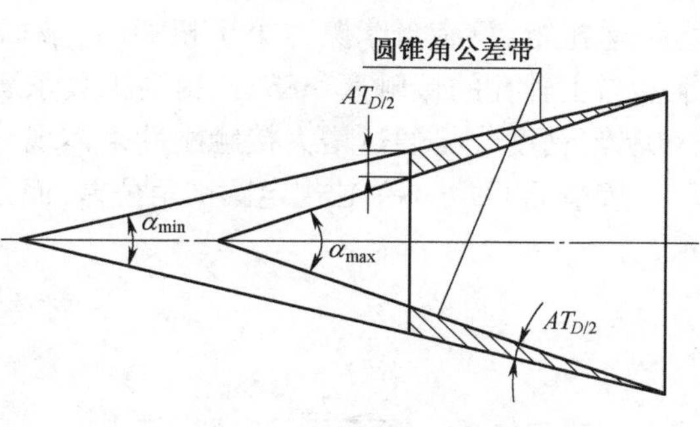

图 7-22　圆锥角公差带

圆锥角公差可用两种形式表示:

(1)AT_α——以角度单位表示,以角度单位微弧度[1 μard ≈1/5 s(″)]或以度、分、秒(°、′、″)表示圆锥角公差值。

(2)AT_D——以长度单位表示,以长度单位微米(μm)表示公差值,它是用与圆锥轴线垂直且距离为 L 的两端直径变动量之差所表示的圆锥角公差。两者之间的关系为

$$AT_D = AT_\alpha \times L \times 10^3 \tag{7-7}$$

表 7-21　圆锥角公差数值(摘自 GB/T 11334—2005)

基本圆锥长度 L(mm)		圆锥角公差等级											
		$AT4$			$AT5$			$AT6$					
		AT_α		AT_D	AT_α		AT_D	AT_α		AT_D			
大于	至	μrad	″	μm	μrad	″	μm	μrad	″	μm			
16	25	125	26	>2.0~3.2	200	41	>3.2~5.0	315	1′05″	>5.0~8.0			
25	40	100	21	>2.5~4.0	160	33	>4.0~6.3	250	52	>6.3~10.0			
40	63	80	16	>3.2~5.0	125	26	>5.0~8.0	200	41	>8.0~12.5			
63	100	63	13	>4.0~6.3	100	21	>6.3~10.0	160	33	>10.0~16.0			
100	160	50	10	>5.0~8.0	80	16	>8.0~12.5	125	26	>12.5~20.0			

基本圆锥长度 L(mm)		圆锥角公差等级								
		$AT7$			$AT8$			$AT9$		
		AT_α		AT_D	AT_α		AT_D	AT_α		AT_D
大于	至	μrad	″	μm	μrad	″	μm	μrad	″	μm
16	25	500	1′43″	>8.0~12.5	800	2′45″	>12.5~20.0	1 250	4′18″	>20.0~32.0
25	40	400	1′22″	>10.0~16.0	630	2′10″	>16.0~20.5	1 000	3′26″	>25.0~40.0
40	63	315	1′05″	>12.5~20.0	500	1′43″	>20.0~32.0	800	2′45″	>32.0~50.0
63	100	250	52	>10.0~25.0	400	1′22″	>25.0~40.0	630	2′10″	>40.0~63.0
100	160	200	41	>20.0~32.0	315	1′05″	>32.0~50.0	500	1′43″	>50.0~80.0

【例 7-3】　应用实例:刀具切削系统——锥柄精度。

如图 7-23 所示,国家标准要求 7∶24 锥柄精度按 AT4 级制造,锥柄与主轴孔间的接触率为≥80%;连接部位的接触面积大小决定了传递扭矩的大小;7∶24 锥柄靠锥柄与主轴间的摩

擦力传递扭矩；只有当摩擦力小于扭矩时，端面键才起作用；锥柄精度按 *AT*3 级精度控制；保证锥柄与主轴孔的接触率≥85%，提高工具系统与主轴的连接接口刚性。

优势：精度优势通过增大接触刚性来体现。

一般情况下，可不单独规定圆锥角公差，而是用圆锥直径公差 T_D 来控制圆锥角，如图 7-24 所示。

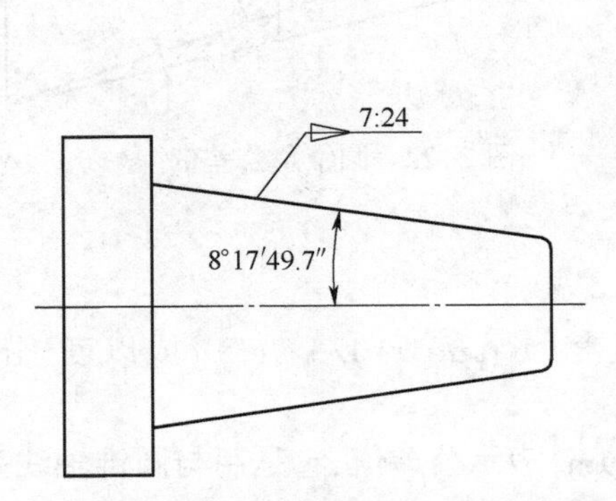

图 7-23　刀具切削系统—锥柄精度

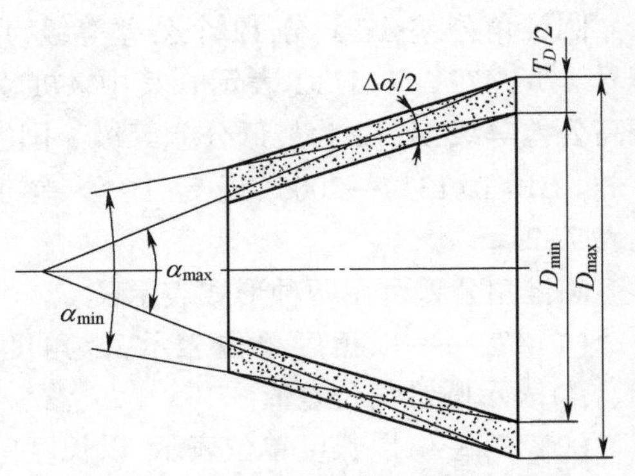

图 7-24　直径公差控制的极限圆锥角

表 7-22 列出了 $L=100$ mm 时圆锥直径公差所能控制的最大圆锥角误差。实际圆锥角被允许在此范围内变动。当 L 100 mm 时，应将表中数值乘以 $100/L$，L 单位是 mm。

表 7-22　$L=100$ mm 的圆锥直径公差 T_D 所限制的最大圆锥角误差 $\Delta\alpha_{max}$　单位：μrad

标准公差等级	圆锥直径(mm)												
	≤3	>3~6	>6~10	>10~18	>18~30	>30~50	>50~80	>80~120	>120~180	>180~250	>250~315	>315~400	>400~500
IT4	30	40	40	50	60	70	80	100	120	140	160	180	200
IT5	40	50	60	80	90	110	130	150	180	200	230	250	270
IT6	60	80	80	110	130	160	190	220	250	290	320	360	400
IT7	100	120	150	180	210	250	300	350	400	460	520	570	630
IT8	140	180	220	270	330	390	460	540	630	720	810	890	970
IT9	250	300	360	430	520	620	740	870	1 000	1 150	1 300	1 400	1 550
IT10	400	400	580	700	840	1 000	1 200	1 400	1 300	1 850	2 100	2 300	2 500

注：圆锥长度不等于 100 mm 时，需将表中的数值乘以 $100/L$，L 的单位为 mm。

对于圆锥角公差有更高要求的零件时，除规定其直径公差（T_D）外，还应给定圆锥角公差（AT）。圆锥角的极限偏差可按单向或双向取值，如图 7-25 所示。

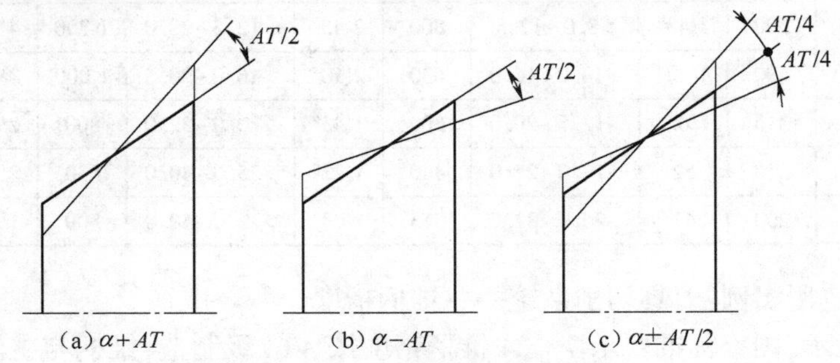

(a) $\alpha+AT$　(b) $\alpha-AT$　(c) $\alpha\pm AT/2$

图 7-25　圆锥角偏差给定形式

3）圆锥的形状公差 T_F

圆锥的形状公差包括下述两种：

（1）圆锥素线直线度公差。在圆锥轴向平面内，允许实际素线形状的最大变动量。其公差带，是在给定截面上，距离为公差值 T_F 的两条平行直线间的区域（图 7-21）。

（2）截面圆度公差。在圆锥轴线法向截面上，允许截面形状的最大变动量。它的公差带是半径差为公差值 T_F 的两同心圆间的区域（图 7-21）。

对于精度要求不高的圆锥工件，其形状公差由直径公差（T_D）控制。

对于精度要求较高的圆锥工件，应按要求单独规定形状公差 T_F。T_F 的数值从国家标准 GB/T 1184—1996 中选取。但应不大于圆锥直径公差值的一半。

4）给定截面圆锥直径公差 T_{DS}

在垂直于圆锥轴线的给定截面内，允许圆锥直径的变动量，如图 7-26 所示。

T_{DS}的数值以给定截面的直径 d_x 为公称尺寸，从国家标准 GB/T 1800.1—2009 选取。选取的公差值仅适用于该给定截面，其公差带位置按功能要求确定。

一般情况下，也不需要规定给定截面的圆锥直径公差，只有对圆锥工件有特殊要求时，才规定此项公差，但同时还要规定圆锥角公差 AT，它们之间的关系如图 7-27 所示。

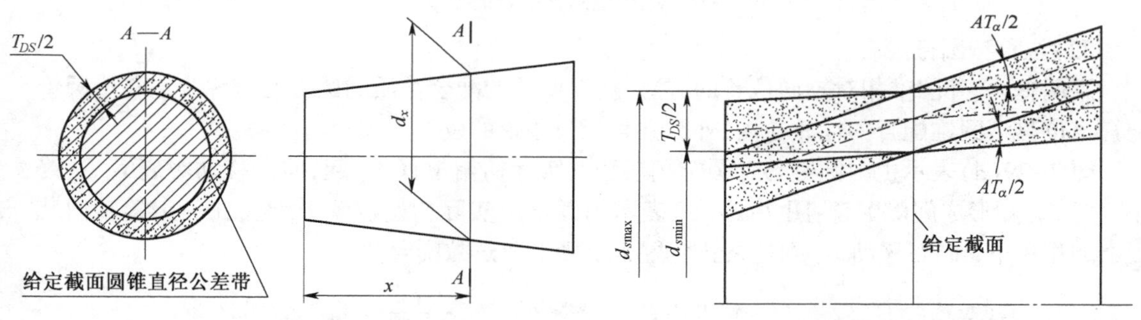

图 7-26　给定截面圆锥直径公差带　　图 7-27　T_{DS}与 AT 的关系

从图 7-27 所示可知，当圆锥在给定截面上具有最小极限尺寸 d_{xmin}时，其圆锥角公差带为图中下面两条实线限定的两对顶三角形区域，此时实际圆锥角必须在此公差带内；当圆锥在给定截面上具有最大极限尺寸 d_{xmax}时，其圆锥角公差带为图中上面两条实线限定的两对顶三角形区域；当圆锥在给定截面上具有某一实际尺寸 d_x 时，其圆锥角公差带为图中两条虚线限定的两对顶三角形区域。这种方法是在圆锥素线为理想直线情况下给定的。它适用于对圆锥工件的给定截面有较高精度要求的情况。例如阀类零件，为使圆锥配合在给定截面上有良好接触，以保证有良好的密封性，常采用这种公差。

3. 圆锥配合种类

GB/T 12360—2005《产品几何量技术规范（GPS）圆锥配合》适用于锥度 C 从 1：3 至 1：500，基本圆锥长度 L6～630 mm，直径至 500 mm 的光滑圆锥的配合。

圆锥配合是由基本圆锥直径和基本圆锥角或基本锥度相同的内、外圆锥形成的。圆锥尺寸公差带的数值是按直径给定的，所指的间隙或过盈是指垂直于圆锥轴线方向，而与圆锥角大小无关。由于圆锥角引起的两个方向上数值的差别，在本标准的适用范围内（锥度 1：3 至 1：500），最大差值不超过 2% 可忽略不计。

圆锥配合区别于圆柱配合的主要特点是内、外圆锥的相对轴向位置不同，可以获得间隙配合、过渡配合或过盈配合。因此,圆锥配合按内、外圆锥相对位置的确定方法分为两类:结构型圆锥配合和位移型圆锥配合。

(1)结构型圆锥配合

用适当的结构,使内、外圆锥保持固定的相对轴向位置,配合性质完全取决于内、外圆锥直径公差带的相对位置的圆锥配合称为结构型圆锥配合。

实现轴向位置固定的方法可以是内、外圆锥基准平面之间直接接触[图 7-28(a)],也可以采用其他附加的结构,保持内、外圆锥基准平面之间的距离[图 7-28(b)]。

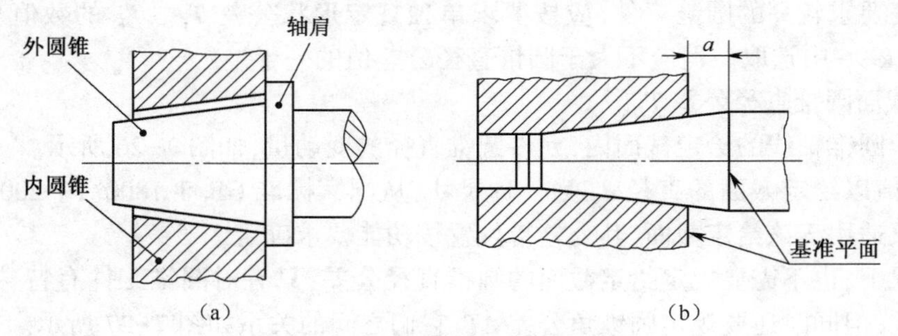

图 7-28 结构型圆锥配合的形成

(2)位移型圆锥配合

用调整内、外圆锥相对轴向位置的方法,获得要求的配合性质的圆锥配合称为位移型圆锥配合。位移型圆锥配合的性质与内、外圆锥直径公差带的位置无关。

图 7-29(a)表示由内圆锥与外圆锥相接触的实际初始位置 P_a 起,向左移动距离 E_a 达终止位置 P_f,则形成间隙配合;图 7-29(b)表示内圆锥由实际初始位置 P_a 起,在一定的轴向装配力的作用下,向右移动 E_a 到达终止位置 P_f,则形成过盈配合。

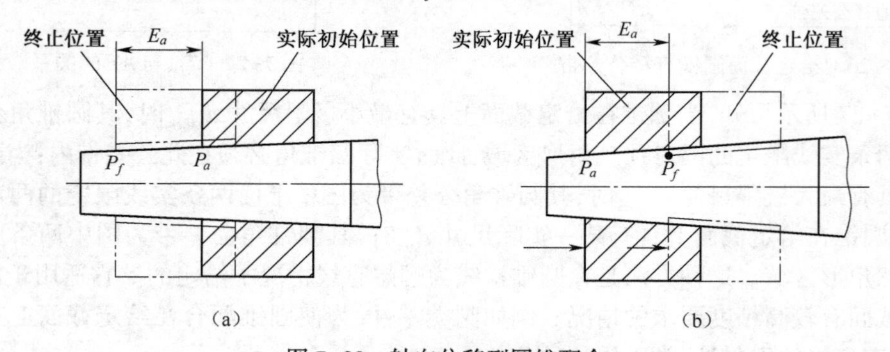

图 7-29 轴向位移型圆锥配合

通常位移型圆锥配合不用于形成过渡配合。例如,机床主轴的圆锥滑动轴承是位移型圆锥间隙配合。机床主轴锥孔与铣刀杆锥柄形成位移型过盈配合。

4. 圆锥公差的选用

对于一个具体的圆锥工件,并不都需要给定四项公差,而是根据工件的不同要求来给定公差项目。

1)给定圆锥公差

(1)给出圆锥的理论正确圆锥角 α(或锥度 C)和圆锥直径公差 T_D。

由 T_D 确定两个极限圆锥,圆锥角误差、圆锥直径误差和形状误差都应控制在这两极限圆锥所限定的区域内,即圆锥直径公差带内。所给出的圆锥直径公差具有综合性,其实质就是包容要求。

当对圆锥角公差和圆锥形状公差有更高要求时,可再加注圆锥角公差 AT 和圆锥形状公差 T_F,但 AT 和 T_F 只占 T_D 的一部分。这种给定方法设计中经常使用,适用于有配合要求的内、外圆锥,例如圆锥滑动轴承、钻头的锥柄等。

(2)同时给出给定截面圆锥直径公差 T_{DS} 和圆锥角公差 AT。

此时 T_{DS} 和 AT 是独立的,彼此无关,应分别满足要求,两者关系相当于独立原则。

当对形状公差有更高要求时,可再给出圆锥的形状公差。该法通常适用于对给定圆锥截面直径有较高要求的情况。如某些阀类零件中,两个相互结合的圆锥在规定截面上要求接触良好,以保证密封性。

2)选定圆锥公差

根据圆锥使用要求的不同,选用圆锥公差。

(1)对有配合要求的内、外圆锥,按第一种公差给定方法进行圆锥精度设计:选用直径公差。

圆锥结合的精度设计,一般是在给出圆锥基本参数后,根据圆锥结合的功能要求,通过计算、类比、选择确定直径公差带,再确定两个极限圆锥。通常取基本圆锥的最大圆锥直径为公称尺寸,查表选取直径公差的公差数值。

①结构型圆锥。其直径误差主要影响实际配合间隙或过盈,为保证配合精度,直径公差一般不低于 9 级。选用时,根据配合公差 T_{DP} 来确定内、外圆锥的直径公差 T_{Di}、T_{De},三者存在如下关系:

$$T_{DP} = T_{Di} + T_{De} \tag{7-8}$$

对于结构型圆锥配合推荐优先采用基孔制。

②位移型圆锥。对于位移型圆锥,其配合性质是通过给定的内、外圆锥的轴向位移量或装配力确定的,而与直径公差带无关。直径公差仅影响接触的初始位置和终止位置及接触精度。所以,对位移型圆锥配合,可根据对终止位置基面距的要求和对接触精度的要求来选取直径公差。如对基面有要求,公差等级一般在 IT8 ~ IT12 之间选取,必要时,应通过计算来选取和校核内、外圆锥的公差带,若对基面距无严格要求,可选较低的直径公差等级;如对接触精度要求较高,可用给出圆锥角公差的办法来满足。为了计算和加工方便,国家标准 GB/T 12360—2005 推荐位移型圆锥的基本偏差用 H、h 或 JS、js 的组合。

(2)对配合面有较高接触精度要求的内、外圆锥应按第二种给定方法进行圆锥精度设计;同时给出给定截面圆锥直径公差 T_{DS} 和圆锥角公差 AT。

(3)对非配合外圆锥:一般选用基本偏差 js。

7.4.5 圆锥尺寸及公差的标注方法

1. 圆锥尺寸的标注

在零件图上,圆锥锥度用特定的图形符号(或分数)形式来标注。

如图 7-30 所示,图形符号配置在平行于圆锥轴线的基准线上,其方向与圆锥方向一致,并在基准线上标注制度数值,用指引线与圆锥素线相连。

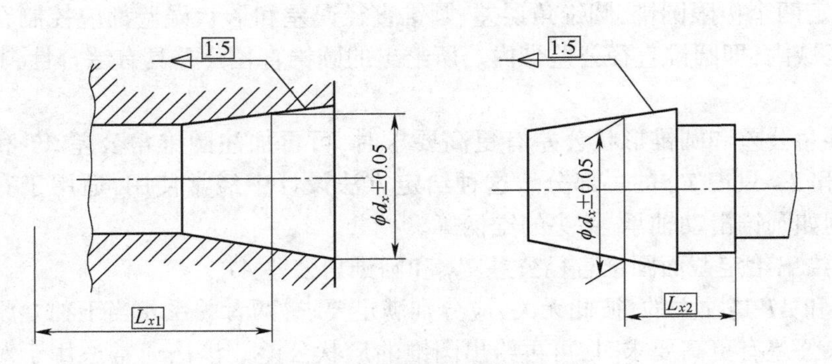

图 7-30　锥度的标注方法

2. 圆锥公差的标注

圆锥公差共有三种标注方法:面轮廓度法、基本锥度法、公差锥度法。

1)面轮廓度法

面轮廓度法是指给出圆锥的理论正确圆锥角或锥度、理论正确圆锥直径和圆锥长度 L,然后标注面轮廓度公差。它是常用的圆锥公差给定方法,由面轮廓度公差带确定最大与最小极限圆锥,从而将圆锥的直径偏差、圆锥角偏差、素线直线度误差和圆截面圆度误差等都控制在面轮廓公差带内,相当于包容要求。面轮廓度法适用于有配合要求的结构型内、外圆锥。

2)基本锥度法标注

(1)给定圆锥直径公差 T_D 的标注。如图 7-31 所示,此时,圆锥的直径偏差、锥角偏差和圆锥形状误差都由圆锥直径公差控制。

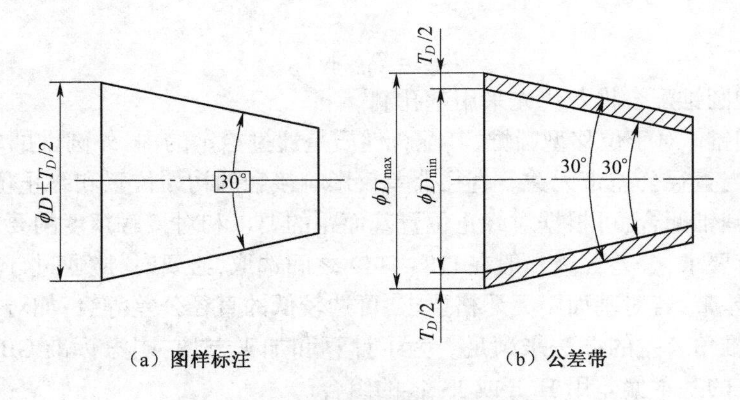

(a)图样标注　　(b)公差带

图 7-31　给定圆锥直径公差的标注

如果对圆锥角和其素线精度有更高要求时,应另给出它们的公差,但其数值应小于圆锥的直径公差值。

(2)给定截面圆锥直径公差 T_{DS} 的标注

给定截面圆锥直径公差 T_{DS},可以保证两个相互配合的圆锥在规定的截面上具有良好的密封性,如图 7-32 所示。

(3)给定圆锥形状公差的标注

如图 7-33 所示为给定直线度公差的标注示例。图中直线度公差带在圆锥直径公差带内浮动。

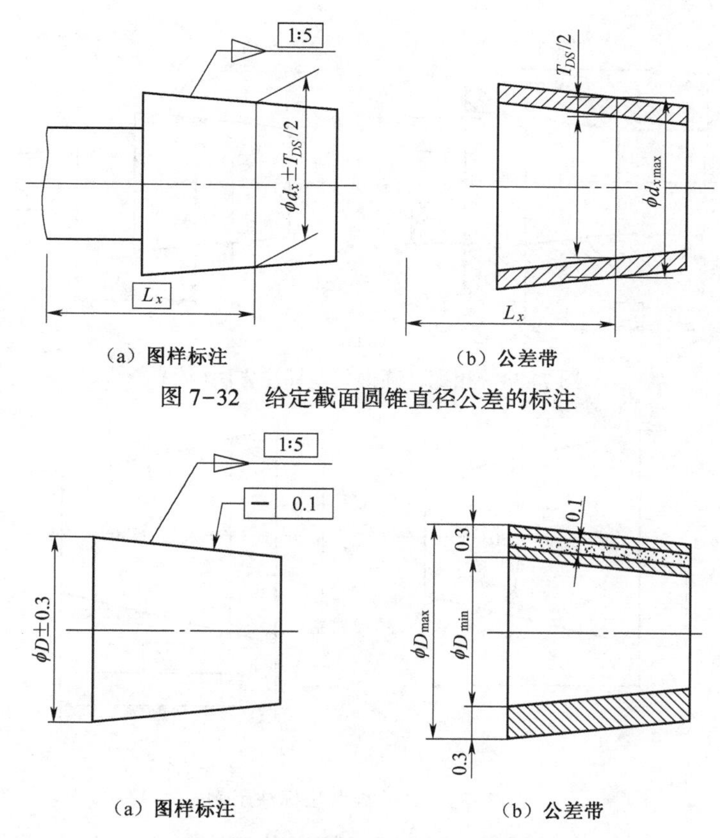

（a）图样标注　　（b）公差带

图 7-32　给定截面圆锥直径公差的标注

（a）图样标注　　（b）公差带

图 7-33　给定圆锥的形状公差的标注

(4)相配合圆锥公差的标注

根据 GB/T 12360—2005 的要求,相配合的圆锥应保证各装配件的径向和(或)轴向位置,标注两个相配合圆锥的尺寸及公差时,应确定:具有相同的锥度或角度;标注尺寸公差的圆锥直径的公称尺寸应一致,其直径[图 7-34(a)]和位置[图 7-34(b)]的理论正确尺寸与两装配件的基准平面有关。

3)公差锥度法的标注

公差锥度法是指同时给出圆锥直径的极限偏差和圆锥角的极限偏差,并标出圆锥长度。按独立原则来解释,其标注方法如图 7-35(a)所示。

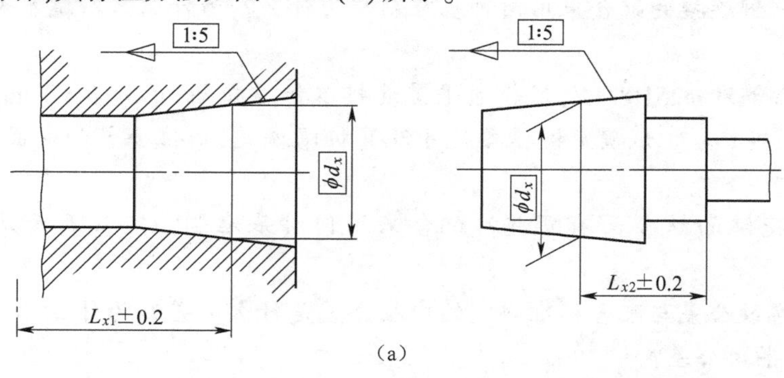

(a)

图 7-34　相配合圆锥公差标注方法

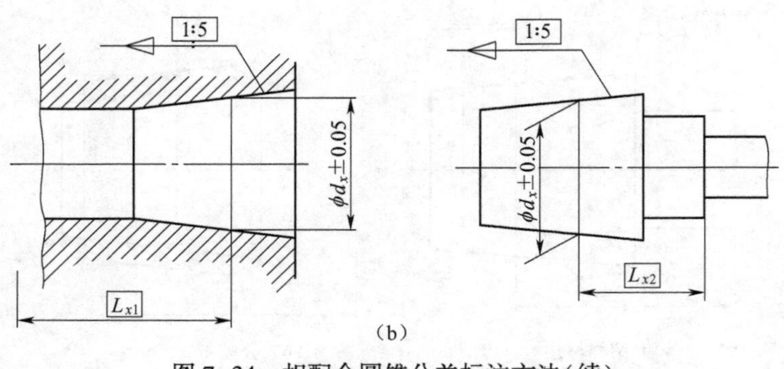

(b)

图 7-34　相配合圆锥公差标注方法(续)

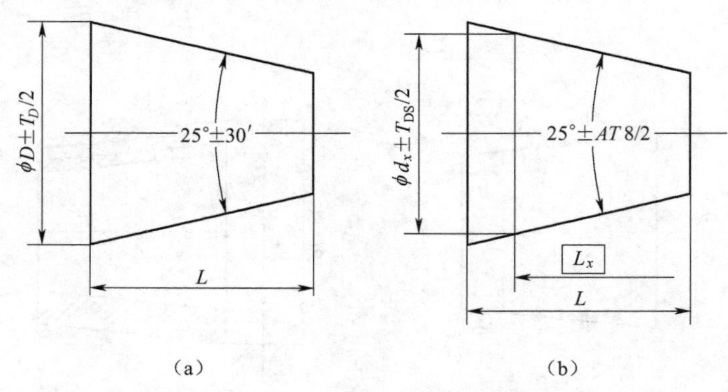

(a)　(b)

图 7-35　公差锥度法标注示例

公差锥度法适用于非配合的圆锥,也适用于给定截面圆锥直径有较高精度要求的圆锥。其标注方法如图 7-35(b)所示。

习　题　7

7-1　滚动轴承内圈内孔及外圈外圆柱面公差带分别与一般基孔制的基准孔及一般基轴制的基准轴公差带有何不同?

7-2　一深沟球轴承 6310(d=50 mm,D=110 mm,6 级精度)与轴承内径配合的轴用 k6,与轴承外径配合的孔用 H7。试绘出这两对配合的公差带图,并计算其极限间隙或过盈。

7-3　普通平键连接的配合采用何种基准制?为什么?为什么只对键宽和键槽宽规定较严格的公差带?

7 4　某一配合为 ϕ25H8/k7,用普通平键连接以传递扭矩,已知 b = 8 mm,h = 7 mm,L = 20 mm,为正常连接配合。试确定键槽各尺寸及其极限偏差、形位公差和表面粗糙度,并将其标注在图样上。

7-5　矩形花键的结合面有哪些?配合采用何种基准制?定心表面是哪个?试说明理由。

7-6　普通螺纹公差与配合标准规定的中径公差是什么公差?为什么不分别规定螺纹的螺距公差和牙型半角公差?

7-7　解释下列螺纹标记的含义:

(1)M24-6H；

(2)M8×1-LH；

(3)M36×2-5g6g-S；

(4)M20×Ph3P1.5-7H-L-LH；

(5)M30×2-6H/5g6g-S。

7-8 有一圆锥体,其尺寸参数为 D、d、L、c、a,试说明在零件图上是否需要把这些参数的尺寸和极限偏差都注上,为什么?

7-9 为什么钻头、铰刀、铣刀等刀具的尾柄与机床主轴孔连接多采用圆锥结合?从使用要求出发,这些工具锥体有哪些要求?

8 圆柱齿轮传动的互换性及检测

齿轮传动的使用要求；齿轮基本误差项目的含义、作用及检测方法，齿轮检验组的选用。

8.1 概　　述

在机械产品中，齿轮是使用最多的传动元件，尤其是渐开线圆柱齿轮应用更为广泛。目前，随着科技水平的迅猛发展，对机械产品的自身质量，传递的功率和工作精度都提出了更高的要求，从而对齿轮传递的精度也提出了更高的要求。因此研究齿轮偏差、精度标准及检测方法，对提高齿轮加工质量具有重要的意义。目前我国推荐使用的圆柱齿轮标准为：《GB/T 10095—2008 圆柱齿轮 精度制》；《GB/Z 18620—2008 圆柱齿轮 检验实施规范》；《GB/T 13924—2008 渐开线圆柱齿轮精度 检验细则》。

8.1.1 齿轮传动的使用要求

各类齿轮都是用来传递运动或动力的，其使用要求因用途不同而异，但归纳起来主要为以下四个方面：

1. 传递运动的准确性

传递运动的准确性是指齿轮在一转范围内，最大转角误差不超过一定的限度。齿轮一转过程中产生的最大转角误差用 $\Delta\varphi_{\Sigma}$ 来表示，如图 8-1 所示的一对齿轮，若主动轮的齿距没有误差，而从动齿轮存在如图所示的齿距不均匀时，则从动齿轮一转过程中将形成最大转角误差 $\Delta\varphi_{\Sigma}=7°$，从而使速比相应产生最大变动量，传递运动不准确。

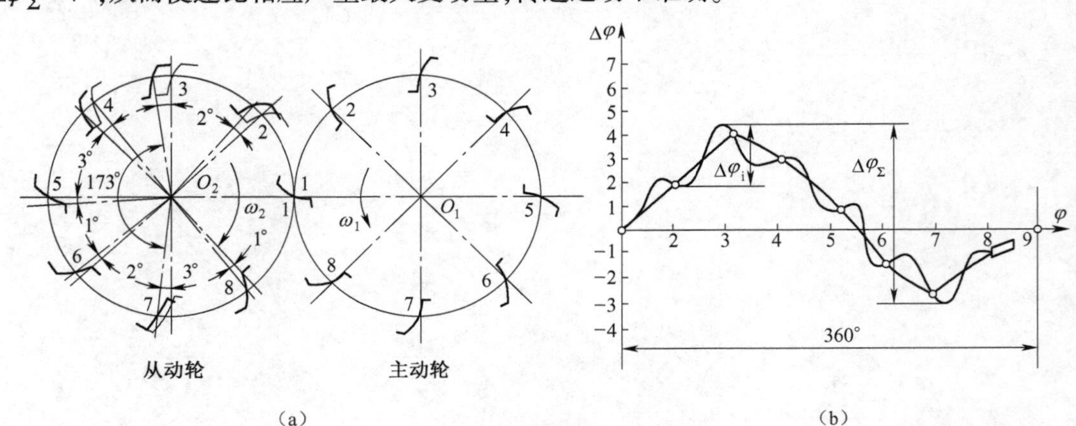

图 8-1　转角误差示意图

2. 传递运动的平稳性

要求齿轮在转一齿范围内，瞬时传动比变化不超过一定的范围。因为这一变动将会引起冲击、振动和噪声。它可以用转一齿过程中的最大转角误差 $\Delta\varphi$ 表示。如图 8-1(b)所示，与运动精度相比，它等于转角误差曲线上多次重复的小波纹的最大幅度值。

3. 载荷分布的均匀性

要求一对齿轮啮合时，工作齿面要保证接触良好，避免应力集中，减少齿面磨损，提高齿面强度和寿命。这项要求可用沿轮齿长和齿高方向上保证一定的接触区域来表示，如图 8-2 所示，对齿轮的此项精度要求又称为接触精度。

4. 传动侧隙的合理性

要求一对齿轮啮合时，在非工作齿面间应存在的间隙，如图 8-3 所示的法向测隙 j_{bn}，是为了使齿轮传动灵活，用以储存润滑油、补偿齿轮的制造与安装误差以及热变形等所需的侧隙。否则齿轮传动过程中会出现卡死或烧伤。在圆周方向测得的间隙为圆周侧隙 $j_{\omega t}$。

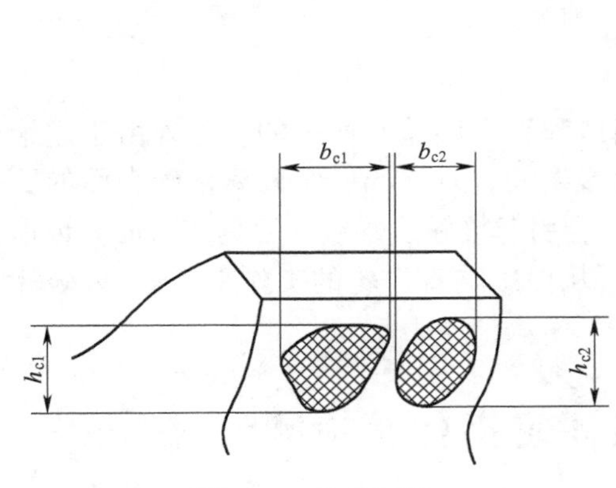

图 8-2 接触区域

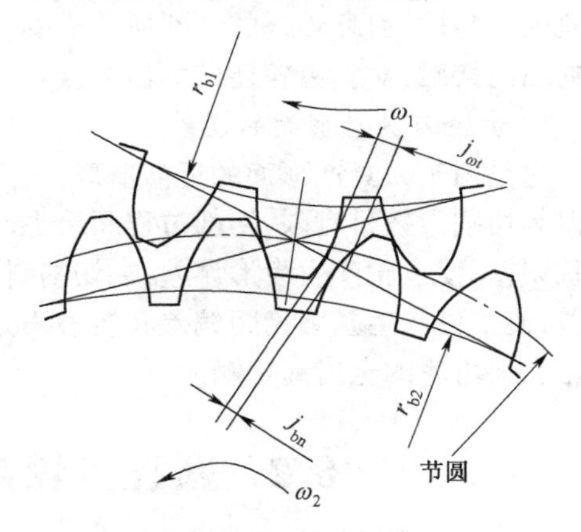

图 8-3 传动侧隙

上述前 3 项要求为对齿轮本身的精度要求，而第 4 项是对齿轮副的要求，而且对不同用途的齿轮，提出的要求也不一样。对于机械制造业中常用的齿轮，如机床、通用减速器、汽车、拖拉机、内燃机车等行业用的齿轮，通常对上述 3 项精度要求的高低程度都是差不多的，对齿轮精度评定各项目可要求同样精度等级，这种情况在工程实践中是占大多数的。而有的齿轮，可能对上述 3 项精度中的某一项有特殊功能要求，因此可对某项提出更高的要求。例如对分度、读数机构中的齿轮，可对控制运动精度的项目提出更高的要求；对航空发动机、汽轮机中的齿轮，因其转速高，传递动力也大，特别要求振动和噪声小，因此应对控制平稳性精度的项目提出高要求，对轧钢机、起重机、矿山机械中的齿轮，属于低速动力齿轮，因而可对控制接触精度的项目要求高些。而对于齿侧间隙，无论何种齿轮，为了保证齿轮正常运转都必须规定合理的间隙大小，尤其是仪器仪表中的齿轮传动，保证合适的间隙尤为重要。

另外，为了降低齿轮的加工难度、检测成本，如果齿轮总是用一侧齿面工作，则可以对非工作齿面提出较低的精度要求。

8.1.2 齿轮的加工误差

齿轮的各项偏差都是在加工过程中形成的，是由工艺系统中齿轮坯、齿轮机床、刀具 3 个方面的各个工艺因素决定的。齿轮加工误差有下述4种形式(图8-4)。

1. 径向误差

径向误差是刀具与被切齿轮之间径向距离的偏差。它是由齿坯在机床上的定位误差、刀具的径向跳动、齿坯轴或刀具轴位置的周期变动引起的。

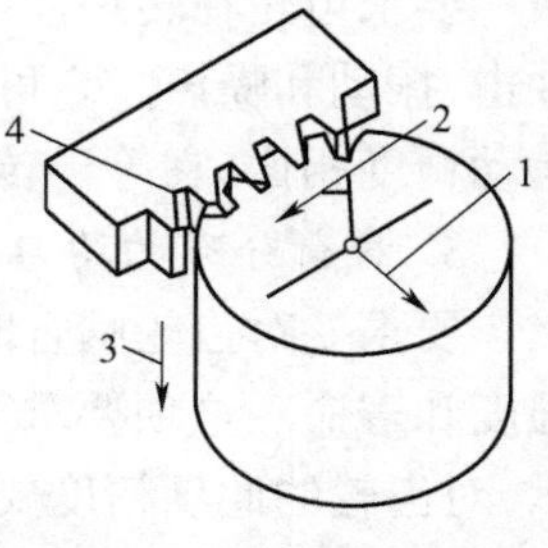

图8-4 齿轮加工误差

1—径向误差;2—切向误差;3—轴向误差;4—刀具产形面的误差

2. 切向加工误差

切向加工误差是刀具与工件的展成运动遭到破坏或分度不准确而产生的加工误差。机床运动链各构件的误差,主要是最终的分度蜗轮副的误差,或机床分度盘和展成运动链中进给丝杠的误差,是产生切向误差的根源。

3. 轴向误差

轴向误差是刀具沿工件轴向移动的误差。它主要是由于机床导轨的不精确、齿坯轴线的歪斜所造成的,对于斜齿轮,机床运动链也有影响。轴向误差破坏齿的纵向接触,对斜齿轮还破坏齿高接触。

4. 齿轮刀具产形面的误差

它是由于刀具产形面的近似造形,或由于其制造和刃磨误差而产生的。此外由于进给量和刀具切削刃数目有限,切削过程断续也产生的齿形误差。刀具产形面偏离精确表面的所有形状误差,使齿轮产生齿形误差,在切削斜齿轮时还会引起接触线误差。刀具产形面和齿形角误差,使工件产生基圆齿距偏差和接触线方向误差,从而影响直齿轮的工作平稳性,并破坏直齿轮和斜齿轮的全齿高接触。

8.2 圆柱齿轮精度的评定指标及检测

图样上设计的齿轮都是理想的齿轮,但由于齿轮加工误差,使制得的齿轮齿形和几何参数都存在误差。因此必须了解和掌握控制这些误差的评定项目。在齿轮新标准中,齿轮误差、偏差统称为齿轮偏差,将偏差与偏差允许值共用一个符号表示,例如 F_α 既表示齿廓总偏差,又表示齿廓总偏差允许值。单项要素测量所用的偏差符号用小写字母(如 f)加上相应的下标组成;而表示若干单项要素偏差组成的"累积"或"总"偏差所用的符号,采用大写字母(如 F)加上相应的下标表示。

8.2.1 轮齿同侧齿面偏差

1. 齿距偏差

(1)单个齿距偏差(f_{pt})。它是在端平面上接近齿高中部的一个与齿轮轴线同心的圆上,实际齿距与理论齿距的代数差。如图8-5所示 f_{pt} 为第1个齿距的齿距偏差。

当齿轮存在齿距偏差时,会造成一对齿啮合完了而另一对齿进入啮合时,主动齿与被动齿发生冲撞,影响齿轮传动的平稳性精度。

(2)齿距累积偏差(F_{pk})。它是任意 k 个齿距的实际弧长与理论弧长的代数差(图8-5),理论上它等于 k 个齿距的各单个齿距偏差的代数和。一般 $\pm F_{pk}$ 适用于齿距数 k 为2到 $z/8$ 范围,通常 k 取 $z/8$ 就足够了。

齿距累积偏差实际上是控制在圆周上的齿距累积偏差，如果此项偏差过大，将产生振动和噪声，影响平稳性精度。

(3)齿距累积总偏差(F_p)。齿轮同侧齿面任意弧段($k=1$ 到 $k=z$)内的最大齿距累积偏差。它表现为齿距累积偏差曲线的总幅值(图 8-5)。

齿距累积总偏差(F_p)。可反映齿轮转一转过程中传动比的变化，因此它影响齿轮的运动精度。

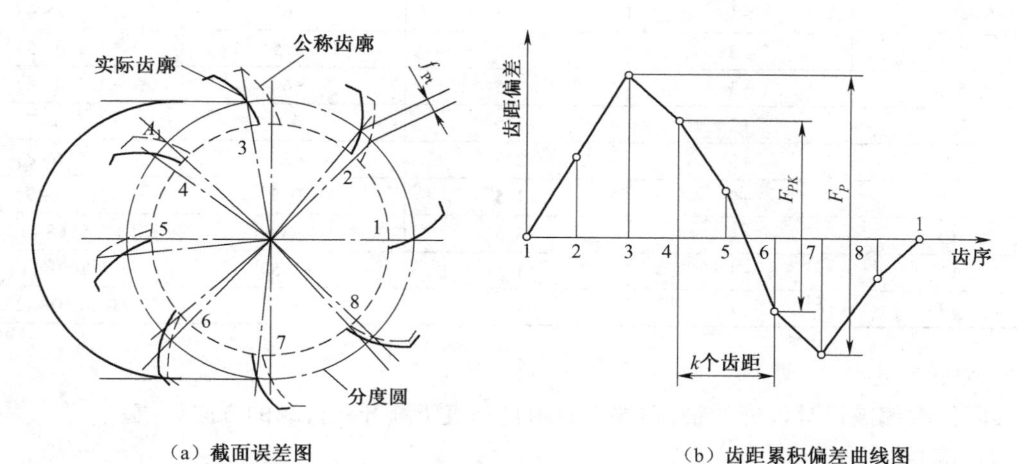

(a) 截面误差图　　(b) 齿距累积偏差曲线图

图 8-5　齿距累计总偏差

齿距偏差的检验一般在齿距比较仪上进行，属相对测量法，如图 8-6 所示。齿距仪的测头 3 为固定测头，活动测头 2 与指示表 7 相连，测量时将齿距仪与产品齿轮平放在检验平板上，用定位杆 4 前端顶在齿轮顶圆上，调整活动测头 2 和固定测头 3 使其大致在分度圆附近接触，以任一齿距作为基准齿距并将指示表对零，然后逐个齿距进行测量，得到各齿距相对于基准齿距的偏差 $P_{相}$，见表 8-1，再求出平均齿距偏差：

$$P_{平}=\sum_{i=1}^{z}P_{i相}=\frac{1}{12}[0+(-1)+(-2)+(-1)+(-2)+3+2+3+2+4+(-1)+(-1)]=+0.5(\mu m)$$

然后求出 $P_{i绝}=P_{i相}-P_{平}$ 各值，将 $P_{i绝}$ 值累积后得到齿距累积偏差 F_{pi}，从 F_{pi} 中找出最大值、最小值，其差值即为齿距总偏差 F_p，F_p 发生在第 5 和第 10 齿距间。

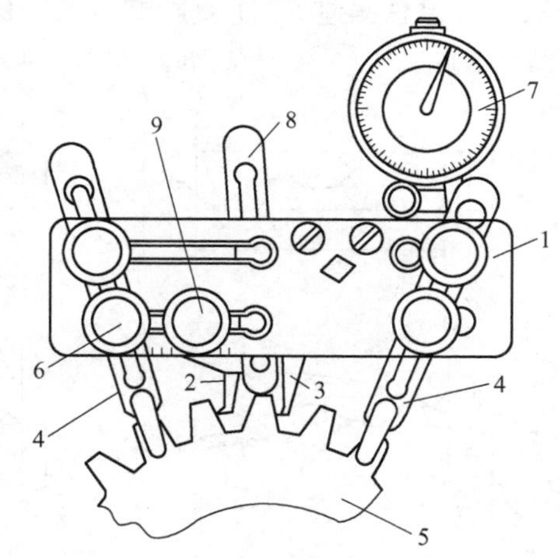

图 8-6　齿距比较仪测齿距偏差

1—基体；2—活动测头；3—固定测头；4、8—定位杆；5—被测齿轮；6、9—锁紧螺钉；7—指示表

$$F_p=F_{pimax}-F_{pimin}=(+3.0)-(-8.5)=11.5(\mu m)$$

在 $P_{i绝}$ 中找出绝对值最大值即为单个齿距偏差，发生在第 10 齿距 $f_{pt}=+3.5\ \mu m$

将 F_{pi} 值每相邻 3 个数字相加就得出 $k=3$ 时的 F_{pk} 值，取其为 K 个齿距累积偏差，此例中 F_{pkmax} 为 $+7.5\ \mu m$，发生在第 8～10 齿距间。

表 8-1 齿距偏差数据处理

齿距序号 i	齿距仪读数 $P_{i相}$	$P_{i绝}=P_{i相}-P_{i平}$	$F_{pi}=\sum_{i=1}^{z}P_{i绝}$	$F_{pk}=\sum_{i=1}^{i+(k-1)}P_{i绝}$
1	0	−0.5	−0.5	−3.5(11~1)
2	−1	−1.5	−2	−3.5(12~2)
3	−2	−2.5	−4.5	−4.5(1~3)
4	−1	−1.5	−6	−5.5(2~4)
5	−2	−2.5	(−8.5)	−6.5(3~5)
6	+3	+2.5	−6	−1.5(4~6)
7	+2	+1.5	−4.5	+1.5(5~7)
8	+3	+2.5	−2	+6.5(6~8)
9	+2	+1.5	−0.5	+5.5(7~9)
10	+4	(+3.5)	(+3)	(+7.5)(8~10)
11	−1	−1.5	+1.5	+3.5(9~11)
12	−1	−1.5	0	+0.5(10~12)

2. 齿廓偏差

实际齿廓偏离设计齿廓的量，在端平面内且垂直于渐开线齿廓的方向计值。

1)齿廓总偏差(F_α)

齿廓总偏差是在计值范围内，包容实际齿廓迹线的两条设计齿廓迹线间的距离，如图 8-7(a)所示。齿廓总偏差 F_α 主要影响齿轮平稳性精度。

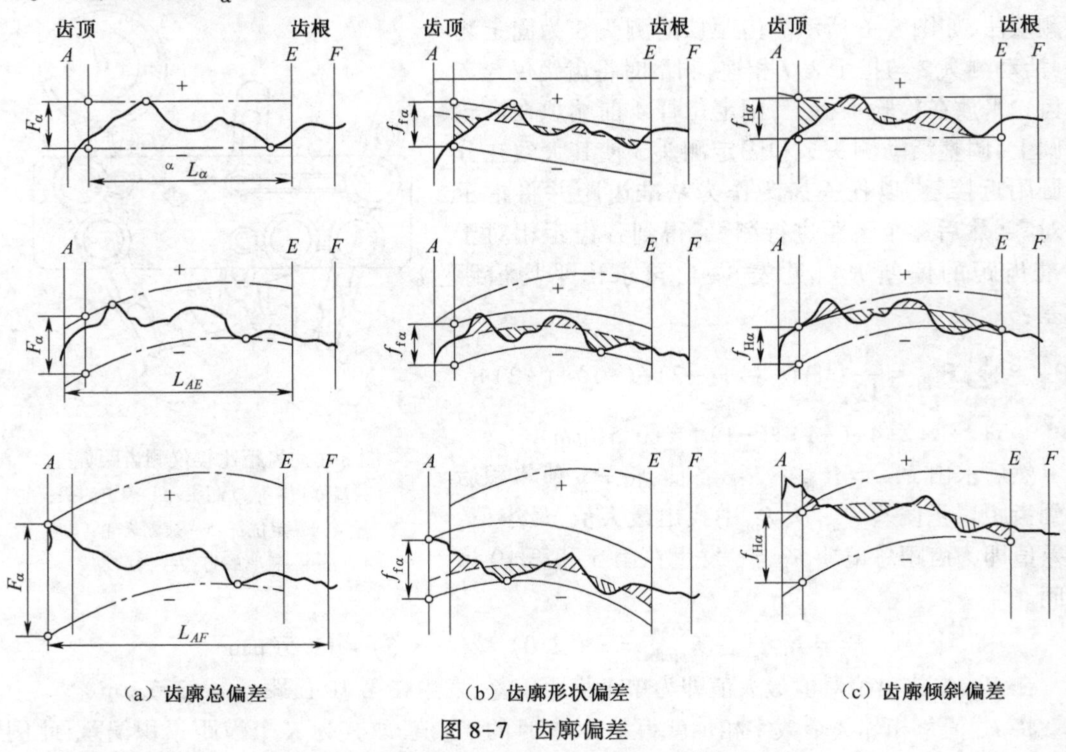

(a) 齿廓总偏差　(b) 齿廓形状偏差　(c) 齿廓倾斜偏差

图 8-7 齿廓偏差

L_α—齿廓计值范围；L_{AE}—齿廓有效长度；L_{AF}—齿廓可用长度

2）齿廓形状偏差（$f_{f\alpha}$）

齿廓形状偏差是在计值范围内，包容实际齿廓迹线的两条与平均齿廓迹线完全相同的曲线间的距离，且两条曲线与平均齿廓迹线的距离为常数，如图 8–7（b）所示。图 8–7 中点画线为设计轮廓；粗实线为实际轮廓；虚线为平均轮廓。

（1）设计齿廓为未修形的渐开线；实际齿廓在减薄区内偏向体内。

（2）设计齿廓为修形的渐开线；实际齿廓在减薄区偏向体内。

（3）设计齿廓为修形的渐开线；实际齿廓在减薄区偏向体外。

3）齿廓倾斜偏差（$f_{H\alpha}$）

在计值范围的两端与平均齿廓迹线相交的两条设计齿廓迹线间的距离，如图 8–7（c）所示。

在近代齿轮设计中，对于高速传动齿轮，为减少基圆齿距偏差和轮齿弹性变形引起的冲击、振动和噪声，常采用以理论渐开线齿形为基础的修正齿形，如修缘齿形、凸齿形等，如图 8–7 所示。所以设计齿形可以是渐开线齿形，也可以是这种修正齿形。

齿廓偏差的检验又称齿形检验，通常是在渐开线检查仪上进行的。图 8–8 所示，为单盘式渐开线检查仪原理图。该仪器是用比较法进行齿形偏差测量的，即将产品齿轮的齿形与理论渐开线比较，从而得出齿廓偏差。产品齿轮 1 与可更换的摩擦基圆盘 2 装在同一轴上，基圆盘直径要精确等于被测齿轮的理论基圆直径，并与装在滑板 4 上的直尺 3 以一定的压力相接触。当转动丝杠 5 使滑板 4 移动时，直尺 3 便与基圆 2 做纯滚动，此时齿轮也同步转动。在滑板 4 上装有测量杠杆 6，它的一端为测量头，与产品齿面接触，其接触点刚好在直尺 3 与基圆盘 2 相切的平面上，它走出的轨迹应为理论渐开线，但由于齿面存在齿形偏差，因此在测量过程中测头就产生了偏移并通过指示表 7 指示出来，或由记录器画出齿廓偏差曲线，按 F_α 定义可以从记录曲线上求出 F_α 数值，然后再与给定的允许值进行比较。有时为了进行工艺分析或应用户要求，也可以从曲线上进一步分析出 $f_{f\alpha}$ 和 $f_{H\alpha}$ 的数值。

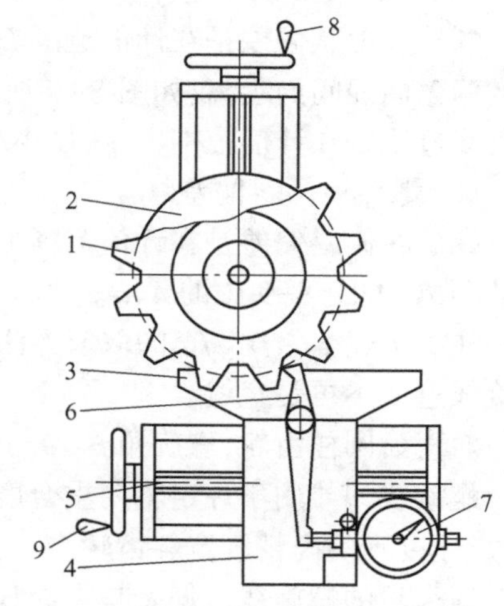

图 8–8　单盘式渐开线检查仪原理图

1—齿轮；2—摩擦基圆盘；3—直尺；4—滑板；5—丝杠；6—杠杆；7—指示表；8、9—手轮

3. 螺旋线偏差

在端面基圆切线方向上测得的实际螺旋线偏离设计螺旋线的量。

（1）螺旋线总偏差（F_β）

螺旋线总偏差是在计值范围 L_β 内，包容实际螺旋线迹线的两条设计螺旋线迹线间的距离，如图 8–9 所示。

在螺旋线检查仪上测量非修形螺旋线的斜齿轮偏差，原理是将产品齿轮的实际螺旋线与标准的理论螺旋线逐点进行比较并将所得的差值在记录纸上画出偏差曲线图，如图 8–9 所示。没有螺旋线偏差的螺旋线展开后应该是一条直线（设计螺旋线迹线），即图 8–9 中的线 1。如果无 F_β 偏差，仪器的记录笔应该走出一条与 1 重合的直线，而当存在 F_β 偏差时，则走出一条曲线 2（实际螺旋线迹线）。齿轮从基准面 Ⅰ 到非基准面 Ⅱ 的轴向距离为齿宽 b。齿宽 b 两端各减去 5% 的齿宽或减去一个模数长度后得到的两者中最小值是螺旋线计值范围 L_β，过实际螺旋线迹线最高点和最低点作与设计螺旋线平行的两条直线的距离即为 F_β。该项偏差主要影响齿面接触精度。

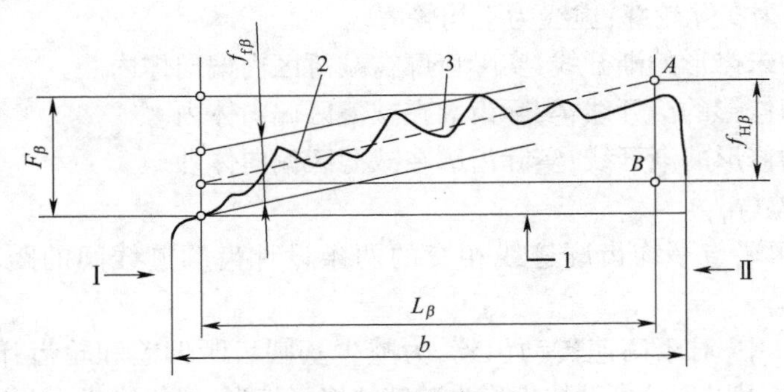

图 8-9　螺旋线偏差

(2)螺旋线形状偏差($f_{f\beta}$)

螺旋线形状偏差是在计值范围 L_β 内，包容实际螺旋线迹线的，与平均螺旋线迹线完全相同的两条曲线间的距离，如图 8-9 所示，且两条曲线与平均螺旋线迹线的距离为常数。平均螺旋线迹线是在计值范围内，按最小二乘法确定的，如图 8-9 图中直线 3。

(3)螺旋线倾斜偏差($f_{H\beta}$)

螺旋线倾斜偏差是在计值范围 L_β 的两端与平均螺旋线迹线相交的两条设计螺旋线迹线间的距离，如图 8-9 中的 A、B。

注意上述 F_β、$f_{f\beta}$、$f_{H\beta}$的取值方法适用于非修形螺旋线，当齿轮设计成修形螺旋线时，设计螺旋线迹线不再是直线。

对直齿圆柱齿轮，螺旋角 $\beta=0$。此时 F_β 称为齿向偏差。

螺旋线偏差用于评定轴向重合度 $\varepsilon_\beta>1.25$ 的宽斜齿轮及人字齿轮，它适用于评定传递功率大、速度高的高精度宽斜齿轮。

斜齿轮的螺旋线总偏差是在导程仪或螺旋角测量仪上测量检验的，检验中由检测设备直接画出螺旋线图，如图 8-9 所示。按定义可从偏差曲线上求出 F_β 值，然后再与给定的允许值进行比较。有时为进行工艺分析或应用户要求可从曲线上进一步分析出 $f_{f\beta}$ 或 $f_{H\beta}$的值。

直齿圆柱齿轮的齿向偏差 F_β 可用图 8-10所示方法测量。产品齿轮连同测量心轴安装在具有前后顶尖的仪器上，将直径大致等于 $1.68m_n$ 的测量棒分别放入齿轮相隔 90°的 a、c 位置的齿槽间，在测量棒两端打表，测得的两次读数的差就可近似作为齿向误差 F_β。

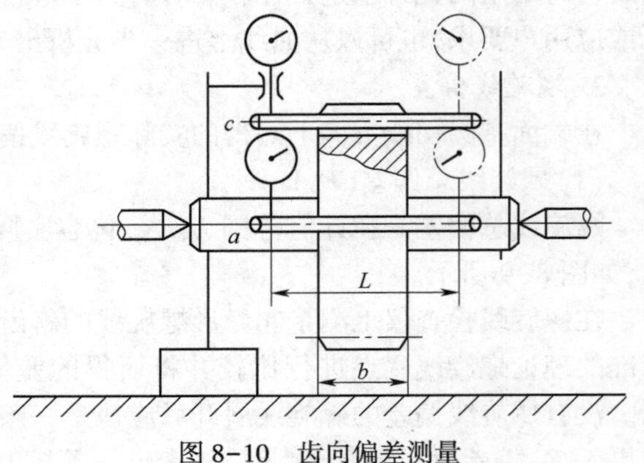

图 8-10　齿向偏差测量

4. 切向综合偏差

(1)切向综合总偏差(F_i')

产品齿轮与测量齿轮单面啮合检验时，产品齿轮一转内，齿轮分度圆上实际圆周位移与理论圆周位移的最大差值如图 8-11 所示。F_i' 是反映齿轮运动精度的检查项目。

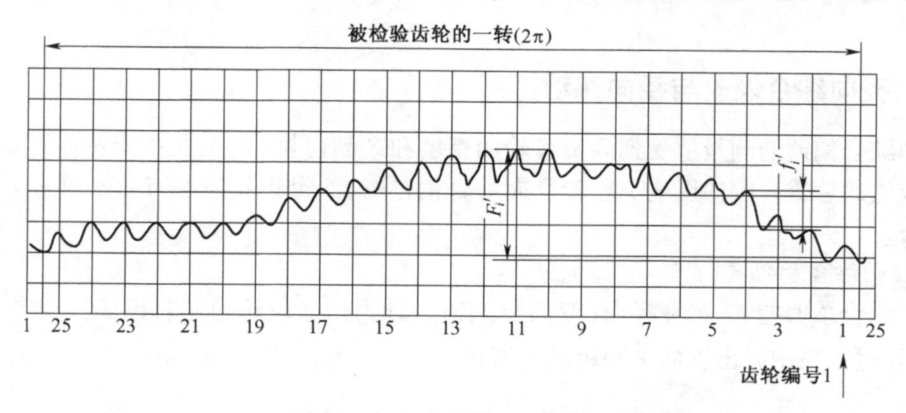

图 8-11　切向综合偏差曲线图

图 8-11 为在单面啮合测量仪上画出的切向综合偏差曲线图。横坐标表示被测齿轮转角,纵坐标表示偏差。如果产品齿轮没有偏差,偏差曲线应是与横坐标平行的直线。在齿轮一转范围内,过曲线最高、最低点作与横坐标平行的两条直线,则此平行线间的距离即为 F_i' 值。

(2)一齿切向综合偏差(f_i')

如图 8-11 所示,在一个齿距内的切向综合偏差值。(取所有齿的最大值)f_i' 是检验齿轮平稳性精度的项目。

切向综合偏差包括切向综合总偏差 F_i' 和一齿切向综合偏差 f_i'。一般是在单啮仪上完成检验工作。需要在产品齿轮与测量齿轮呈啮合状态下,且只有一组同侧齿面相接触的情况下旋转一整圈所获得的偏差曲线图方可用于评定切向综合偏差。图 8-12 为光栅式单啮仪测量原理图,它是由两个光栅盘建立标准传动,将产品齿轮与测量齿轮单面啮合组成实际传动。电动机通过传动系统带动和圆光栅盘Ⅰ转动,测量齿轮带动产品齿轮及其同轴上的光栅盘Ⅱ转动。产品齿轮的偏差以回转角误差的形式反映出来,此回转角的微小角位移误差变为两电信

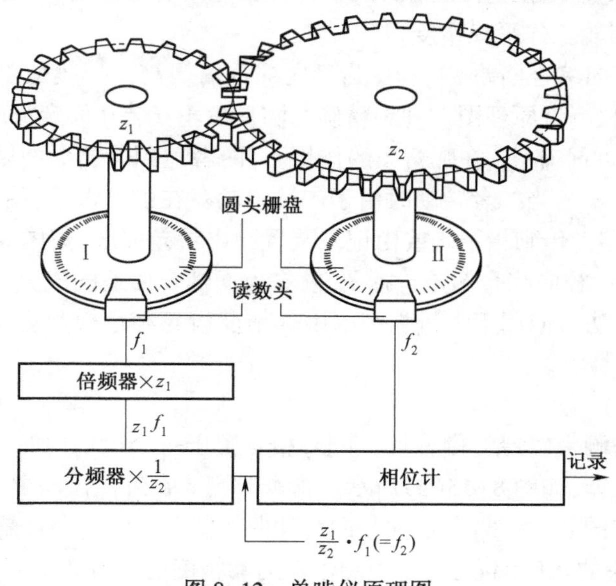

图 8-12　单啮仪原理图

号的相位差，两电信号输入相位计进行比相后输入到电子记录器中记录，便得出产品齿轮的偏差曲线图。

8.2.2 径向综合偏差与径向跳动

径向综合偏差的测量值受到测量齿轮的精度和产品齿轮（指正在被测量或评定的齿轮）与测量齿轮的总重合度的影响。检验径向综合偏差时，测量齿轮应在有效长度 L_{AE} 上与产品齿轮啮合。

1. 径向综合总偏差（F_i''）

径向综合总偏差 F_i'' 是在径向（双面）综合检验时，产品齿轮的左右齿面同时与测量齿轮接触，并转过一整圈时出现的中心距最大值和最小值之差，如图 8-13 所示。

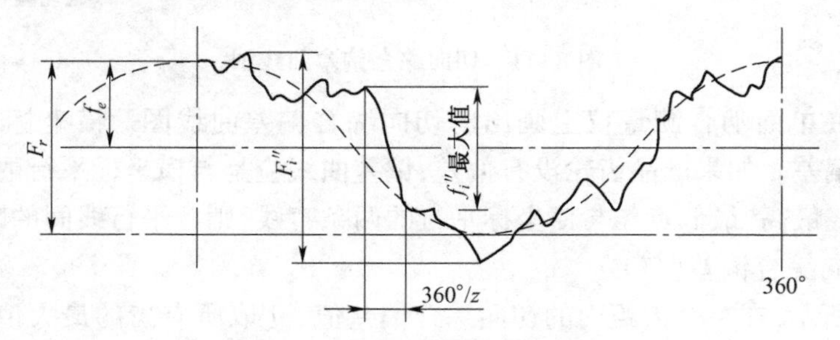

图 8-13　径向综合偏差曲线图

图 8-13 为在双啮仪上测量画出的 F_i'' 偏差曲线，横坐标表示齿轮转角，纵坐标表示偏差，过曲线最高、最低点作平行于横轴的两条直线，该二平行线距离即为 F_i'' 值。F_i'' 是反映齿轮运动精度的项目。

2. 一齿径向综合偏差（f_i''）

一齿径向综合偏差 f_i'' 是产品齿轮与测量齿轮啮合一整圈（径向综合检验）时，对应一个齿距（360°/z）的径向综合偏差值（图 8-13）。产品齿轮所有轮齿的 f_i'' 的最大值不应超过规定的允许值。f_i'' 反映齿轮工作平稳精度。

径向偏差包括径向综合偏差 F_i''，和一齿径向综合偏差 f_i''。一般是在齿轮双啮仪上测量。

图 8-14 为双啮仪测量原理图。理想精确的测量齿轮安装在固定滑座 2 的心轴上，产品齿轮安装在可动滑座 3 的心轴上，在弹簧力的作用下，两者达到紧密无间隙的双面啮合，此时的中心距为度量中心距 a'。当二者转动时由于产品齿轮存在加工误差，使得度量中心距发生变化，通过测量台架的移动传到指示表或由记录装置画出偏差曲线，如图 8-13 所示。从偏差曲线上可读得 F_i'' 和 f_i''。径向综合偏差包括了左、右齿面啮合偏差的成分，它不可能得到同侧齿面的单向偏差。该方法可应用于大量生产的中等精度齿轮和小模数齿轮（模数 1～10 mm，中心距 50～300 mm）的检测。

3. 径向跳动（F_r）

齿轮径向跳动为测头（球形、圆柱形、锥形）相继置于每个齿槽内时，从它到齿轮轴线的最大和最小径向距离之差，如图 8-15（a）所示。检查时测头在近似齿高中部与左右齿面接触，根据测量数值可画出如图 8-15（b）所示的径向跳动曲线图。图中偏心量是径向跳动的一部分。

F_r 主要反映齿轮的几何偏心，它是检测齿轮运动精度的项目。

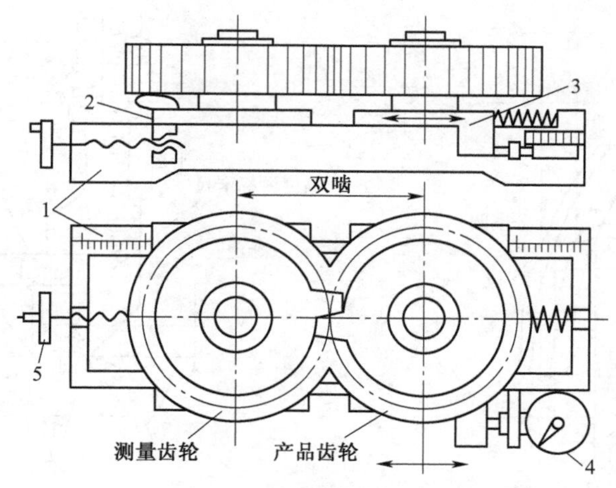

图 8-14　双啮仪测量原理图

1—基体;2—固定滑座;3—可动滑座;4—指示表;5—手轮

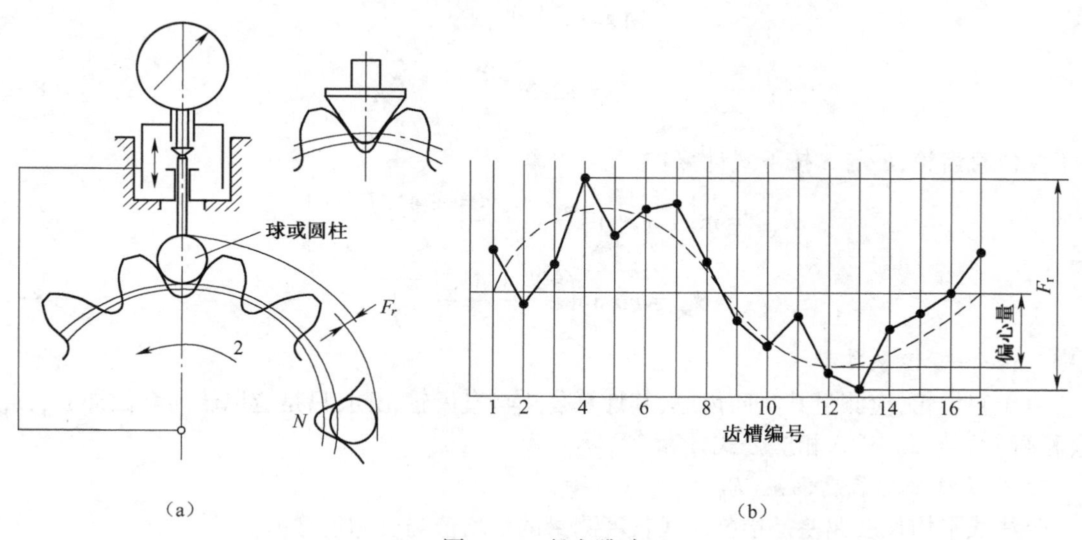

图 8-15　径向跳动

8.2.3　齿厚偏差及齿侧间隙

1. 齿厚偏差(E_{sn})

齿厚偏差是指在分度圆柱面上齿厚的实际值与公称值之差,如图 8-16(a)所示。测量齿厚时可用齿厚游标卡尺,如图 8-16(b)所示,也可用精度更高些的光学测齿仪测量。

用齿厚卡尺测齿厚时,首先将齿厚卡尺的高度游标卡尺调至相应于分度圆弦齿高$\overline{h_a}$位置,然后用宽度游标卡尺测出分度圆弦齿厚$\overline{S}$值,将其与理论值比较即可得到齿厚偏差E_{sn}。对于非变位直齿轮$\overline{h_a}$与$\overline{S}$按下式计算:

$$\overline{h_a} = m + \frac{zm}{2}\left[1 - \cos\left(\frac{90^\circ}{z}\right)\right] \tag{8-1}$$

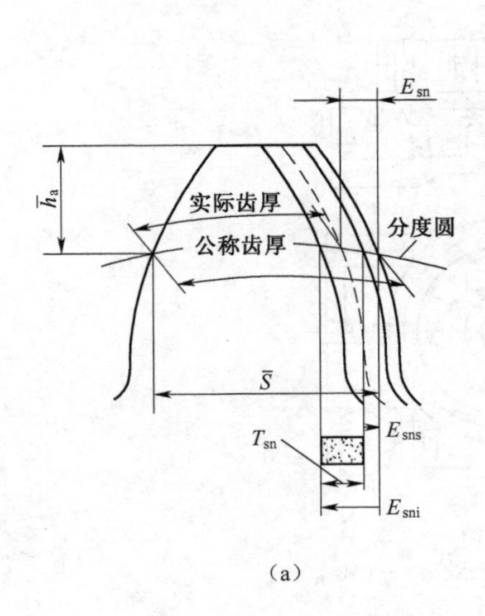

(a)

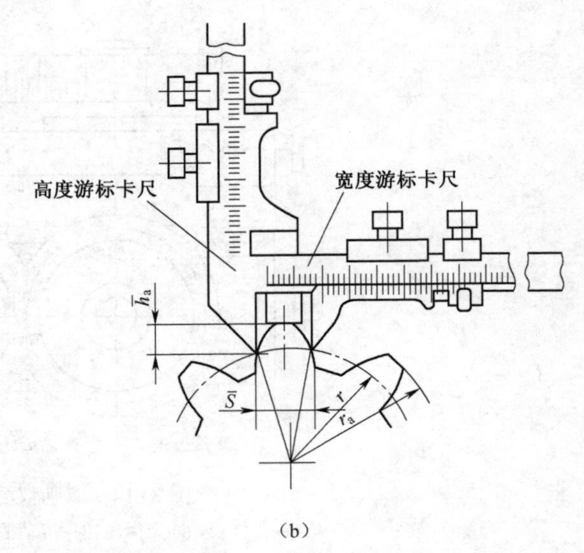

(b)

图 8-16　齿厚测量

$$\overline{S} = zm\sin\frac{90^\circ}{z} \tag{8-2}$$

对于变位直齿轮,$\overline{h_a}$与 $\overline{S}$ 按下式计算:

$$h_{a变} = m\left[1 + \frac{z}{2}\left(1 - \cos\frac{90^\circ + 41.7^\circ}{z}\right)x\right] \tag{8-3}$$

$$\overline{S}_{变} = mz\sin\left(\frac{90^\circ + 41.7^\circ x}{z}\right) \tag{8-4}$$

式中　x——变位系数。

对于斜齿轮,应测量其法向齿厚,其计算公式与直齿轮相同,只是应以法向参数即 m_n、α_n、x_n,和当量齿数 $z_{当}$ 代入相应公式计算。

2. 公法线平均长度偏差(E_{bn})

公法线平均长度偏差是指公法线长度测量的平均值与公称值之差。

公法线即基圆的切线,它的公称长度 W 是指这一切线在齿轮的两个轮齿的异名齿廓交点间的距离,如图 8-17 所示。

公法线长度 W_n是在基圆柱切平面上跨 n 个齿(对外齿轮)或 n 个齿槽(对内齿轮)在接触到一个齿的右齿面和另一个齿的左齿面的两个平行平面之间测得的距离,如图 8-17 所示。公法线长度的公称值由下式给出:

$$W_n = m\cos\alpha[\pi(n - 0.5) + z\text{inv}\alpha] + 2xm\sin\alpha \tag{8-5}$$

对标准齿轮　$$W_n = m[1.476(2n - 1) + 0.014 \times z] \tag{8-6}$$

$$n = Z/9 + 0.5 \tag{8-7}$$

式中　x——径向变位系数;

invα——渐开线函数,mv20° = 0.014904;

n——测量时的跨齿数;

m——模数;

z——齿数。

测量公法线长度变动偏差最常用的是公法线千分尺，如图8-18所示，它主要用于一般精度齿轮的公法线长度测量。测量公法线长度时应使量具的量爪测量面与轮齿的齿高中部接触。

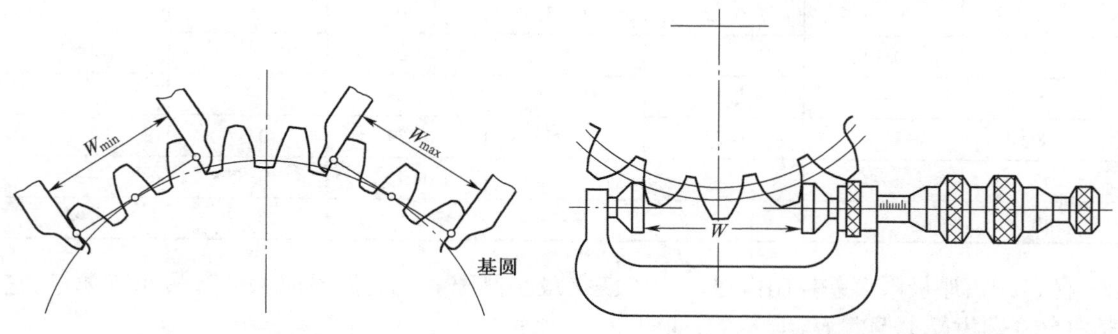

图8-17 公法线变动　　图8-18 公法线长度变动的测量

3. 齿侧间隙

如前所述，为保证齿轮润滑，补偿齿轮的制造误差、安装误差以及热变形等造成的误差，必须在非工作面留有侧隙。单个齿轮没有侧隙，它只有齿厚，相互啮合的轮齿的侧隙是由一对齿轮运行时的中心距以及每个齿轮的实际齿厚所控制。国家标准规定采用“基准中心距制”，即在中心距一定的情况下，用控制轮齿的齿厚的方法获得必要的侧隙。

1）齿侧间隙的表示法

齿侧间隙通常有两种表示法：法向侧隙j_{bn}和圆周侧隙j_{wt}（图8-3）。法向侧隙j_{bn}是当两个齿轮的工作齿面相互接触时，其非工作面之间的最短距离，如图8-3所示。测量j_{bn}需在基圆切线方向，也就是在啮合线方向上测量，一般可以通过压铅丝方法测量，即齿轮啮合过程中在齿间放入一块铅丝，啮合后取出压扁了的铅丝测量其厚度。也可以用塞尺直接测量j_{bn}。圆周侧隙j_{wt}是当固定两啮合齿轮中的一个时，另一个齿轮所能转过的节圆弧长的最大值。理论上j_{bn}与j_{wt}存在以下关系式：

$$j_{bn}=j_{wt}\cos\alpha_{wt}\times\cos\beta_b \tag{8-8}$$

式中　α_{wt}——端面工作压力角；

β_b——基圆螺旋角。

2）最小侧隙（$j_{bn\min}$）的确定

在设计齿轮传动时，必须保证有足够的最小侧隙$j_{bn\min}$以保证齿轮机构正常工作。对于用黑色金属材料齿轮和黑色金属材料箱体，工作时齿轮节圆线速度小于15 m/s，其箱体、轴和轴承都采用常用的商业制造公差的齿轮传动，$j_{bn\min}$可按下式计算：

$$j_{bn\min}=\frac{2}{3}(0.06+0.000\,5a+0.03m_{\mathrm{n}}) \tag{8-9}$$

按上式计算可以得出表8-2所示的推荐数据。

3）齿侧间隙的获得和检验项目

齿轮轮齿的配合是采用基中心距制，在此前提下，齿侧间隙必须通过减薄齿厚来获得，其检测可采用控制齿厚或公法线长度等方法来保证侧隙。

表 8-2 对于中、大模数齿轮最小侧隙 $j_{bn\,\min}$ 的推荐数据(摘自 GB/Z 18620.2—2008)mm

模数 m_n	最小中心距 a					
	50	100	200	400	800	1 600
1.5	0.09	0.11	—	—	—	—
2	0.10	0.12	0.15	—	—	—
3	0.12	0.14	0.17	0.24	—	—
5	—	0.18	0.21	0.28	—	—
8	—	0.24	0.27	0.34	0.47	—
12	—	—	0.35	0.42	0.55	—
18	—	—	—	0.54	0.67	0.94

(1)用齿厚极限偏差控制齿厚。为了获得最小侧隙 $j_{bn\,\min}$,齿厚应保证有最小减薄量,它是由分度圆齿厚上偏差 E_{sns} 形成的,如图 8-16 所示。

对于 E_{sns} 的确定,可类比选取,也可参考下述方法计算选取。

当主动轮与被动轮齿厚都做成最大值即做成上偏差时,可获得最小侧隙 $j_{bn\,\min}$。通常取两齿轮的齿厚上偏差相等,此时可有

$$j_{bn\,\min} = 2|E_{sns}|\cos\alpha_n \tag{8-10}$$

因此

$$E_{sns} = -j_{bn\,\min}/2\cos\alpha_n \tag{8-11}$$

当对最大侧隙也有要求时,齿厚下偏差 E_{sni} 也需要控制,此时需进行齿厚公差 T_{sn} 计算。齿厚公差的选择要适当,公差过小势必增加齿轮制造成本;公差过大会使侧隙加大,使齿轮反转时空行程过大。齿厚公差 T_{sn} 可按下式求得

$$T_{sn} = \sqrt{F_r^2 + b_r^2}\,2\tan\alpha_n \tag{8-12}$$

式中 b_r——切齿径向进刀公差,可按表 8-3 选取。

表 8-3 切齿径向进刀公差 b_r 值

齿轮精度等级	4	5	6	7	8	9
b_r 值	1.26IT7	IT8	1.26IT8	IT9	1.26IT9	IT10

注:查 IT 值的主参数为分度圆直径尺寸。

这样 E_{sni} 可按式(8-13)求出

$$E_{sni} = E_{sns} - T_{sn} \tag{8-13}$$

其中 T_{sn} 为齿厚公差。显然若齿厚偏差合格,实际齿厚偏差 E_{sn} 应处于齿厚公差带内,从而保证齿轮副侧隙满足要求。

(2)用公法线长度极限偏差控制齿厚。齿厚偏差的变化必然引起公法线长度的变化。测量公法线平均长度同样可以控制齿侧间隙。公法线长度的上偏差 E_{bns} 和下偏差 E_{bni} 与齿厚偏差有如下关系:

$$E_{bns} = E_{sns}\cos\alpha_n - 0.72F_r\sin\alpha_n \tag{8-14}$$

$$E_{bni} = E_{sni}\cos\alpha_n + 0.72F_r\sin\alpha_n \tag{8-15}$$

8.3 齿轮坯精度和齿轮副精度的评定指标

齿轮坯(简称齿坯)是指在轮齿加工前供制造齿轮的工件。它对齿轮的加工、检验和安装

精度都有影响。因此,控制齿坯质量来提高齿轮加工精度是一项有效的措施。齿轮副精度对齿轮传动的使用直接影响齿轮的侧隙和轮齿载荷分布的均匀性。

在齿轮零件图上除了明确地表示齿轮的基准轴线和标注齿轮的公差以外,还必须标注齿坯公差。齿坯公差标注示例如图 8-23 所示。

8.3.1　齿轮坯精度

在齿轮坯上,影响齿轮加工、检验和齿轮传动质量的要素主要有:

1. 基准轴线

基准轴线是指用来加工、检验零件确定轮齿几何形状的轴线,是由设计者在图样上明确注出的基准面的中心确定的。齿轮结构形式多种多样,其基准轴线的选取方法也不一样,常用选取基准轴线的方法有以下几种:

(1)用两个短的圆柱或圆锥形基准面上设定的两个圆的圆心,来确定轴线上的两个点,如图 8-19(a)所示,选取两端圆柱面 A 与 B 的公共轴线作为基准轴线。采取这种方法,其圆柱或圆锥形基准面,轴向长度应很短,以免由其中一个要素单独确定另一条轴线。

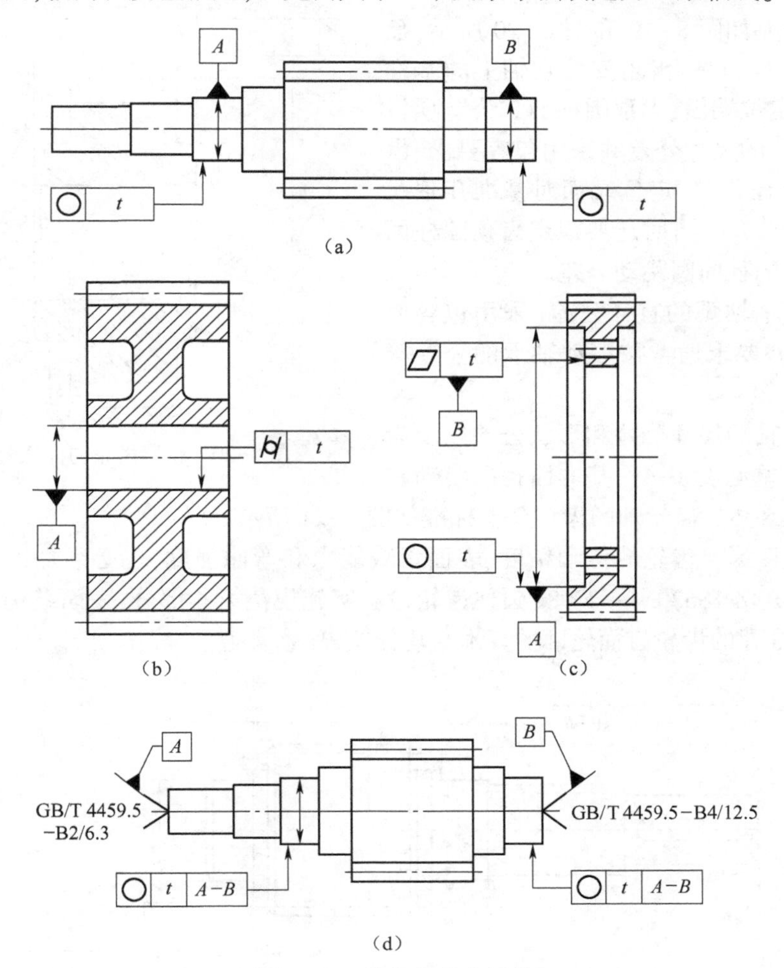

图 8-19　齿轮的基准轴线

(2)用一个长的圆柱或圆锥形的基准面来同时确定轴线的位置和方向,如图 8-19(b)所示,选取孔 A 的中心要素作为基准轴线。采用这种方法基准面应有足够长度。在加工和检测齿轮时,用与之相匹配正确的心轴来体现。

(3)轴线的位置用一个短的圆柱形基准面上的一个圆的圆心来确定,其方向则用垂直于此轴线的一个基准端面来确定。如图 8-19(c)所示,以孔 A 基准圆柱面上一个圆的圆心定位,以垂直于该圆柱面轴线的基准平面确定方向。采用这种方法基准圆柱面轴向尺寸应短,而基准面的直径越大越好。

(4)与轴做成一体的小齿轮,利用轴两端的两个中心孔确定其基准轴线。如图 8-19(d)所示,该零件加工与检验时,均将中心孔置于顶尖上来体现基准轴线。

齿轮基准轴线是加工和检测的依据,也是轮齿精度的基准。但齿轮工作时是绕其工作轴线旋转,为保证齿轮工作时能正确啮合和平稳运转,在选择齿轮基准轴线时,应与工作轴线一致,即将安装面(如与轴承配合的轴颈)作为基准面。若因结构原因两者不能取得一致时,则必须给出两者之间的精度要求。

2. 齿轮坯公差

齿轮坯公差如图 8-19 和图 8-20 所示,盘形齿轮的基准表面是:齿轮安装在轴上的基准孔、切齿时的定位端面、齿顶圆柱面。公差项目主要有:基准孔的尺寸公差并采用包容要求、齿顶圆柱面的直径公差、定位端面对基准孔轴线的轴向圆跳动公差。有时还要规定齿顶圆柱面对基准孔轴线的径向圆跳动公差。

齿轮轴两个轴颈的直径公差(采用包容要求)和形状公差要求通常按滚动轴承的公差等级确定。

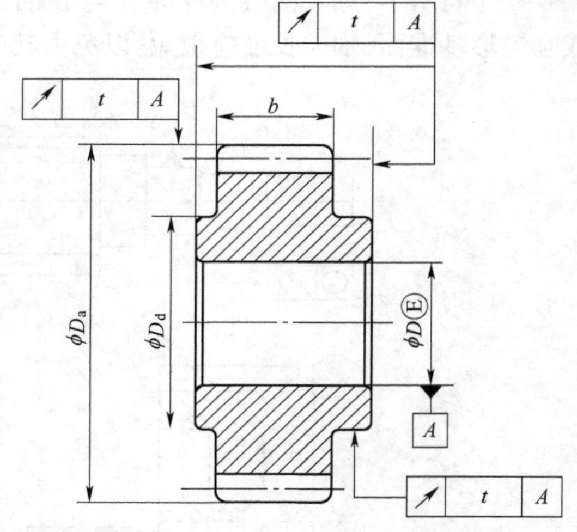

图 8-20　盘形齿轮的齿坯公差标注

齿轮孔或轴的尺寸公差和形状公差以及齿顶圆的尺寸公差见表 8-4。基准面径向跳动和端面跳动见表 8-5。齿轮轴的齿坯公差标准如图 8-21 所示。

齿面粗糙度影响齿轮的传动精度、表面承载能力和弯曲强度,也必须加以控制。表 8-6 是国家标准 GB/Z 18620.4—2008《圆柱齿轮检验实施规范第 4 部分:表面结构和轮齿接触斑点的检验》中推荐的齿轮齿面轮廓的算术平均偏差 Ra 参数值。

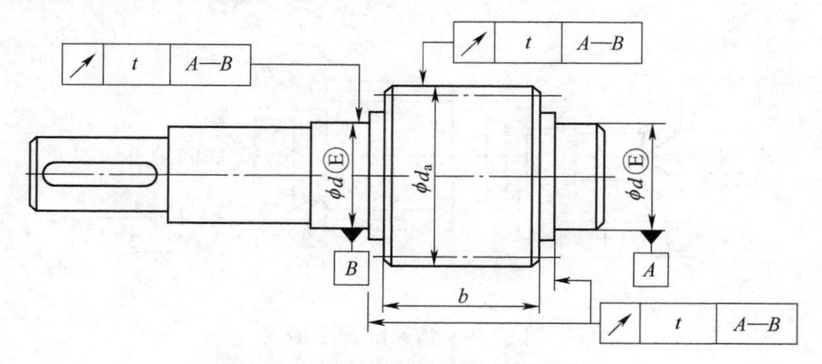

图 8-21　齿轮轴的齿坯公差标注

表 8-4　齿坯尺寸公差　单位：μm

齿轮精度等级		5	6	7	8	9	10	11	12
孔	尺寸公差	IT5	IT6	IT7		IT8		IT9	
轴	尺寸公差	IT5		IT6		IT7		IT8	
顶圆直径偏差		±0.05 mm							

表 8-5　齿坯基准面径向和端面圆跳动公差　单位：μm

分度圆直径 d/mm	齿轮精度等级			
	3、4	5、6	7、8	9～12
≤125	7	11	18	28
>125～400	9	14	22	36
>400～800	12	20	32	50
>800～1 600	18	28	45	71

注：孔轴的形位公差按包容要求确定。

表 8-6　齿面表面粗糙度允许值　摘自(GB/Z 18620.4—2008)　单位：μm

齿轮精度等级	*Ra*		*Rz*	
	$m_n<6$	$6\leqslant m_n\leqslant 25$	$m_n<6$	$6\leqslant m_n\leqslant 25$
5	0.5	0.63	3.2	4.0
6	0.8	1.00	5.0	6.3
7	1.25	1.60	8.0	10
8	2.0	2.5	12.5	16
9	3.2	4.0	20	25
10	5.0	6.3	32	40
11	10.0	12.5	63	80
12	20	25	125	160

8.3.2　齿轮副精度评定指标

1. 中心距允许偏差（$\pm f_a$）

在齿轮只是单向承载运转而不经常反转的情况下，中心距允许偏差主要考虑重合度的影响。对传递运动的齿轮，其侧隙需控制，此时中心距允许偏差应较小；当轮齿上的负载常常反转时要考虑下列因素：

①轴、箱体和轴承的偏斜；

②安装误差；

③轴承跳动；

④温度的影响。

一般 5、6 级精度齿轮 f_a=IT7/2，7、8 级精度齿轮 f_a=IT9/2（推荐值）。

2. 轴线平行度偏差（$f_{\Sigma\delta}$、$f_{\Sigma\beta}$）

轴线平行度偏差影响螺旋线啮合偏差，也就是影响齿轮的接触精度，如图 8-22 所示。

$f_{\Sigma\delta}$为轴线平面内的平行度偏差，是在两轴线的公共平面上测量的。$f_{\Sigma\beta}$为轴线垂直平面内的平行度偏差,是在两轴线公共平面的垂直平面上测量的。

$f_{\Sigma\beta}$和$f_{\Sigma\delta}$的最大推荐值为

$$f_{\Sigma\beta}=0.5(L/b)F_{\beta} \tag{8-16}$$

$$f_{\Sigma\delta}=2F_{\Sigma\beta} \tag{8-17}$$

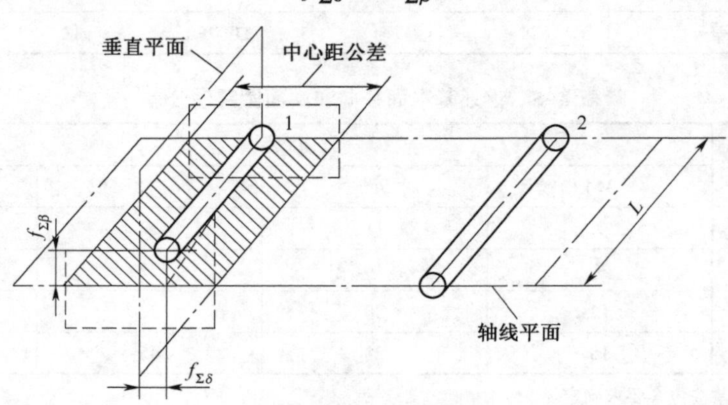

图 8-22 轴线平行度偏差

3. 轮齿接触斑点

接触斑点可衡量轮齿承受载荷的均匀分布程度,从定性和定量上可分析齿长方向配合精度,采用这种检测方法,一般用于以下场合:不能装在检查仪上的大齿轮或现场没有检查仪可用,如:舰船用大型齿轮,高速齿轮,起重机、提升机的开式末级传动齿轮,圆锥齿轮等。其优点是:测试简易快捷,准确反映装配精度状况,能够综合反映轮齿的配合性。如前述图 8-2 为接触斑点示意图,表 8-7 给出了齿轮装配后接触斑点的最低要求。

表 8-7 齿轮装配后接触斑点 摘自(GB/Z 18620.4—2008)

参数 / 齿轮 / 精度等级	$b_{c1}/b\times100\%$		$H_{c1}/h\times100\%$		$b_{c2}/b\times100\%$		$h_{c2}/h\times100\%$	
	直齿轮	斜齿轮	直齿轮	斜齿轮	直齿轮	斜齿轮	直齿轮	斜齿轮
4 级及更高级	50	50	70	50	40	40	50	30
5 和 6	45	45	50	40	35	35	30	20
7 和 8	35	35	50	40	35	35	30	20
9 至 12	25	25	50	40	25	25	30	20

8.4 圆柱齿轮精度标准及其应用

齿轮传动的四方面要求我们已经知道了,但要满足这四方面要求来保证齿轮传动质量,必须要正确设计齿轮各参数的公差。齿轮精度设计主要解决正确选择齿轮精度等级、正确选择评定指标(检验参数)、正确设计齿侧间隙、正确设计齿坯及箱体尺寸公差与表面粗糙度等问题。

8.4.1 精度标准

国家标准规定:在文件需叙述齿轮精度要求时,应注明国家标准 GB/T 10095.1—2008 或

GB/T 10095.2—2008。

1. 精度等级及表示方法

标准对单个齿轮规定了 13 个精度等级,从高到低分别用阿拉伯数字 0,1,2,3,…,12 表示,其中 0~2 级齿轮要求非常高,属于未来发展级。3~5 级称为高精度等级,6~8 级称为中精度等级(最常用),9 为较低精度等级,10~12 为低精度等级。

齿轮精度等级标注示例如下。

7 GB/T 10095.1—2008　该标注含义为:齿轮各项偏差项目均为 7 级精度,且符合 GB/T 10095.1—2008 要求。

$7F_p6(F_\alpha F_\beta)$ GB/T 10095.1—2008　该标注含义为:齿轮各项偏差项目均应符合 GB/T 10095.1—2008 要求,F_p 为 7 级精度,F_α、F_β 均为 6 级精度。

2. 齿厚偏差标注

按照 GB/T 6443—1986《渐开线圆柱齿轮图样上应注明的尺寸数据》的规定,应将齿厚(或公法线长度)及其极限偏差数值注写在图样右上角的参数表中。

8.4.2　各偏差允许值计算公式和标准值

国家标准 GB/T 10095.1—2008 和 GB/T 10095.2—2008 规定:公差表格中的数值是用对 5 级精度规定的公差值乘以级间公比计算出来的。两相邻精度等级的级间公比等于$\sqrt{2}$。5 级精度未圆整的计算值乘以$\sqrt{2}^{(Q-5)}$,即可得到任一精度等级的待求值,式中 Q 是待求值的精度等级数。表 8-8 是 5 级精度齿轮轮齿偏差、径向综合偏差等值的计算公式。

表 8-8　齿轮偏差、径向综合偏差、径向跳动允许值的计算公式

(摘自 GB/T 10095.1—2008 和 GB/T 10095.2—2008)　　单位:mm

<table>
<tr><th>项目代号</th><th>齿轮 5 级精度允许值计算公式</th><th>各参数的范围和分段界限值</th></tr>
<tr><td>$\pm f_{pt}$</td><td>$0.3(m+0.4\sqrt{d})+4$</td><td rowspan="14">分度圆直径 d:
5、20、50、125、280、560、1 000、1 600、2 500、4 000、6 000、8 000、10 000
模数(法向模数)m:
0.5、2、3.5、6、10、16、25、40、70
齿宽 b:
4、10、20、40、80、160、250、400、650、1 000
表中各公式中的 d、m、b 取各分段界限值的几何平均值</td></tr>
<tr><td>$\pm F_{pk}$</td><td>$p_{pt}+1.6\sqrt{(k-1)m}$</td></tr>
<tr><td>F_p</td><td>$0.3m+1.25\sqrt{d}+7$</td></tr>
<tr><td>F_a</td><td>$3.2\sqrt{m}+0.22\sqrt{d}+0.7$</td></tr>
<tr><td>F_β</td><td>$0.1\sqrt{d}+0.63+\sqrt{b}+4.2$</td></tr>
<tr><td>$f_{f\alpha}$</td><td>$2.5\sqrt{m}+0.17\sqrt{d}+0.5$</td></tr>
<tr><td>$f_{H\alpha}$</td><td>$2\sqrt{m}+0.14\sqrt{d}+0.5$</td></tr>
<tr><td>$f_{f\beta}$、$\pm f_{H\beta}$</td><td>$0.07\sqrt{d}+0.45\sqrt{b}b+3$</td></tr>
<tr><td>F_i'</td><td>F_p+f_i'</td></tr>
<tr><td>f_i'</td><td>$K(4.3+f_{pt}+F_a)$,当 $\varepsilon_r\geqslant 4$ 时,$K=0.4$
当 $\varepsilon_r<4$ 时 $K=0.2\left(\frac{\varepsilon_r+4}{\varepsilon_r}\right)$</td></tr>
<tr><td>F_i''</td><td>$3.2m+1.01\sqrt{d}+6.4$</td></tr>
<tr><td>f_i''</td><td>$2.96m+0.01\sqrt{d}+0.8$</td></tr>
<tr><td>F_r</td><td>$0.8F_p$</td></tr>
</table>

标准中各偏差允许值或极限偏差数值表列出的数值是按此规律计算并圆整后得到的。如果计算值大于 10 μm，则圆整到最接近的整数，如果小于 10 μm，则圆整到最接近的尾数为 0.5 μm 的小数或整数，如果小于 5 μm，则圆整到最接近的 0.1 μm 的一位小数或整数。表 8-9、表 8-10、表 8-11 分别给出了以上各项偏差的数值。

表 8-9　F_β、$f_{f\beta}$、$f_{H\beta}$ 偏差允许值　（摘自 GB/T 10095.1—2008）　单位：μm

分度圆直径 d/mm	偏差项目 / 精度等级 / 齿宽 b/m	螺旋线总公差 F_β				$f_{f\beta}$ 和 $\pm f_{H\beta}$			
		5	6	7	8	5	6	7	8
≥5~20	≥4~10	6.0	8.5	12	17	4.4	6.0	8.5	12
	<10~20	7.0	9.5	14	19	4.9	7.0	10	14
>20~50	≥4~10	6.5	9.0	13	18	4.5	6.5	9.0	13
	>10~20	7.0	10	14	20	5.0	7.0	10	14
	>20~40	8.0	11	16	23	6.0	8.0	12	16
>50~125	≥4~10	6.5	9.5	13	19	4.8	6.5	9.5	13
	>10~20	7.5	11	15	21	5.5	7.5	11	15
	>20~40	8.5	12	17	24	6.0	8.0	12	17
	>40~80	10	14	20	28	7.0	10	14	20
>125~280	≥4~10	7.0	10	14	20	5.0	7.0	10	14
	>10~20	8.0	11	16	22	5.5	8.0	11	16
	>20~40	9.0	13	18	25	6.5	9.0	13	18
	>40~80	10	15	21	29	7.5	10	15	21
	>80~160	12	17	25	35	8.5	12	17	25
>280~560	≥10~20	8.5	12	17	24	6.0	8.5	12	17
	>20~40	9.5	13	19	27	7.0	9.5	14	19
	>40~80	11	15	22	31	8.0	11	16	22
	>80~160	13	18	26	36	9.0	13	18	26
	>160~250	15	21	30	43	11	15	22	30

8.4.3　齿轮的检验组

齿轮精度标准 GB/T 10095.1—2008、GB/T 10095.2—2008 及 GB/Z 18620.2—2008 等标准文件中给出了很多偏差项目，作为划分齿轮质量等级的标准一般只有下列几项，既齿距偏差 F_p、f_{pt}、F_{pk}，齿廓总偏差 F_α，螺旋线总偏差 F_β，齿厚偏差 E_{sn}。其他参数不是必检项目而是根据需方要求而确定的，充分体现了用户第一的思想。按照我国的生产实践及现有生产和检测水平，特推荐五个检验组（见表 8-12），以便于设计人员按齿轮使用要求、生产批量和检验设备选取其中一个检验组来评定齿轮的精度等级。

表 8-10 $\pm f_{pt}$、F_p、$\pm F_{pt}$、F_a、f_i、F'_i、F_i、F'_w 偏差允许值（摘自 GB/T 10095.1~2—2008） 单位：μm

分度圆直径 d/mm	模数 m_n/mm \ 偏差项目 / 精度等级	单个齿距极限偏差 $\pm f_{pt}$				齿距累积总公差 F_p				齿廓总公差 F_a				径向跳动公差 F_r				f'_i/K 值				公法线长度变动公差 F'_w			
		5	6	7	8	5	6	7	8	5	6	7	8	5	6	7	8	5	6	7	8	5	6	7	8
≥5~20	≥0.5~2	4.7	6.5	9.5	13	11	16	23	32	4.6	6.5	9.0	13	9.0	13	18	25	14	19	27	38	10	14	20	29
	>2~3.5	5.0	7.5	10	15	12	17	23	33	6.5	9.5	13	19	9.5	13	19	27	16	23	32	45				
>20~50	≥0.5~2	5.0	7.0	10	14	14	20	29	41	5.0	7.5	10	15	11	16	23	32	14	20	29	41	12	16	23	32
	>2~3.5	5.5	7.5	11	15	15	21	30	42	7.0	10	14	20	12	17	24	34	17	24	34	48				
	>3.5~6	6.0	8.5	12	17	15	22	31	44	9.0	12	18	25	12	17	25	35	19	27	38	54				
>50~125	≥0.5~2	5.5	7.5	11	15	18	26	37	52	6.0	8.5	12	17	15	21	29	42	16	22	31	44	14	19	28	37
	>2~3.5	6.0	8.5	12	17	19	27	38	53	8.0	11	16	22	15	21	30	43	18	25	36	51				
	>3.5~6	6.5	9.0	13	18	19	28	39	55	9.5	12	19	27	16	22	31	44	20	29	40	57				
>125~280	≥0.5~2	6.0	8.5	12	17	24	35	49	69	7.0	10	14	20	20	28	39	55	17	24	34	49	16	22	31	44
	>2~3.5	6.5	9.0	13	18	25	35	50	70	9.0	13	18	25	20	28	40	56	20	28	39	56				
	>3.5~6	7.0	10	14	20	25	36	51	72	11	15	21	30	20	29	41	58	22	31	44	62				
>280~560	≥0.5~2	6.5	9.5	13	19	32	46	64	91	8.5	12	17	23	26	36	51	73	19	27	39	54	19	26	37	53
	>2~3.5	7.0	10	14	20	33	46	65	92	10	15	21	29	26	37	52	74	22	31	44	62				
	>3.5~6	8.0	11	16	22	33	47	66	94	12	17	24	34	27	38	53	75	24	34	48	68				

注：①本表中 F'_w 为根据我国的生产实践提出的，供参考；②将 f'_i/K 乘以 K 即得到 f'_i；当 $\varepsilon_\gamma<4$ 时，$K=0.2\left(\frac{\varepsilon_\gamma+4}{\varepsilon_r}\right)$；当 $\varepsilon_\gamma\geqslant4$ 时，$K=0.4$；③$F'_i=F_p+f'_i$；④$\pm F_{pt}=f_{pt}+1.6\sqrt{(k-1)m_n}$（5 级精度），通常取 $k=z/8$；按相邻两级的公比 $\sqrt{2}$，可求得其他级 $\pm F_{pt}$ 值。

表 8-11 F_i''、f_i'' 公差值 （摘自 GB/T 10095.2—2008） 单位：μm

分度圆直径 d/mm	公差项目	径向综合总公差 F_i''				一齿径向综合公差 f_i''			
	精度等级 / 模数 m_n/mm	5	6	7	8	5	6	7	8
≥5~20	≥0.2~0.5	11	15	21	30	2.0	2.5	3.5	5.0
	>0.5~0.8	12	16	23	33	2.5	4.0	5.5	7.5
	>0.8~1.0	12	18	25	35	3.5	5.0	7.0	10
	>1.0~1.5	14	19	27	38	4.5	6.5	9.0	13
>20~50	≥0.2~0.5	13	19	26	37	2.0	2.5	3.5	5.0
	>0.5~0.8	14	20	28	40	2.5	4.0	5.5	7.5
	>0.8~1.0	15	21	30	42	3.5	5.0	7.0	10
	>1.0~1.5	16	23	32	45	4.5	6.5	9.0	13
	>1.5~2.5	18	26	37	52	6.5	9.5	13	19
>50~125	≥1.0~1.5	19	27	39	55	4.5	6.5	9.0	13
	>1.5~2.5	22	31	43	61	6.5	9.5	13	19
	>2.5~4.0	25	36	51	72	10	14	20	29
	>4.0~6.0	31	44	62	88	15	22	31	44
	>6.0~10	40	57	80	114	24	34	48	67
>125~280	≥1.0~1.5	24	34	48	68	4.5	6.5	9.0	13
	>1.5~2.5	26	37	53	75	6.5	9.5	13	19
	>2.5~4.0	30	43	61	86	10	15	21	29
	>4.0~6.0	36	51	72	102	15	22	31	44
	>6.0~10	45	64	90	127	24	34	48	67
>280~560	≥1.0~1.5	30	43	61	86	4.5	6.5	9.0	13
	>1.5~2.5	33	46	65	92	6.5	9.5	13	19
	>2.5~4.0	37	52	73	104	10	15	21	29
	>4.0~6.0	42	60	84	119	15	22	31	44
	>6.0~10	51	73	103	145	24	34	48	68

表 8-12 齿轮的检验组

检验组	检验项目	精度等级	测量仪器	备注
1	F_p、F_α、F_β、F_r、E_{sn}或E_{bn}	3~9	齿距仪、齿形仪、齿向仪、摆差测定仪、齿厚卡尺或公法线千分尺	单件小批量
2	F_p、F_{pk}、F_α、F_β、F_r、E_{sn}或E_{bn}	3~9	齿距仪、齿形仪、齿向仪、摆差测定仪、齿厚卡尺或公法线千分尺	单件小批量
3	F_i''、f_i''、E_{sn}或E_{bn}	6~9	双面啮合测量仪、齿厚卡尺或公法线千分尺	大批量
4	f_{pt}、F_r、E_{sn}或E_{bn}	10~12	齿距仪、摆差测定仪、齿厚卡尺或公法线千分尺	
5	F_i'、f_i'、F_β、E_{sn}或E_{bn}	3~6	单啮仪、齿向仪、齿厚卡尺或公法线千分尺	大批量

8.4.4 应用

齿轮精度设计主要包括以下四个方面的内容：

1. 齿轮精度等级的确定

选择精度等级的主要依据是齿轮的用途、使用要求和工作条件，一般有计算法和类比法，类比法是参考同类产品的齿轮精度，结合所设计齿轮的具体要求来确定精度等级。表 8-13 所示为多年来实践中搜集到的齿轮精度使用情况，可供参考。

表 8-13 各类机械设备的齿轮精度等级

应用范围	精度等级	应用范围	精度等级
测量齿轮	3~5	拖拉机	6~10
汽轮机、减速器	3~6	一般用途的减速器	6~9
金属切削机床	3~8	轧钢设备小齿轮	6~10
内燃机与电力机车	6~7	矿用绞车	8~10
轻型汽车	5~8	起重机机构	7~10
重型汽车	6~9	农业机械	8~11
航空发动机	4~7		

中等速度和中等载荷的一般齿轮通常按分度圆处圆周速度来确定精度等级，具体选择参考表 8-14 来确定。

表 8-14 齿轮精度等级的适用范围

精度等级	圆周速度 $v(\mathrm{m \cdot s^{-1}})$		工作条件与适用范围
	直齿	斜齿	
4	$20<v\leqslant35$	$40<v\leqslant70$	①特精密分度机构或在最平稳、无噪声的极高速下工作的传动齿轮； ②高速透平传动齿轮； ③检测 7 级齿轮的测量齿轮
5	$16<v\leqslant20$	$30<v\leqslant40$	①精密分度机构或在极平稳、无噪声的高速下工作的传动齿轮； ②精密机构用齿轮； ③透平齿轮； ④检测 8 级和 9 级齿轮的测量齿轮
6	$10<v\leqslant16$	$15<v\leqslant30$	①最高效率、无噪声的高速下平稳工作的齿轮传动； ②特别重要的航空、汽车齿轮； ③读数装置用的特别精密传动齿轮
7	$6<v\leqslant10$	$10<v\leqslant15$	①增速和减速用齿轮传动； ②金属切削机床进给机构用齿轮； ③高速减速器齿轮； ④航空、汽车用齿轮； ⑤读数装置用齿轮
8	$4<v\leqslant6$	$4<v\leqslant10$	①一般机械制造用齿轮； ②分度链之外的机床传动齿轮； ③航空、汽车用的不重要齿轮； ④起重机构用齿轮、农业机械中的重要齿轮； ⑤通用减速器齿轮
9	$v\leqslant4$	$v\leqslant4$	不提出精度要求的粗糙工作齿轮

2. 最小侧隙和齿厚偏差的确定

按本章 8.2.3 中讲述的方法,进行合理的确定。

3. 检验组的确定

确定检验组就是确定检验项目,一般根据以下几方面内容来选择:

(1)齿轮的精度等级,齿轮的切齿工艺。

(2)齿轮的生产批量。

(3)齿轮的尺寸大小和结构。

(4)齿轮的检测设备情况。

综合以上情况,从表 8-12 中选取。

4. 齿坯及箱体精度的确定

根据齿轮的具体结构和使用要求,按本章 8.3.1 所述内容确定。

【例 8-1】 某通用减速器齿轮中有一对直齿齿轮副,模数 $m=3$ mm,齿形角 $\alpha=20°$,齿数 $z_1=32$,$z_2=96$,齿宽 $b=20$ mm ,轴承跨度为 85 mm,传递最大功率为 5 kW,转速 $n_1=1\ 280$ r/min,齿轮箱用喷油润滑,生产条件为小批量生产。试设计小齿轮精度,并画出小齿轮零件图。

【解】 ①确定齿轮精度等级。

从给定条件知该齿轮为通用减速器齿轮,由表 8-13 可以得出齿轮精度等级在 6~9 级之间,而且该齿轮既传递运动又传递动力,可按线速度来确定精度等级。

$$v=\frac{\pi d n_1}{1\ 000\times 60}=\frac{3.14\times 3\times 32\times 1\ 280}{1\ 000\times 60}=6.43(\mathrm{m/s})$$

由表 8-14 选出该齿轮精度等级为 7 级,表示为:7 GB/T 10095.1—2008。

②确定最小侧隙和齿厚偏差。

中心距 $a=m(z_1+z_2)/2=3\times(32+96)/2=192(\mathrm{mm})$

按式 8-6 计算:$j_{bn\,\min}=\frac{2}{3}(0.06+0.005a+0.03m)=\frac{2}{3}(0.06+0.000\ 5\times 192+0.03\times 3)=$ 0.164 mm

由式 8-11 得:$E_{sns}=-j_{bn\,\min}/2\cos\alpha=0.164/(2\cos 20°)=-0.087(\mathrm{mm})$

分度圆直径 $d=m\cdot Z=3\times 32=96(\mathrm{mm})$ 由表 8-10 查得 $F_r=30\ \mu\mathrm{m}=0.03$ mm

由表 8-3 查得 $b_r=\mathrm{IT9}=0.087$ mm

所以 $T_{sn}=\sqrt{F_r^2+b_r^2}\times 2\tan 20°=\sqrt{0.03^2+0.087^2}\times 2\times\tan 20°=0.067(\mathrm{mm})$

$E_{sni}=E_{sns}-T_{sn}=-0.087-0.067=-0.154(\mathrm{mm})$

而公称齿厚 $\bar{S}=zm\sin\frac{90°}{z}=4.71$ mm,因此可知公称齿厚及偏差为:$4.71^{-0.087}_{-0.154}$。

也可以用公法线长度极限偏差来代替齿厚偏差:

上极限偏差 $E_{bns}=E_{sns}\cos\alpha_n-0.72F_r\sin\alpha_n$

$=-0.087\times\cos 20°-0.72\times 0.03\sin 20°=-0.089(\mathrm{mm})$

下极限偏差 $E_{bni}=E_{sni}\cos\alpha_n+0.72F_r\sin\alpha_n$

$=-0.154\times\cos 20°+0.72\times 0.03\sin 20°=-0.137$ mm

跨齿数 $n=z/9+0.5=32/9+0.5\approx 4$

公法线公称长度 $W_n=m[2.9521\times(k-0.5)+0.014Z]=3[2.9521\times(4-0.5)+0.014\times 32]=32.341$ mm

$W_n = 32.341_{-0137}^{-0089}$。

③确定检验项目。

参考表 8-12 可知该齿轮属于小批生产，中等精度，无特殊要求，可选第一组：即 F_p、F_α、F_β、F_r。由表 8-11 查得 $F_p = 0.038$ mm；$F_\alpha = 0.016$ mm；$F_r = 0.030$ mm；由表 8-9 查得 $F_\beta = 0.015$ mm。

④确定齿轮箱体精度（齿轮副精度）。

a. 中心距极限偏差 $\pm f_a = \pm IT9/2 = \pm 115/2(\mu m) \approx \pm 57\ \mu m = \pm 0.057$ mm

由此可知 $a = 192 \pm 0.057$(mm)。

b. 轴线平行度偏差 $f_{\Sigma\beta}$ 和 $f_{\Sigma\delta}$。

由式(8-18)得 $f_{\Sigma\beta} = 0.5(L/b)F_\beta = 0.5 \times (85/20) \times 0.015 = 0.032$(mm)

由式(8-19)得 $f_{\Sigma\delta} = 2f_{\Sigma\beta} = 2 \times 0.032 = 0.064$(mm)。

⑤齿轮坯精度。

a. 内孔尺寸偏差：由表 8-4 查出公差为 IT7，其尺寸偏差为 $\phi 40H7(^{+0.025}_{0})E$。

b. 齿顶圆直径偏差。

齿顶圆直径 $d_a = m(z+2) = 3(32+2) = 102$(mm)

齿顶圆直径偏差为 ± 0.05 m $= \pm 0.05 \times 3 = \pm 0.15$(mm) 即 $d_a = (102 \pm 0.15)$ mm。

c. 基准面的形位公差：内孔圆柱度公差 t_1。

$$由\quad 0.04(L/b)F_\beta = 0.04 \times (85/20) \times 0.015 \approx 0.0026(mm)$$

$$0.1F_p = 0.1 \times 0.038 = 0.0038(mm)$$

取最小值 0.002 6，即 $t_1 = 0.0026 \approx 0.003$(mm)

端面圆跳动公差查表 7.4 得 $t_2 = 0.018$ mm。

顶圆径向圆跳动公差：$t_3 = t_2 = 0.018$ mm。

d. 齿面表面粗糙度：查表 8-6 得 Ra 的上限值为 1.25 μm 。图 8-23 为设计齿轮的零件图。

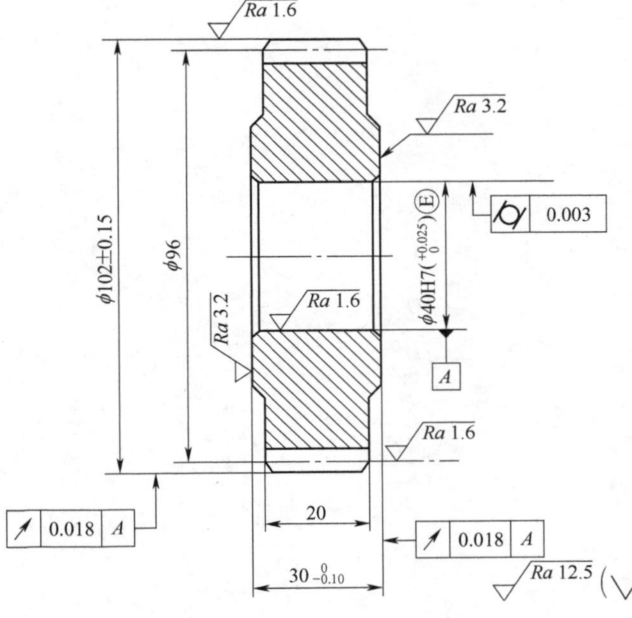

模数	m	3
齿数	z	32
齿形角	α	20°
变位系数	x	0
精度	7GB/T 10095—2008	
齿距累计总公差	F_P	0.038
齿廓总公差	F_α	0.016
齿向公差	F_β	0.015
径向跳动公差	F_r	0.030
公法线长度及其极限偏差	$W_n = 32.341_{-0.137}^{-0.089}$	

图 8-23 小齿轮零件图

习　题　8

8-1　齿轮传动的四项使用要求是什么？

8-2　评定齿轮传递运动准确性的指标有哪些？

8-3　评定齿轮传动平稳性的指标有哪些？

8-4　齿轮精度等级分几级？如何表示？

8-5　规定齿侧间隙的目的是什么？对单个齿轮来讲可用哪两项指标控制齿侧间隙？

8-6　如何选择齿轮的精度等级和检验项目？

8-7　某通用减速器中相互啮合的两个直齿圆柱齿轮的模数 $m=4$ mm，齿形角 $\alpha=20°$，齿宽 $b=50$ mm，传递功率为 7.5 kW，齿数分别为 $Z_1=45$，和 $Z_2=102$，孔径分别为 $D_1=40$ mm，$D_2=70$ mm，小齿轮的最大轴承跨距为 250 mm，小齿轮的转速为 1 440 r/min 。生产类型为小批量生产。试设计该小齿轮。

9

尺 寸 链

建立尺寸链；用极值法解尺寸链。

9.1 概 述

机械零件无论在设计或制造中，一个重要的问题就是如何保证产品的质量。也就是说，设计一部机器，除了要正确选择材料，进行强度、刚度、运动精度计算外，还必须进行几何精度计算，合理地确定机器零件的尺寸、几何形状和相互位置公差，在满足产品设计预定技术要求的前提下，能使零件、机器获得经济地加工和顺利地装配。为此，需对设计图样上要素与要素之间，零件与零件之间有尺寸、位置关系要求，且能构成首尾衔接、形成封闭形式的尺寸组加以分析，研究它们之间的变化；计算各个尺寸的极限偏差及公差；以便选择保证达到产品规定公差要求的设计方案与经济的工艺方法。

9.1.1 基本术语、定义

1. 尺寸链

在机器装配或零件加工过程中，由相互连接的尺寸形成封闭的尺寸组，该尺寸组称为尺寸链。如图 9-1(a)所示，零件经过加工依次得尺寸 A_1、A_2和 A_3，则尺寸 A_0也就随之确定。A_0、A_1、A_2和 A_3形成尺寸链，如图 9-1(b)所示，A_0尺寸在零件图上是根据加工顺序来确定的，在零件图上是不标注的。

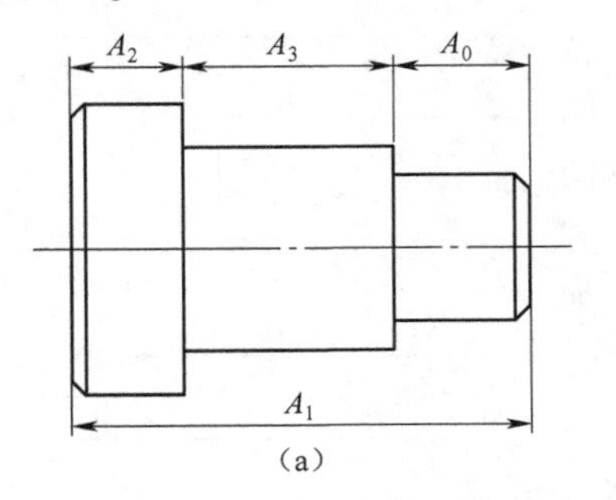

(a)

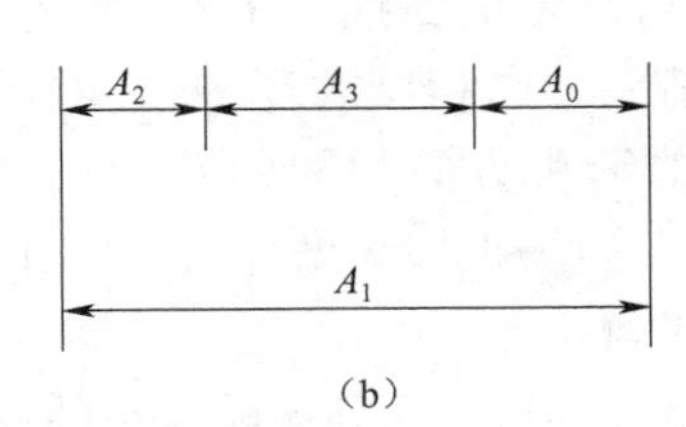

(b)

图 9-1 零件尺寸链

如图 9-2(a)所示，车床主轴轴线与尾架顶尖轴线之间的高度差 A_0，尾架顶尖轴线高度 A_1、尾架底板高度 A_2和主轴轴线高度 A_3等设计尺寸相互连接成封闭的尺寸组，形成尺寸链，如

图 9-2(b)所示。

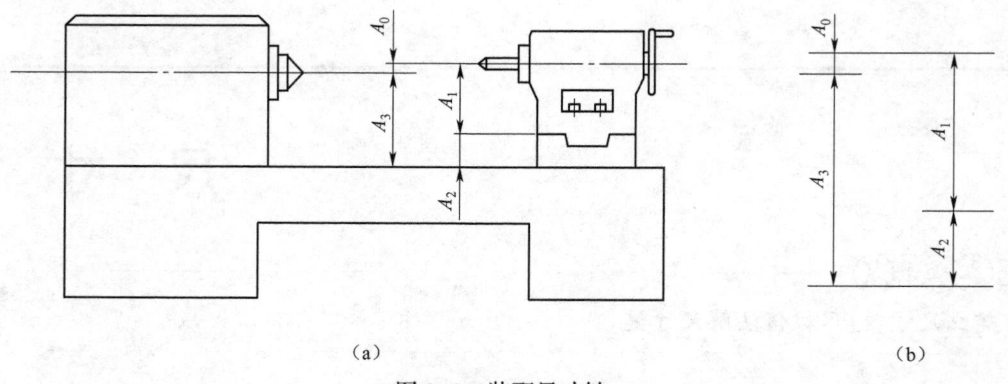

图 9-2 装配尺寸链

2. 环

尺寸链中的每一个尺寸，都称为环。如图 9-1 和图 9-2 所示的 A_0、A_1、A_2和 A_3，都是环。

(1)封闭环

封闭环是尺寸链中在装配过程或加工过程最后自然形成的一环，它也是确保机器装配精度要求或零件加工质量的一环，封闭环加下角标“0”表示。任何一个尺寸链中，只有一个封闭环。如图 9-1 和图 9-2 所示的 A_0都是封闭环。

(2)组成环

尺寸链中除封闭环以外的其他各环都称为组成环，如图 9-1 和图 9-2 中的 A_1、A_2和 A_3。组成环用拉丁字母 A、B、C、…或希腊字母 α、β、γ…再加下角标“i”表示，序号 $i=1$、2、3、…同一尺寸链的各组成环，一般用同一字母表示。

组成环按其对封闭环影响的不同，又分为增环与减环。

增环：当尺寸链中其他组成环不变时，某一组成环增大，封闭环亦随之增大，则该组成环称为增环。如图 9-1 所示，若 A_1增大，A_0将随之增大，所以 A_1为增环。

减环：当尺寸链中其他组成环不变时，某一组成环增大，封闭环反而随之减小，则该组成环称为减环。如图 9-1 所示，若 A_2和 A_3增大，A_0将随之减小，所以 A_2和 A_3为减环。

有时增减环的判别不是很容易，如图 9-3 所示的尺寸链，当 A_0 为封闭环时，增、减环的判别就较困难，这时可用回路法进行判别。方法是从封闭环 A_0 开始顺着一定的路线标箭头，凡是箭头方向与封闭环的箭头方向相反的环，便是增环，箭头方向与封闭环的箭头方向相同的环，便为减环。如图 9-3 所示，A_1、A_5 和 A_7 为增环，A_2、A_4、A_6 为减环。

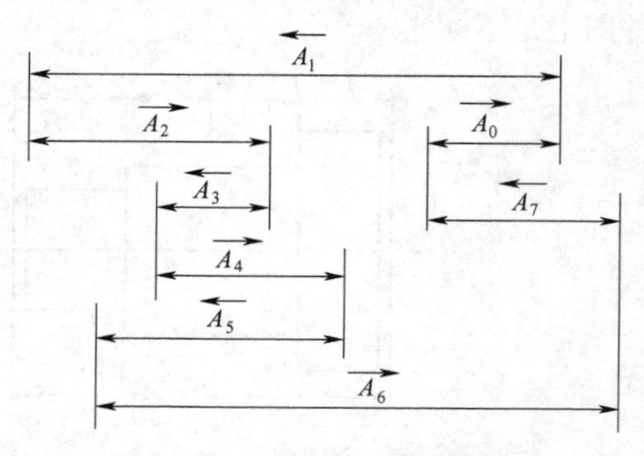

图 9-3 回路法判别增、减环

3. 传递系数

表示各组成环对封闭环影响大小的系数，称为传递系数，用 ξ 表示。

尺寸链中封闭环与组成环的关系，表现为函数关系，即

$$A_0 = f(A_1, A_2, \cdots, A_m) \tag{9-1}$$

式中 A_0——封闭环；

$A_1, A_2, \cdots, A_m$——组成环。

对于第 i 个组成环的传递系数为 ξ_i，则有

$$\xi_i = \frac{\partial f}{\partial A_i} \quad (1 \leqslant i \leqslant m) \tag{9-2}$$

一般直线尺寸链 $\xi=1$，且对增环 ξ_i 为正值；对减环 ξ_i 为负值。例如图 9-1 中的尺寸链，($\xi_1=1, \xi_2=\xi_3=-1$)按上式计算可得

$$A_0 = A_1 - (A_2 + A_3)$$

9.1.2 尺寸链的类型

1. 按在不同生产过程中的应用情况分类

(1)装配尺寸链。在机器设计或装配过程中，由一些相关零件形成有联系封闭的尺寸组，称为装配尺寸链，如图 9-2 所示。

(2)零件尺寸链。同一零件上由各个设计尺寸构成相互有联系封闭的尺寸组，称为零件尺寸链，如图 9-1 所示。设计尺寸是指图样上标注的尺寸。

(3)工艺尺寸链。零件在机械加工过程中，同一零件上由各个工艺尺寸构成相互有联系封闭的尺寸组，称为工艺尺寸链。工艺尺寸是指工序尺寸、定位尺寸、基准尺寸。装配尺寸链与零件尺寸链统称为设计尺寸链。

2. 按组成尺寸链各环在空间所处的形态分类

(1)直线尺寸链。尺寸链的全部环都位于两条或几条平行的直线上，称为直线尺寸链。如图 9-1、图 9-2、图 9-3 所示尺寸链。

(2)平面尺寸链。尺寸链的全部环都位于一个或几个平行的平面上，但其中某些组成环不平行于封闭环，这类尺寸链，称为平面尺寸链。如图 9-4 所示为平面尺寸链。将平面尺寸链中各有关组成环按平行于封闭环方向投射，就可将平面尺寸链简化为直线尺寸链来计算。

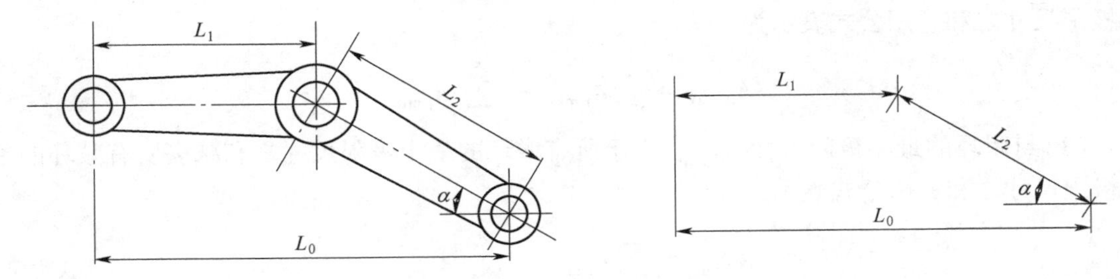

图 9-4 平面尺寸链

(3)空间尺寸链。尺寸链的全部环位于空间不平行的平面上，称为空间尺寸链。

对于空间尺寸链，一般按三维坐标分解，化成平面尺寸链或直线尺寸链，然后根据需要，在某特定平面上求解。

3. 按构成尺寸链各环的几何特征可分类

(1)长度尺寸链。表示零件两要素之间距离的为长度尺寸，由长度尺寸构成的尺寸链，称为长度尺寸链，如图 9-1、图 9-2 所示尺寸链。其各环位于平行线上。

(2)角度尺寸链。表示两要素之间位置的为角度尺寸，由角度尺寸构成的尺寸链，称为角

度尺寸链。其各环尺寸为角度量,或平行度、垂直度等。如图 9-5 所示为由各角度所组成的封闭多边形,这时 α_1、α_2、α_3 及 α_0 构成一个角度尺寸链。

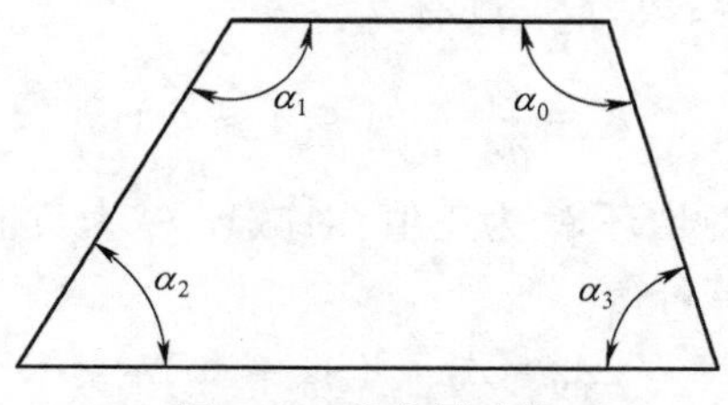

图 9-5　角度尺寸链

9.2　极　值　法

极值法是按各环的极限值进行尺寸链计算的方法。这种方法的特点是从保证完全互换着眼,由各组成环的极限尺寸计算封闭环的极限尺寸,从而求得封闭环公差,所以这种方法又称为完全互换法。

9.2.1　极值法解(线性)尺寸链的基本公式

(1)封闭环的基本尺寸 A_0:等于所有增环的基本尺寸 A_i 之和减去所有减环的基本尺寸 A_j 之和。用公式表示为

$$A_0 = \sum_{i=1}^{n} A_i - \sum_{j=n+1}^{m} A_j \tag{9-3}$$

式中　n——增环环数;

m——全部组成环数。

(2)封闭环的最大极限尺寸 $A_{0\max}$:等于所有增环的最大极限尺寸之和减去所有减环的最小极限尺寸之和。用公式表示为

$$A_{0\max} = \sum_{i=1}^{n} A_{i\max} - \sum_{j=n+1}^{m} A_{j\min} \tag{9-4}$$

(3)封闭环的最小极限尺寸 $A_{0\min}$:等于所有增环的最小极限尺寸之和减去所有减环的最大极限尺寸之和。用公式表示为

$$A_{0\min} = \sum_{i=1}^{n} A_{i\min} - \sum_{j=n+1}^{m} A_{j\max} \tag{9-5}$$

(4)封闭环的上偏差 ES_0:由式(9-4)减式(9-3)得

$$ES_0 = \sum_{i=1}^{n} ES_i - \sum_{j=n+1}^{m} EI_j \tag{9-6}$$

即封闭环的上偏差等于所有增环的上偏差之和减去所有减环的下偏差之和。

(5)封闭环的下偏差 EI_0:由式(9-5)减式(9-3)得

$$EI_0 = \sum_{i=1}^{n} EI_i - \sum_{j=n+1}^{m} EI_j \tag{9-7}$$

即封闭环的下偏差等于所有增环的下偏差之和减去所有减环的上偏差之和。

（6）封闭环公差 T_0：由式（9-4）减式（9-5）得

$$T_0 = \sum_{i=1}^{m} T_i \tag{9-8}$$

即封闭环公差等于所有组成环公差之和。由式（9-8）看出：

①$T_0>T_i$，即封闭环公差最大，精度最低。因此在零件尺寸链中应尽可能选取最不重要的尺寸作为封闭环。在装配尺寸链中，封闭环往往是装配后应达到的要求，不能随意选定。

②T_0 一定时，组成环数越多，则各组成环公差必然越小，经济性越差。因此，设计中应遵守“最短尺寸链”原则，即使组成环数尽可能少。

9.2.2　校核计算

已知各组成环的基本尺寸和极限偏差，求封闭环的基本尺寸和极限偏差，以校核几何度设计的正确性。

【例 9-1】　在图 9-6（a）所示齿轮部件中，轴是固定的，齿轮在轴上回转，设计要求齿轮左右端面与挡环之间有间隙，现将此间隙集中在齿轮右端面与右挡环左端面之间，按工作条件，要求 $A_0=0.10\sim0.45$ mm，已知：$A_1=43^{+0.02}_{+0.10}$，$A_2=A_4=5^{\ 0}_{-0.05}$，$A_3=30^{\ 0}_{-0.10}$，$A_5=3^{\ 0}_{-0.05}$。试问所规定的零件公差及极限偏差能否保证齿轮部件装配后的技术要求？

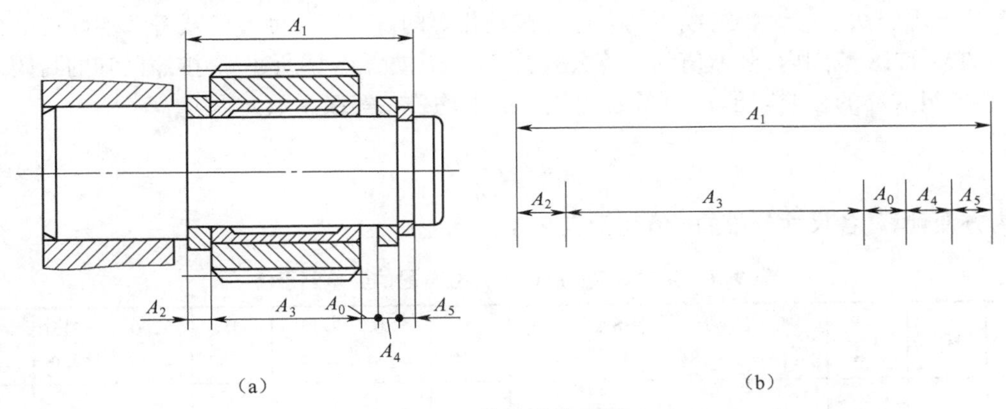

图 9-6　校核计算示例

【解】

①画尺寸链图，区分增环、减环。

齿轮部件的间隙 A_0 是装配过程最后形成的，是尺寸链的封闭环，$A_1\sim A_5$ 是 5 个组成环，如图 9-6（b）所示，其中 A_1 是增环，A_2、A_3、A_4、A_5 是减环。

②封闭环的基本尺寸。将各组成环的基本尺寸代入式（9-3），得

$$\begin{aligned} A_0 &= A_1 - (A_2 + A_3 + A_4 + A_5) \\ &= [43 - (5 + 30 + 5 + 3)]\text{mm} = 0 \end{aligned}$$

③校核封闭环的极限尺寸。由式（9-4）和式（9-5）得

$$\begin{aligned} A_{0\,\max} &= A_{1\,\max} - (A_{2\,\min} + A_{3\,\min} + A_{4\,\min} + A_{5\,\min}) \\ &= 43.20 - (4.95 + 29.90 + 4.95 + 2.95) = 0.45(\text{mm}) \end{aligned}$$

$$\begin{aligned} A_{0\,\min} &= A_{1\,\min} - (A_{2\,\max} + A_{3\,\max} + A_{4\,\max} + A_{5\,\max}) \\ &= 43.10 - (5 + 30 + 5 + 3) = 0.10(\text{mm}) \end{aligned}$$

④校核封闭环的公差。将各组成环的公差代入式(9-8),得

$$T_0 = T_1 + T_2 + T_3 + T_4 + T_5$$
$$= 0.10 + 0.05 + 0.10 + 0.05 + 0.05 = 0.35(\text{mm})$$

计算结果表明,所规定的零件公差及极限偏差恰好保证齿轮部件装配的技术要求。

9.2.3 设计计算

已知封闭环的基本尺寸和极限偏差,求各组成环的基本尺寸和极限偏差,即合理分配各组成环公差问题。各组成环公差的确定可用两种方法,即等公差法和等公差等级法。

1. 等公差法

等公差法是假设各组成环的公差值是相等的,按照已知的封闭环公差 T_0 和组成环环数 m,计算各组成环的平均公差 T,即

$$T = \frac{T_0}{m} \tag{9-9}$$

在此基础上,根据各组成环的尺寸大小、加工的难易程度对各组成环公差作适当调整,并满足组成环公差之和等于封闭环公差的关系。

2. 等公差等级法

等公差等级法是假设各组成环的公差等级是相等的。对于尺寸小于或等于 500 mm,公差等级在 IT5~IT18 范围内,公差值的计算公式为:IT=ai(如第 3 章所述),按照已知的封闭环公差 T_0 和各组成环的公差因子 i_i,计算各组成环的平均公差等级系数 a,即

$$a = \frac{T_0}{\sum i_i} \tag{9-10}$$

为方便计算,各尺寸分段的 i 值列于表 9-1。

表 9-1 尺寸≤500 mm,各尺寸分段的公差因子值

分段尺寸	≤3	>3~6	>6~10	>10~18	>18~30	>30~50	>50~80	>80~120	>120~180	>180~250	>250~315	>315~400	>400~500
i/(μm)	0.54	0.73	0.90	1.08	1.31	1.56	1.86	2.17	2.52	2.90	3.23	3.54	3.89

求出 a 值后,将其与标准公差计算公式表相比较,得出最接近的公差等级后,可按该等级查标准公差表,求出组成环的公差值,从而进一步确定各组成环的极限偏差。各组成环的公差应满足组成环公差之和等于封闭环公差的关系。

【例 9-2】 图 9-7(a)所示为某齿轮箱的一部分,根据使用要求,间隙 $A_0 = 1 \sim 1.75$ mm 之间,若已知:$A_1 = 140$ mm,$A_2 = 5$ mm,$A_3 = 101$ mm,$A_4 = 50$ mm,$A_5 = 5$ mm。试按极值法计算 $A_1 \sim A_5$ 各尺寸的极限偏差与公差。

【解】 ①画尺寸链图,区分增环、减环。

间隙 A_0 是装配过程最后形成的,是尺寸链的封闭环,$A_1 \sim A_5$ 是 5 个组成环,如图 9-7(b)所示,其中 A_3、A_4 是增环,A_1、A_2、A_5 是减环。

②计算封闭环的基本尺寸,由式(9-3)可知

$$A_0 = A_3 + A_4 - (A_1 + A_2 + A_5)$$

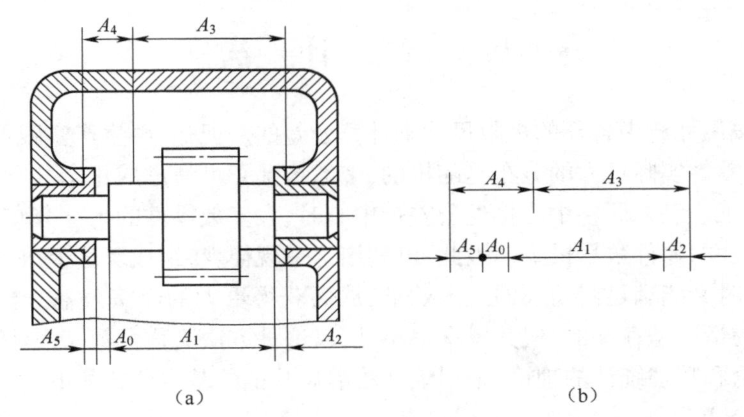

图 9-7　设计计算示例

$$A_0 = 101 + 50 - (140 + 5 + 5) = 1(\text{mm})$$

所以 $A_0 = 1^{+0.075}_{0}$ mm

③用等公差等级法确定各组成环的公差首先计算各组成环的平均公差等级系数 a，由式(9-10)并查表 9-1 得

$$a = \frac{T_0}{\sum i_i} = \frac{750}{2.52+0.73+2.17+1.56+0.73} = 97.3$$

由标准公差计算公式表查得，接近 IT11 级。根据各组成环的基本尺寸，从标准公差表查得各组成环的公差为：$T_2 = T_5 = 75$ μm，$T_3 = 220$ μm，$T_4 = 160$ μm。

根据各组成环的公差之和不得大于封闭环公差，由式(9-8)计算 T_1

$$\begin{aligned} T_1 &= T_0 - (T_2 + T_3 + T_4 + T_5) \\ &= 750 - (75 + 220 + 160 + 75) \\ &= 220(\mu\text{m}) \end{aligned}$$

④确定各组成环的极限偏差。

通常，各组成环的极限偏差按"入体原则"配置，即内尺寸按 H 配置，外尺寸按 h 配置；一般长度尺寸的极限偏差按"对称原则"即按 JS(或 js)配置，因此，组成环 A_1 作为调整尺寸，其余各组成环的极限偏差如下：

$$A_2 = A_5 = 5^{\ 0}_{-0.075},\quad A_3 = 101^{+0.220}_{\ 0},\quad A_4 = 50^{+0.160}_{\ 0}$$

⑤计算组成环 A_1 的极限偏差，由式(9-6)和(9-7)可知

$$ES_0 = ES_3 + ES_4 - EI_1 - EI_2 - EI_5$$

$$+0.75 = +0.220 + 0.160 - EI_1 - (-0.075) - (-0.075)$$

$$EI_1 = -0.220(\text{mm})$$

$$EI_0 = EI_3 + EI_4 - ES_1 - ES_2 - ES_5$$

$$0 = 0 + 0 - ES_1 - 0 - 0$$

$$ES_1 = 0$$

所以 A_1 的极限偏差为 $A_1 = 140^{\ 0}_{-0.220}$ mm。

9.3 统 计 法

极值法是按尺寸链中各环的极限尺寸来计算公差的。但是,由生产实践可知,在成批生产和大量生产中,零件实际尺寸的分布是随机的,多数情况下可考虑成正态分布或偏态分布。换句话说,如果加工或工艺调整中心接近公差带中心时,大多数零件的尺寸分布于公差带中心附近,靠近极限尺寸的零件数目极少。因此,可利用这一规律,将组成环公差放大,这样不但使零件易于加工,同时又能满足封闭环的技术要求,从而获得更大的经济效益。当然,此时封闭环超出技术要求的情况是存在的,但其概率很小,所以这种方法又称大数互换法。

根据概率论和数理统计的理论,采用统计法解尺寸链的基本公式如下:

1. 封闭环公差

由于在大批量生产中,封闭环 A_0 的变化和组成环 A_i 的变化都可视为随机变量,且 A_0 是 A_i 的函数,则可按随机函数的标准偏差的求法,得

$$\sigma_0 = \sqrt{\sum_{i=1}^{m} \xi_i^2 \sigma_i^2} \tag{9-11}$$

式中 $\sigma_0,\sigma_1,\cdots,\sigma_m$——封闭环和各组成环的标准偏差;

$\xi_1,\xi_2,\cdots,\xi_m$——传递系数。

若组成环和封闭环尺寸偏差均服从正态分布,且分布范围与公差带宽度一致,且 $T_i = 6\sigma_i$,此时封闭环的公差与组成环公差有如下关系:

$$T_0 = \sqrt{\sum_{i=1}^{m} \xi_i^2 T_i^2} \tag{9-12}$$

如果考虑到各组成环的分布不为正态分布时,式中应引入相对分布系数 K_i,对不同的分布,K_i 值的大小可由表 9-2 查出,则

$$T_0 = \sqrt{\sum_{i=1}^{m} \xi_i^2 K_i^2 T_i^2} \tag{9-13}$$

2. 封闭环中间偏差

上偏差与下偏差的平均值为中间偏差,用 Δ 表示,即

$$\Delta = \frac{ES + EI}{2} \tag{9-14}$$

当各组成环为对称分布时,封闭环中间偏差为各组成环中间偏差的代数和,即

$$\Delta_0 = \sum_{i=1}^{m} \xi_i \Delta_i \tag{9-15}$$

当组成环为偏态分布或其他不对称分布时,则平均偏差相对中间偏差之间偏移量为 $e\dfrac{T}{2}$,e 称为相对不对称系数(对称分布 $e=0$),这时式(9-15)应改为

$$\Delta_0 = \sum_{i=1}^{m} \xi_i \left(\Delta_i + e_i \frac{T_i}{2}\right) \tag{9-16}$$

表 9-2 典型分布曲线与 K、e 值

分布特征	正态分布	三角分布	均匀分布	瑞利分布	偏态分布	
					外尺寸	内尺寸
分布曲线	-3σ 3σ			$e\cdot\frac{T}{2}$	$e\cdot\frac{T}{2}$	$e\cdot\frac{T}{2}$
E	0	0	0	-0.28	0.26	-0.26
K	1	1.22	1.73	1.14	1.17	1.17

3. 封闭环极限偏差

封闭环上极限偏差等于中间偏差加二分之一封闭环公差，下极限偏差等于中间偏差减二分之一封闭环公差，即

$$ES_0=\Delta_0+\frac{1}{2}T_0, EI_0=\Delta_0-\frac{1}{2}T_0 \tag{9-17}$$

【例 9-3】 用统计法解例题 9-2。

【解】 步骤①和②同例题 9-2。

③确定各组成环公差。

设各组成环尺寸偏差均接近正态分布，则 $K_i=1$，又因该尺寸链为线性尺寸链，故 $|\xi_i|=1$。按等公差等级法，由式(9-13)得

$$T_0=\sqrt{T_1^2+T_2^2+T_3^2+T_4^2+T_5^2}=a\sqrt{i_1^2+i_2^2+i_3^2+i_4^2+i_5^2}$$

所以：

$$a=\frac{T_0}{\sqrt{i_1^2+i_2^2+i_3^2+i_4^2+i_5^2}}=\frac{750}{\sqrt{2.52^2+0.73^2+2.17^2+1.56^2+0.73^2}}\approx 196.56$$

由标准公差计算公式表查得，接近 IT12 级。根据各组成环的基本尺寸，从标准公差表查得各组成环的公差为：$T_1=400\ \mu m$，$T_2=T_5=120\ \mu m$，$T_3=350\ \mu m$，$T_4=250\ \mu m$，则

$$T_0'=\sqrt{0.4^2+0.12^2+0.35^2+0.25^2+0.12^2}=0.611(mm)<0.759(mm)=T_0$$

可见，确定的各组成环公差是正确的。

④确定各组成环的极限偏差。

按“入体原则”确定各组成环的极限偏差如下：

$A_1=140^{+0.200}_{-0.200}$ mm， $A_2=A_5=5^{\ 0}_{-0.120}$ mm， $A_3=101^{+0.350}_{\ 0}$ mm， $A_4=50^{+0.250}_{\ 0}$ mm

⑤校核确定的各组成环的极限偏差能否满足使用要求。

设各组成环尺寸偏差均接近正态分布，则 $e_i=0$。

a. 计算封闭环的中间偏差，由式(9-15)可知

$$\Delta_0=\sum_{i=1}^{5}\xi_i\Delta_i=\Delta_3+\Delta_4-\Delta_1-\Delta_2-\Delta_5$$

$$=0.175+0.125-0-(-0.060)-(-0.060)=0.420(mm)$$

b. 计算封闭环的极限偏差，由式(9-17)可知

$$ES_0' = \Delta_0' + \frac{1}{2}T_0' = 0.420 + \frac{1}{2} \times 0.611 \approx 0.726 \text{ mm} < 0.750 \text{ mm} = ES_0$$

$$EI_0' = \Delta_0 - \frac{1}{2}T_0' = 0.420 - \frac{1}{2} \times 0.611 \approx 0.0115 \text{ mm} > 0 = EI_0$$

以上计算说明确定的组成环极限偏差是满足使用要求的。

由例题 9-2 和例题 9-3 相比较可以算出，用统计法计算尺寸链，可以在不改变技术要求所规定的封闭环公差的情况下，组成环公差放大约 60%，从而使实际上出现不合格件的可能性很小(仅有 0.27%)，这会给生产带来显著的经济效益。

习 题 9

9-1 有一孔、轴配合，装配前轴需镀铬，镀铬层厚度是 8～12 μm，镀铬后应满足 ϕ80H8/f7，问轴在镀铬前的尺寸及其极限偏差为多少？

9-2 如图 9-8 所示的零件，封闭环为 A_0，其尺寸变动范围应在 11.9～12.1 mm 内，试按极值法校核图中的尺寸标注能否满足尺寸 A_0 的要求？

9-3 在图 9-6(a)所示齿轮部件中，已知：$A_1 = 43$ mm，$A_2 = A_4 = 5$ mm，$A_3 = 30$ mm，$A_5 = 3$ mm，各组成环的尺寸偏差的分布均为正态分布。试用统计法确定各组成环的极限偏差，以保证安装要求 $A_0 = 0.10$～0.45 mm。

9-4 在孔中插键槽，如图 9-9 所示，其加工顺序为：加工孔 $A_1 = \phi 40^{+0.1}_{0}$ mm，插键槽 A_2，磨孔至 $A_3 = \phi 40.6^{+0.05}_{0}$ mm，最后要求得到 $A_0 = 44^{+0.8}_{0}$ mm，求 A_2 = ?

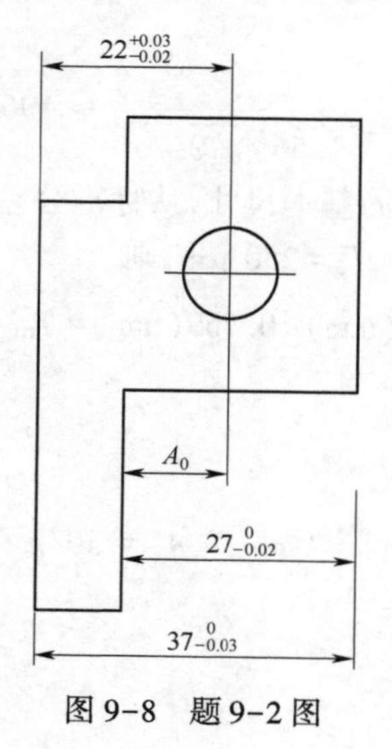

图 9-8 题 9-2 图

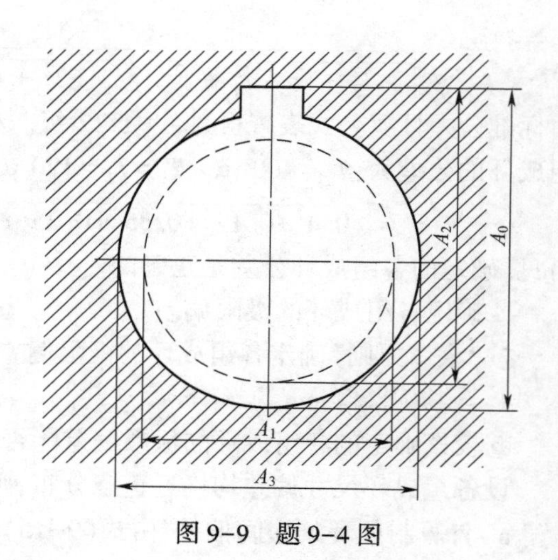

图 9-9 题 9-4 图

10

机械零件测量基础

本章重点

普通测量工具的原理、组成结构及具体使用方法。

技术测量是机械维修中进行质量管理的重要手段，是贯彻质量标准的技术保证，而用于测量的工具称为量具。本章我们将对机械维修和使用中常用的几种量具加以介绍，重点介绍它们的正确使用方法。

10.1 卡　　尺

卡尺是长度测量中使用的精密量具之一。目前主要有游标卡尺、带表卡尺和电子数显卡尺三种。带表卡尺和电子数显卡尺是新兴的两种卡尺，在读取数据时具有快速、准确的优点。

10.1.1 游标卡尺的使用方法

游标卡尺是较为传统的测量检测工具，与其他两种卡尺相比，它虽然读数较慢且由于操作不当可能会出现误差，但因其结构简单，价格较低，维护方便，在生产实际中得到广泛应用。

1. 游标卡尺的结构

常用的游标卡尺有 0.02 mm、0.05 mm 和 0.1 mm 三种分度值（分度值越小，测量精度越高）。在汽车维修中常用的是量程为 0～150 mm，分度值为 0.02 mm 的游标卡尺，如图 10-1 所示。它由主尺、游标尺、深度尺、内测量爪、外测量爪、紧固螺钉组成。

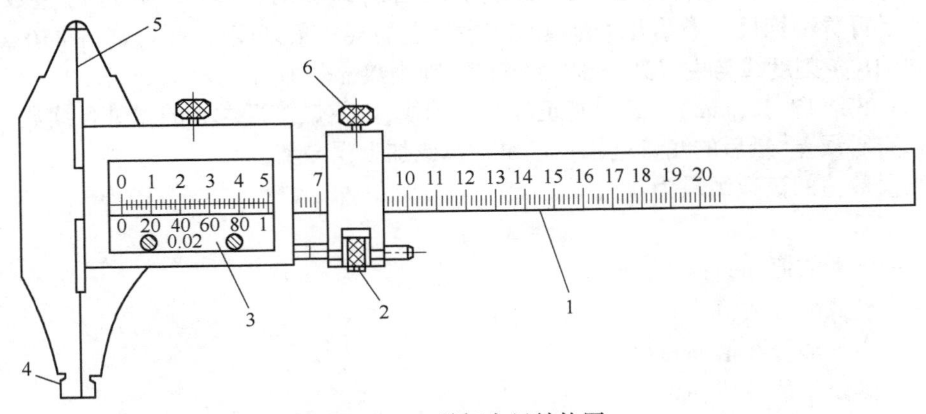

图 10-1　游标卡尺结构图

1—尺身；2—微动螺母；3—尺框；4—内尺寸测量爪；5—外尺寸测量爪；6—锁紧螺母

2. 游标卡尺的正确使用

1)零位校准

游标卡尺在使用过程中,可能会由于磨损、松旷、脏污等原因使主尺和游标尺上的零刻线不对齐,导致测量结果不准确,因此在每次测量前都要对游标卡尺进行零位校准,步骤如下:

(1)旋松紧固螺钉,将游标尺尺框拉开,用布将卡尺全身擦拭干净。

(2)轻推游标尺尺框,使主尺与游标尺上测量爪的测量面合并,此时观察主尺“零”刻线与游标尺“零”刻线的位置。如两刻线完全对齐且游标尺上的最后一条刻线与主尺上的 49 mm 处刻度线对齐(0.02 mm 分度值游标卡尺),如图 10-2 所示,则游标卡尺良好。否则,卡尺本身存在误差,测量时要将误差减掉或加上。

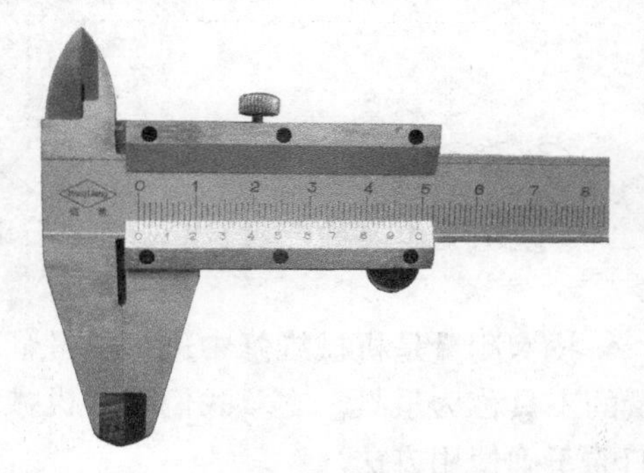

图 10-2　游标卡尺零位校准

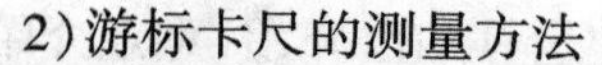

2)游标卡尺的测量方法

游标卡尺能够测量零件的长度、外径、内径及槽和孔的深度。现以测量零件外径尺寸的步骤为例,对游标卡尺的测量方法加以说明:

(1)将被测物体擦拭干净。

(2)旋松游标卡尺的固紧螺钉,校准零位。

(3)移动游标尺尺框,使两个外测量爪之间距离略大于被测物体。

(4)将被测物体置于两个外测量爪之间,用手轻轻推动游标尺尺框,至两个外测量爪与被测物接触为止。

(5)视线与尺面垂直,读取测量数值。

3. 游标卡尺的读数

(1)在测量物体时,尽管游标卡尺的分度值有所不同,但测量结果的整数部分读取方法是相同的,只是小数部分的读取方法略有不同。这里我们以分度值为 0.02 mm 的游标卡尺为例,加以说明。

(2)如前面所述,用游标卡尺对物体进行测量时,首先看最靠近游标尺上“零”刻度线左侧的毫米整数,如图 10-3 所示,该图中此数值为 17 mm,即被测物体所测尺寸的整数部分为 17 mm。然后再看游标尺上的第几条刻度线与主尺上的某一条刻度线对齐。如图 10-3 所示,游标尺上第 16 条刻度线与主尺某一刻度线对齐,则小数部分即为 $16\times0.02=0.32$ mm,所测值 $D(d)=17+0.32=17.32$(mm)。若没有正好对齐的线,则取最接近对齐的线进行读数。

(3)如有零误差,最后的测量结果一定要减掉或加上误差值。

(4)测量数值的读数结果为

$$L = M + m \pm \delta$$

式中　L——测量数值,mm;

M——整数部分数值,mm;

m——小数部分数值,mm;

δ——零误差的数值,mm。

读数时要注意:

①当游标尺上的“零”刻度线在主尺“零”刻度线左侧时,要加上 δ 值。当游标尺上的“零”

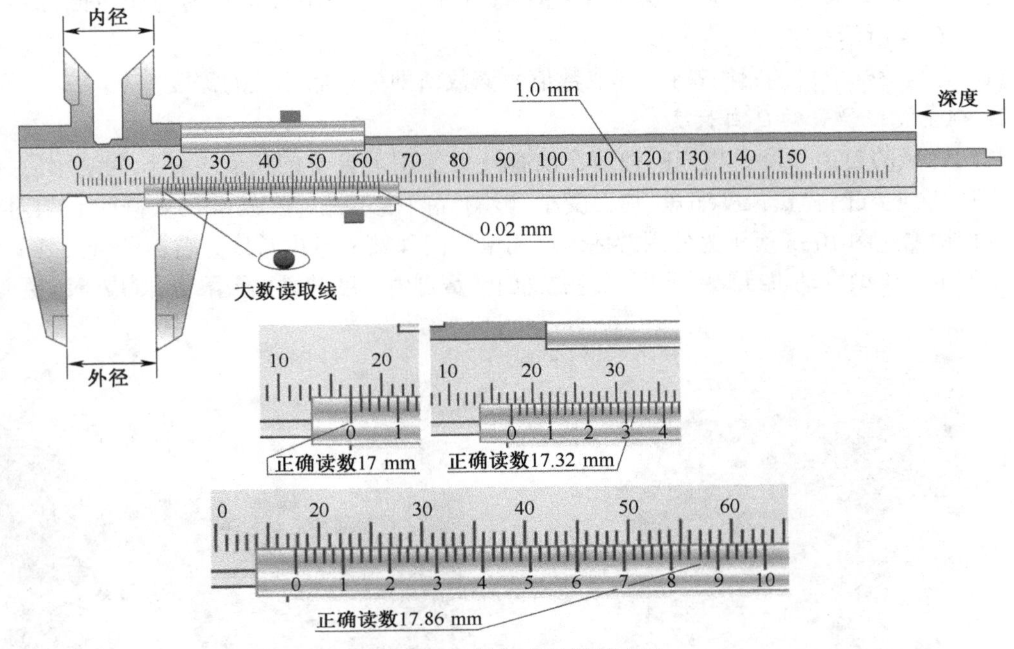

图 10-3 游标卡尺读数方法

刻度线在主尺"零"刻度线右侧时，要要减去 δ 值。

②为了使测量结果准确，一般需测量 2 次以上，取平均值。

③不需每次都减去或加上零误差，只要用最后平均值结果减去或加上零误差即可。

4. 游标卡尺的保管与维护

(1)使用时要轻拿轻放，不要磕碰到其他物体。

(2)不要把卡尺当作其他工具使用。

(3)游标卡尺使用完毕，用棉纱擦拭干净。长期不用时应擦拭润滑油。

(4)两个外测量爪间保持一定的距离，拧紧固定螺钉，放回到卡尺盒内。

(5)游标卡尺不得放在潮湿、湿度变化大的地方，以免发生锈蚀。

10.1.2 游标卡尺在机械零件测量中的实例

1. 测量轮胎花纹的深度

轮胎花纹深度是指轮胎花纹底部到花纹凸面的垂直距离。它是判断所测轮胎磨损状况及是否需更换的主要参数。相关标准规定：轿车胎冠处花纹深度不得小于 1.6 mm，货车和客车胎冠处花纹深度不小于 2.0 mm，否则应予以更换。

测量方法：

(1)首先将轮胎从车上卸下，用水清洗干净，并清除沟槽内的碎石等杂物。

(2)将轮胎垂直放到地面或轮胎架上。

(3)旋松游标卡尺的紧固螺钉，移动游标尺框约 10 mm。

(4)将游标卡尺小端的深度尺伸入被测轮胎距地面最高点的胎冠花纹槽内，深度尺顶端与花纹底部接触。

(5)将游标卡尺垂直于地面,并用手向下移动主尺,直到主尺顶端面与花纹凸面接触为止,如图 10-4 所示。

(6)旋紧游标卡尺的紧固螺钉,读取数值。该数值即为轮胎花纹的深度。

2. 测量气门弹簧的自由长度

气门弹簧的自由长度是指气门弹簧在没有外力作用下自身的长度。在长期使用后,由于塑性变形,会使气门弹簧长度缩短,弹力变小,影响气门密封性。在发动机大修时必须对气门弹簧进行检测。图 10-5 所示为使用游标卡尺测量气门弹簧的自由长度。若被测气门弹簧的自由长度已小于该型发动机维修手册所规定的气门弹簧自由长度的最小极限值,则应予以更换。

图 10-4　轮胎花纹深度测

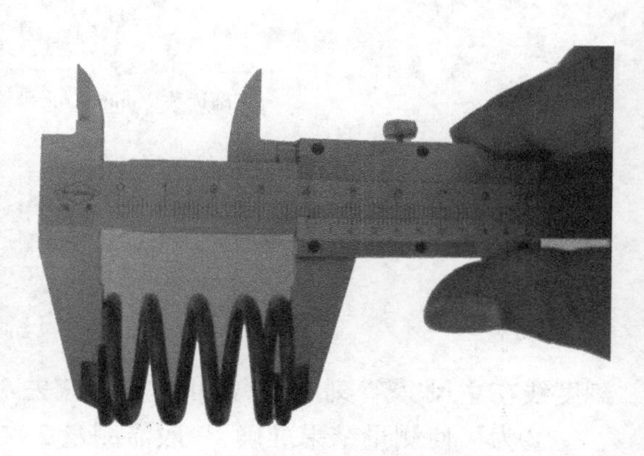

图 10-5　气门弹簧自由长度的测量

检测方法:

(1)将被测弹簧清洗擦拭干净。

(2)旋松游标卡尺的紧固螺钉。

(3)轻轻移动游标尺尺框,使两个外测量爪的张开距离略大于被测弹簧的长度。

(4)将被测弹簧放置在两个外测量爪之间,使弹簧的轴线与游标卡尺的主尺平行。

(5)推动游标尺尺框,使两个外测量爪的测量面与被测弹簧的两个端面接触。

(6)锁紧紧固螺钉,读取数值。

3. 测量连杆螺栓的大径

连杆螺栓在发动机运转过程中要承受很大的交变载荷,且在紧固时又需用较大的预紧扭力加以紧固。这些必会造成连杆螺栓的疲劳和变形,若变形量超过该型发动机维修手册所规定的极限值,则应予以更换。首先用与该螺栓配合的螺母进行检查。用手将螺母与螺栓旋合,若螺母能旋入螺栓的螺纹底部,则该螺栓良好,无需更换。如果螺母旋到某处受阻,应用游标卡尺对受阻部位的螺栓大径进行检测如图 10-6 所示。

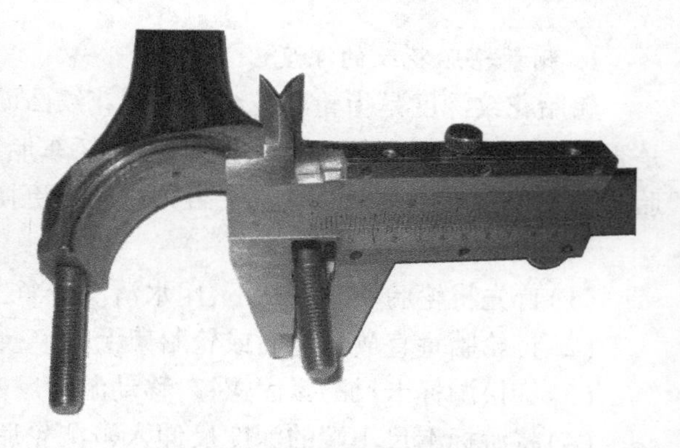

图 10-6　连杆螺栓大径的测量

检测方法：

(1)将被检测螺栓清洗擦拭干净。

(2)旋松游标卡尺的紧固螺钉。

(3)轻轻移动游标尺尺框,使两个外测量爪的张开距离略大于被测螺栓大径。

(4)将游标卡尺的两个外测量爪放到被测部位,要保证主尺与螺栓轴线垂直。

(5)推动游标尺尺框,使两个外测量爪的测量面与螺栓大径接触。

(6)锁紧紧固螺钉,读取数值。

10.1.3　其他卡尺

1. 带表卡尺

带表卡尺又称附表卡尺如图 10-7 所示。它是利用齿条、齿轮啮合传动带动指针偏转显示数值。整数部分的读取与游标卡尺相同,小数部分用指示表读取,得到测量结果。它在读数时比游标卡尺更快捷准确。

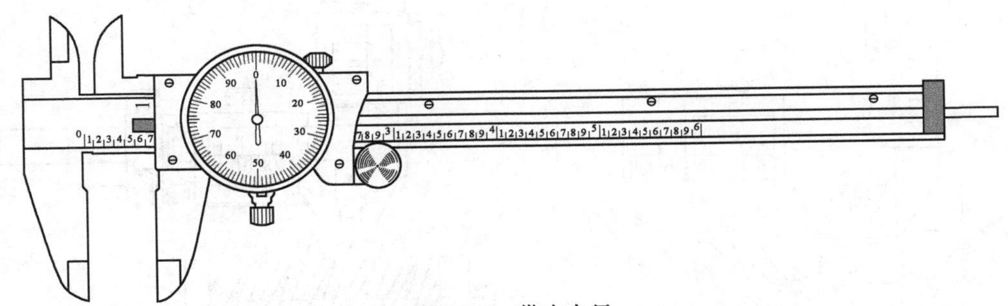

图 10-7　带表卡尺

带表卡尺使用过程中需要注意防震和防尘。震动会导致指针偏移零位或内部机芯和齿轮脱离,影响示值。灰尘会影响精度,大的铁屑进入齿条,可能会导致传动齿崩裂,卡尺报废。在使用过程中需要轻拿轻放,使用完毕后,要擦拭干净,闭合卡尺,避免有害灰尘和铁屑进入。指示表的分度值有 0.01 mm、0.02 mm、0.05 mm 三种。指示表指针旋转一周所指示的长度分别为 1 mm、2 mm、5 mm。

2. 数显卡尺

数显卡尺如图 10-8 所示,它具有读数直观、使用方便等特点。主要由尺体、传感器、控制运算部分和数字显示部分组成。

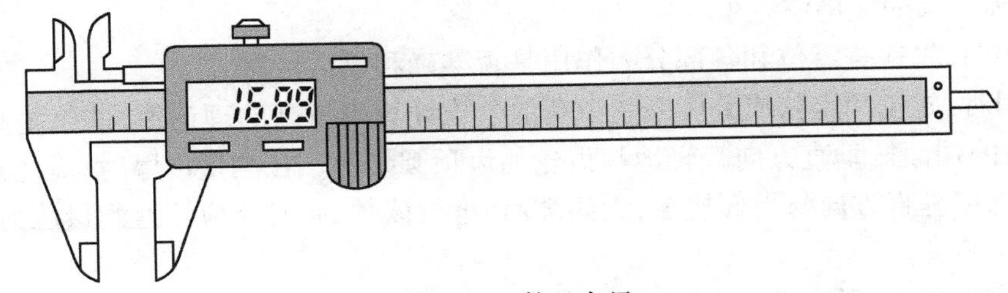

图 10-8　数显卡尺

按照传感器的不同,数显卡尺分为磁栅式数显卡尺和容栅式数显卡尺两大类。目前国内的卡尺都是使用容栅传感器,将机械位移量转变成为电信号,该电信号输入电子电路后,再经过一系列变换和运算后显示出机械位移量的大小。在使用中如果有水、油等液体溅到卡尺上，甚至使用者手上的汗液沾到卡尺尺面上，都会成为屏蔽卡尺电信号传递的主要原因，使容栅传感器不能正常工作，从而造成显示混乱。如果发生了这一现象，可用脱脂棉球沾纯酒精，拧干后来回擦拭卡尺的尺面，可以解决数显卡尺显示混乱的故障。

3. 齿厚游标卡尺

齿厚游标卡尺可用来测量齿轮（或蜗杆）的弦齿厚和弦齿顶，如图 10-9 所示。这种游标卡尺由两互相垂直的主尺组成，因此它就有两个游标。A 的尺寸由垂直主尺上的游标调整；B 的尺寸由水平主尺上的游标调整。刻线原理和读法与一般游标卡尺相同。

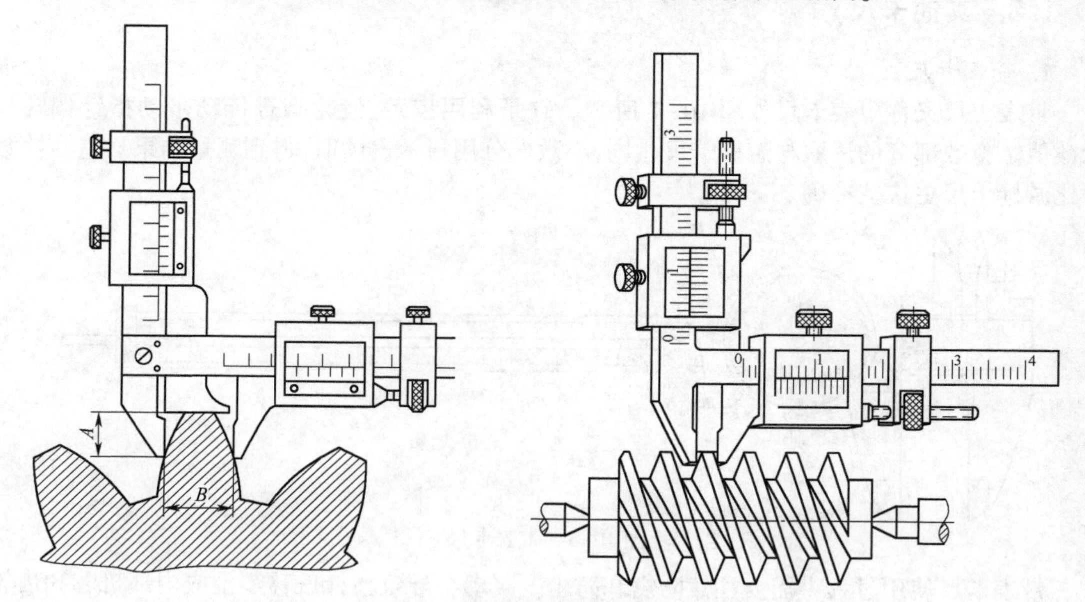

图 10-9　齿厚游标卡尺测量齿轮与蜗杆

测量蜗杆时，把齿厚游标卡尺读数调整到等于齿顶高（蜗杆齿顶高等于模数 m_s），法向卡入齿廓，测得的读数是蜗杆中径（d_2）的法向齿厚。但图纸上一般注明的是轴向齿厚，必须进行换算。法向齿厚 S_n 的换算公式如下：

$$S_n = \frac{\pi m_s}{2}\cos\tau \tag{10-1}$$

式中　τ——蜗杆的导程角。

齿厚游标卡尺的使用注意事项：

（1）使用前，先检查零位和各部分的作用是否准确和灵活可靠。

（2）使用时，先按固定弦或分度圆弦齿高的公式计算出齿高的理论值，调整垂直主尺的读数，使高度尺的端面按垂直方向轻轻地与齿轮的齿顶圆接触。在测量齿厚时，应注意使活动量爪和固定量爪按垂直方向与齿面接触，无间隙后，进行读数，同时还应注意测量压力不能太大，以免影响测量精度。

（3）测量时，可在每隔 120°的齿圈上测量一个齿，取其偏差最大者作为该齿轮的齿厚实际尺寸，将测得的齿厚实际尺寸与按固定弦或分度圆弦齿厚公式计算出的理论值之差即为齿厚偏差。

10.2　千　分　尺

千分尺也是长度测量中经常使用的精密量具之一。目前主要有机械千分尺、带表千分尺和电子数显千分尺三种应用螺旋测微原理制成的量具，称为螺旋测微量具。它们的测量精度比游标卡尺高，并且测量比较灵活，因此，当加工精度要求较高时多被应用。百分尺的读数值为 0.01 mm，千分尺的准确读数值为 0.01 mm。0.001 mm 数值为估算值。常用千分尺的有：外径千分尺、内径千分尺、深度千分尺以及螺纹千分尺和公法线千分尺等，并分别用于测量或检验零件的外径、内径、深度、厚度以及螺纹的中径和齿轮的公法线长度等。

10.2.1　外径千分尺的使用方法

机械千分尺是较为传统的测量检测工具，与其他两种千分尺相比，它虽然读数较慢且由于操作不当可能会出现误差，但因其结构简单，价格较低，维护方便，目前已得到广泛应用。

1. 外径千分尺的结构

外径千分尺是比游标卡尺更精密的长度测量仪器，常见的机械千分尺量程有 0~25 mm、25~50 mm、50~75 mm、100~125 mm 等。机械千分尺的结构如图 10-10 所示，是由固定的尺架、测砧、测微螺杆、固定套管、微分筒、限荷棘轮、锁紧装置和隔热板等组成。从隔热板上的标注可知：该尺的量程为 0~25 mm，分度值是 0.01 mm。

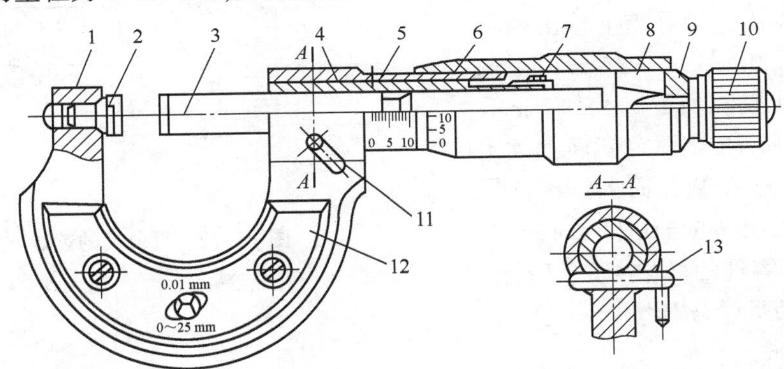

图 10-10　外径分尺的结构

1—尺架；2—固定测砧；3—测微螺杆；4—螺纹轴套；5—固定刻度套筒；6—微分筒；7—调节螺母；8—接头；9—垫片；10—限荷棘轮；11—锁紧螺钉；12—隔热板；13—锁紧轴

2. 千分尺的正确使用

1)零位校准

千分尺在使用的过程中，由于磨损、脏物等原因可能造成微分筒端面与固定套筒的零刻度线不重合，因此要对千分尺进行零位校准，步骤如下：

(1)将测砧、微分筒擦拭干净。

(2)松开千分尺锁紧装置，旋转微分筒的旋钮。当微测螺杆快接近测砧时(若测量上限大于 25 mm 的千分尺，要在测砧和测微螺杆端面之间放入校对量杆或相应尺寸的量块)，改为旋转限荷棘轮，当测微螺杆与测砧接触后会听到“喀喀”声，此时停止转动。观察微分筒前端面与固定套筒刻度“零”线是否重合，同时微分筒的“零”刻度线与固定套筒刻度水平横线是否重合，若重合则千分尺良好，如图 10-11 所示。

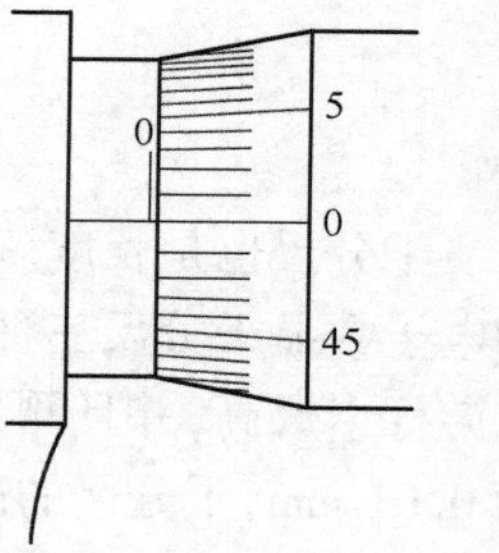

2）测量方法

（1）将被测物及千分尺各部位表面擦拭干净。

（2）松开千分尺锁紧装置，校准零位，旋转微分筒的旋钮，使测砧与测微螺杆之间的距离略大于被测物体。

（3）一只手拿千分尺的尺架，将待测物置于测砧与测微螺杆的端面之间，另一只手转动微分筒旋钮，当螺杆要接近物体时，改旋限荷棘轮，直至听到 2~3 次“喀喀”声后即停止转动。

（4）锁紧测微螺杆（防止移动千分尺时螺杆转动），即可读数。

图 10-11　千分尺“零”位

3. 千分尺的读数

在千分尺的固定套筒上刻有轴向中线，作为微分筒读数的基准线。另外，为了计算测微螺杆旋转的整转数，在固定套筒中线的两侧，刻有两排刻线，刻线间距均为 1 mm，上下两排相互错开 0.5 mm。

（1）读出固定套筒上露出的刻线尺寸，一定要注意不能遗漏应读出的 0.5 mm 的刻线值。

（2）读出微分筒上的尺寸，要看清微分筒圆周上哪一格与固定套筒的中线基准对齐，将格数乘 0.01 mm 即得微分筒上的尺寸。

（3）将上面两个数相加，即为千分尺上测得尺寸。

如图 10-12（a）所示，在固定套筒上读出的尺寸为 8 mm，微分筒上读出的尺寸为 27（格）×0.01 mm＝0.27 mm，上两数相加即得被测零件的尺寸为 8.27 mm；如图 10-12（b）所示，在固定套筒上读出的尺寸为 8.5 mm，在微分筒上读出的尺寸为 27（格）×0.01 mm＝0.27 mm，上两数相加即得被测零件的尺寸为 8.77 mm。

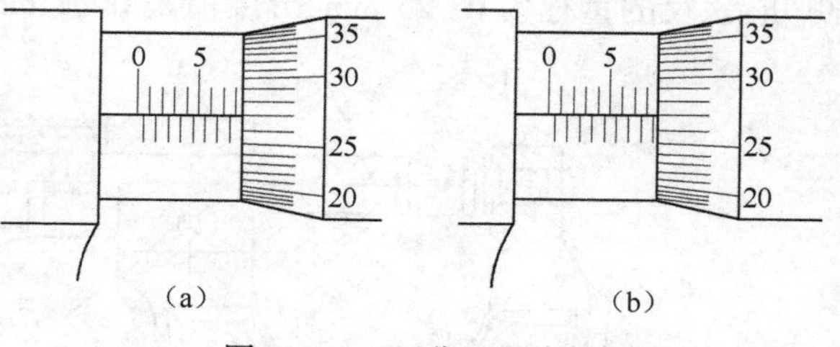

图 10-12　百分尺的读数

4. 千分尺的保管与维护

（1）轻拿轻放。

（2）不准把千分尺当夹具应用。

（3）将测砧、微分筒擦拭干净，避免切屑、粉末、灰尘影响。

（4）将测砧分开，拧紧固定螺钉，以免长时间接触而造成生锈。

（5）不准用油石、砂纸等硬物摩擦丈量面、测微螺杆等部位。

（6）千分尺放进专用盒内，存放于干燥处。不能将千分尺放在湿润、有酸性、磁性的处所，不能放在高温或振动的处所。

（7）不允许在千分尺固定套筒和微分筒之间注入煤油、酒精、机油或凡士林和普通润滑油等；禁止把千分尺浸泡在上述油类及酒精中。

10.2.2　千分尺在机械零件测量中的应用实例

1. 气门杆直径的测量

气门杆部是气门的重要部位。在内燃机中它与气门导管形成一对摩擦副。气门杆在得不到良好润滑的前提下，遭遇着每分钟数千次的重复摩擦，其工作环境极其恶劣。因此对气门杆的直径精度要求较高。

气门杆直径的测量如图 10-13 所示，检测步骤及方法：

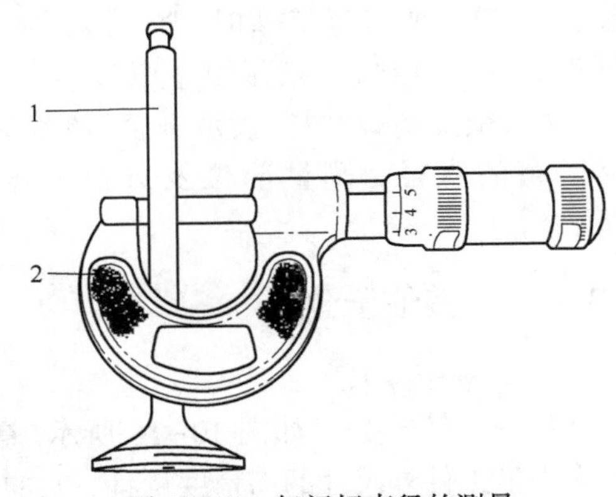

图 10-13　气门杆直径的测量
1—气门；2—千分尺

(1)将被测气门杆清洗并擦拭干净。

(2)将测砧与测微螺杆间接触面擦拭干净。

(3)松开千分尺锁紧装置，校准零位，转动微分筒旋钮，使测砧与测微螺杆之间的距离略大于被测气门杆的直径。

(4)一只手拿千分尺的尺架，将气门杆置于测砧与测微螺杆的端面之间，另一只手转动微分筒旋钮，当测微螺杆将要接近气门杆时，改旋限荷棘轮，直至听到 2~3 声“喀喀”声后即停止转动。

(5)锁紧测微螺杆，读取数值，该数值即为被测气门杆的直径。

2. 曲轴主轴颈直径的测量

发动机工作时，由于曲轴主轴颈(支承曲轴的轴颈)及连杆轴颈各部位所受的载荷、润滑情况不同，磨损是不均匀的。磨损后，在径向会成为椭圆形，而在轴向会成为锥形。

检测步骤及方法：

(1)将被测曲轴主轴颈清洗并擦拭干净。

(2)将测砧与测微螺杆间接触面擦拭干净。

(3)松开千分尺锁紧装置，校准零位，转动微分筒旋钮，使测砧与测微螺杆之间的距离略大于被测曲轴主轴颈直径。

(4)一只手拿千分尺的尺架，将曲轴主轴颈置于测砧与测微螺杆的端面之间，另一只手转动微分筒旋钮，当测微螺杆将要接近曲轴主轴颈时，改旋限荷棘轮，直至听到 2~3 声“喀喀”声后即停止转动。

(5)锁紧测微螺杆，读取数值，该数值即为被测曲轴主轴颈的直径。测量部位及方法如图 10-14所示(每道轴颈测 Ⅰ、Ⅱ 两个截面，每个截面分 A、B 两个方向测量)。

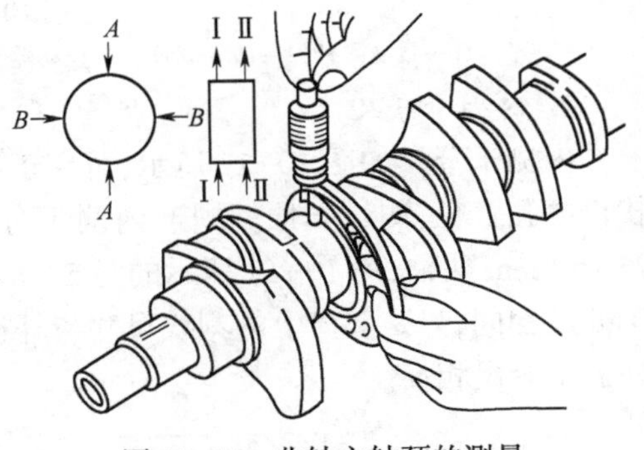

图 10-14　曲轴主轴颈的测量

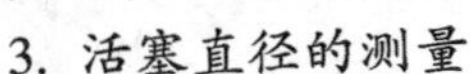
3. 活塞直径的测量

检测步骤及方法：

(1)将被测活塞清洗并擦拭干净。

(2)将测砧与测微螺杆间接触面擦拭干净。

(3)松开千分尺锁紧装置，校准零位，转动旋钮，使测砧与测微螺杆之间的距离略大于被测活塞的直径。

(4)一只手拿千分尺的尺架，将活塞置于测砧与测微螺杆的端面之间，测量部位应在垂直于活塞销轴线的方向上、距活塞顶面25~30 mm处(具体车型需查维修手册)。另一只手转动微分筒旋钮,当螺杆要接近活塞时,改旋限荷棘轮,直至听到2~3声"喀喀"声后即停止转动。

(5)锁紧测微螺杆,读取数值,该数值即为被测活塞的直径。测量部位及方法如图10-15所示。

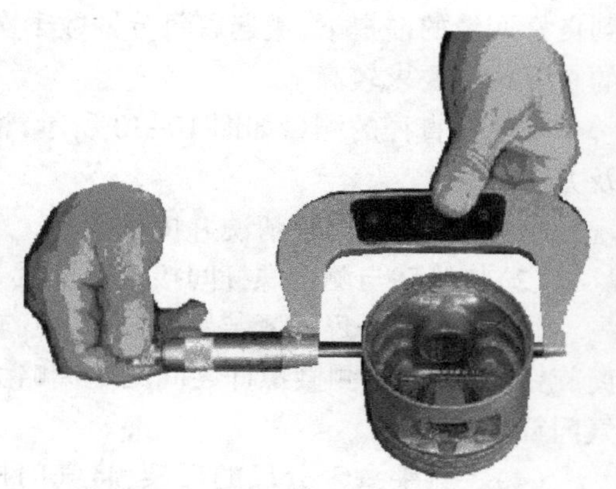

图10-15 活塞直径的测量

10.2.3 其他千分尺

1. 带表千分尺

带表外径千分尺如图10-16所示,是用于测量大中型工件外尺寸的高精度量具。它的主要优点是:可以用微分筒一端和表头一端分别是进行工件尺寸的测量。尤其是使用表头一端测量时,读数更直观、方便,并具有刚性好、变形小、精度高的特点。

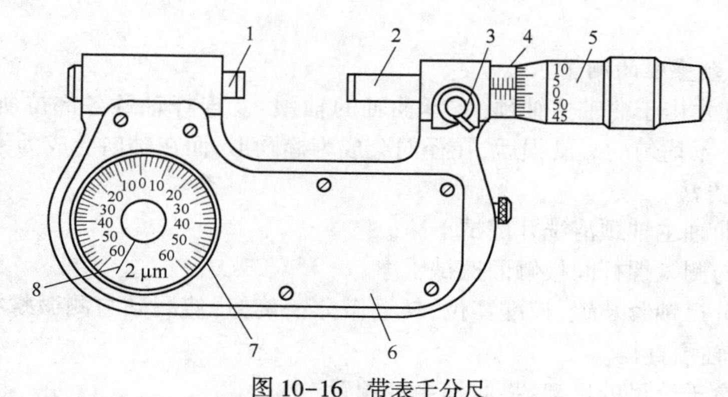

图10-16 带表千分尺

1—微动测杆;2—活动测杆;3—止动器;4—固定套筒;5—微分筒;6—盖板;7—表盘;8—表针

2. 内测千分尺

内测千分尺如图10-17所示,可用于测量小尺寸内径和槽的内侧面宽度。其特点是容易找正内孔直径,测量方便。国产内测千分尺的读数值为0.01 mm,测量范围有5~30 mm和25~50 mm两种,图10-17所示的是5~30 mm的内测千分尺。内测千分尺的读数方法与外径千分尺相同,只是套筒上的刻线尺寸与外径千分尺相反,另外它的测量方向和读数方向也都与外径千分尺相反。

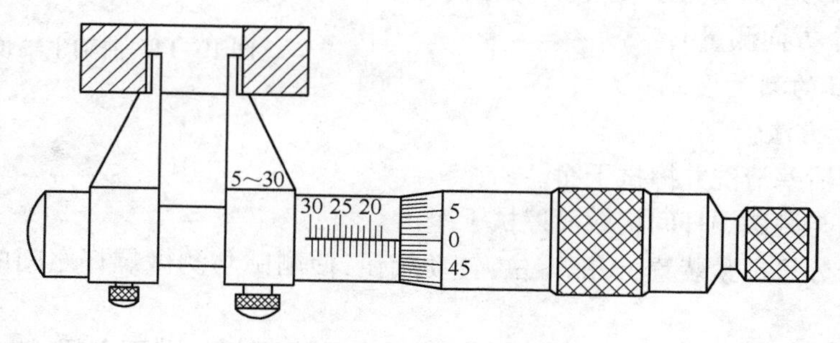

图10-17 内测千分尺

3. 公法线长度千分尺

公法线长度千分尺如图 10-18 所示。主要用于测量外啮合圆柱齿轮的两个不同齿面公法线长度,也可以在检验切齿机床精度时,按被切齿轮的公法线检查其原始外形尺寸。它的结构与外径百分尺相同,所不同的是在测量面上装有两个带精确平面的量钳(测量面)来代替原来的测砧面。

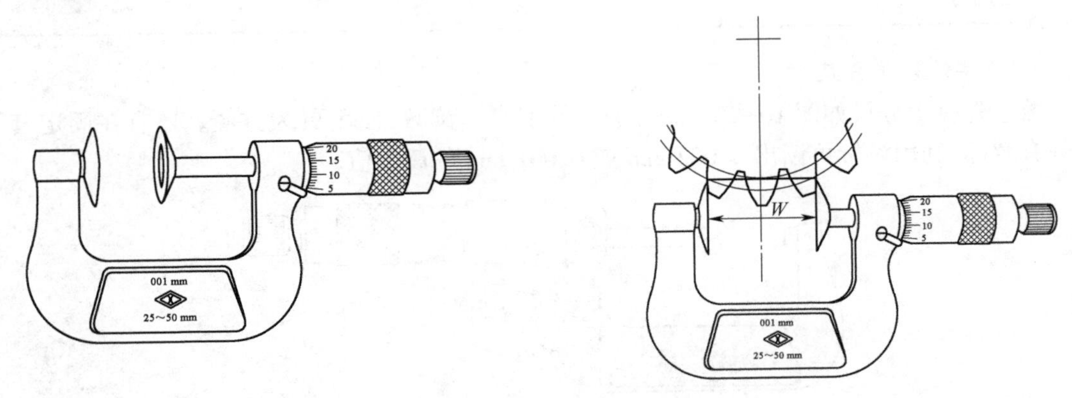

图 10-18 公法线长度测量

4. 螺纹千分尺

螺纹千分尺如图 10-19 所示。主要用于测量普通螺纹的中径。螺纹千分尺的结构与外径百分尺相似,所不同的是它有两个特殊的可调换的测量头 1 和 2,其角度与螺纹牙型角相同。

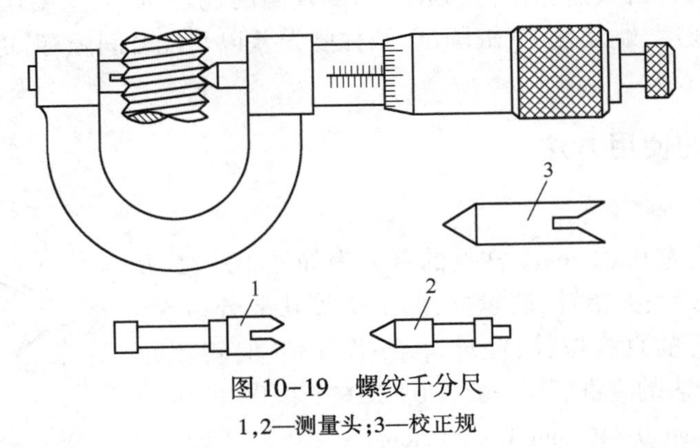

图 10-19 螺纹千分尺

1,2—测量头;3—校正规

测量时,可根据被测量的螺纹参数选择测量头,然后插入千分尺的轴杆和钻座的孔中。但必须注意,在更换测量头之后,必须调整砧座的位置,使千分尺对准零位。在测量时两个跟螺纹牙型角相同的测量头正好卡在螺纹的牙侧上。

螺纹千分尺测量范围与测量螺距的范围见表 10-1。

表 10-1 普通螺纹中径测量范围

测量范围(mm)	测头数量(副)	测头测量螺距的范围(mm)
0~25	5	0.4~0.5;0.6~0.8;1~1.25;1.5~2;2.5~3.5
25~50	5	0.6~0.8;1~1.25;1.5~2;2.5~3.5;4~6

续表

测量范围(mm)	测头数量(副)	测头测量螺距的范围(mm)
50~75 75~100	4	1~1.25;1.5~2;2.5~3.5;4~6
100~125 125~150	3	1.5~2;2.5~3.5;4~6

5. 数字外径千分尺

数字外径千分尺如图 10-20 所示,采用数字表示读数,使用更为方便。还有在固定套筒上刻有游标,利用游标可读出 0.002 mm 或 0.001 mm 的读数值。

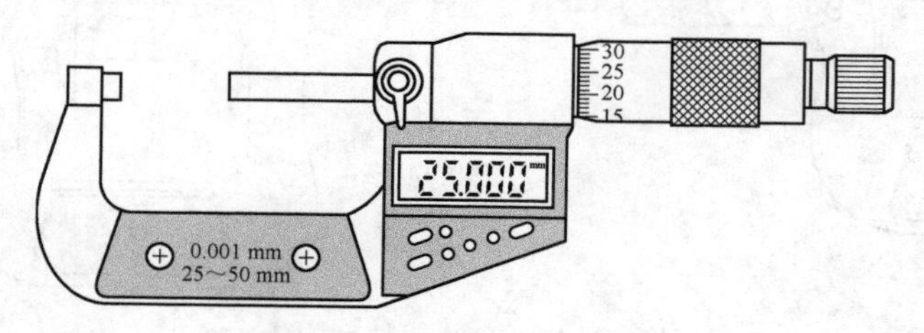

图 10-20　数字外径千分尺

10.3　百　分　表

百分表是利用精密齿条齿轮机构制成的精度较高的比较量具,主要用于测定工件的偏差值、零件平面度、直线度、跳动量、气缸圆度、圆柱度误差以及配合间隙等,也可用于机床上安装工件时的精密找正。

10.3.1　百分表的使用方法

1. 百分表的结构

百分表的分度值为 0.01 mm。常见的百分表如图 10-21 所示,主要由表盘、小指针、大指针、测量杆、测量头等几部分组成。其工作原理是将测杆的直线位移,经过齿条-齿轮传动,转变为指针的角位移。百分表的测量范围一般为 0~3、0~5 和 0~10 mm。大量程百分表:0~30 mm、0~50 mm、0~100 mm。

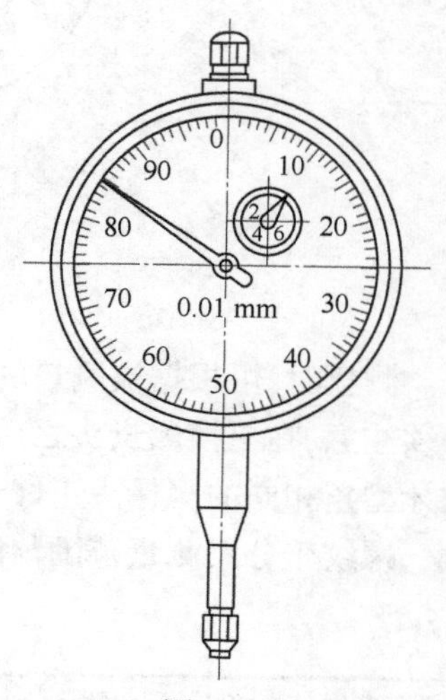

图 10-21

2. 百分表的正确使用

1) 使用前的检查

使用百分表前,要认真进行检查。要检查外观,表蒙玻璃是否破裂或脱落;是否有灰尘和湿气侵入表内。检查量杆的灵敏性,是否移动平稳、灵活,有无卡阻等现象。

2) 零位调整

为了读数的方便,测量前一般要用手转动表盘,将百分表的大指针指到表盘的“零”位,如图 10-22 所示。然后再轻轻提拉测量杆,放松后重新检查大指针所指“零”位是否有变化，反复几次直到校准为止。

3)测量方法

(1)将测量杆、测量头及工件擦净。

(2)零位调整。

(3)将百分表可靠地固定在表架上。

(4)轻提测量杆，移动工件至测量头下面(或将测量头移至工件上)，缓慢放下与被测表面接触。

(5)视线要垂直于表盘，对百分表进行读数。

图 10-22 百分表的“零”位调整

3. 百分表的读数

读数时视线要垂直于表盘观读，任何偏斜观读都会造成读数误差。先读小指针转过的刻度(即毫米整数)；再读大指针转过的刻度(即小数部分)，并将大指针转过的刻度值乘以 0.01，即得到小数部分值。然后将整数部分与小数部分相加，即得到所测量的数值。

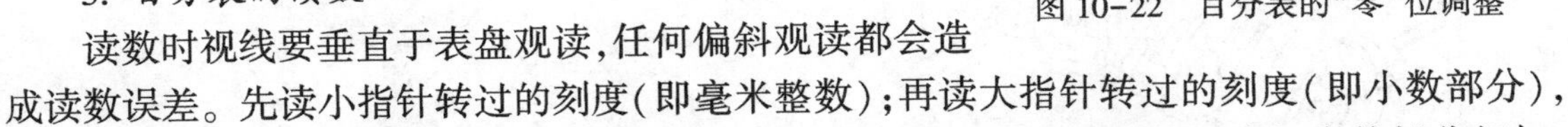

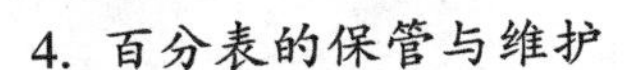

4. 百分表的保管与维护

(1)水平地放置盒内，严禁重压。

(2)百分表用毕，应解除所有的负荷，用干净的布将表面擦拭干净，并在容易生锈的金属表面涂抹一薄层工业凡士林。

(3)严防水、油、灰尘等进入表内，禁止随便拆卸表的后盖。

(4)百分表不用时，应使测量杆处于自由状态，以免使表内弹簧失效。

(5)测量杆上不要加油，免得油污进入表内，影响表的转动机构和测杆移动的灵活性。

10.3.2 百分表在机械零件测量中的实例

1. 零件径向圆跳动跳动的测量

测量步骤及方法：

(1)将测量杆、测量头及被测零件擦拭干净。

(2)对百分表进行零位调整。

(3)将百分表可靠地固定在表架上。

(4)将零件两端主轴颈分别放置在检验平板的 V 形块上，轻提测量杆，将测量头移至曲轴上，缓慢放下。将百分表触头垂直地抵在中间主轴颈上，慢慢转动曲轴一圈，百分表指针所指示的最大读数与最小读数之差，即为中间主轴颈的径向圆跳动值。测量部位及方法如图 10-23所示。

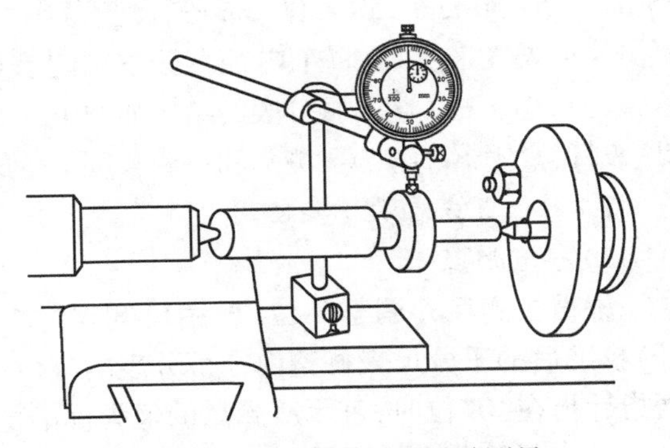

图 10-23 零件径向圆跳动测量

2. 飞轮端面圆跳动的测量

测量方法如下：

(1)将测量杆、测量头及飞轮擦净。

(2)对百分表进行零位调整。

(3)将百分表可靠地固定在表架上。

(4)轻提测量杆,将测量头移至飞轮的最外圈,慢慢转动飞轮一圈,百分表指针所指示的最大读数与最小读数之差,即为飞轮的端面圆跳动值,如图 10-24 所示。

除前面介绍的机械式百分表外,目前数显百分表已得到广泛应用,数显百分表形状如图 10-25所示,它具有读数直观、使用方便等特点。

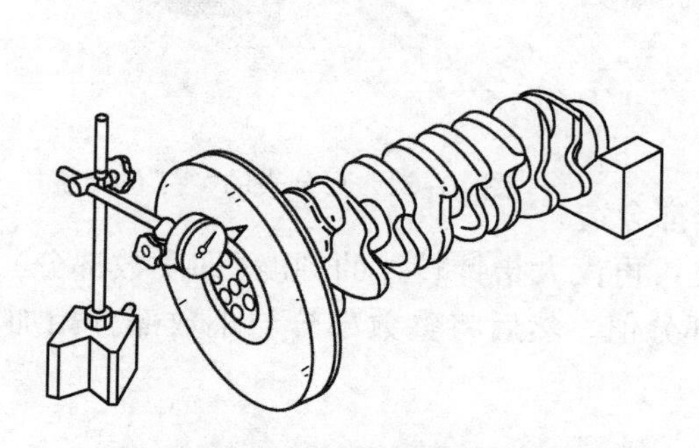

图 10-24　飞轮端面圆跳动的测量

图 10-25　数显百分表

10.4　内径百分表

内径百分表是内量杠杆式测量架和百分表的组合,如图 10-26所示。内径百分表是将测头的直线位移变为指针的角位移的计量器具,用比较测量法完成测量,可用于不同孔径的尺寸及其形状误差的测量。在汽车维修中,主要用于测量发动机气缸和轴承座孔的圆度、圆柱度误差或零件磨损情况。

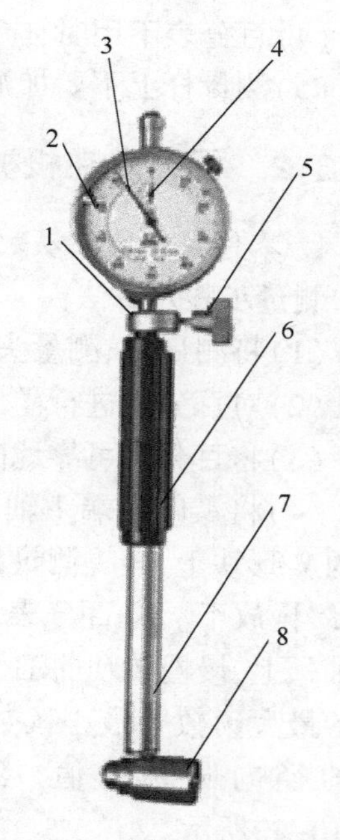

图 10-26　内径百分表的结构

1—紧固器;2—表头;3—大表针;4—小表针;5—紧固螺钉;6—绝热套;7—表杆;8—测量头

10.4.1　内径百分表的使用方法

1. 内径百分表的结构

内径百分表的测量范围通常有:6~10 mm,10~18 mm,18~35 mm,35~50 mm ,50~100 mm等,测量范围可通过更换或调整可换测头的长度来实现,每个内径百分表都附有成套的可换测头,分度值为0.01 mm。内径百分表的结构如图 10-26 所示,它由表头、表针、表杆、紧固器、绝热套、测头和一套长度不等的测量杆等组成。

2. 内径百分表的正确使用

1)零位调整

根据被测尺寸调整零位,即用已知尺寸的环规或用量块(量杆)校准后的千分尺来调整内径百分表的零位。调整后的百分表,当指针指在"0"位时,表示所测量的值为标准值。

2)内径百分表的测量方法

(1)将内径百分表的测量头、测量杆及被测工件擦拭干净。

(2)装夹表头,装夹表头时夹紧力不宜过大,以免套筒变形及测杆移动不灵活。

(3)根据被测物体的尺寸选取合适的测量杆并安装可换测头,使被测尺寸在活动测头总移动量的中间位置,并紧固测头。

(4)根据被测尺寸调整零位。

(5)测量时手握隔热装置,摆动内径百分表,找到轴向平面的最小尺寸(转折点)来读数。

3. 内径百分表的读数

由于内径百分表用的是百分表作为表头,所以内径百分表的读数与百分表的读数是相同的,即读数时视线要垂直于表盘观读,任何偏斜观读都会造成读数误差。先读小指针转过的刻度线(即毫米整数),再读大指针转过的刻度线(即小数部分),并将小数部分的测量值乘以0.01,得到小数部分的数值,然后将两个部分相加,即得到所测量的数值。值得注意的是:该测量得到的数值,只是所测零件相对于标准尺寸的变化值。而零件的实际测量尺寸是用标准值加上(减去)该测量值。

4. 内径百分表的保管与维护

(1)远离液体,不要使冷却液、切削液、水或油与内径表接触。

(2)水平地放置盒内,严禁重压。

(3)在不使用时,要摘下百分表,使表解除其所有负荷,让测量杆处于自由状态。

(4)成套保存于盒内,避免丢失与混用。

(5)表杆、测头、百分表等配套使用,不要与其他表混用。

10.4.2 内径百分表在机械零件测量中的实例

1. 机件内孔的测量部位

在进行测量时,测量部位的选择很重要,机件内孔的测量位置如图10-27所示,分三个部位:机件内孔上部(距机件内孔上平面10 mm处)、机件内孔中部和机件内孔下部(距机件内孔下端面10 mm处)的三个截面,按A、B两个方向分别测量。

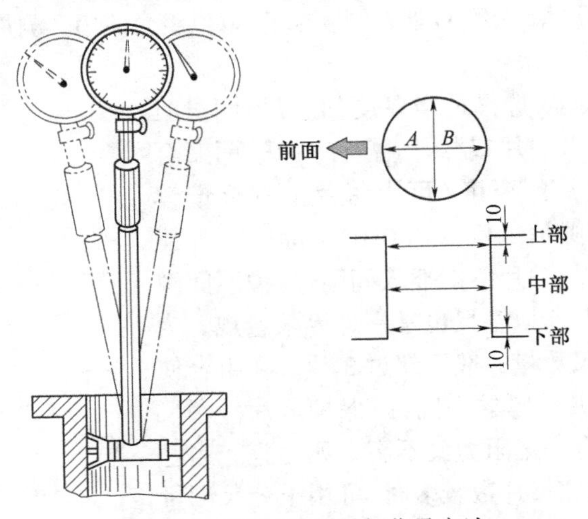

图10-27　气缸的测量部位及方法

2. 测量步骤与方法

1)机件内孔圆度的测量

具体测量方法如下:

(1)将内径百分表的测量头、测量杆及气缸擦拭干净,装夹表头。

(2)根据机件内孔直径的尺寸,选择合适的接杆,装入量缸表的下端,并使伸缩杆有 1~2 mm 的压缩量。

(3)用手拿住绝热套,另一只手尽量托住表杆下部,将内径百分表的测杆伸入到机件内孔的相应部位(上部、中部和下部)进行 A 向测量。微微摆动表杆,当测杆与机件内孔中心线垂直时,表针指示在最小读数,即为该截面的机件内孔直径,旋转表盘使“0”刻度对准此时的大指针。然后将测杆在此截面上旋转 90°(B 向),此时表针所指的刻度与“0”位刻度之差的 1/2 即为该截面的圆度。

2)机件内孔圆柱度的测量

圆柱度是指沿机件内孔轴线的轴向截面上磨损的不均匀性。测量时,首先用内径百分表在机件内孔上部的 A 向进行测量,测出该处的内孔直径,旋转表盘使“0”刻度对准此时的大表针。然后依次测出其他 5 个部位的数值,在 6 个数值中取最大值与最小值之差的 1/2 即为该气缸的圆柱度。

10.5 塞　尺

塞尺又称厚薄规或间隙片,是检验间隙的测量工具之一。主要用来检验机床特别紧固面和紧固面、活塞与气缸、活塞环槽和活塞环、十字头滑板和导板、进排气阀顶端和摇臂、齿轮啮合间隙等两个结合面之间的间隙大小。

10.5.1 塞尺的使用方法

1. 塞尺的结构

塞尺由一组不同厚度的钢片重叠,并将一端松铆在一起而成,如图 10-28 所示。每把塞尺中的每片具有两个平行的测量平面,且都有厚度标记,以供组合使用。测量精度为 0.01 mm。

2. 塞尺的正确使用方法

根据被测间隙的大小,选择适当厚度的塞尺;测量时用塞尺直接塞进间隙,当一片或数片(叠合)能进两贴合面之间时,则一片或数片的厚度(可由每片上的标记读出)即为两贴合面之间隙值。例如用 0.03 mm 的一片能插入间隙,而 0.04 mm 的一片不能插入间隙,这说明间隙在 0.03~0.04 mm 之间,所以塞尺也是一种界限量规。为保证测量的准确性,塞尺数量一般不超过 3 片。在组合使用时,应将薄的塞尺片夹在厚的中间,以保护薄片。塞尺应塞入一定深度,感到有一定阻力又不至卡死为宜。当塞尺片上的刻值看不清或塞尺片数较多时,可用千分尺测量塞尺厚度。在测量时,要根据结合面的间隙情况选用塞尺片数,但片数越少越好;测量时动作要轻,不允许硬插,以免塞尺弯曲或折断。

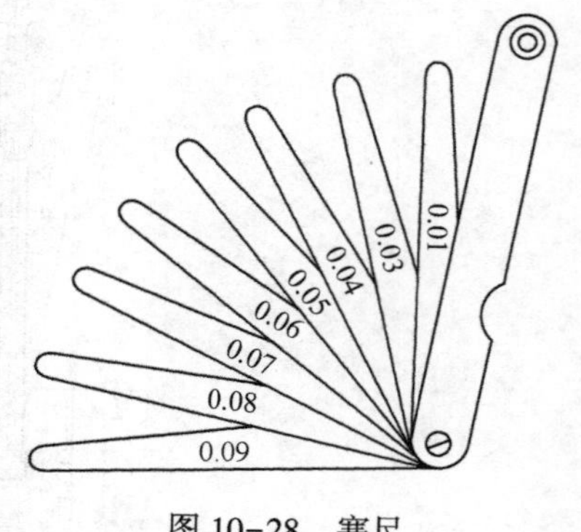

图 10-28　塞尺

3. 塞尺的保管与维护

(1)使用前必须先清除塞尺和工件上的污垢与灰尘。

(2)测量时不能测量温度较高的工件。

(3)塞尺用完后应擦干净,并抹上润滑油进行防锈保养。

10.5.2 塞尺在机械零件测量中的实例

1. 活塞环侧隙的测量

侧隙即活塞环的上、下侧面与活塞环槽之间的间隙。侧隙过大将影响活塞环的密封作用,过小将会卡死在环槽内,造成拉缸事故。检验时,可将活塞环放在各自的环槽内,围绕着环槽滚行一周,应能自由滚动,而且既不松旷又不涩滞。然后用塞尺按规定间隙进行测量,测量方法如图 10-29 所示。

具体测量方法如下:

(1)根据被测间隙的大小,选择适当厚度的塞尺。

(2)将塞尺直接塞进活塞环槽与活塞环的间隙内。

(3)当一片或数片(叠合)塞尺能在两贴合面之间移动并有一定的阻力时,此时塞尺的厚度即为该活塞环的侧隙。

2. 气门间隙的测量

测量方法:将塞尺插入气门杆与气门摇臂之间,轻轻拉动塞规,如塞尺能移动且有轻微的阻力,此时塞尺的厚度即为该气门的间隙。

不同型号的发动机,其气门间隙是不同的,检测时要严格按照维修手册的规定标准进行测量。发动机气门间隙的测量方法如图 10-30 所示。

图 10-29 活塞环侧隙的测量

图 10-30 气门间隙的测量

习 题 10

10-1 游标卡尺的基本结构是什么?如何用游标卡尺测量缸盖螺栓的长度?

10-2 千分尺的基本结构是什么?怎样用千分尺测量曲轴主轴颈的直径?

10-3 百分表的基本结构是什么?如何用百分表测量飞轮的圆跳动值?

10-4 内径千分尺的基本结构是什么?如何用内径千分尺测量气缸的圆度值?

10-5 如何用塞尺测量活塞环端隙?

附表 1　孔的极限差值(公称尺寸 D 为 10~315 mm)

公差带	等级	公称尺寸(mm)							
		>0~18	>18~30	>30~50	>50~80	>80~120	>120~180	>180~250	>250~315
D	8	+77 +50	+98 +65	+119 +80	+146 +100	+174 +120	+208 +145	+242 +170	+271 +190
	▼9	+93 +50	+117 +65	+142 +80	+174 +100	+207 +120	+245 +145	+285 +170	+320 +190
	10	+120 +50	+149 +65	+180 +80	+220 +100	+260 +120	+305 +145	+355 +170	+400 +190
	11	+160 +50	+195 +65	+240 +80	+290 +100	+340 +120	+395 +145	+460 +170	+510 +190
E	6	+43 +32	+53 +40	+66 +50	+79 +60	+94 +72	+110 +85	+129 +100	+142 +110
	7	+50 +32	+61 +40	+75 +50	+90 +60	+107 +72	+125 +85	+146 +100	+162 +110
	8	+59 +32	+73 +40	+89 +50	+106 +60	+126 +72	+148 +85	+172 +100	+191 +110
	9	+75 +32	+92 +40	+112 +50	+134 +60	+159 +72	+185 +85	+215 +100	+240 +110
	10	+102 +32	+124 +40	+150 +50	+180 +60	+212 +72	+245 +85	+285 +100	+320 +110
F	6	+27 +16	+33 +20	+41 +25	+49 +30	+58 +36	+68 +43	+79 +50	+88 +56
	7	+34 +16	+41 +20	+50 +25	+60 +30	+71 +36	+83 +43	+96 +50	+108 +56
	▼8	+43 +16	+53 +20	+64 +25	+76 +30	+90 +36	+106 +43	+122 +50	+137 +56
	9	+59 +16	+72 +20	+87 +25	+104 +30	+123 +36	+143 +43	+165 +50	+186 +56
H	6	+11 0	+13 0	+16 0	+19 0	+22 0	+25 0	+29 0	+32 0
	▼7	+18 0	+21 0	+25 0	+30 0	+35 0	+40 0	+46 0	+52 0
	▼8	+27 0	+33 0	+39 0	+46 0	+54 0	+63 0	+72 0	+81 0

续表

公差带	等级	公称尺寸(mm)							
		>0~18	>18~30	>30~50	>50~80	>80~120	>120~180	>180~250	>250~315
H	▼9	+43 0	+52 0	+62 0	+74 0	+87 0	+100 0	+115 0	+130 0
	10	+70 0	+84 0	+100 0	+120 0	+140 0	+160 0	+185 0	+210 0
	▼11	+110 0	+130 0	+160 0	+190 0	+220 0	+250 0	+290 0	+320 0
K	6	+2 -9	+2 -11	+3 -13	+4 -15	+4 -18	+4 -21	+5 -24	+5 -27
	▼7	+6 -12	+6 -15	+7 -18	+9 -21	+10 -25	+12 -28	+13 -33	+16 -36
	8	+8 -19	+10 -23	+12 -27	+14 -32	+16 -38	+20 -43	+22 -50	+25 -56
N	6	-9 -20	-11 -28	-12 -24	-14 -33	-16 -38	-20 -45	-22 -51	-25 -57
	▼7	-5 -23	-7 -28	-8 -33	-9 -39	-10 -45	-12 -52	-14 -60	-14 -66
	8	-3 -30	-3 -36	-3 -42	-4 -50	-4 -58	-4 -67	-5 -77	-5 -86
P	6	-15 -26	-18 -31	-21 -37	-26 -45	-30 -52	-36 -61	-41 -70	-47 -79
	▼7	-11 -29	-14 -35	-17 -42	-21 -51	-24 -59	-28 -68	-33 -79	-36 -88

附表 2　轴的极限偏差(公称尺寸为 10~315 mm)

公差带	等级	公称尺寸(mm)							
		>10~18	>18~30	>30~50	>50~80	>80~120	>120~180	>180~250	>250~315
d	6	-50 -61	-65 -78	-80 -96	-100 -119	-120 -142	-145 -170	-170 -199	-190 -222
	7	-50 -68	-65 -86	-80 -105	-100 -130	-120 -155	-145 -185	-170 -216	-190 -242
	8	-50 -77	-65 -98	-80 -119	-100 -146	-120 -174	-145 -208	-170 -242	-190 -271
	▼9	-50 -93	-65 -117	-80 -142	-100 -174	-120 -207	-145 -245	-170 -285	-190 -320
	10	-50 -120	-65 -149	-80 -180	-100 -220	-120 -260	-145 -305	-170 -355	-190 -400
f	▼7	-16 -34	-20 -41	-25 -50	-30 -60	-36 -71	-43 -83	-50 -96	-56 -108
	8	-16 -43	-20 -53	-25 -64	-30 -76	-36 -90	-43 -106	-50 -122	-56 -137

续表

公差带	等级	公称尺寸（mm）							
		>10~18	>18~30	>30~50	>50~80	>80~120	>120~180	>180~250	>250~315
f	9	-16	-20	-25	-30	-36	-43	-50	-56
		-59	-72	-87	-104	-123	-143	-165	-186
g	5	-6	-7	-9	-10	-12	-14	-15	-17
		-14	-16	-20	-23	-27	-32	-35	-40
	▼6	-6	-7	-9	-10	-12	-14	-15	-17
		-17	-20	-25	-29	-34	-39	-44	-49
	7	-6	-7	-9	-10	-12	-14	-15	-17
		-24	-28	-34	-40	-47	-54	-61	-69
h	5	0	0	0	0	0	0	0	0
		-8	-9	-11	-13	-15	-18	-20	-23
	▼6	0	0	0	0	0	0	0	0
		-11	-13	-16	-19	-22	-25	-29	-32
	▼7	0	0	0	0	0	0	0	0
		-18	-21	-25	-30	-35	-40	-46	-52
	8	0	0	0	0	0	0	0	0
		-27	-33	-39	-46	-54	-63	-72	-81
	▼9	0	0	0	0	0	0	0	0
		-43	-52	-62	-74	-87	-100	-115	-130
k	5	+9	+11	+13	+15	+18	+21	+24	+27
		+1	+2	+2	+2	+3	+3	+4	+4
	▼6	+12	+15	+18	+21	+25	+28	+33	+36
		+1	+2	+2	+2	+3	+3	+3	+4
	7	+19	+23	+27	+32	+38	+43	+50	+56
		+1	+2	+2	+2	+3	+3	+4	+4
m	5	+15	+17	+20	+24	+28	+33	+37	+43
		+7	+8	+9	+11	+13	+15	+17	+20
	6	+18	+21	+25	+30	+35	+40	+46	+52
		+7	+8	+9	+11	+13	+15	+17	+20
	7	+25	+29	+34	+41	+48	+55	+63	+72
		+7	+8	+9	+11	+13	+15	+17	+20
n	5	+20	+24	+28	+33	+38	+45	+51	+57
		+12	+15	+17	+22	+23	+27	+31	+34
	▼6	+23	+28	+33	+39	+45	+52	+60	+66
		+12	+15	+17	+20	+23	+27	+31	+34
	7	+30	+36	+42	+50	+58	+67	+77	+86
		+12	+15	+17	+20	+23	+27	+31	+34
p	5	+26	+31	+37	+45	+52	+61	+70	+79
		+18	+22	+26	+32	+37	+43	+50	+56
	▼6	+29	+35	+42	+51	+59	+68	+79	+88
		+18	+22	+26	+32	+37	+43	+50	+56
	7	+36	+43	+51	+62	+72	+83	+96	+108
		+18	+22	+26	+32	+37	+43	+50	+56

注：标注▼者为优先公差等级，应优先选用。

参 考 文 献

[1]廖念钊．互换性与技术测量[M]．北京:中国计量出版社,2007.
[2]王伯平．互换性与测量技术基础[M]．北京:机械工业出版社,2007.
[3]胡凤兰．互换性与测量技术基础[M]．北京:高等教育出版社,2005.
[4]甘永立．几何量公差与检测．[M]．上海:上海科学技术出版社,2008.